数学·统计学系列

Algebra Course(Volume Ⅳ.Algebra Equation Theory)

代数学教程(第四卷·代数方程式论)

● 王鸿飞　编著

哈爾濱工業大學出版社
HARBIN INSTITUTE OF TECHNOLOGY PRESS

内 容 简 介

本书共 6 章,介绍了方程式解成根式的问题·低次代数方程式的根式解法、数域上的多项式及其性质、用根的置换解代数方程·群.论四次以上方程式不能解成根式、以群之观点论代数方程式的解法以及抽象的观点·伽罗瓦理论的相关知识.

本书适合高等学校数学相关专业师生及数学爱好者阅读参考.

图书在版编目(CIP)数据

代数学教程. 第四卷,代数方程式论/王鸿飞编著. —哈尔滨:哈尔滨工业大学出版社,2024.1

ISBN 978 - 7 - 5603 - 8684 - 3

Ⅰ.①代… Ⅱ.①王… Ⅲ.①代数—教材②代数方程—教材 Ⅳ.①O15

中国国家版本馆 CIP 数据核字(2023)第 216028 号

DAISHUXUE JIAOCHENG. DISIJUAN,DAISHU FANGCHENGSHI LUN

策划编辑	刘培杰　张永芹
责任编辑	李广鑫
封面设计	孙茵艾
出版发行	哈尔滨工业大学出版社
社　　址	哈尔滨市南岗区复华四道街 10 号　邮编 150006
传　　真	0451 - 86414749
网　　址	http://hitpress.hit.edu.cn
印　　刷	哈尔滨圣铂印刷有限公司
开　　本	787mm×1092mm　1/16　印张 19　字数 316 千字
版　　次	2024 年 1 月第 1 版　2024 年 1 月第 1 次印刷
书　　号	ISBN 978 - 7 - 5603 - 8684 - 3
定　　价	48.00 元

代数方程式根式求解的发展者

花剌子模(约 783—850)　　菲罗(1465—1526)　　冯塔纳(1499—1557)

费拉里(1522—1565)　　拉格朗日(1735—1813)　　鲁菲尼(1765—1822)

高斯(1777—1855)　　阿贝尔(1802—1829)　　伽罗瓦(1811—1832)

　　这些学者用他们的智慧和学识为代数方程式根式求解的发展做出了巨大的贡献,谨于此致敬最高礼赞!

在数学的发展历程中,很多问题的提出和陈述是初等的,但是它们的解决方法往往是高等的,有些甚至必须借助新的数学工具。代数方程根式解问题以及与之相关的三大尺规作图问题就是这样的著名例子。这类问题也恰恰是大众感兴趣的。

就"代数方程根式解"这个问题而言,抽象代数中的"伽罗瓦理论"给予了完整的解决。例如,B. L. 范德瓦尔登的名著《代数学Ⅰ》中就有关于伽罗瓦理论的优美的较大篇幅的讲述,就其叙述方式和风格而言可以说是数学文献中的一个珍品!

然而对于初学者来说,这样的作品不一定是适宜的!因为抽象代数中的伽罗瓦理论不再以根式解问题为中心,它是研究代数结构的(根式解问题无非是其众多应用中的一个),其抽象和繁杂程度远非初学者所能接受。所以伽罗瓦理论中经过一系列抽象理论推导后得到的结论——代数方程式可根式求解的充分必要条件是其伽罗瓦群可解——是不能令人满意的!它并不能揭开初学者心中的疑问:为什么五次及以上方程式一般不能有根式解?为什么方程式根式解问题的答案会与群有关?当然从头至尾地读一遍抽象代数似乎是可以揭开谜底的,可是抽象代数中那种脱离"方程式求根"背景式的叙述着实让初学者望而却步。

所以又回到了问题的起点。事实上，毫不夸张地说，高次(三、四、五次)方程式的求解问题是数学史上最精彩、最扣人心弦的篇章！16,17,18 以及 19 世纪初年的最伟大的数学家们(费罗、塔尔塔利亚、卡尔达诺、笛卡儿、牛顿、欧拉、达朗贝尔、贝祖、拉格朗日、高斯、鲁菲尼、阿贝尔、伽罗瓦等)都参与了其中，并创造了与这个问题有关的大规模的复杂理论，甚至数学历史上(或者说是科学的历史上)最悲剧、最富有传奇色彩的人物就出现在这个过程中——阿贝尔和伽罗瓦：极具才华，命运多舛，英年早逝！因此非常有必要将参与这过程中相关的数学家的重要工作呈现出来，事实上只有如此，才能将人类在整个根式解问题的探索过程中所体现的那些数学文化、数学思想展示出来，也才能解开诸多读者最初的疑惑：方程式的根式解问题是怎么和置换发生关系的？一些初看起来并非自然的概念(诸如群、正规子群等)是如何被引入数学领域中的？为什么根式解问题的彻底解决，是通过那种初看起来有些奇怪的方式——利用根的置换(群)理论——解决的？

问题在于上述内容的大部分正是现有的中文文献中所缺失的：

1.拉格朗日和伽罗瓦的原始工作：有几种作品有这方面的叙述，例如，迪克森的《代数方程式论》(2011 年哈尔滨工业大学出版社出版)；余介石、陆子芬的《高等方程式论》；马瑞的《葛罗华氏代数方程式论》等。

这些作品都是用文言文写的，并且诸多专业名词也和现在的差别很大，读起来自然晦涩难懂！

2.阿贝尔的工作：如前所述，根式解问题的完全解答是由伽罗瓦给出的。伽罗瓦理论的影响是如此之深远，以至于现在几乎所有的教科书都是用伽罗瓦理论来说明一般五次方程是不可根式解的，阿贝尔的证明在标准教科书上已经很难找到了。

这对期望了解阿贝尔原始证明细节的读者来说不能不说是一个缺憾。

3.克罗内克的工作：克罗内克定理的重要意义在于以较少的篇幅，并且不是特别抽象的方式提供一个(根式解五次及以上代数方程)不可能性的证明，同时还给出了这种方程的具体例子。

4.高斯关于分圆方程的工作：高斯完整的工作过程在现有的中文文献中很难看到，看到的基本都只限于历史性质的介绍。

所有这些原因都促成了本书的编写。

第一部分(第 1 章)主要介绍了根式解问题的提出与其发展的简单历史；二项方程式借助三角函数的解法、一至四次一般方程式的根式解法，以及几种特殊高次方程解法的讨论。

第二部分(第 2 章)是为后面的部分做准备的,讨论了域上多项式的性质,对称多项式的基本定理。

第三部分(第 4 章)是全书比较独立的一部分,主要讨论阿贝尔和克罗内克关于根式解四次以上方程式不可能性的证明(考虑到逻辑性,本书并未严格地按照历史发展的先后来叙述)。

第四部分包括第 3 章和第 5 章,这一部分内容主要讨论了由拉格朗日创始,然后由伽罗瓦发展的关于"利用根的置换理论来解方程式"的理论。这里读者将看到群、不变子群、商群、同态等概念的自然引入过程! 在这一部分,我们还讨论了分圆方程式、循环方程式以及阿贝尔方程式的根式求解问题,历史上这是高斯和阿贝尔研究过的。同时得出了方程式理论的最著名的结果:方程式解为根式的充要条件是其群可解。

最后是第五部分(第 6 章),是关于方程式的伽罗瓦理论的叙述。虽然本书的前面部分可以说完全解决了方程式的根式解问题,但编者认为以抽象的、简洁的方式再来叙述一下是比较合适的。

本教程在写法上,思路清晰、语言流畅,概念及定理解释得合理、自然,非常便于自学,适合大学师生以及数学爱好者阅读. 在本书的编写过程中参阅和引用了较多现有文献,特别是黄缘芳翻译的迪克森撰写的《代数方程式论》,李世雄的《代数方程与置换群》,周畅的博士论文《Bezout 的代数方程理论之研究》,王宵瑜的硕士论文《代数方程论的研究》,赵增逊的硕士论文《Lagrange 的代数方程求解理论之研究》等。

作者虽倾心倾力,但限于时间和水平,难免有疏漏之处,敬请广大读者和数学同行指正!

王鸿飞

2023 年 10 月于浙江衢州

◎ 目 录

方程式解成根式的问题・低次代数方程式的根式解法

§1 方程式解成根式的问题・二项方程式

1.1 方程式解成根式的问题・历史的回顾

设有一个 n 次代数方程式

$$a_0 x^n + a_1 x^{n-1} + \cdots + a_n = 0 (a_0 \neq 0) \tag{1}$$

它的系数是给定的复数,那么这个方程式恰好有 n 个复根(每个根按其重数计算个数).这就是著名的代数基本定理[①].现在产生一个问题 —— 如何在方程式(1)的系数上施加各种运算来求这些根.

一个复数 a 的 n 次方根的开方运算和解所谓的二项方程式

$$x^n - a = 0 (a \neq 0) \tag{2}$$

是同一个问题.在代数学中 $\sqrt[n]{a}$ 这个符号通常理解为二项方程式(2)的一个根,而这符号常常叫作根式.

于是可施于复数的基本代数运算是四种算术运算,以及开方运算.所以很自然地提出这样一个问题,即所谓方程式解成根式的问题:把方程式(1)的根用有限次加、减、乘、除、开方运算以其系数表示出来.

---

① 远在 1629 年,荷兰数学家吉拉德(Albert Girard,1595—1632)就曾预想:任何一个 n 次代数方程式都有 n 个根(实根或虚根).在 1746 年法国学者达朗贝尔(Jean le Rond D'Alembert,1717—1783)首先企图证明这个代数基本定理,但是他的证法不够严格.直到 1799 年德国数学家高斯(Carl Friedrich Gauss,1777—1855)才完全地证明了这个定理.关于这个定理的证明详见《多项式理论》.

在初等代数学的教程中我们已经知道二次方程式的根式解法. 历史上, 早在公元前 1700 年左右, 古代巴比伦人就知道了求解二次方程式的方法. 一般的二次方程(也就是带有符号系数) 的求根法则(公式) 也早已出现在公元 9 世纪花剌子模学者穆罕默德·本·穆萨·阿尔·花剌子模(Abu Abdulloh Muhammadibn Muso al – Xorazmiy, 约 780— 约 850) 的重要著作里, 在这以后漫长的岁月里, 人们一直希望把古代数学家的成果推广到高次方程中. 但高于二次的方程则是另外一回事了. 一般的三次方程的求解需要远非显然的想法, 这就使得古代数学家的努力都归于无效①. 直到 16 世纪初的意大利文艺复兴时期②, 这个问题才被意大利的数学家斯齐波·德尔·费罗(Scipione dal Ferro, 1465—1526) 所解决. 在三次方程式被解出后, 一般的四次方程式很快就被鲁多维科·费拉里(Lodovico Ferrari, 1522—1565) 解出. 以后几乎有 3 个世纪之久, 人们在做下面的失败的企图, 就是想对任何一个五次方程式, 找出它的解, 而经它的系数用根式表出. 我们很难想象, 为了解一般的五次方程式, 不知耗去多少枉然的精力. 我们说这个问题是向人类智慧的一个挑战并不过分.

从拉格朗日开始, 问题的本质比较清楚了. 著名的法兰西数学家约瑟夫·路易斯·拉格朗日(Joseph Louis Lagrange, 1736—1813) 在 1770—1771 年所发表的长文(有 200 多面)《关于代数方程解法的思考》中, 他透彻地分析了前人所

---

① 大约在 1074 年, 奥马·海亚姆(Omar Khayyam, 1048— 约 1131), 在当今由于诗作而更有名的伊朗数学家, 就用圆锥曲线给出了三次方程的几何构造.

② 在 16 世纪初期, 现代的记号是不存在的, 所以求根的技艺牵涉的不仅仅是数学的技巧, 而且要克服语言上的障碍. 用字母来标明变量是韦达(Francis Vieta, 1540—1603, 法国数学家) 在 1591 年发明的, 他用辅音来表示常量, 用元音来表示变量(用字母表中开始的字母 $a, b, c, \cdots$ 表示常量, 用字母表中后面的字母 x, y, z 表示变量, 这种现代记号是笛卡儿(Rene Descartes, 1596—1650, 法国哲学家、科学家和数学家) 于 1637 年在他的书 La Géométrie 中引入的), 指数记号 $A^2, A^3, A^4, \cdots$ 实际上是戴维·休谟(David Hume, 1711—1776, 苏格兰哲学家) 在 1636 年引入的(他表示为 $A^{\mathbb{I}}, A^{\mathbb{II}}, A^{\mathbb{IV}}, \cdots$). 符号"$+, -,$ $\sqrt{}$" 及诸如 a/b 中表示除法的是魏德曼(J. Widman) 在 1486 年引入的. 用符号"$\times$"表示乘法是奥特雷德(William Oughtred, 1574—1660) 在 1631 年引入的. 用符号"$\div$"表示除法是拉恩(J. H. Rahn) 在 1659 年引入的. 符号"$=$"是雷科德(Robert Recorde) 于 1567 年在他的书 Wherstone Wit 中引入的:

"为避免令人厌烦地重复'等于'一词, 我经常在我的著作中用一对平行的或两条相等的线段(即 $=$) 表示它, 因为两事物相等."

这些符号并没有被立即采用, 而且还有其他的类似的记号. 直到下个世纪(即 17 世纪), 当笛卡儿的书 La Géométrie 出版后, 才使得大多数符号在欧洲变得通用起来.

回到三次方程式. 缺乏好的记号确实很不方便. 例如, 三次方程式 $x^3 + 2x^2 + 4x - 1 = 0$ 只能大概地如下给出: 取某数的 3 次方, 加上此数的平方的 2 倍, 再加上此数的 4 倍, 最后必须等于 1. 复杂情况让人难以接受, 并且负数是不允许的, 方程式 $x^3 - 2x^2 - 4x + 1 = 0$ 只能用如下形式给出: $x^3 + 1 = 2x^2 + 4x$. 因此根据系数是正的、负的或 0(依我们的记号), 三次方程式有许多类型.

得的次数低于五的代数方程的求解方法,发现都可以作适当的变量代换化为求解某些次数较低的辅助方程,进一步他发现这些辅助方程的根都可以表示为原方程式根的函数,由此他将前人各种求解代数方程的方法用根的置换理论统一起来,从而认识到这些表面看起来不同的解法原来都是遵循着同一个基本原理的,并且他指出这些成功了的解法所根据的情况对五次及更高次方程是不可能发生的.

从费罗所处的时代到拉格朗日的这篇文章出版时,中间经过了两个半世纪,在这样长的时间里,任何人都没有怀疑过用根号解五次及更高次方程的可能性,也就是说,大家认为可以找到一个表示这些方程的根的公式,而这个公式像古代的解二次方程及 16 世纪意大利人解三次及四次方程一样,只是对这些方程的系数作加、减、乘、除及求正整数次根诸运算就可得到. 仅仅以为是人们没能有成效地找到正确的然而看来是很诡秘的道路去得出解法.

拉格朗日在他自己的回忆录(全集第三卷第 305 页)中曾说"用根号解四次以上的方程的问题是不可能解决的问题之一,虽然关于解法的不可能性什么事情也没有证明",在第 307 页他补充说"由我们的研讨可以看出,用我们所考虑的方法给出五次方程的完全解法是很值得怀疑的".

在拉格朗日的研究中,他引进了式子

$$x_1 + \varepsilon x_2 + \varepsilon^2 x_3 + \cdots + \varepsilon^{n-1} x_n,$$

式中 $x_1, x_2, \cdots, x_n$ 是方程的根,ε 是 1 的任一 n 次方根,并且确定了正是这些式子紧密地联系着用根号解方程,现在我们将这些式子叫作"拉格朗日预解式".

此外,拉格朗日觉察到方程的根的排列理论比方程用根号解的理论有更大的意义,他甚至表达出排列的理论是"整个问题的真正哲学"的看法,正如后来伽罗瓦的研究所指出的那样,他是完全正确的.

继拉格朗日之后,摆在当时数学家面前的问题是:代数的运算是否能够解一个高于四次的方程式[①].1798 年意大利学者鲁菲尼(Paolo Ruffini,1765—1822)曾经企图证明高于四次的一般方程式不能用代数解,但是他的理由并不充分.

---

① 17 世纪时英国数学家詹姆斯·格雷戈里(James Gregory,1638—1675)曾提出猜测:对于 $n > 4$ 的一般 n 次方程是不能用代数方法求解的.

高于四次的一般方程式用代数解的不可能性的严格证明[①],首先由挪威数学家阿贝尔(Niels Henrik Abel,1802—1829)所给出.在短暂的生命过程中,这是他对于数学各分支成功的深入研究之一.1824 年,阿贝尔自费出版了自己的论文,因为经费上的拮据,这篇论文被浓缩成了只有六页的小册子.在这个著作中阿贝尔证明了这样一件事:如果方程的次数$n \geq 5$,并且系数$a_0,a_1,\cdots$看成是字母,那么任何一个由这些系数通过加、减、乘、除和开方运算构成的表达式不可能是方程的根.原来所有国家的最伟大的数学家 3 个世纪以来用根号去解五次或更高次方程之所以不能获得成功,只因为这个问题根本就没有解.

然而这并不是问题的全部,代数方程理论的最美妙之处仍然留在前面,问题在于有多少种特殊形式的方程能够用根号解,而这些方程又恰恰在多方面的应用中是重要的.例如,二项方程$x^n - a = 0$便是这样的方程.由于用圆规、直尺作正多边形的问题,高斯[②]详尽地考察了所谓的分圆方程[③],也就是形如

$$x^{p-1} + x^{p-2} + \cdots + x + 1 = 0$$

的方程,其中p是素数,证明了它们总能归为解一串较低次的方程,并且他找到了这种方程能用二次根号解出的充分与必要条件(这个条件的必要性的证明只是到伽罗瓦时才有了严格的基础).其后,阿贝尔找到了很广泛的另一些根式可解的方程,就是所谓的循环方程及更一般的"阿贝尔"方程.

总之,在阿贝尔的工作之后的情况就是这样,虽然阿贝尔证明了高于四次的一般方程不能用根号解出,但是有多少种不同类型的特殊的任何次方程仍然可以用根号解出呢?由于这个发现,关于用根号解方程的全部问题是在新的基础上提出来了,应该找出一切能用根号解出的那些方程,换句话说,就是找出方程能用根号解出的充分与必要条件,这个问题是由法兰西的天才数学家埃瓦里斯特·伽罗瓦(Evarist Galois,1811—1832)解决的,而问题的答案在某种意义下给出了全部问题的彻底的阐明.

----

① 事实上,阿贝尔的证明有一个漏洞,后经爱尔兰数学家哈密尔顿(William Rowan Hamilton,1805—1865)补充说明.

② 1801 年,高斯的著作《算术研究》出版.这本名著第七章的主要目标即是分圆方程的可解性.这本书是高斯大学毕业前夕开始撰写的,前后花了三年时间.1800 年,高斯将手稿寄给法国科学院,请求出版,却遭到拒绝,于是高斯只好自筹资金发表.

③ 拉格朗日曾考虑$p = 11$时,分圆方程式$x^{11} - 1 = 0$的根式解问题,但是没有解决这个问题.范德蒙却完整地证明了$x^{11} - 1 = 0$有根式解,并提出通过归纳法给出各个次数的单位根的表达式的方法.高斯确实实现了这一点,同时他通过对素数次的分圆方程逐步化简降低方程次数的方法也实现了拉格朗日对任意次方程求解的预想.

　　伽罗瓦通过改进数学大师拉格朗日的思想,即设法绕过拉格朗日预解式,但又从拉格朗日那里继承了问题转化的思想,即把预解式的构成同置换群联系起来的思想,并在阿贝尔研究的基础上,进一步发展了他的思想,把全部问题转化为置换群及其子群结构的分析.这个理论的大意是:每个方程对应于一个域,即含有方程全部根的域,称为这方程的伽罗瓦域,这个域对应一个群,即这个方程根的置换群,称为这方程的伽罗瓦群.伽罗瓦域的子域和伽罗瓦群的子群有一一对应关系;当且仅当一个方程的伽罗瓦群是可解群时,这方程是根式可解的.

　　伽罗瓦的成就在于他在数学中第一次引进了非常重要的新的一般概念——群,并用群论彻底解决了根式求解代数方程的问题,而且由此发展了一整套关于群和域的理论,为了纪念他,人们称之为伽罗瓦理论.正是这套理论创立了抽象代数学,把代数学的研究推向了一个新的里程.

　　伽罗瓦的个性是非常独特的.我们在这里把他的生活简略介绍一下.投考高等技术学校的入学试验他曾经两次失败.1829 年伽罗瓦进入了师范学校,但是由于语言和指导人抵触,不久即被斥退(在 1830 年七月革命之后).之后伽罗瓦参加了当时法国的暴风雨式的政治生活,而且成了一个活跃人物.他不但是一个热情的共和党,而且也是法皇路易·菲利普(Louis—Philippe de France,1773—1850)的死敌.经过不止一次被逮捕,结果在决斗上结束了他完美的生命(20 岁的年龄).他不可能对数学这一学科花费很多的时间,然而伽罗瓦在自己的生命中却在数学的一些不同的分支中给出了远远超过他的时代的发明,特别是给出了代数方程论中最著名的结果.伽罗瓦的结果并未得到和他同时代的权威学者的赞许,他提交给法国科学院的两篇文章,不但没有得到答复,甚而被认为是一种混乱.1846 年,在伽罗瓦死后 14 年,他所留下的不算长的手稿才由刘维尔(Joseph Liouville,1809—1882)首次发表在"关于方程用根号解的条件的记录"中.在这篇文章中,伽罗瓦从很简单的但是很深刻的想法出发,解开了环绕着用根号解出方程的困难的症结,而这个困难却是伟大的数学家们所毫无成效地奋斗过的.

1.2　二项方程式

现在回到二项方程式[①]

$$x^n - a = 0(a \neq 0)$$

的求解问题.

或者完全同样的,我们来考虑复数 a 开方的问题.在《数论原理》卷第五章,我们已经知道这个方程式所有的 n 个根都可以由棣莫弗[②]的公式[③]

$$x_k = \sqrt[n]{r}\left(\cos\frac{\varphi + 2k\pi}{n} + \mathrm{i}\sin\frac{\varphi + 2k\pi}{n}\right)(k = 0, 1, \cdots, n-1) \tag{1}$$

得出,式中的 r 代表 a 的模,φ 代表 a 的辐角.

特别重要的情形是数 1 的 n 次根.这个根有 n 个值,所有这些值,我们叫作 n 次单位根,从等式 $1 = \cos 0 + \mathrm{i}\sin 0$ 和公式(1),知道它们是

$$\sqrt[n]{1} = \cos\frac{2k\pi}{n} + \mathrm{i}\sin\frac{2k\pi}{n}(k = 0, 1, \cdots, n-1), \tag{2}$$

从式(2),知道如果 n 是偶数,那么在 $k = 0$ 和 $\frac{n}{2}$ 时得 n 次单位根的实值,如 n 为奇数,那么只是在 $k = 0$ 时才能得出实值.在复平面上,n 次单位根排列在单位圆的圆周上,而且把圆周分为 n 个等份,其中有一个分点是数 1.因此,n 次单位根中那些不是实数的值的位置是对实轴对称的,也就是说两两共轭.

二次单位根有两个值 1 和 -1,四次单位根有四个值 $1, -1, \mathrm{i}$ 和 $-\mathrm{i}$.三次单位根除 1 外,还有

$$\varepsilon_1 = \cos\frac{2\pi}{3} + \mathrm{i}\sin\frac{2\pi}{3} = \frac{-1 + \sqrt{3}\,\mathrm{i}}{2},$$

$$\varepsilon_2 = \cos\frac{4\pi}{3} + \mathrm{i}\sin\frac{4\pi}{3} = \frac{-1 - \sqrt{3}\,\mathrm{i}}{2}.$$

[①]　自然由棣莫弗公式得出的解并非代数解,而是超越(三角)解.以后我们将会了解到任何二项方程式均能解成根式.但是由这三角形式的解预先得出二项方程式的根的一些性质是有必要的,因为这些性质本身对于了解方程式是否能解为根式是有用的.

[②]　棣莫弗(Abraham De Moivre),法国-英国数学家.1667 年 5 月 26 日生于法国维特里勒弗朗索瓦;1754 年 11 月 27 日卒于英国伦敦.

[③]　每一个复数可以"三角形式"地表为

$$r(\cos\theta + \mathrm{i}\sin\theta),$$

其中 r 是它的模,θ 是它的辐角.棣莫弗公式是指等式

$$[r(\cos\theta + \mathrm{i}\sin\theta)]^n = r^n(\cos n\theta + \mathrm{i}\sin n\theta).$$

详见《数论原理》卷.

定理 1.2.1　复数 a 的 n 次根的所有值,都可以从它的某一个值乘上所有的 n 次单位根来得出.

因为如果假设 α 是数 a 的 n 次根的某一个值,也就是 $\alpha^n = a$,而 ε 为任何一个 n 次单位根,也就是 $\varepsilon^n = 1$,那么 $(\varepsilon\alpha)^n = \varepsilon^n\alpha^n = a$,也就是 $\varepsilon\alpha$ 是 $\sqrt[n]{a}$ 的一个值.用 n 次单位根的每一个来乘 α,我们得出 a 的 n 次根的 n 个不同的值,也就是这个根所有的值.

例如,数 -8 的立方根有一个值 -2.于是,按定理 1.2.1 知道其他两个根是 $-2\varepsilon_1 = -1 - \sqrt{3}\,\mathrm{i}$ 和 $-2\varepsilon_2 = -1 + \sqrt{3}\,\mathrm{i}$(参看前面的三次单位根).

单位根还有以下诸性质:

1° 两个 n 次单位根的乘积仍然是一个 n 次单位根.

因为如果 $\varepsilon^n = 1$ 和 $\eta^n = 1$,那么 $(\varepsilon\eta)^n = \varepsilon^n\eta^n = 1$.

2° n 次单位根的倒数仍然是一个 n 次单位根.

事实上,设 $\varepsilon^n = 1$,那么从 $\varepsilon \cdot \varepsilon^{-1} = 1$ 得出 $\varepsilon^n \cdot (\varepsilon^{-1})^n = 1$,也就是 $(\varepsilon^{-1})^n = 1$.

3° 普遍地说,每一个 n 次单位根的正整数幂或负整数幂都是 n 次单位根.

由于这个结果,如果 ε_k 是方程式

$$x^n - 1 = 0 \qquad (3)$$

的任何一个不等于 1 的根,那么无限序列

$$\varepsilon_k^0 = 1, \varepsilon_k^1, \varepsilon_k^2, \varepsilon_k^3, \cdots \qquad (4)$$

的每一个都是方程式(3)的一个根.但是,我们已经知道方程式(3)的根不能无限多(事实上,只有 n 个),所以在序列(4)中必有重复出现的,设

$$\varepsilon_k^s = \varepsilon_k^t (s > t),$$

两端除以 ε_k^t 得

$$\varepsilon_k^{s-t} = 1.$$

假若 m 是最小的一个自然数而使 1 的 n 次方根 $\varepsilon_k^m = 1$,我们就说 ε_k 属于指数 m.

有了这个定义以后,我们可以证明下述的定理.

定理 1.2.2　设 ε_k 属于指数 m,在序列(4)中,乘幂 ε_k^s 和 ε_k^t 相等的充分必要条件是 $s - t$ 可以被 m 整除.

特别地,$\varepsilon_k^s = \varepsilon_k^0 = 1$ 的充分必要条件是 s 可被 m 整除.

证明　我们已经知道,由等式 $\varepsilon_k^s = \varepsilon_k^t$ 可得

$$\varepsilon_k^{s-t} = 1 \qquad (5)$$

以 m 除 $s - t$ 得

$$s - t = mq + r(0 \leqslant r < m)$$

式中的 q 代表商, r 代表剩余. 因为 $\varepsilon_k^m = 1$, 所以有 $\varepsilon_k^{mq} = 1$ 和

$$\varepsilon_k^{s-t} = \varepsilon_k^{mq+r} = \varepsilon_k^{mq} \varepsilon_k^r = \varepsilon_k^r.$$

因之由等式(5)得

$$\varepsilon_k^r = 1.$$

现在我们来证明 $r = 0$. 假若 r 不等于零, m 就不是满足 $\varepsilon_k^m = 1$ 的最小正整数. 由 $r = 0$, 我们就证明了 $s - t$ 可以被 m 整除.

反之, 假若 $s - t$ 可以被 m 整除, 则有 $s - t = mq$. 由此 $\varepsilon_k^{s-t} = \varepsilon_k^{mq} = (\varepsilon_k^m)^q = 1^q = 1$. 以 ε_k^t 乘最后这个等式的两端, 立刻得出所要的结果.

由定理 1.2.2 可得推论如下:

推论 设 ε_k 属于指数 m, 则

$$\varepsilon_k^0 = 1, \varepsilon_k^1, \varepsilon_k^2, \cdots, \varepsilon_k^{m-1}$$

彼此互异.

事实上, 若 s 和 t 都是小于 m 的非负整数, 且 $s \neq t$, $s - t$ 显然不能被 m 整除.

由整数 m 的定义, 我们知道 m 不能大于方程(3)的次数 n. 现在我们问, 在方程式(3)的 n 个根中, 属于指数 $m = n$ 的根是否存在? 假若这样的根存在, 这个根的 $0, 1, 2, \cdots, n-1$ 次幂必然就是方程式(3)互异的 n 个根, 换言之, 就是方程式(3)所有的根. 要回答这个问题试看

$$\varepsilon_1 = \cos\frac{2\pi}{n} + \mathrm{i}\sin\frac{2\pi}{n}.$$

我们不难证明 ε_1 就是属于指数 n. 事实上, 由棣莫弗公式有

$$\varepsilon_1^k = \left(\cos\frac{2\pi}{n} + \mathrm{i}\sin\frac{2\pi}{n}\right)^k = \cos\frac{2k\pi}{n} + \mathrm{i}\sin\frac{2k\pi}{n} = x_k, k = 0, 1, 2, \cdots, n-1.$$

由上面两个式子知道 ε_1 的 $0, 1, 2, \cdots, n-1$ 次幂就是方程式(3)的所有 n 个根, 而且 n 是满足 $\varepsilon_1^n = 1$ 的最小自然数.

方程式(3)的根里面, 属于指数 n 的根, 叫作方程式(3)的本原根, 或叫作 n 次单位本原根[①].

除去 ε_1 以外, 还有另外的根存在, 有下述定理成立:

定理 1.2.3 方程式(3)的根

$$\varepsilon_k = \cos\frac{2k\pi}{n} + \mathrm{i}\sin\frac{2k\pi}{n}$$

是本原根的充分必要条件为 k 与 n 互素.

---

① 本原根又称为质根.

证明　先求满足

$$\varepsilon_k^m = 1 \tag{6}$$

的最小自然数 m. 因为 $\varepsilon_k = \varepsilon_1^k$，所以等式(6)可以写成

$$\varepsilon_1^{km} = 1.$$

ε_1 既然属于指数 n，所以由定理 1.2.2，km 应该被 n 整除

$$km = nq. \tag{7}$$

令 d 代表 k 和 n 的最高公因子. 若 k 和 n 互素，则 $d=1$. 设

$$k = k_1 d, n = n_1 d,$$

式中的 k_1 和 n_1 代表互素整数. 把 k 和 n 的值代入式(7)后再除以 d 得

$$k_1 m = n_1 q,$$

即 $k_1 m$ 可被 n_1 整除. k_1 既然和 n_1 互素，所以 m 必须被 n_1 整除. 在所有的自然数中，能够被 n_1 整除的，显然以 n_1 自身为最小，因此 $m = n_1 = \dfrac{n}{d}$. 假若取 ε_k 的 n_1 次幂，则有

$$\varepsilon_k^{n_1} = \varepsilon_1^{kn_1} = \varepsilon_1^{\frac{kn}{d}} = (\varepsilon_1^n)^{\frac{k}{d}} = (\varepsilon_1^n)^{k_1} = 1^{k_1} = 1.$$

假若 k 和 n 互素，则 $d=1$，于是 $m=n$. 因此在 k 和 n 互素的假设下，ε_k 即属于指数 n，也就是说 ε_k 是本原根. 反之若 k 和 n 不互素，则有 $m = \dfrac{n}{d}$，$d>1$，在这个情形下，ε_k 应属于指数 $\dfrac{n}{d} < n$，也就是说 ε_k 不是本原根. 这就证明了定理 1.2.3.

由定理 1.2.3 立刻得出推论如下：

推论　n 次单位本原根的个数等于和 n 互素且小于 n 的自然数的个数.

n 次单位本原根的个数常用 $\varphi(n)$[①] 代表. 自然 $\varphi(1)=1$，因为 1 的一次本原根只有一个，这个本原根就是 1 自身.

例　试求 1 的六次本原根，就是说求

$$x^n - 1 = 0$$

的本原根. 在 $1,2,3,4,5$ 诸数中，只有 1 和 5 才与 6 互素，因此 $\varphi(6)=2$. 下面两个本原根就是 1 的六次本原根

$$\varepsilon_1 = \cos\frac{2\pi}{6} + \mathrm{i}\sin\frac{2\pi}{6} = \frac{1}{2} + \frac{\sqrt{3}}{2}\mathrm{i}, \varepsilon_2 = \cos\frac{10\pi}{6} + \mathrm{i}\sin\frac{10\pi}{6} = \frac{1}{2} - \frac{\sqrt{3}}{2}\mathrm{i}$$

现在我们研究通过 n 来表示 $\varphi(n)$ 的规律. 为了这个目的，先证明下述事

----

① 在数论上 $\varphi(n)$ 被叫作欧拉函数.

实：

定理 1.2.4 设 n_1 和 n_2 是互素的自然数，则每一个 $n_1 n_2$ 次单位本原根都可唯一地表示为 n_1 次单位本原根和 n_2 次单位本原根的乘积.

证明 由假设 n_1 和 n_2 互素，因此有两个整数 k_1 和 k_2 存在，并满足

$$n_1 k_1 + n_2 k_2 = 1 \qquad (8)$$

我们先证明 k_1 必须和 n_2 互素. 如若不然，设 k_1 和 n_2 有因子 d 且不等于 1. 由此，等式(8)的左端就可以被 d 整除，因而等式(8)的右端也可以被 d 整除. $d \neq 1$ 的时候，这个结果显然不可能. 同理，k_2 和 n_1 也必须互素. 现在任取 1 的一个 $n_1 n_2$ 次本原根 x，对于 x 显然有

$$x = x^{n_1 k_1 + n_2 k_2} = x^{n_2 k_2} x^{n_1 k_1} \qquad (9)$$

设 $x^{n_2 k_2}$ 所属的指数是 m，因此有

$$(x^{n_2 k_2})^m = x^{n_2 k_2 m} = 1.$$

x 既然是 $n_1 n_2$ 次单位本原根，所以 x 属于指数 $n_1 n_2$，由此 $n_2 k_2 m$ 必须被 $n_1 n_2$ 整除

$$n_2 k_2 m = n_1 n_2 q,$$

两端消去 n_2 得

$$k_2 m = n_1 q.$$

因为 k_2 和 n_1 互素，所以由最后这个等式就可以断定 m 必须被 n_1 整除，也就是说 $m = n_1$. 这样，我们就证明了 $x^{n_2 k_2}$ 属于指数 n_1，即 $x^{n_2 k_2}$ 是 n_1 次单位本原根[①]. 同理可以证明 $x^{n_1 k_1}$ 是 n_2 次单位本原根.

我们还要证明式(9)的分解法是唯一的. 设

$$x = y_1 y_2,$$

y_1 代表 n_1 次单位本原根，y_2 代表 n_2 次单位本原根. 把最后这个等式的两端乘方至 $n_2 k_2$ 次得

$$x^{n_2 k_2} = y_1^{n_2 k_2} y_2^{n_2 k_2} = y_1^{1 - n_1 k_1} = y_1 y_1^{-n_1 k_1} = y_1,$$

同理可以证明

$$x^{n_1 k_1} = y_2.$$

反之，我们还可以证明：

定理 1.2.5 设 n_1 和 n_2 是互素自然数，每一个 n_1 次单位本原根和每一个 n_2 次单位本原根的乘积都是一个 $n_1 n_2$ 次单位本原根.

---

① 属于指数 m 的根事实上就是方程式 $x^m - 1 = 0$ 的本原根.

证明　设 y_1 是任一个 n_1 次单位本原根，y_2 是任一个 n_2 次单位本原根.再设 y_1y_2 所属的指数是 k.由这个假设有

$$(y_1y_2)^k = 1.$$

把等式两端 n_1 次乘方得

$$y_1^{n_1k} y_2^{n_1k} = 1.$$

因为 $y_1^{n_1k} = 1$，所以

$$y_2^{n_1k} = 1.$$

y_2 既然属于整数 n_2，所以 n_1k 必须被 n_2 整除.但是 n_1 和 n_2 互素，因此 k 必须被 n_2 整除.同理，若把 $(y_1y_2)^k = 1$ 两端 n_2 次乘方，就可以断定 k 必须被 n_1 整除.

根据上面的证明，k 既可被 n_1 整除又可被 n_2 整除，于是 k 是 n_1 和 n_2 的公倍数.同时 k 又是满足等式 $(y_1y_2)^k = 1$ 的最小自然数，所以 k 是 n_1 和 n_2 的最小公倍数.n_1 和 n_2 互素，因此 k 就是 n_1 和 n_2 的乘积，即 $k = n_1n_2$.事实上

$$(y_1y_2)^{n_1n_2} = (y_1^{n_1})^{n_2}(y_2^{n_2})^{n_1} = 1.$$

从上面证明的结果，得出 $\varphi(n)$ 的一些重要推论如下：

i.若 n_1 和 n_2 是互素的自然数，则有 $\varphi(n_1n_2) = \varphi(n_1)\varphi(n_2)$.

一般地，若 $n_1, n_2, \cdots, n_k$ 是两两互素的自然数，则有

$$\varphi(n_1n_2\cdots n_k) = \varphi(n_1)\varphi(n_2)\cdots\varphi(n_k). \tag{10}$$

ii.若 p 是一个自然质数，α 是一个自然数，则有

$$\varphi(p^\alpha) = p^\alpha\varphi\left(1 - \frac{1}{p}\right) \tag{11}$$

证明　试考察数系

$$1, 2, 3, \cdots, p^\alpha - 1, p^\alpha.$$

在这个数系中和 p 互素的数就是不能被 p 整除的数.在这个数系中能被 p 整除者仅有

$$p, 2p, 3p, \cdots, (p^{\alpha-1} - 1)p, p^{\alpha-1}p,$$

因此一共只有 $p^{\alpha-1}$ 个数可以被 p 整除.由上述这个理由立刻得出

$$\varphi(p^\alpha) = p^\alpha - p^{\alpha-1} = p^{\alpha-1}\left(1 - \frac{1}{p}\right).$$

这个公式不难用 n 的质因子代表 $\varphi(n)$.设 n 分解为质因子乘积是

$$n = p_1^{\alpha_1} p_2^{\alpha_2} \cdots p_k^{\alpha_k}.$$

由(10)和(11)得

$$\varphi(n) = \varphi(p_1^{\alpha_1} p_2^{\alpha_2} \cdots p_k^{\alpha_k}) = \varphi(p_1^{\alpha_1})\varphi(p_2^{\alpha_2})\cdots\varphi(p_k^{\alpha_k})$$

$$= p_1^{\alpha_1}\left(1 - \frac{1}{p_1}\right) p_2^{\alpha_2}\left(1 - \frac{1}{p_2}\right) p_k^{\alpha_k}\left(1 - \frac{1}{p_k}\right)$$

11

或

$$\varphi(n) = p_1^{a_1} p_2^{a_2} \cdots p_k^{a_k} \left(1 - \frac{1}{p_1}\right)\left(1 - \frac{1}{p_2}\right)\cdots\left(1 - \frac{1}{p_k}\right) \tag{12}$$

例如

$$\varphi(6) = 2 \cdot 3\left(1 - \frac{1}{2}\right)\left(1 - \frac{1}{3}\right) = 2, \varphi(21) = 3 \cdot 7\left(1 - \frac{1}{3}\right)\left(1 - \frac{1}{7}\right) = 12.$$

§2　低次代数方程式的古典解法

2.1　一次、二次方程式

我们知道,代数方程可以按照它的次数来分类.其中一次方程最简单,它的一般形式是

$$ax + b = 0(a \neq 0).$$

它的解是

$$x = -\frac{b}{a}.$$

二次方程的一般形式是

$$ax^2 + bx + c = 0(a \neq 0). \tag{1}$$

它的解法也不难.古代巴比伦人很早就会利用配方来求解了.

首先,方程式两端同时除以 a,将(1)化为

$$x^2 + \frac{b}{a}x + \frac{c}{a} = 0.$$

配平方

$$\left(x + \frac{b}{2a}\right)^2 + \frac{c}{a} - \frac{b^2}{4a^2} = 0,$$

移项

$$\left(x + \frac{b}{2a}\right)^2 = \frac{b^2 - 4ac}{4a^2},$$

两边开方,再经明显的化简后即得

$$x = \frac{-b + \sqrt{b^2 - 4ac}}{2a}.$$

我们得到了大家所熟知的二次方程式的解的公式.通常这公式写成这样的形式

$$x = \frac{-b \pm \sqrt{b^2 - 4ac}}{2a}, \qquad\qquad (2)$$

$\sqrt{b^2 - 4ac}$ 可理解为 $b^2 - 4ac$ 诸二次方根的任何一个值. 如此,公式(2)给出方程式(1)的两个根.

现在我们来讨论带复系数的二次方程式,判明它在什么条件下有相异的根,并且在什么条件下有重根.

为此须利用韦达公式. 为更简单起见,可以假设方程式的最高系数等于 1;在相反的情况我们可以将方程式两边以最高项系数除之. 在这假设之下二次方程式的形式为

$$x^2 + px + q = 0. \qquad\qquad (3)$$

我们以 x_1 与 x_2 表示方程式(3)的根. 于是按照韦达公式我们有

$$p = -(x_1 + x_2), q = x_1 x_2.$$

方程式(3)的根 x_1 与 x_2 可用

$$x = -\frac{p}{2} \pm \sqrt{\frac{p^2}{4} - q}$$

来确定,并且这时二次方程式的判别式为 $p^2 - 4q$.

由韦达公式出发容易证明:方程式(3)在判别式等于零的时候(也只有在这时候)才有二重根.

事实上,如果方程式(3)有一个二重根,则这意思是说,这方程式有两个相等的根:$x_1 = x_2$. 由此有 $p = -(x_1 + x_2) = -2x_1, q = x_1 x_2 = x_1^2$,并且

$$p^2 - 4q = (-2x_1)^2 - 4x_1^2 = 4(x_1^2 - x_1^2) = 0.$$

反之,如果判别式 $p^2 - 4q$ 等于零,则按韦达公式以 p 与 q 用 x_1 与 x_2 表示的式子替代,得

$$p^2 - 4q = (x_1 + x_2)^2 - 4x_1 x_2 = (x_1 - x_2)^2 = 0,$$

由此得 $x_1 - x_2 = 0$,即 $x_1 = x_2$.

如果,在特别场合,方程式(3)的系数是实数,则借助于判别式可决定出什么时候方程式的根是实数,什么时候方程式的根是虚数. 显然,方程式(3)的根在其判别式 $p^2 - 4q$ 不是负数的情况(也只有在这情形)才为实数,因为在这场合 $\frac{p^2}{4} - q = \frac{1}{4}(p^2 - 4q)$ 的平方根有实数值.

补充刚才所讲的可以指出:

(1)方程式(3)如果 $\frac{p^2}{4} - q > 0$ 并且系数 p 与 q 都是正数,则有不相同的负

实根；

（2）方程式(3)如果 $\frac{p^2}{4}-q>0$，系数 p 是负数，而系数 q 是正数，则有不同的正实根；

（3）方程式(3)如果 $\frac{p^2}{4}-q>0$ 而系数 q 是负的，则有一根正一根负；

（4）方程式(3)如果 $\frac{p^2}{4}-q=0$ 时只有一个二重实根，其为正或为负就看 p 是负还是正而定.

所有这些结论都容易由韦达公式证明.

总括情形(1) ～ (3)得到：若判别式为正，则 $x^2+px+q=0$ 的正根个数等于 $[1,p,q]$ 的变号数[①].

2.2 三次方程式

我们预先对任意次的代数方程式

$$a_0 x^n + a_1 x^{n-1} + \cdots + a_n = 0 (a_0 \neq 0)$$

做一个一般性的讨论.

我们来证明，如果把未知量 x 以适当的新未知量 y 替代，则上面的方程式可以变简单一点——可以使未知量的 $n-1$ 次项等于零. 这里只要令 $x=y+\alpha$，而 α 暂且是一个待定的数. 如此我们得到

$$a_0(y+\alpha)^n + a_1(y+\alpha)^{n-1} + \cdots + a_n = 0,$$

或者按牛顿二项式定理展开括号，并且把各项按 y 的降幂排列之，得

$$a_0 y^n + (na_0\alpha + a_1)y^{n-1} + \cdots + (a_0\alpha^n + a_1\alpha^{n-1} + \cdots + a_n) = 0.$$

如此，倘若我们要在这方程式中消去带 y^{n-1} 的那一项，则应该取 α 使 $na_0\alpha + a_1 = 0$. 由此知道应该取 $\alpha = -\frac{a_1}{na_0}$.

所以，令 $x=y-\frac{a_1}{na_0}$，我们得到一个带未知量 y 的方程式，其中带 y^{n-1} 一项等于零.

一元三次方程求根公式的推广得益于卡丹（G. Cardano，1501—1576），是他最早公开发表三次方程的求解方法、求根公式，并且几何验证了这种解法. 当

---

① 设 $[a_0,a_1,\cdots,a_n]$ 是一个数列. 将其中等于零的项去掉，对剩下的数列从左至右依次观察，如果相邻两数异号，则称为一个变号数，变号的总数称为该数列的变号数. 详见《多项式理论》卷.

然我们不可能将卡丹的原著再现,下面的过程只是展现了他解三次方程的内涵.

对于一般的三次方程

$$x^3 + ax^2 + bx + c = 0. \tag{*}$$

在此可假设最高系数等于 1 而不影响一般性.将这方程式施以上面所讲的化简法 —— 把二次项化作零,因此令 $x = y - \dfrac{a}{3}$.结果得所谓三次方程式的典式

$$y^3 + py + q = 0 \tag{1}$$

这里 $p = b - \dfrac{1}{3}a^2, q = \dfrac{2a^2}{27} - \dfrac{ab}{3} + c$.

要找方程式(1)的根,我们考虑等式

$$(u + v)^3 = u^3 + v^3 + 3(u + v)uv,$$

令 $y = u + v$,引入新的未知量 u, v,则方程(1)变为

$$u^3 + v^3 + (3uv + p)(u + v) + q = 0. \tag{2}$$

由于 y 是一个未知量,而 u, v 是两个未知量,于是可以对 u, v 再加一个约束条件[①]:$3uv = -p$.由此方程(2)就简化为

$$u^3 + v^3 + q = 0. \tag{3}$$

以 $v = \dfrac{-p}{3u}$ 代入,得到

$$u^6 + qu^3 - \left(\dfrac{p}{3}\right)^3 = 0.$$

令 $t = u^3$,即有

$$t^2 + qt - \left(\dfrac{p}{3}\right)^3 = 0. \tag{4}$$

即 u^3 是二次方程式(4)的一个根.

如果以 $u = \dfrac{-p}{3v}$ 代入(3),并作类似的代换,则可知 v^3 亦是方程式(4)的一个根.

现在我们解二次方程式(4),得

$$u^3 = t_1 = -\dfrac{q}{2} + \sqrt{\left(\dfrac{q}{2}\right)^2 + \left(\dfrac{p}{3}\right)^3}, \quad v^3 = t_2 = -\dfrac{q}{2} - \sqrt{\left(\dfrac{q}{2}\right)^2 + \left(\dfrac{p}{3}\right)^3},$$

---

① 无论两数的和 $u + v$ 是怎样的,我们永远可以要求它们的积等于一个预先给定的数.因为如果给定了 $u + v = A$,而我们要求 $uv = B$,那么 $v = A - u$ 只要求 $u(A - u) = B$,这只要 u 是二次方程式 $u^2 - Au + B = 0$ 的根就行了.

由此有

$$u=\sqrt[3]{-\frac{q}{2}+\sqrt{\left(\frac{q}{2}\right)^2+\left(\frac{p}{3}\right)^3}},v=\sqrt[3]{-\frac{q}{2}-\sqrt{\left(\frac{q}{2}\right)^2+\left(\frac{p}{3}\right)^3}},$$

并且

$$y=\sqrt[3]{-\frac{q}{2}+\sqrt{\left(\frac{q}{2}\right)^2+\left(\frac{p}{3}\right)^3}}+\sqrt[3]{-\frac{q}{2}-\sqrt{\left(\frac{q}{2}\right)^2+\left(\frac{p}{3}\right)^3}}\,① \quad （Ⅰ）$$

这样我们就得到了卡丹解三次方程式的公式,它是两个立方根的和.每一个立方根都有三个值,如此每一个 u 值和每一个 v 值配合可得 $u+v$ 的九组值,但在这九组值中只有三组是三次方程式(1)的根.因为只有 u 和 v 满足条件

$$uv=-\frac{p}{3}$$

的三个和 $u+v$ 才是方程式(1)的根.

在这里说一下三次方程求根公式来源的历史不是没有趣味的事情.16 世纪初叶,意大利数学学者费罗首先解出了不完全三次方程式的一个特别情形($x^3+mx=n,m,n$ 为正数).在这世纪末,数学家为了在当时很流行的数学竞赛上一放光辉,都竭力保存着自己发现的秘密,所以费罗不把他的结果发表也并不奇怪,但是他把他的方法传授给了它的学生 —— 菲奥尔(Antonio Maria Fior).费罗去世以后,塔尔塔利亚②声称他解出了三次方程式 $x^3+3x=5$,这招致菲奥尔的怀疑而向塔尔塔利亚提出挑战:每一方提出 30 个问题要对方解答.塔尔塔利亚接受了这个挑战,并因此召集了当时的大数学家的一个数学竞赛.在竞赛的前八天塔尔塔利亚发现了解决任意一个不完全三次方程式(即缺二次项的三次方程式)的方法.竞赛的结果是菲奥尔完全失败.塔尔塔利亚在两个

---

① 我们让读者自己去验证,如果记 $\Delta_1=-b^2+3ac=0,\Delta_2=-2b^3+9abc-27a^2d$,那么三次方程式 $ax^3+bx^2+cx+d=0$ 的三个根可以表示为

$$x_1=-\frac{b}{3a}+\frac{\sqrt[3]{\Delta_2+\sqrt{4\Delta_1^3+\Delta_2^2}}}{3\sqrt[3]{2}a}+\frac{\sqrt[3]{\Delta_2-\sqrt{4\Delta_1^3+\Delta_2^2}}}{3\sqrt[3]{2}a},$$

$$x_2=-\frac{b}{3a}-\frac{(1+\sqrt{3}i)\sqrt[3]{\Delta_2+\sqrt{4\Delta_1^3+\Delta_2^2}}}{6\sqrt[3]{2}a}-\frac{(1-\sqrt{3}i)\sqrt[3]{\Delta_2-\sqrt{4\Delta_1^3+\Delta_2^2}}}{6\sqrt[3]{2}a},$$

$$x_3=-\frac{b}{3a}-\frac{(1-\sqrt{3}i)\sqrt[3]{\Delta_2+\sqrt{4\Delta_1^3+\Delta_2^2}}}{6\sqrt[3]{2}a}-\frac{(1+\sqrt{3}i)\sqrt[3]{\Delta_2-\sqrt{4\Delta_1^3+\Delta_2^2}}}{6\sqrt[3]{2}a}.$$

② 尼科洛·塔尔塔利亚(Niccolo Tartaglia,约 1500—1557 年),原名尼科洛·冯塔纳(Niccolò Fontana),意大利数学家,工程师.冯塔纳幼年时曾被砍伤头部而留下说话困难的后遗症,人们因此给他取了绰号"塔尔塔利亚"(Tartaglia,意为口吃者),他本人也以此为姓发表文章,从此被称为尼科洛·塔尔塔利亚.

16

小时内解答了对方提出的所有问题,但是菲奥尔不能回答塔尔塔利亚所提的任何一个问题.不久以后,这个消息传到了米兰数学兼物理教授卡丹那里去.由于卡丹竭力要求,塔尔塔利亚同意把他的秘密传授给卡丹,但是有一个条件,就是要严守他发现的秘密.但卡丹并没有遵守诺言,结果在自己的著作《大术》中发表了不完全三次方程式的解法.虽然在这本传遍欧洲的书中,卡丹对不完全三次方程式的解法的来源给出了必要的说明,但直到现在,我们还是称公式(Ⅰ)为卡丹公式.

作为例子,现在我们用卡丹公式来解方程式

$$x^3 + 15x + 124 = 0.$$

这方程式已经是典式,所以可以直接应用卡丹公式.这里 $p=15, q=124$.所以在当前的场合

$$u = \sqrt[3]{-62 + \sqrt{3\,969}} = \sqrt[3]{-62 + 63} = \sqrt[3]{1}.$$

我们来找 u 的所有三个数值.既然

$$u = \sqrt[3]{1} = \sqrt[3]{\cos 0 + \mathrm{i}\sin 0} = \cos\frac{2k\pi}{3} + \mathrm{i}\sin\frac{2k\pi}{3}\ (k=0,1,2),$$

则

$$u_0 = \cos 0 + \mathrm{i}\sin 0 = 1, u_1 = \cos\frac{2\pi}{3} + \mathrm{i}\sin\frac{2\pi}{3} = -\frac{1}{2} + \mathrm{i}\frac{\sqrt{3}}{2},$$

$$u_2 = \cos\frac{4\pi}{3} + \mathrm{i}\sin\frac{4\pi}{3} = -\frac{1}{2} - \mathrm{i}\frac{\sqrt{3}}{2}.$$

现在来找相应的 v 值,利用等式 $uv = -\dfrac{p}{3} = -5$.我们有

$$v_0 = -\frac{5}{1} = -5, v_1 = -\frac{5}{-\dfrac{1}{2} + \mathrm{i}\dfrac{\sqrt{3}}{2}} = \frac{5}{2} + \mathrm{i}\frac{5\sqrt{3}}{2},$$

$$v_2 = \frac{5}{-\dfrac{1}{2} - \mathrm{i}\dfrac{\sqrt{3}}{2}} = \frac{5}{2} - \mathrm{i}\frac{5\sqrt{3}}{2}.$$

由此不难找出该方程式的所有三个根

$$x_0 = u_0 + v_0 = -4, x_1 = u_1 + v_1 = 2 + \mathrm{i}3\sqrt{3}, x_2 = u_2 + v_2 = 2 - \mathrm{i}3\sqrt{3}.$$

回到方程式(1)的求根.设 u_0 是 u 的一个值.我们以 ε 表示 1 的三次原根.于是 u 的其余两个值可以写成下面这样

$$u_1 = u_0\varepsilon, u_2 = u_0\varepsilon^2.$$

由此我们得到相应的 v 值

$$v_0 = -\frac{p}{3u_0}, v_1 = -\frac{p}{3u_0\varepsilon} = -\frac{p}{3u_0\varepsilon^3} \cdot \varepsilon^2 = -\frac{p}{3u_0} \cdot \varepsilon^2 = v_0\varepsilon^2,$$

$$v_2 = -\frac{p}{3u_0\varepsilon^2} = -\frac{p}{3u_0\varepsilon^3} \cdot \varepsilon = -\frac{p}{3u_0} \cdot \varepsilon = v_0\varepsilon.$$

这样,方程式(1)的根可以按公式

$$\left.\begin{aligned} y_0 &= u_0 + v_0 \\ y_1 &= u_0\varepsilon + v_0\varepsilon^2 \\ y_2 &= u_0\varepsilon^2 + v_0\varepsilon \end{aligned}\right\} \tag{5}$$

来找,其中 u_0 是 u 的一个值(是哪一个可不论),$v_0 = -\frac{p}{3u_0}$,而 ε 是 1 的任何一个三次原根.

如果取 $\cos\frac{2\pi}{3} + i\sin\frac{2\pi}{3} = -\frac{1}{2} + i\frac{\sqrt{3}}{2}$ 作 ε,则公式(5)为这个更便于计算的形式

$$\left.\begin{aligned} y_0 &= u_0 + v_0 \\ y_1 &= -\frac{u_0 + v_0}{3} + i\frac{(u_0 - v_0)\sqrt{3}}{3} \\ y_2 &= -\frac{u_0 + v_0}{3} - i\frac{(u_0 - v_0)\sqrt{3}}{3} \end{aligned}\right\} \tag{5'}$$

出现在卡丹公式根号下的式子 $\Delta = \left(\frac{q}{2}\right)^2 + \left(\frac{p}{3}\right)^3$ 有时候称为方程式(1)[①]的决定式. 我们来看看在 $\Delta = 0$ 及 $\Delta \neq 0$ 的场合得到什么.

如果 $\Delta = \left(\frac{q}{2}\right)^2 + \left(\frac{p}{3}\right)^3 = 0$,则 $u = \sqrt[3]{-\frac{q}{2}}$. 这式子 u 可以稍稍加以化简,即

$$u = \sqrt[3]{\frac{\left(-\frac{q}{2}\right)^3}{\left(\frac{q}{2}\right)^2}} = -\frac{q}{2\sqrt[3]{\left(\frac{q}{2}\right)^2}}.$$

既然 $\left(\frac{q}{2}\right)^2 + \left(\frac{p}{3}\right)^3 = 0$,则 $\left(\frac{q}{2}\right)^2 = -\left(\frac{p}{3}\right)^3$. 所以

$$u = \frac{q}{2\sqrt[3]{\left(\frac{p}{3}\right)^3}}$$

---

① 事实上,Δ 与判别式 D 相差一个常数因子——108,见后文.

由此我们得到下面这个式子作为 u 的一个值

$$u_0 = -\frac{q}{2\left(-\dfrac{p}{3}\right)} = \frac{3q}{2p}.$$

相应的 v_0 值将等于

$$v_0 = -\frac{p}{3u_0} = -\frac{2p^2}{9q} = \frac{6\left[-\left(\dfrac{p}{3}\right)^3\right]}{pq} = \frac{6\left(\dfrac{q}{2}\right)^2}{pq} = \frac{3q}{2p} = u_0.$$

由公式$(5')$我们得到

$$y_0 = u_0 + v_0 = 2u_0 = \frac{3q}{p}, \quad y_1 = -\frac{2u_0}{2} = -u_0 = -\frac{3q}{2p}, \quad y_2 = -\frac{2u_0}{2} = -u_0 = -\frac{3q}{2p}.$$

所以,如果 $\Delta = 0$,则方程式(1)在 $p \neq 0$ 及 $q \neq 0$ 时有一个单根 y_0 及一个二重根 $y_1 = y_2$. 要找这些根可不采用二次及三次的开方,而可按公式

$$y_0 = \frac{3q}{p}, \quad y_1 = y_2 = -\frac{3q}{2p} \tag{6}$$

来计算.

例 解方程式

$$x^3 - 3x^2 - 9x + 27 = 0.$$

我们首先来把这方程式化为典式,因此令 $x = y + 1$. 这样做过以后得到

$$y^3 - 12y + 16 = 0.$$

容易看出,在此时 $\Delta = \left(\dfrac{q}{2}\right)^2 + \left(\dfrac{p}{3}\right)^3 = 0$,并且我们能利用公式(6)

$$y_0 = \frac{3q}{p} = \frac{48}{-12} = -4, \quad y_1 = y_2 = -\frac{48}{-24} = 2.$$

我们转向 $\Delta \neq 0$ 的场合来证明,如果 $\Delta \neq 0$,则方程式(1)有三个不同的根.

证明 我们假设其反面:设方程式(1)有两个根等于同一个数 α;第三个设为 β. 于是按照韦达公式我们得到

$$2\alpha + \beta = 0, \quad \alpha^2 + 2\alpha\beta = p, \quad -\alpha^2\beta = q.$$

所以 $\beta = -2\alpha$,并且

$$p = -3\alpha^2, \quad q = 2\alpha^3.$$

如此

$$\Delta = \left(\frac{q}{2}\right)^2 + \left(\frac{p}{3}\right)^2 = \alpha^6 - \alpha^6 = 0,$$

这与条件 $\Delta \neq 0$ 相冲突.

到现在为止我们假设三次方程式的系数是复数. 现在我们来考虑带实系数

的三次方程式这一比较常遇见的情形. 我们可以看出这情形判别式对于研究三次方程式起重要作用.

(1)$\Delta > 0$. 既然在此时 $\Delta \neq 0$, 则方程式(1)的所有三个根应该彼此不同. 我们来判明其中有几个实根.

由

$$u = \sqrt[3]{-\frac{q}{2} + \sqrt{\Delta}}$$

容易看出,在三次根号下的是一个实数,因为 $\Delta > 0$. 所以 u 的任何一个值应该是实数. 我们设它是 u_0, 于是 v_0 将亦是实数. 由此根据公式(5′)我们断定方程式(1)只有一个实根,即 $y_0 = u_0 + v_0$. 我们来判明,什么时候这根是正的和什么时候是负的.

设 $p > 0$, 于是

$$\left| -\frac{q}{2} \right| < \sqrt{\Delta}$$

并且 u_0 应该是正的,而 v_0 等于实数值

$$\sqrt[3]{-\frac{q}{2} - \sqrt{\Delta}}$$

的数值显然是负的. 其次,在 $q > 0$ 时

$$\left| -\frac{q}{2} + \sqrt{\Delta} \right| < \left| -\frac{q}{2} - \sqrt{\Delta} \right|$$

而在 $q < 0$ 时

$$\left| -\frac{q}{2} + \sqrt{\Delta} \right| > \left| -\frac{q}{2} - \sqrt{\Delta} \right|$$

如此,倘若 $q > 0$, 则 $|u_0| < |v_0|$, 因此 $y_0 = u_0 + v_0$ 是负的;倘若 $q < 0$, 则 $|u_0| > |v_0|$, 故 y_0 是正的.

现在假设 $p < 0$. 于是

$$\left| -\frac{q}{2} \right| > |\sqrt{\Delta}|.$$

并且 u_0 在 $q > 0$ 时应该是负的,在 $q < 0$ 时应该是正的,而 v_0 这个等于实数值

$$\sqrt[3]{-\frac{q}{2} - \sqrt{\Delta}}$$

的数亦将在 $q > 0$ 时是负的,在 $q < 0$ 时是正的. 由此 $y_0 = u_0 + v_0$ 这个根在 $q > 0$ 时是负的,而在 $q < 0$ 时是正的.

所以,如果 $\Delta > 0$, 则方程式(1)只有一个实根,并且在 $q > 0$ 时这根是负

20

的,而在 $q < 0$ 时这根是正的.

(2)$\Delta = 0$. 我们知道,在 $\Delta = 0$,$p \neq 0$,$q \neq 0$ 时这方程式有两个相等的根. 因为现在所考虑的是实系数方程式,我们可以做下面这样的结论:在 $\Delta = 0$,$p \neq 0$,$q \neq 0$ 时方程(1)的所有三个根都是实数,并且其中两个是相等的;换句话说,这方程式有一个单实根及一个二重实根

$$y_0 = \frac{3q}{p}, y_1 = y_2 = -\frac{3q}{2p}.$$

由 $\Delta = \left(\frac{q}{2}\right)^2 + \left(\frac{p}{3}\right)^3 = 0$ 推知 $\left(\frac{p}{3}\right)^3 = -\left(\frac{q}{2}\right)^2 < 0$,由此有 $p < 0$. 如此,倘若 $q > 0$,则单根 y_0 是负的,而 $y_1 = y_2$ 是正的;如果 $q < 0$,则 y_0 是正的,而 $y_1 = y_2$ 是负的.

在特别情形 $p = q = 0 (\Delta = 0)$ 时,式(1)成为二项方程式

$$y^3 = 0$$

而有一个三重根 0.

(3)$\Delta < 0$. 这情形叫作既约的并且因下面的关系而值得注意. 既然三次方根在此要有虚数来开方,则 u 与 v 是虚数. 但所有 3 个根仍为实数. 事实上,既然 $\Delta < 0$,我们可令 $\Delta = -\alpha^2$,这里 α 是某个正实数. 于是

$$u = \sqrt[3]{-\frac{q}{2} + \alpha i}$$

我们来找根号下面这式子的模 r 及辐角 φ. 我们有

$$r = \left| \sqrt{\left(-\frac{q}{2}\right)^2 + \alpha^2} \right| = \left| \sqrt{\frac{q^2}{4} - \Delta} \right| = \left| \sqrt{\frac{q^2}{4} - \frac{q^2}{4} - \frac{p^3}{27}} \right| = \left| \sqrt{-\frac{p^3}{27}} \right|,$$

$$\cos \varphi = -\frac{q}{2r}, \sin \varphi = \frac{\alpha}{r} > 0.$$

如此

$$u = \sqrt[3]{r(\cos \varphi + i\sin \varphi)} = |\sqrt[3]{r}| \left(\cos \frac{\varphi + 2k\pi}{3} + i\sin \frac{\varphi + 2k\pi}{3}\right).$$

依次令 $k = 0, 1, 2$,我们得到 u 的所有三个值

$$u_0 = |\sqrt[3]{r}| \left(\cos \frac{\varphi}{3} + i\sin \frac{\varphi}{3}\right), u_1 = |\sqrt[3]{r}| \left(\cos \frac{\varphi + 2\pi}{3} + i\sin \frac{\varphi + 2\pi}{3}\right),$$

$$u_2 = |\sqrt[3]{r}| \left(\cos \frac{\varphi + 4\pi}{3} + i\sin \frac{\varphi + 4\pi}{3}\right).$$

我们知道,复数 z 与共轭复数 $\bar{z}$ 的乘积等于 z 的模的平方

$$z\bar{z} = |z|^2.$$

因此我们容易来决定 v_0, v_1, v_2. 这时我们可应用

$$u = | \sqrt[3]{r} | \left(\cos \frac{\varphi + 2k\pi}{3} + \mathrm{i}\sin \frac{\varphi + 2k\pi}{3} \right)$$

这式子. 我们看出, u 的模等于

$$| \sqrt[3]{r} | = \left| \sqrt[3]{\sqrt{-\frac{p^3}{27}}} \right| = \left| \sqrt{-\frac{p}{3}} \right|.$$

由此 u 的模的平方将等于 $-\frac{p}{3}$, 所以 $u\bar{u} = -\frac{p}{3}$. 但 u 与 v 被这关系联系着: $uv = -\frac{p}{3}$. 这就是说, $v = \bar{u}$, 而我们得到

$$v_0 = \bar{u}_0 = | \sqrt[3]{r} | \left(\cos \frac{\varphi}{3} - \mathrm{i}\sin \frac{\varphi}{3} \right), v_1 = \bar{u}_1 = | \sqrt[3]{r} | \left(\cos \frac{\varphi + 2\pi}{3} - \mathrm{i}\sin \frac{\varphi + 2\pi}{3} \right),$$

$$v_2 = \bar{u}_2 = | \sqrt[3]{r} | \left(\cos \frac{\varphi + 4\pi}{3} - \mathrm{i}\sin \frac{\varphi + 4\pi}{3} \right).$$

现在方程式(1)的所有根可以毫无困难地找出

$$\left. \begin{aligned} y_0 &= u_0 + v_0 = 2 | \sqrt[3]{r} | \cos \frac{\varphi}{3} \\ y_1 &= u_1 + v_1 = 2 | \sqrt[3]{r} | \cos \frac{\varphi + 2\pi}{3} \\ y_2 &= u_2 + v_2 = 2 | \sqrt[3]{r} | \cos \frac{\varphi + 4\pi}{3} \end{aligned} \right\} \tag{7}$$

由公式(7)可见, y_0, y_1, y_2 诸根是实数并且彼此相异. 此外, 由公式(7)还可以证明, 在 $q > 0$ 时方程式(1)有两个正根, 而 $q < 0$ 时只有一个正根.

事实上, 如果 $q > 0$, 则 $\cos \varphi < 0$. 既然 $\sin \varphi > 0$, 则 φ 这角应该在第二象限. 由此知 $\frac{\varphi}{3} > \frac{\pi}{6}$ 并且在第一象限, 而 $\frac{\varphi + 4\pi}{3}$ 在第四象限, 因此 y_0 和 y_2 是正的. 如果 $q < 0$, 则以同样的方式可以证明, 只有 y_0 是正的.

总之, 在 $\Delta < 0$ 的场合, 方程式(1)有三个不同的实根, 并且在 $q > 0$ 时有两个根是正的, 而 $q < 0$ 时只有一个根是正的.

现在我们进一步指出, Δ 还可以用方程式(2)的三个根表示出来. 为此试按(5)与(5′), 作出差

$$y_0 - y_1 = \frac{3(u_0 + v_0)}{2} - \mathrm{i}\frac{\sqrt{3}(u_0 - v_0)}{2}, y_0 - y_2 = \frac{3(u_0 + v_0)}{2} + \mathrm{i}\frac{\sqrt{3}(u_0 - v_0)}{2},$$

它们的乘积为

$$(y_0 - y_1)(y_0 - y_2) = \frac{9(u_0 + v_0)^2}{4} + \frac{3(u_0 - v_0)^2}{4} = 3(u_0{}^2 + u_0 v_0 + v_0{}^2)$$

又 $y_1 - y_2 = \mathrm{i}\sqrt{3}(u_0 - v_0)$, 今以 $y_1 - y_2$ 乘以这等式的左端, 而以 $\mathrm{i}\sqrt{3}(u_0 - v_0)$

22

乘以右端

$$(y_0 - y_1)(y_0 - y_2)(y_1 - y_2) = \sqrt{-27}(u_0{}^3 - v_0{}^3) = 2\sqrt{-27\Delta}$$

最后一步等号是注意到 $u_0{}^3 - v_0{}^3 = t_1 - t_2 = 2\sqrt{\Delta}$. 再把这个等式两端分别平方

$$-108\Delta = (y_0 - y_1)^2(y_0 - y_2)^2(y_1 - y_2)^2.$$

这就得到了 Δ 经由三根表出的式子.

此外,由于典式(2)的根之差与其原方程式(1)对应根的差相等

$$x_0 - x_1 = y_0 - y_1, x_0 - x_2 = y_0 - y_2, x_1 - x_2 = y_1 - y_2,$$

因此 Δ 亦可以用原方程式(1)的根表示

$$-108\Delta = (x_0 - x_1)^2(x_0 - x_2)^2(x_1 - x_2)^2 \tag{8}$$

这等式的右端正好是方程式(1)的判别式 $D^{①}$,又

$$\Delta = \left(\frac{q}{2}\right)^2 + \left(\frac{p}{3}\right)^3, p = b - \frac{1}{3}a^2, q = \frac{2a^2}{27} - \frac{ab}{3} + c,$$

于是 D 以原方程式(1)的系数表示为

$$D = a^2 b^2 + 18abc - 4a^3 c - 4b^3 - 27c^2.$$

由关系式(8)以及前面关于 Δ 的讨论,我们得到:

若三次方程式(∗)的系数为实数,则它在 $D > 0$ 时有三个不同的实根;$D = 0$ 时,有三个实根,且至少有两个相同;$D < 0$ 时,有一个实根和一对共轭复根.

如此,由三次方程式(∗)的系数形成的式子——判别式 D,与二次方程式的判别式有类似的作用.

如果实系数方程式(∗)的三个根 x_0, x_1, x_2 均为正数,则按韦达定理

$$x_0 + x_1 + x_2 = -a, x_0 x_1 + x_1 x_2 + x_2 x_0 = b, x_0 x_1 x_2 = -c,$$

应该有

$$a < 0, b > 0, c < 0.$$

现在我们证明这个条件对于三根均为正不但是必要的同时亦是充分的.

既然 $c < 0$,则方程式(∗)的根不能有一个或三个均小于或等于 0,于是三根有如下两种情况:

(ⅰ) 一个为正,两个为负;(ⅱ) 三个均为正.

现在证明,第一种情形不能和我们的条件相合.不失一般性,设 x_1, x_2 为负而 $x_0 > 0$,于是

————————

① 一般地说,设代数方程式 $a_0 x^n + a_1 x^{n-1} + \cdots + a_n = 0(a_0 \neq 0)$ 的 n 个复根为 $\alpha_1, \alpha_2, \cdots, \alpha_n$,则判别式定义为 $D = a_0^{2n-2} \cdot \prod_{1 \leqslant i < j \leqslant n} (\alpha_i - \alpha_j)^2$.

$$x_0 + x_1 + x_2 = -a > 0,$$

或

$$x_0 > -(x_1 + x_2),$$

这样就有

$$b = x_0 x_1 + x_1 x_2 + x_2 x_0 = x_0(x_1 + x_2) + x_1 x_2 < -(x_1 + x_2)^2 + x_1 x_2$$
$$= -x_1{}^2 - x_2{}^2 - x_1 x_2 < 0$$

这与 $b > 0$ 相悖.

仿此,三根均为负的充分必要条件是

$$a > 0, b > 0, c > 0.$$

进一步,如果判别式 $D \geqslant 0$,则可以得到关于系数的情况表(表 1):

表 1

a	$-$	$-$	$-$	$+$	$+$	$+$	$-$	$+$
b	$+$	$+$	$+$	$-$	$+$	$-$	$-$	$+$
c	$-$	$+$	$+$	$+$	$-$	$-$	$-$	$+$
正根个数	3	2	2	2	1	1	1	0

这个结果,可总括成为一个定理:

如果判别式 $D \geqslant 0$,且三次方程式(∗)的系数均不等于零,则它的正根个数等于 $[1, a, b, c]$ 这一数列的变号数[①].

按前面的结果,这定理对于 $c = 0$ 时仍可用.

如果 a, b 两系数中含有 0 而 $c \neq 0$,则必然

$$x_0 + x_1 + x_2 = 0,$$

或

$$\frac{1}{x_0} + \frac{1}{x_1} + \frac{1}{x_2} = 0,$$

故在 $D \geqslant 0$ 时不能所有根均同号:$c < 0$ 时有一个正根和两个负根;$c > 0$ 时有两个正根和一个负根.

附注 由公式(7)还可以看出,在既约场合下,已知方程式的解和著名的三等分角问题是密切相关的.今设

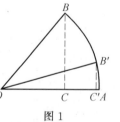

图 1

$\angle AOB = \varphi$(图 1),AB 为弧,半径为 1,$OC = \cos \varphi$,而若能作线段 $OC' = \cos \dfrac{\varphi}{3}$,

---

① 此定理为笛卡儿定理的特例,这定理对于二次及三次方程式,能使我们知道正根的确切数目,但对于高次方程式,只能由此得出这数的概数.关于笛卡儿定理,参阅《多项式理论》卷.

则即可作 $\angle AOB' = \dfrac{\varphi}{3}$. 因此, 问题在于由 $\cos \varphi$ 之值计算 $\cos \dfrac{\varphi}{3}$ 的值. 为了表示出 $\cos \varphi$ 和 $\cos \dfrac{\varphi}{3}$ 之间的关系. 我们考虑

$$\left(\cos \frac{\varphi}{3} + \mathrm{i}\sin \frac{\varphi}{3}\right)^3$$

依二项式展开

$$\left(\cos \frac{\varphi}{3} + \mathrm{i}\sin \frac{\varphi}{3}\right)^3 = \cos^3 \frac{\varphi}{3} - 3\cos \frac{\varphi}{3}\sin^2 \frac{\varphi}{3} + \mathrm{i}\left(\cos^2 \frac{\varphi}{3}\sin \frac{\varphi}{3} - \mathrm{i}\cos \frac{\varphi}{3}\right),$$

而依棣莫弗公式

$$\left(\cos \frac{\varphi}{3} + \mathrm{i}\sin \frac{\varphi}{3}\right)^3 = \cos \varphi - \mathrm{i}\sin \varphi,$$

于是

$$\cos \varphi = \cos^3 \frac{\varphi}{3} - 3\cos \frac{\varphi}{3}\sin^2 \frac{\varphi}{3} = -4\cos^3 \frac{\varphi}{3} + 3\cos \frac{\varphi}{3}.$$

或

$$\cos^3 \frac{\varphi}{3} - \frac{3}{4}\cos \frac{\varphi}{3} - \frac{1}{4}\cos\varphi = 0,$$

如设 $x = 2\cos^3 \dfrac{\varphi}{3}$, 则有

$$x^3 - 3x - 2\cos \varphi = 0,$$

于是, $\Delta = \cos^2 \varphi - 1 = -\sin^2 \varphi$ 为负数, 故这方程式有三个实根, 可由(7)解之.

前面的卡丹公式(Ⅰ)具有这一缺点: 它在 Δ 为负的情况下把实系数方程式(1)的实根表示成虚数的形式[①]. 对于卡丹与其同时代的人们来说, Δ 小于零的情形对他们来说是难以置信的, 因为在那个时候负数开平方认为是不可能的, 复数的概念在当时也还没有被引入. 那个时候的数学家, 认为在 $\Delta < 0$ 时由这些不可能的运算得出的实数是奇怪的事情. 他们用了许多方法想除去卡丹公式中的虚数性都归于无效. 很久以后, 才证明了这个不可能性: 实系数方程式(1)的根在 $\Delta < 0$ 的情况下不能以任何方法用根号下带实数的方根表示出来. 由于这种情形, 故 $\Delta < 0$ 这种场合得既约[②]场合这名称. 我们也沿用了这名称.

公式(Ⅰ)的另一个缺点在于: 它常常使有理根表示为无理数的形式.

我们来举一个例子. 容易验证方程式

[①] 可是这时候, 如果利用三角函数表, 则 y_0, y_1, y_2 诸根按公式(7)计算起来很容易.

[②] 注意这里的"既约"与多项式的"既约"(不可约)的区别.

$$x^3 - x - 6 = 0$$

有一个有理根 $x_0 = 2$. 既然对所给这方程式

$$\Delta = \frac{242}{27} > 0,$$

则 2 是这方程式的唯一的实根.

现在我们来看看, 公式 (Ⅰ) 给出什么. 我们以 u_0, v_0 表示公式 (Ⅰ) 中三次方根的实数值

$$u_0 = \sqrt[3]{3 + \frac{11}{9}\sqrt{6}}, v_0 = \sqrt[3]{3 - \frac{11}{9}\sqrt{6}}.$$

我们看出, u_0 和 v_0 是有理数. 如此, 公式 (Ⅰ) 对 $x_0 = 2$ 这个根给出一个很复杂的式子

$$x_0 = \sqrt[3]{3 + \frac{11}{9}\sqrt{6}} + \sqrt[3]{3 - \frac{11}{9}\sqrt{6}} \text{(对每个三次方根取实数值)}$$

它需近似地来计算, 所以实际上得一个很接近于 2 的数, 而不是 2.

因为这种缺陷, 所以在找有理系数三次方程式的根的时候, 我们常常不用公式 (Ⅰ) 而用另外一些方法 (参阅《多项式理论》卷第二章中所讲的计算有理根的一些方法).

2.3　四次方程式

我们先来讲四次方程式

$$x^4 + ax^3 + bx^2 + cx + d = 0 \tag{1}$$

的一个最早的解法, 这方法属于卡丹的学生费拉里.

同前一节一样, 我们假设方程式系数是复数 (并且在特例是实数).

现在把式 (1) 的左端这样变化一下, 使它表示为两平方之差的形式. 因此我们写

$$\left[(x^2)^2 + 2x^2\left(\frac{ax}{2}\right) \right] + (bx^2 + cx + d).$$

我们把方括号里的式子做完全平方, 因此加上而又减去 $\left(\frac{ax}{2}\right)^2$

$$\left[(x^2)^2 + 2x^2\left(\frac{ax}{2}\right) + \left(\frac{ax}{2}\right)^2 \right] + \left[\left(b - \frac{a^2}{4}\right)x^2 + cx + d \right],$$

或

$$\left(x^2 + \frac{ax}{2}\right)^2 + \left[\left(b - \frac{a^2}{4}\right)x^2 + cx + d \right].$$

26

我们再引入一个辅助量 y，而在最后这式子上加上而又减去下面这式子

$$2\left(x^2+\frac{ax}{2}\right)y+y^2.$$

这样我们得到

$$\left(x^2+\frac{ax}{2}+y\right)^2+\left[\left(b-\frac{a^2}{4}\right)x^2+cx+d-2\left(x^2+\frac{ax}{2}\right)y-y^2\right],$$

如此，方程式（1）变为

$$\left(x^2+\frac{ax}{2}+y\right)^2-(Ax^2+Bx+C)=0, \tag{2}$$

这里，$A=2y+\dfrac{a^2}{4}-b,B=ay-c,C=y^2-d.$

现在我们选择 y，使二次三项式 Ax^2+Bx+C 成完全平方．这依赖于下面的命题．

带复系数 A,B,C 的二次三项式 Ax^2+Bx+C 在 $B^2=4AC$ 的时候，并且也只有在这时候，成为某复系数线性多项式 $\alpha x+\beta$ 的完全平方．

证明 设

$$Ax^2+Bx+C=(\alpha x+\beta)^2,$$

则

$$Ax^2+Bx+C=\alpha^2 x^2+2\alpha\beta x+\beta^2.$$

我们知道，如果两个多项式[①]相等，则 x 的同方幂的系数应该相同，所以

$$A=\alpha^2,B=2\alpha\beta,C=\beta^2.$$

而 $(2\alpha\beta)^2=4\alpha^2\beta^2$，故 $B^2=4AC.$

反之，设 $B^2=4AC$，则二次三项式可予以变形如下

$$Ax^2+Bx+C=(\sqrt{A}x)^2+2(\sqrt{A}x)\sqrt{C}+(\sqrt{C})^2=(\sqrt{A}x+\sqrt{C})^2,$$

即 Ax^2+Bx+C 能表示成线性二项式的平方的形式．

现在我们回到方程式（2）．根据刚才所证明的命题我们试验着选取 y，使得

$$B^2=4AC$$

或

$$(ay-c)^2=4(2y+\frac{a^3}{4}-b)(y^2-d). \tag{3}$$

如此我们得到了一个 y 的三次方程式．方程式（3）就叫作方程式（1）的辅助方程式．

———————————

① 关于多项式以及多项式相等的条件，参阅下一章相关内容．

设 y_0 是方程式(3)的一个根. 于是在 $y=y_0$ 时

$$Ax^2 + Bx + C = (\alpha x + \beta)^2,$$

因此方程式(2)可改写如下

$$\left(x^2 + \frac{ax}{2} + y_0\right)^2 - (\alpha x + \beta)^2 = 0,$$

或把平方差分解为和差之积

$$\left[x^2 + \left(\frac{a}{2} + \alpha\right)x + (y_0 + \beta)\right] \cdot \left[x^2 + \left(\frac{a}{2} - \alpha\right)x + (y_0 - \beta)\right] = 0.$$

由此,解二次方程式

$$\left.\begin{array}{c} x^2 + \left(\dfrac{a}{2} + \alpha\right)x + (y_0 + \beta) = 0 \\[2mm] x^2 + \left(\dfrac{a}{2} - \alpha\right)x + (y_0 - \beta) = 0 \end{array}\right\} \tag{4}$$

我们就得到方程式(1)的所有四个根.

这样,要解方程式(1)无非就是要解一个三次方程式——辅助方程式(3),及一组二次方程式(4).

对于首项系数不为1的四次方程式

$$ax^4 + bx^3 + cx^2 + dx + e = 0 (a \neq 0) \tag{5}$$

我们可以事先在方程式的两端同时除以最高项系数 a,得到

$$x^4 + \frac{b}{a}x^3 + \frac{c}{a}x^2 + \frac{d}{a}x + \frac{e}{a} = 0.$$

然后再依照上面的方法来求解.

略去计算过程,我们可以得到方程式(5)的四个根依原方程式的系数表示如下

$$x_1 = -\frac{b}{4a} + \frac{1}{2}\sqrt{\frac{3b^2 - 8ac}{12a^2} + \Phi_1} + \frac{1}{2}\sqrt{\frac{3b^2 - 8ac}{12a^2} - \Phi_2} + \frac{1}{2}\sqrt{\frac{3b^2 - 8ac}{12a^2} - \Phi_3},$$

$$x_2 = -\frac{b}{4a} - \frac{1}{2}\sqrt{\frac{3b^2 - 8ac}{12a^2} + \Phi_1} + \frac{1}{2}\sqrt{\frac{3b^2 - 8ac}{12a^2} - \Phi_2} - \frac{1}{2}\sqrt{\frac{3b^2 - 8ac}{12a^2} - \Phi_3},$$

$$x_3 = -\frac{b}{4a} + \frac{1}{2}\sqrt{\frac{3b^2 - 8ac}{12a^2} + \Phi_1} - \frac{1}{2}\sqrt{\frac{3b^2 - 8ac}{12a^2} - \Phi_2} - \frac{1}{2}\sqrt{\frac{3b^2 - 8ac}{12a^2} - \Phi_3},$$

$$x_4 = -\frac{b}{4a} - \frac{1}{2}\sqrt{\frac{3b^2 - 8ac}{12a^2} + \Phi_1} - \frac{1}{2}\sqrt{\frac{3b^2 - 8ac}{12a^2} - \Phi_2} + \frac{1}{2}\sqrt{\frac{3b^2 - 8ac}{12a^2} - \Phi_3},$$

这里,

$$\Phi_1 = \frac{\sqrt[3]{\Delta_2 + \sqrt{4\Delta_1^3 + \Delta_2^2}} + \sqrt[3]{\Delta_2 - \sqrt{4\Delta_1^3 + \Delta_2^2}}}{3\sqrt[3]{2}\,a},$$

28

$$\Phi_2 = \frac{(1+\sqrt{3}\,\mathrm{i})\sqrt[3]{\Delta_2+\sqrt{4\Delta_1^3+\Delta_2^2}}+(1-\sqrt{3}\,\mathrm{i})\sqrt[3]{\Delta_2-\sqrt{4\Delta_1^3+\Delta_2^2}}}{6\sqrt[3]{2}\,a},$$

$$\Phi_3 = \frac{(1-\sqrt{3}\,\mathrm{i})\sqrt[3]{\Delta_2+\sqrt{4\Delta_1^3+\Delta_2^2}}+(1+\sqrt{3}\,\mathrm{i})\sqrt[3]{\Delta_2-\sqrt{4\Delta_1^3+\Delta_2^2}}}{6\sqrt[3]{2}\,a};$$

而

$$\Delta_1 = -c^2-3bd+12ae,\ \Delta_2 = -2c^2+9bcd-27ad^2-27b^2e+72ace.$$

在解某四次方程式时,最好陆续进行费拉里的变形,而不用上面所准备好的公式.我们来解下面的方程式作为一个范例.

例 用费拉里的方法解方程式

$$x^4+2x^3+5x^2+6x+9=0.$$

首先我们把次数不高于 2 的各项搬到方程式的右边而改变其符号:

$$x^4+2x^3=-5x^2-6x-9,$$

或

$$(x^2)^2+2x^2x=-5x^2-6x-9.$$

如果在这方程式两边加 x^2,则在左边得一完全平方

$$(x^2)^2+2x^2x+x^2=-5x^2-6x-9+x^2,$$

即

$$(x^2+x)^2=-4x^2-6x-9.$$

现在在所得的方程式的两边加 $2(x^2+x)y+y^2$. 如此左边仍然是完全平方

$$(x^2+x)^2+2(x^2+x)y+y^2=-4x^2-6x-9+2(x^2+x)y+y^2.$$

即

$$(x^2+x+y)^2=(2y-4)x^2+(2y-6)x+(y^2-9). \tag{6}$$

现在我们这样选取 y,使上面的方程式右边成完全平方.因此 y 应该是三次预解式的根.要得到三次预解式,需利用 $B^2=4AC$ 这条件.在当前这场合 $A=2y-4$,$B=2y-6$,而 $C=y^2-9$,所以

$$(2y-4)^2=4(2y-6)(y^2-9),$$

稍加化简后得

$$(y-3)\big[(y-3)-(2y-4)(y+3)\big]=0.$$

由此我们看出,可取 3 作 y_0.

回到方程式(6)并且在其中以 $y_0=3$ 替代 y,则

$$(x^2+x+3)^2=2x^2.$$

或

$$(x^2 + x + 3)^2 - (\sqrt{2}\,x)^2 = 0,$$

即

$$[x^2 + (1+\sqrt{2})x + 3][x^2 + (1-\sqrt{2})x + 3] = 0,$$

由此得

$$\left.\begin{array}{l} x^2 + (1+\sqrt{2})x + 3 = 0 \\ x^2 + (1-\sqrt{2})x + 3 = 0 \end{array}\right\}$$

解出这两个二次方程式,我们即得到所给这四次方程式的所有四个根,即

$$x_{1,2} = -\frac{1+\sqrt{2}}{2} \pm \mathrm{i}\,\frac{\sqrt{9-2\sqrt{2}}}{2},\ x_{3,4} = \frac{\sqrt{2}-1}{2} \pm \mathrm{i}\,\frac{\sqrt{9+2\sqrt{2}}}{2}.$$

我们再来讲一种解四次方程式(1)的方法,它属于欧拉.这个方法值得注意是因为它直接以三次预解式的根来表出四次方程式的根.

我们首先令 $x = y - \dfrac{a}{4}$. 于是完全四次方程式(1)变为四项方程式

$$y^4 + py^2 + qy + r = 0 \tag{7}$$

同时我们考虑 z 的三次方程式

$$z^3 - 2yz^2 + mz + n = 0 \tag{8}$$

这里 y 是方程式(7)的任意一个根,而系数 m 与 n 姑且假设是任意的.

如果方程式(8)的根以 u, v, w 来表示,则按韦达公式将有

$$2y = u + v + w,\ m = uv + uw + vw,\ n = -uvw.$$

把等式

$$2y = u + v + w \tag{9}$$

两边平方得

$$4y^2 = u^2 + v^2 + w^2 + 2(uv + uw + vw) \tag{10}$$

再把等式(10)两边平方得

$$16y^4 = (u^2 + v^2 + w^2)^2 + 4(uv + uw + vw)(u^2 + v^2 + w^2) +$$
$$4(u^2v^2 + u^2w^2 + v^2w^2) + 8uvw(u + v + w) \tag{11}$$

以(9)(10)及(11)诸等式所表出的式子替代方程式(7)中的 y, y^2, y^4,并稍加化简后,得

$$(u^2 + v^2 + w^2)^2 + 4(uv + uw + vw)(u^2 + v^2 + w^2 + 2q) + 4p(u^2 + v^2 + w^2) +$$
$$8(uvw + q)(u + v + w) + 4(u^2v^2 + u^2w^2 + v^2w^2) + 16r = 0 \tag{12}$$

现在我们这样选取方程式(8)的系数,使方程式(12)尽量简化,即我们令

$$u^2 + v^2 + w^2 + 2q = 0, uvw + q = 0^{①}.$$

于是方程式(12)变为

$$u^2 v^2 + u^2 w^2 + v^2 w^2 = p^2 - 4r.$$

由此推知,u,v,w 满足下面这组方程式

$$\left.\begin{array}{l} u^2 + v^2 + w^2 = -2p \\ u^2 v^2 + u^2 w^2 + v^2 w^2 = p^2 - 4r \\ u^2 v^2 w^2 = q^2 \end{array}\right\} \tag{13}$$

由等式(13)根据韦达公式推知,u^2,v^2,w^2 是下面这三次方程式的根

$$z^3 + 2pz^2 + (p^2 - 4r)z - q^2 = 0 \tag{14}$$

它如果在此以 $2z' - p$ 替代 z,则变为方程式(7)的三次预解式.

如此,解方程式(14),我们得到它的三个根

$$z_1 = u^2, z_2 = v^2, z_3 = w^2,$$

由此有

$$u = \sqrt{z_1}, v = \sqrt{z_2}, w = \sqrt{z_3}.$$

根式 $\sqrt{z_1}, \sqrt{z_2}, \sqrt{z_3}$ 的值应该选择得使其满足等式

$$\sqrt{z_1} \cdot \sqrt{z_2} \cdot \sqrt{z_3} = -q \tag{15}$$

显然,两个根式的值可以随意选择,而第三个根式的值必须由等式(15)出发来取.

按所指示的方式选出了根式 $\sqrt{z_1}, \sqrt{z_2}, \sqrt{z_3}$ 的值,我们可按公式

$$\left.\begin{array}{l} 2y_1 = \sqrt{z_1} + \sqrt{z_2} + \sqrt{z_3} \\ 2y_2 = \sqrt{z_1} - \sqrt{z_2} - \sqrt{z_3} \\ 2y_3 = -\sqrt{z_1} + \sqrt{z_2} - \sqrt{z_3} \\ 2y_4 = -\sqrt{z_1} - \sqrt{z_2} + \sqrt{z_3} \end{array}\right\} \tag{16}$$

得到方程式(7)的四个根.

例 用欧拉的方法解方程式

$$x^4 - 6x^3 + 10x^2 - 2x - 3 = 0.$$

令 $x = y + \dfrac{3}{2}$,得到方程式

---

① 容易相信,这种系数选择法是完全可能的. 首先由等式 $uvw + q = 0$ 推知 $n = -uvw = q$. 然后将等式(10)右边的 $u^2 + v^2 + w^2$ 及 $uv + uw + vw$ 以其值 $-2p$ 及 m 替代,得:$4y^2 = -2p + 2m$. 由此有 $m = 2y^2 + p$.

$$y^4 - \frac{7}{2}y^2 + y + \frac{21}{16} = 0 \tag{17}$$

这里 $p = -\frac{7}{2}, q = 1,$ 而 $r = \frac{21}{16}.$ 所以方程式(14)取这形式

$$z^3 - 7z^2 + 7z - 1 = 0 \tag{18}$$

方程式(18)的根是

$$z_1 = 1, z_2 = 3 + 2\sqrt{2}, z_3 = 3 - 2\sqrt{2}.$$

既然 $q = 1 > 0,$ 则 $\sqrt{z_1}, \sqrt{z_2}, \sqrt{z_3}$ 可以取正值. 如此

$$2y_1 = 1 + \sqrt{3 + 2\sqrt{2}} + \sqrt{3 - 2\sqrt{2}}, 2y_2 = 1 - \sqrt{3 + 2\sqrt{2}} - \sqrt{3 - 2\sqrt{2}},$$

$$2y_3 = -1 + \sqrt{3 + 2\sqrt{2}} - \sqrt{3 - 2\sqrt{2}}, 2y_4 = -1 - \sqrt{3 + 2\sqrt{2}} + \sqrt{3 - 2\sqrt{2}},$$

或因 $\sqrt{3 + 2\sqrt{2}} = 1 + \sqrt{2}, \sqrt{3 - 2\sqrt{2}} = 1 - \sqrt{2}$ 而写成

$$2y_1 = 3, 2y_2 = -1, 2y_3 = -1 + 2\sqrt{2}, 2y_4 = -1 - 2\sqrt{2}.$$

由此我们容易找到原方程式的根如下

$$x_1 = 3, x_2 = 1, x_3 = 1 + \sqrt{2}, x_4 = 1 - \sqrt{2}.$$

依公式(16)我们还可以得出下述结论:四次方程式(7)的判别式等于三次方程式(14)的判别式.

事实上,依照(16)作如下的差

$$y_1 - y_2 = \sqrt{z_2} + \sqrt{z_3}, y_3 - y_4 = \sqrt{z_2} - \sqrt{z_3},$$

$$y_1 - y_3 = \sqrt{z_1} + \sqrt{z_3}, y_2 - y_4 = \sqrt{z_1} - \sqrt{z_3},$$

$$y_1 - y_4 = \sqrt{z_1} + \sqrt{z_2}, y_2 - y_3 = \sqrt{z_1} - \sqrt{z_2},$$

相乘后,再平方得

$$(y_1 - y_2)^2(y_1 - y_3)^2(y_1 - y_4)^2(y_2 - y_3)^2(y_2 - y_4)^2(y_3 - y_4)^2$$
$$= (z_1 - z_2)^2(z_1 - z_3)^2(z_2 - z_3)^2,$$

这等式的左边是方程式(7)的判别式,而右边是方程式(14)的判别式.

如此,四次方程式(7)的判别式为

$$D = 4p^2(p^2 - 4r)^2 - 36p(p^2 - 4r)q^2 + 32p^3q^2 - 4(p^2 - 4r)^3 - 27q^4.$$

最后我们来讨论方程式(7)的系数为实数的时候,依照系数的不同,它的根具有怎样的情形. 我们来证明:

i. 若 $p < 0, p^2 - 4r > 0,$ 四次方程式(7)有四个实根;

ii. $D < 0,$ 四次方程式(7)有 2 个实根以及一对共轭复数根;

iii. $D = 0,$ 四次方程式(7)有一对共轭复根以及一个二重实根;

32

iv. $D > 0$,且 $p(p^2 - 4r) > 0$,四次方程式(7)的四个根均为复数.

证明   首先注意到方程式(14)亦具有实系数(因为方程式(7)的系数是实数),并且它的三个根的乘积因 $z_1 z_2 z_3 = q^2$(依韦达公式)而为正数[①],于是方程式(14)的根不外乎如下三种可能:

三个根均为正实数;一个正实根,两个负实根;一个正实根,一对共轭复数根.

现在来证明我们所要的.

i. 既然 $p < 0$,$p^2 - 4r > 0$,于是方程式(14)的系数所构成的数列 $[1, 2p, p^2 - 4r, -q^2]$ 的变号数为3,这就是说方程式(14)的根出现第一种情形(参考第2目的结果):z_1, z_2, z_3 全为正实数,于是依照公式(16),四次方程式(7)有四个实根;

ii. 既然 $D < 0$,则三次方程式应该有一个实根和两个彼此共轭的复根,并且就我们的三次方程式(14)而言,进一步是第三种情形:一个正实根,一对共轭复数根.在这种情况下,按等式(15),我们可以这样决定平方根,使得 $\sqrt{z_2}$ 与 $\sqrt{z_3}$ 为共轭复数,而 $\sqrt{z_1}$ 是实数.于是按公式(16),y_1 与 y_2 为实数,y_3 与 y_4 为共轭复数;

iii. $D = 0$ 时,三次方程式(14)应该有一个正实根和两个相等的负实根,如此,按公式(16),方程式(7)有一对共轭复根以及一个二重实根;

iv. $D > 0$ 表明三次方程式(14)有三个不同的实根.又 $p(p^2 - 4r) > 0$,于是 $[1, 2p, p^2 - 4r, -q^2]$ 的变号数为1:方程式(14)有一个正实根;按公式(16),方程式(7)的四个根均为复数.

2.4   三次方程式的其他解法

自从卡尔达诺的《大术》给出了三、四次方程的解法后,许多数学家开始运

---

① 当 $q = 0$ 时,四次方程式(7)将成为 y^2 的二次方程式 $y^4 + py^2 + r = 0$.进一步,如果 $p^2 - 4r = 0$,则四次方程式(7)有两对重根,容易证明这条件($q = 0, p^2 - 4r = 0$)也是必要的.此时,其两根为

$$\frac{1}{2} \sqrt{-2p}, \quad -\frac{1}{2} \sqrt{-2p},$$

至于这两对根之虚实情况需视 p 为正或负而定.

与此同时,我们让读者自己去证明:四次方程式(7)有三根相等的充分必要条件是

$$p^2 + 12r = 0, 8p^3 + 27q^2 = 0;$$

此时它的根为

$$\frac{3}{2} \sqrt{-\frac{2p}{3}}, \quad -\frac{1}{2} \sqrt{-\frac{2p}{3}} \ (三重).$$

用不同的方法进行三、四次方程求解的尝试,其中代表人物有韦达、车恩豪斯、欧拉、贝祖等.

韦达从三角恒等式 $\cos 3A = 4\cos^3 A - 3\cos A$ 出发,采用了一种巧妙的方法去处理三次方程.

若令

$$x = \cos A,$$

则有

$$4x^3 - 3x - \cos 3A = 0 \tag{1}$$

即

$$x^3 - \frac{3}{4}x - \frac{1}{4}\cos 3A = 0 \tag{1'}$$

设所需解答的方程为 $y^3 + py + q = 0$,令 $y = ax$,其中 $a = \sqrt{-\dfrac{4p}{3}}$,则式(1')可变为

$$\left(\sqrt{-\frac{4p}{3}}\right)^3 x^3 + p\sqrt{-\frac{4p}{3}}\, x + q = 0,$$

或

$$x^3 - \frac{3}{4}x + \frac{q}{\left(\sqrt{-\dfrac{4p}{3}}\right)^3} = 0 \tag{2}$$

比较式(1)与式(2)可知

$$\cos 3A = \frac{\dfrac{q}{2}}{\left(\sqrt{-\dfrac{p^3}{27}}\right)}.$$

通过查表即可求出 $3A$ 的值,进而得到 $\cos A$ 的值,也即是所要求的原方程的根.韦达的方法不可不说是非常的巧妙,当然这种方法是有别于费罗的方法的[①].

下面我们再来讲一个求解三次方程式根的另一个方法.这方法也主要得自韦达.这个方法的第一步同卡丹的方法一样,是将一般的三次方程式化为典式

$$y^3 + py + q = 0 \tag{3}$$

接着,韦达的方法采用了一个很巧妙的替换

---

① 费罗的技巧是将一个根写成一个和 $u+v$,而韦达的技巧是将一个根写成一个积.

34

$$y = z - \frac{p}{3z} \tag{4}$$

代入(3),得

$$\left(z - \frac{p}{3z}\right)^3 + p\left(z - \frac{p}{3z}\right) + q = 0$$

展开后两端乘以 z^3,再合并同类项,即得

$$z^6 + qz^3 - \frac{p^3}{27} = 0 \tag{5}$$

这是一个关于 z^3 的二次方程式,于是

$$z^3 = -\frac{q}{2} \pm \sqrt{\frac{q^2}{4} + \frac{p^3}{27}} \tag{6}$$

我们不妨在平方根号前取正号,对上式求立方根,得方程式(5)的三个根:

$$z_1, z_2 = z_1 \varepsilon, z_3 = z_1 \varepsilon^2,$$

这里 ε 表示1的三次原根.把这三个值代入等式(4),就得到原方程式的三个根,它们是

$$y_1 = z_1 - \frac{p}{3z_1}, y_2 = z_1 \varepsilon - \frac{p}{3z_1 \varepsilon} = z_1 \varepsilon - \frac{p}{3z_1} \varepsilon^2, y_3 = z_1 \varepsilon^2 - \frac{p}{3z_1 \varepsilon^2} = z_1 \varepsilon^2 - \frac{p}{3z_1} \varepsilon.$$

如果在等式(6)左边的平方根号前取负号,事实上我们将得出与上面一样的结果.

韦达解法的关键是采用了替换(4),如果把这个替换与卡丹方法中的替换相比较,就会发现,原来,它只不过是从 $3uv = -p$ 中解出 $v = -\frac{p}{3u}$,再代回到 $y = u + v$ 中去的结果.

2.5　契尔恩豪森的变量替换法

尽管方程理论的研究在 17 世纪末期并不活跃,但是契尔恩豪森[①]在1683年发表在莱比锡杂志 *Acta eruditorum* 的一篇文章还是为方程理论带来了相当大的进展.在这篇文章中他提出了一种代数方程的变换,并声称可以解任意次数的方程.莱布尼茨[②]立即反驳了契尔恩豪森的关于其变换很有效的声明.实际上当解五次方程式时契尔恩豪森的变换必须解一个 24 次方程.但是契尔恩

---

① 恩尔费德·华沙·冯·契尔恩豪森(Ehrenfried Walther von Tschirnhausen,1651—1708),德国伯爵.

② 戈特弗里德·威廉·莱布尼茨(Gottfried Wilhelm Leibniz,1646—1716),德国犹太族哲学家、数学家.

豪森的变换有重要的应用. 例如,借助它无重根的五次方程式可以化为形如 $y + 5y + a = 0$ 的简单形式.

　　基本的思想是很简单的,首先是发现通过对未知量作一个简单的改变: $y = x + \left(\dfrac{a_1}{n}\right)$,总是可以消去任意方程式的第二项: $x^n + a_1 x^{n-1} + \cdots + a_{n-1} x + a_n = 0$. 通过对未知量进行更一般的替换,诸如

$$y = x^m + b_1 x^{m-1} + \cdots + b_{m-1} x + b_m, \tag{1}$$

契尔恩豪森的目的是消去所给方程的更多的项. 未知量的上述变动可以得到一个关于 y 的方程

$$y^n + c_1 y^{n-1} + \cdots + c_{n-1} y + c_n = 0.$$

通过对 m 个参数 $b_1, b_2, \cdots, b_{m-1}, b_m$ 的合理选择可以使 m 个系数 c_i 等于零: 这是因为 m 个参数 $b_1, \cdots, b_m$ 提供了 m 个自由度,可以用来满足 m 个条件.

　　尤其是当取 $m = n - 1$,除了第一项和最后一项,所有的项都可以消去,因此关于 y 的方程取形式: $y^n + c_n = 0$,由根式可解. 在方程(1)中插入解 $y = \sqrt{-c_n}$,则通过解一个次数为 $m = n - 1$ 的方程 $x^{n-1} + b_1 x^{n-2} + \cdots + b_{n-2} x + b_{n-1} = \sqrt{-c_n}$,可得到次数为 n 的所给方程的解. 通过对次数进行归纳总结,可知任意次数的方程由根可解.

　　不过,存在一个主要的障碍,这正是莱布尼茨所注意到的: 使得所有系数 $c_1, c_2, \cdots, c_{m-2}, c_{m-1}$ 等于零的条件产生了各种次数的关于参数 b_i 的一个方程组,这个方程组相当难解. 事实上,解这个方程组相当于解一个次数为 $(n-1)!$ 的方程. 于是,这个方法对于 $n > 3$ 的情形不起作用,除非所得的次数为 $(n-1)!$ 可以看作是因式分解为二次的因式的乘积,这些二次因式的系数是三次方程的解,但是对于 $n > 5$,这样的化简并非显而易见. (注意,对于合数 n,契尔恩豪森的方法应用起来是不同的,也可能更为简单: 比如 $n = 4$ 时,消去 y 和 y^3 的系数可以将关于 y 的方程化简成一个关于 y^2 的二次方程).

　　为了更为细致地讨论契尔恩豪森的方法,我们来求变量替换后关于 y 的方程. 这属于处理消元理论的一般问题的一个特例: 问题是从两个方程中消去未知量 x,得

$$x^n + a_1 x^{n-1} + \cdots + a_{n-1} x + a_n = 0. \tag{2}$$

$$x^m + b_1 x^{m-1} + \cdots + b_{m-1} x + b_m = y \quad (m < n). \tag{3}$$

也即,求方程 $\Phi(y) = 0$,我们称之为"结果方程",它有以下性质:

　　i. 当 x 和 y 使得方程(2)和(3)成立时,则 $\Phi(y) = 0$;

　　ii. 若 y 使得 $\Phi(y) = 0$,则方程(2)和(3)有一个公共根 x.

36

这后一个性质说明,如果 $\Phi(y)=0$ 可解,则方程(2)的根之一就在方程(3)的根的里面.

$\Phi(y)$ 的性质也可改述如下:将方程(2)和(3)看作是关于 x 的方程时,其系数属于关于 y 的有理分式域 $\Phi(y)=0$ 当且仅当多项式

$$P(x)=x^n+a_1 x^{n-1}+\cdots+a_{n-1}x+a_n,$$

$$Q(x)=x^m+b_1 x^{m-1}+\cdots+b_{m-1}x+(b_m-y)$$

有一个公共根. 这个问题的解是 $P(x)$ 和 $Q(x)$ 的结式

$$\Phi(y)=\begin{vmatrix} 1 & a_1 & a_2 & \cdots & & \cdots & & a_n & & \\ & 1 & a_1 & a_2 & \cdots & & \cdots & & a_n & \\ & & \ddots & \ddots & & \ddots & & & & \ddots \\ & & & 1 & a_1 & & a_2 & \cdots & \cdots & a_n \\ 1 & b_1 & b_2 & \cdots & b_{m-1}-y & & & & & \\ & 1 & b_1 & b_2 & \cdots & & b_{m-1}-y & & & \\ & & \ddots & \ddots & & \ddots & & \ddots & & \\ & & & \ddots & \ddots & & \ddots & & \ddots & \\ & & & & 1 & b_1 & & b_2 & \cdots & b_{m-1}-y \end{vmatrix} \begin{matrix} \Big\} (m\text{ 行}) \\ \\ \\ \Big\} (n\text{ 行}) \end{matrix}$$

由于未知量 y 仅出现在后 n 行中,容易验证 $\Phi(y)$ 是一个关于 y 的 n 次多项式. 而且,由于行列式是不同行不同列元素乘积的和,所以仅有 k 个因式 b_i 的乘积出现在 y^k 的系数中. 因此

$$\Phi(y)=c_0 y^n+c_1 y^{n-1}+\cdots+c_{n-1}y+c_n=0.$$

其中 c_k 是一个关于 $b_1,\cdots,b_{m-1},b_m$ 的 k 次多项式 $(c_0=(-1)^n)$.

为了消去 $c_1,c_2,\cdots,c_{n-1},c_n$,现在考虑 $m=n-1$. 前面的讨论表明

$$c_1=0,c_2=0,\cdots,c_{n-1}=0,c_n=0$$

是一个含 $n-1$ 个关于变量 $b_1,b_2,\cdots,b_{n-2},b_{n-1}$ 的次数为 $1,2,3,\cdots,n-1$ 的方程的方程组.

在这些方程中,可以消去 $n-2$ 个变量,且最后关于单个变量的方程的次数是 $1\cdot2\cdot3\cdot\cdots\cdot(n-1)=(n-1)!$. 这一结论后来被贝祖证明了.

契尔恩豪森的变换提供了根式解方程的新途径. 例如一般三次方程式可化为 $y^3+c_3=0$. 这过程只需解依赖于参数 b_1,b_2 的线性方程式 $c_1=0$ 与二次方程式 $c_2=0$ 构成的方程组. 四次方程式可化为 $y^4+c_2 y^2+c_4=0$,为此需要解由线性方程式 $c_1=0$ 与三次方程式 $c_3=0$ 构成的方程组,这归结为解三次方程式. 但是如果考虑一些例子之后,会发现解上述方程组远非易事.

以三次方程为例:例如,求解方程

$$x^3 + px + q = 0. \tag{4}$$

令

$$y = x^2 + b_1 x + b_2. \tag{5}$$

根据上述方法从这两方程中消去 x,得到下列关于 y 的结果方程

$$c_0 y^3 + c_1 y^2 + c_2 y + c_3 = 0. \tag{6}$$

其中 $c_0 = -1, c_1 = 3b_2 - 2p, c_2 = 4pb_2 - 3qb_1 - 3b_2{}^2 - pb_1{}^2 - p^2, c_3 = q^2 + p^2 b_2 - qpb_1 + 3qb_2 b_1 - 2pb_2{}^2 + b_2{}^3 - qb_1{}^2 - pb_3 b_1{}^2$.

于是,为了消去 c_1 和 c_2,可以令 $b_2 = \dfrac{2p}{3}$,且令 b_1 是二次方程的一个根:$pb_1{}^2 +$

$3qb_1 - \dfrac{p^2}{3} = 0$,例如,$b_1 = \dfrac{\dfrac{p}{3}}{\sqrt{\left(\dfrac{p}{3}\right)^3 + \left(\dfrac{p}{3}\right)^2} - \dfrac{q}{2}}$. 根据上述对于 b_1 和 b_2 的选取,

令 $A = \sqrt{\left(\dfrac{p}{3}\right)^3 + \left(\dfrac{p}{3}\right)^2}$,有

$$c_3 = 2^3 A^3 \left(\dfrac{3}{p}\right)^3 \left(A - \dfrac{q}{2}\right).$$

因此,关于 y 的结果,方程(6)的一个根是

$$y = 2A \left(\dfrac{3}{p}\right)^3 \sqrt{A - \dfrac{q}{2}}.$$

则所给三次方程(4)的一个根可以通过解二次方程(5)得到,方程(5)现在变为

$$x^2 + \dfrac{3}{p}\left(A - \dfrac{p}{2}\right) + \dfrac{2p}{3} = 2A\left(\dfrac{3}{p}\right)^3 \sqrt{A - \dfrac{q}{2}}. \tag{7}$$

但是,通常,这些二次方程的根中仅有一个是所给的二次方程(4)的一个根.解决方程(4)的较好方法是求方程(4)和方程(7)的公共根,就是它们的最大公因式的根.

令 $B = \sqrt{A - \dfrac{q}{2}}$,如果 $A \neq 0$,由辗转相除法可得下列最大公因式

$$2A\left(\dfrac{3}{p}\right)^2 \left(B^2 + \dfrac{p}{3}\right)\left(Bx + \dfrac{p}{3} - B^2\right)$$

(易知,如果 $A \neq 0$ 和 $B^2 - \dfrac{p}{3} \neq 0$). 于是,仅有方程(4)和方程(7)的一个公共

根,即 $x = \dfrac{B^2 - \dfrac{p}{3}}{B}$. 由于 $B = \sqrt[3]{-\dfrac{q}{2} + \sqrt{\left(\dfrac{p}{3}\right)^2 + \left(\dfrac{q}{2}\right)^2}}$,容易验证 $\dfrac{-p}{3B} =$

$$\sqrt[3]{-\frac{q}{2}+\sqrt{\left(\frac{p}{3}\right)^2+\left(\frac{q}{2}\right)^2}}$$，于是，上述关于 x 的公式与卡丹的公式一致.

如果 $A=0$，则方程(7)的左边整除所给的三次多项式，因此方程(7)的根就是所给方程的根.

2.6 五次方程式的布灵 - 杰拉德正规式

按契尔恩豪森的变换法，一般五次方程式
$$x^5+a_1x^4+a_2x^3+a_3x^2+a_4x+a_5=0 \qquad (1)$$
可以化为三项方程式
$$y^5+c_4y^4+c_5=0 \qquad (2)$$
的形式. 可是按照上一目，方程组 $c_1=0,c_2=0,c_3=0$ 的求解需要解一个 6 次（= 3！）的方程. 在 1789 年瑞士学者布灵[①]进行了较精细的分析，发现在这时候代替六次方程只要解二、三次方程[②]. 这种化简方法后来杰拉德[③]也曾独立发现，因此式(2)称为布灵 — 杰拉德正规式.

我们介绍类似的化简步骤如下：

1. 消去四次项

首先令 $x=y-\dfrac{a_1}{5}$，可消去四次方项，得到
$$y^5+ay^3+by^2+cy+d=0 \qquad (3)$$
其中

---

① 厄兰德·塞缪尔·布灵(Erland Samuel Bring, 1736—1798)，瑞典人，伦德大学的一名专业历史教师，业余的数学爱好者.

② 大意如下：为了适合方程 $c_1=0$，从参数 $b_0,b_1,b_2,\cdots,b_4$（现在考虑的变换是 $y=b_0x^4+b_1x^3+b_2x^2+b_3x+b_4$）中选出一个作为其余参数的线性表达式. 这时系数 c_2 将表示为剩余四个参数 b_i 的二次形式. 这个二次型可化为
$$u_1^2+u_2^2-v_1^2-v_2^2.$$
其中 u_i 与 v_j 为 b_i 的线性表达式（为此必须求平方根）. 为了适合等式 $c_2=0$，只要解线性方程组 $u_1=v_1$，$u_2=v_2$.

在这之后余下两个参数，且对于它们方程 $c_3=0$ 表示为三次齐次方程. 在这情形，当 $c_3\neq0$，借助线性代换，这方程可化为 $y^5+5y=a$.

用类似的方法，方程式
$$x^n+a_1x^{n-1}+\cdots+a_{n-1}x+a_n=0(n\geqslant5)$$
借助变换 $y=b_0x^m+b_1x^{m-1}+\cdots+b_{m-1}x+b_m$ 可变成（不含 x^{n-1},x^{n-2} 和 x^{n-3} 项）
$$y^n+c_4y^{n-4}+c_5y^{n-5}+\cdots+c_{n-1}y+c_n=0,$$
这时只需解二、三次方程.

③ 乔治·伯齐·杰拉德(George Birch Jerrard, 1804—1863)，英国数学家.

$$a = \frac{5a_2 - 2a_1^2}{5}, b = \frac{25a_3 - 15a_1a_2 + 4a_1^3}{25},$$

$$c = \frac{125a_4 - 50a_1a_2 + 50a_1^2a_2 - 3a_1^4}{125},$$

$$d = \frac{3\,125a_5 - 625a_1a_4 + 125a_1^2a_3 - 25a_1^3a_2 + 4a_1^5}{3\,125}.$$

2. 利用布灵－杰拉德代换消去三次项

接下来,令

$$z = y^2 + py + q, \tag{4}$$

把式(4)变换成 $y^2 = z - py - q$ 并代入式(3)得

$$y^3(z - py - q) + ay(z - py - q) + b(z - py - q) + cy + d = 0,$$

将方程式左边括号乘开,并归并关于 y 的同类项,我们得到

$$-py^4 + (z - q)y^3 - apy^2 + (az - aq - bp + c)y + d - bq = 0, \tag{5}$$

这样就消除了式(3)中的五次幂,对式(5)作类似的代换

$$-p(z - py - q)^2 + (z - q)y(z - py - q) - ap(z - py - q) +$$
$$(az - aq - bp + c)y + d - bq = 0,$$

将括号乘开并归并关于 y 的同类项,我们得到

$$[z^2 + (3p^2 - 2q + a)z + p^4 - 3p^2q + ap^2 - cp + q^2 - aq + c]y -$$
$$2qz^2 + (4pq - p^3 - pa + b)z + p^3q - 2pq^2 + apq - cq + d = 0,$$

或

$$\frac{2qz^2 - (4pq - p^3 - pa + b) - p^3q + 2pq^2 - apq + cq - d}{z^2 + (3p^2 - 2q + a)z + p^4 - 3p^2q + ap^2 - cp + q^2 - aq + c} \tag{6}$$

将式(6)代入式(4)消除未知量 y,得到

$$z^5 + Pz^4 + Qz^3 + Az^2 + Bz + C = 0, \tag{7}$$

在这里,$P = 2a - 5q, Q = p^2a + 3bp + 10q^2 - 8qa + a^2 + 2c$;

$A = -10q^3 - 3p^2qa + 12q^2a - 3qa^2 + p^3b - 9pqb + pab - b^2 + 4p^2c -$
$\quad 6qc + 2ac + 5pd,$

$B = 5q^4 + 3p^2q^2a - 8q^3a + 3q^2a^2 - 2p^3qb + 9pq^2b - 2pqab + 2qb^2 + p^4c -$
$\quad 8p^2qc + 6q^2c + p^2ac - 4qac - pbc + c^2 + 5p^3d - 10pqd + 3pad - 2bd,$

$C = -q^5 - p^2q^3a + 2q^4a - q^3a^2 + p^3qb - 3pq^3b + pq^2ab - q^2b^2 - p^4qc +$
$\quad 4p^2q^2c - 2q^3c - p^2ac + 2q^2ac + pqbc + p^5d - 5p^3qd + 5pq^2d +$
$\quad p^3ad - 3pqad - p^2bd + 2qbd + pcd - d^2.$

现在令 $P = Q = 0$,解得

40

$$p = \frac{-15b + \sqrt{60a^3 + 225b^2 - 200ac}}{10a}, q = \frac{2a}{5},$$

与此同时方程式(7)将简化为缺四次项与三次项的形式

$$z^5 + Az^2 + Bz + C = 0, \tag{8}$$

这里面 A, B, C 的值只要将 p, q 的值代入前面表达式,就可以得出.

3.利用契尔恩豪森代换消去二次项和一次项

进而我们来证明,对于方程式(8),存在契尔恩豪森代换

$$w = z^4 + \alpha z^3 + \beta z^2 + \gamma z + \delta, \tag{9}$$

使得施行这个代换后得到的方程式

$$w^5 + ew^4 + fw^3 + gw^2 + hw + k = 0 \tag{10}$$

的项 z^4, z^3, z^2 的系数等于 0.

为了确定所需契尔恩豪森代换的系数,将式(9)写成方程的形式

$$z^4 + \alpha z^3 + \beta z^2 + \gamma z + \delta - w = 0. \tag{11}$$

利用消去法理论,方程式(8),(11)消去未知量 z 即得到方程式(10)

$$\begin{vmatrix} 1 & 0 & 0 & A & B & C & 0 & 0 & 0 \\ 0 & 1 & 0 & 0 & A & B & C & 0 & 0 \\ 0 & 0 & 1 & 0 & 0 & A & B & C & 0 \\ 0 & 0 & 0 & 1 & 0 & 0 & A & B & C \\ 1 & \alpha & \beta & \gamma & \delta-w & 0 & 0 & 0 & 0 \\ 0 & 1 & \alpha & \beta & \gamma & \delta-w & 0 & 0 & 0 \\ 0 & 0 & 1 & \alpha & \beta & \gamma & \delta-w & 0 & 0 \\ 0 & 0 & 0 & 1 & \alpha & \beta & \gamma & \delta-w & 0 \\ 0 & 0 & 0 & 0 & 1 & \alpha & \beta & \gamma & \delta-w \end{vmatrix} = 0.$$

展开等式左边的行列式,我们得到

$$w^5 + ew^4 + fw^3 + gw^2 + hw + k = 0,$$

其中

$$e = -4B - 3\alpha A + 5\delta, \tag{12}$$

$$f = 10\delta^2 - (12\alpha A + 16B)\delta + 3\beta\gamma A + 3\alpha^2 A^2 - 3\beta A^2 + 2\beta^2 B + 4\alpha\gamma B +$$
$$5\alpha AB + 6B^2 + 5\alpha\beta C + 5\gamma C - AC, \tag{13}$$

$$g = 10\delta^3 - \gamma^3 A + \beta^3 A^2 - 3\alpha\beta\gamma A^2 + 3\gamma^2 A^2 - \alpha^3 A^3 + 3\alpha\beta A^3 + A^4 + \delta^2(-18\alpha A -$$
$$24B) - 4\beta\gamma^2 B + \alpha\beta^2 AB - 5\alpha^2\gamma AB + 2\beta\gamma AB - \alpha^2 A^2 B + 2\beta A^2 B + 4\alpha^2\beta B^2 -$$
$$4\beta^2 B^2 - 8\alpha\gamma B^2 - \alpha AB^2 - 4B^2 - 5\beta^2\gamma C - 5\gamma^2 C - 7\alpha^2\beta AC + 8\beta^2 AC +$$
$$\alpha\gamma AC + \alpha A^2 C + 3\alpha^3 BC - 2\alpha\beta BC - 11\gamma BC + 8ABC + 5\alpha^2 C^2 + 5\beta^2 C^2 +$$

41

$$\delta(9\beta\gamma A + 9\alpha^2 A^2 - 9\beta A^2 + 6\beta^2 B + 12\alpha\gamma B + 15\alpha AB + 18B^2 + 15\alpha\beta C +$$
$$15\gamma C - 12AC), \tag{14}$$

$$h = (B^2 - 3ABC)\alpha^4 + (-2\delta A^3 + \gamma A^2 B - \beta AB^2 + 2\beta A^2 C + 6\delta BC + B^2 C -$$
$$5\gamma C^2 - 2AC^2)\alpha^3 + (9\delta^2 A^2 - 10\gamma\delta AB - 2\delta A^2 B + 2\gamma^2 B^2 + 8\beta\delta B^2 +$$
$$\gamma AB^2 - 4\beta B^3 + 3\gamma^2 AB - 14\beta\delta AC - 7\beta\gamma BC + 11ABC + 5\beta^2 C^2 +$$
$$10\delta C^2 + BC^2)\alpha^2 + (-12\delta^3 A - 6\beta\gamma\delta A^2 + 6\beta\delta A^3 + 12\delta^2 B + 3\beta\gamma^2 AB +$$
$$2\beta^2\delta AB + 15\delta^2 AB - 3\gamma A^2 B - 4\beta^2\gamma B^2 - 16\gamma\delta B^2 + 3\beta^2 AB^2 - 2\delta AB^2 +$$
$$4\gamma B^3 - AB^2 - 10\gamma^2\delta C + 15\beta\delta^2 C + 6\beta^2\gamma AC + 2\gamma\delta AC - 6\beta^2 A^2 C +$$
$$2\delta A^2 C + \beta^3 BC + 13\gamma^2 BC - 4\beta\delta BC - 10\gamma ABC + 3A^2 BC - 3\beta B^2 C -$$
$$5\beta\gamma C^2 + 4\beta AC^2 + 5C^3)\alpha + 5\delta^4 - 2\gamma^3\delta A + 9\beta\gamma\delta^2 A + 2\beta^3\delta A^2 + 6\gamma^2\delta A^2 -$$
$$9\beta\delta^2 A^2 - 6\gamma\delta A^3 + 2\delta A^4 + \gamma^4 B - 8\beta\gamma^2\delta B + 6\beta^2\delta^2 B - 16\delta^3 B - \beta^3\gamma AB -$$
$$3\gamma^3 AB + 4\beta\gamma\delta AB + 3\gamma^2 A^2 B + 4\beta\delta A^2 B - \gamma A^3 B + \beta^4 B^2 + 4\beta\gamma^2 B^2 -$$
$$8\beta^2\delta B^2 + 18\beta^2 B^2 - 5\beta\gamma AB^2 + \beta A^2 B^2 + 2\beta^2 B^2 - 8\delta B^2 + B^4 + 5\beta\gamma^3 C -$$
$$10\beta^2\gamma\delta C + 15\delta^2 C - 2\beta^4 AC - 9\beta\gamma^2 AC + 16\beta^2\delta AC - 12\delta^2 AC +$$
$$6\beta\gamma A^2 C - 2\beta A^3 C + 3\beta^2\gamma BC - 22\gamma\delta BC - 4\beta^2 ABC + 16\delta ABC + 7\gamma B^2 C -$$
$$4AB^2 C - 5\beta^3 C^2 + 5\gamma^2 C^2 + 10\beta\delta C^2 - 7\gamma AC^2 + 2A^2 C^2 - 6\beta B, \tag{15}$$

$$k = C^3\alpha^5 + (-\delta B^3 + 3\delta ABC + \gamma B^2 C - 2\gamma AC^2 - \beta BC^2)\alpha^4 + (\delta^2 A^3 - \gamma\delta A^2 B +$$
$$\beta\delta AB^2 + \gamma^2 A^2 C - 2\beta\delta A^2 C - 3\delta^2 BC - \beta\gamma ABC - \delta B^2 C + 5\gamma\delta C^2 +$$
$$\beta^2 AC^2 + 2\delta AC^2 - 5\beta C^3)\alpha^3 + (-3\delta^3 A^2 + 5\gamma\delta^2 AB + \delta^2 A^2 B - 2\gamma^2\delta B^2 -$$
$$4\beta\delta^2 B^2 - \gamma\delta AB^2 + 4\beta\delta B^3 - 3\gamma^2\delta AC - 3\gamma^2\delta AC + 7\beta\delta^2 AC + 2\gamma^3 BC +$$
$$7\beta\gamma\delta BC + \gamma^2 ABC - 11\beta\delta ABC - 4\beta\gamma B^2 C - 5\beta\gamma^2 C^2 - 5\beta^2\Delta c^2 - 5\delta^2 C^2 +$$
$$6\beta\gamma AC^2 + 4\beta^2 BC^2 - \delta BC^2 + 5\gamma C^3 - AC^2)\alpha^2 + (3\delta^4 A + 3\beta\gamma\delta^2 A^2 -$$
$$3\beta\delta^2 A^3 - 4\gamma\delta^3 B - 3\beta\gamma^2\delta AB - \beta^2\delta^2 AB - 5\delta^3 AB + 3\beta\gamma\delta A^2 B +$$
$$4\beta^2\gamma\delta B^2 + 8\gamma\delta^2 B^2 - 3\beta^2\delta AB^2 + \delta^2 AB^2 - 4\gamma\delta B^3 + \delta BC^3 + 5\gamma^2\delta^2 C -$$
$$5\beta\delta^3 C + 3\beta\gamma^3 BC - 6\beta^2\gamma AC - \gamma\delta^2 AC - 3\beta\gamma^2 A^2 C + 6\beta^2\delta A^2 C - \delta^2 A^2 C -$$
$$4\beta^2\gamma^2 BC - \beta^3\delta BC - 13\gamma^2\delta BC + 2\beta\delta^2 BC + 3\beta^2\gamma ABC + 10\gamma\delta ABC -$$
$$3\delta A^2 BC + 4\gamma^2 B^2 C + 3\beta\delta B^2 C - \gamma AB^2 C + 5\beta^3\gamma C^2 + 5\gamma^3 C^2 + 5\beta\gamma\delta C^2 -$$
$$3\beta^3 AC^2 - 7\gamma^2 AC^2 - 4\beta\delta AC^2 + 2\gamma A^2 C^2 - 7\beta\gamma BC^2 + \beta ABC^2 + 5\beta^2 C^2 -$$
$$5\delta C^3 + BC^2)\alpha - \delta^5 + \gamma^3\delta^2 A - 3\beta\gamma\delta^3 A - \beta^3\delta^2 A^2 - 3\gamma^2\delta^2 A^2 + 3\beta\delta^3 A^2 +$$
$$3\gamma\delta^2 A^3 - \delta^2 A^4 - \gamma^4\delta B + 4\beta\gamma^2\delta^2 B - 2\beta^2\delta^3 B + 4\delta^4 B + \beta^3\gamma\delta AB +$$
$$3\gamma^3\delta AB - 2\beta\gamma\delta^2 AB - 3\gamma^2\delta A^2 C - 2\beta\delta^2 A^2 B + \gamma\delta A^3 B - \beta^4\delta B^2 -$$
$$4\beta\gamma^2\delta B^2 + 4\beta^2\delta^2 B^2 - 6\delta^3 B^2 + 5\beta\gamma\delta AB^2 - \beta\delta A^2 B^2 - 2\beta^2\delta B^3 + 4\delta^2 B^3 -$$
$$\delta B^4 + \gamma^5 C - 5\beta\gamma^3\delta C + 5\beta^2\gamma\delta^2 C - 5\gamma\delta^3 C - \beta^3\gamma^2 AC - 3\gamma^4 AB +$$

$2\beta^4\delta AC + 9\beta\gamma^2\delta AC - 8\beta^2\delta^2 AC + 4\delta^3 AC + 3\gamma^3 A^2 C - 6\beta\gamma\delta A^2 C -$

$\gamma^2 A^2 C + 2\beta\delta A^3 C + \beta^4\gamma BC + 4\beta\gamma^3 BC - 3\beta^2\gamma\delta BC + 11\gamma\delta^2 BC - 5\beta\gamma^2 ABC +$

$4\beta^2\delta ABC - 8\delta^2 ABC + \beta\gamma A^2 BC + 2\beta^2\gamma B^2 C - 7\gamma\delta B^2 C + 4\delta AB^2 C +$

$\gamma B^3 C - \beta^5 C^2 - 5\beta^2\gamma^2 C^2 + 5\beta^3\delta C^2 - 5\gamma^2\delta C^2 - 5\beta\delta^2 C^2 + 3\beta^2\gamma AC^2 +$

$7\gamma\delta AC^2 - \beta^2 A^2 C^2 - 2\delta A^2 C^2 - 2\beta^3\delta BC^2 + 3\gamma^2 BC^2 + 6\beta\delta BC^2 - 3\gamma ABC^2 -$

$\beta B^2 C^2 - 5\beta\gamma C^3 + 2\beta AC^2 - C^4.$ \hfill (16)

令 $e = 0$，得到

$$\delta = \frac{4B + 3\alpha A}{5}$$

合并式(13)中 γ 的同类项，并将上式 δ 的值代入后将得到

$$\left(-\frac{3A^2}{5} + \frac{32B^3}{9A^2} - \frac{20BC}{3A}\right)\alpha^2 + \left(-\frac{3AB}{5} + \frac{80B^2 C}{9A^2} - \frac{25C^2}{3A}\right)\alpha -$$

$$\frac{2B^2}{5} + AC + \frac{50BC^2}{9A^2} + (3\beta A + 4\alpha B + 5C)\gamma = 0,$$ \hfill (17)

在式(17)中令 γ 的系数为零，解出 β，

$$\beta = -\frac{4\alpha B + 5C}{3A},$$

将其代入式(17)中，则得 α 的二次方程式

$$\left(-\frac{3A^2}{5} + \frac{32B^3}{9A^2} - \frac{20BC}{3A}\right)\alpha^2 + \left(-\frac{3AB}{5} + \frac{80B^2 C}{9A^2} - \frac{25C^2}{3A}\right)\alpha - \frac{2B^2}{5} + AC + \frac{50BC^2}{9A^2} = 0,$$

或

$$(27A^2 + 300ABC - 160B^3)\alpha^2 + (27A^3 B + 375AC^2 - 400B^2 C)\alpha +$$

$$18A^2 B^2 - 45A^3 C - 250BC^2 = 0,$$ \hfill (18)

由此 α 确定.

将 δ, β 代入式(14)中，将得到

$675A^3\gamma^3 + [(3\ 375A^2 C - 3\ 600AB^2)\alpha - 2\ 025A^4 - 4\ 500ABC]\gamma^2 +$

$[(675A^3 B + 6\ 000B^2 C)\alpha^2 + (7\ 200A^2 B^2 - 4\ 050A^3 C + 15\ 000BC^2)\alpha +$

$2\ 025A^5 + 9\ 675AB^2 C + 9\ 735C^3]\gamma + (1\ 485A^4 C - 3\ 843A^3 B^2 - 9\ 375ABC^2 -$

$2\ 400B^3 C)\alpha - 675A^6 - 4\ 700A^3 BC - 108A^2 B^3 - 6\ 250AC^3 - 1\ 500B^2 C^2 =$

$0.$

再将(18)中解出的 α 代入上式，这是一个关于 γ 的三次方程式，即 γ 可代数解出.

将 $\alpha, \beta, \gamma, \delta$ 代入式(15)，(16)，即可确定出系数 h, k.

至此原来的方程式

$$x^5 + a_1 x^4 + a_2 x^3 + a_3 x^2 + a_4 x + a_5 = 0$$

将简化为

$$w^5 + hw + k = 0 \qquad (19)$$

以函数的观点来看, 方程 (19) 的解依赖于两个变量 h 和 k. 若再令

$$w = \sqrt[4]{-\frac{h}{5}}\, \xi$$

则方程式可以进一步化简为如下形式

$$\xi^5 + 5\xi - t = 0 \left(\text{其中 } t = \frac{k}{h\sqrt[4]{-\dfrac{h}{5}}} \right),$$

它的解 ξ 是单一变量 t 的函数.

虽然一般五次方程式可以化为布灵－杰拉德正规式那样简单的形式, 但即便如此, 也不能以根式求解.

§3　用初等方法可解的特殊高次方程

3.1　方程左端的因子分解

有许多特殊情形的高次方程, 可以用根式来解. 现在我们指出能用代数方法求解的高次方程的个别情形和这些方程的初等解法, 在实际解方程时, 善于利用特殊方法, 对解题有很大帮助.

为方便起见, 我们用记号 $f(x)$ 表示方程

$$a_n x^n + a_{n-1} x^{n-1} + \cdots + a_1 x + a_0 = 0$$

的左端, 即

$$f(x) = a_n x^n + a_{n-1} x^{n-1} + \cdots + a_1 x + a_0.$$

如果 $f(x) = 0$ 的左端可以分解为若干因子的乘积

$$f(x) = f_1(x) f_2(x) \cdots f_k(x),$$

这里每一个 $f_i(x)$ 都是形如 $b_m x^m + b_{m-1} x^{m-1} + \cdots + b_1 x + b_0$ (其中 $m \geqslant 1$ 且 $a_m \neq 0$) 的式子, 换句话说, 右端的任一个因子都不是 $f(x)$ 的常数因子, 那么想要解方程

$$f(x) = 0, \qquad (1)$$

只要解方程

44

$$f_1(x)=0, f_2(x)=0, \cdots, f_k(x)=0 \qquad (2)$$

中的每一个就够了.

事实上,方程(1)的任何一个根至少满足方程式(2)中的一个,因为方程(1)可以表示为

$$f_1(x)f_2(x)\cdots f_k(x)=0,$$

乘积等于零,当且仅当其因数中至少有一个等于零. 因此 $f(x)$ 化为零时,因子 $f_1(x), f_2(x), \cdots, f_k(x)$ 中至少有一个化为零.

反之,如果这些因子中至少有一个化为零,那么 $f(x)$ 也化为零.

这样,将诸方程 $f_i(x)=0(i=1,2,\cdots,k)$ 的根合在一起,便得到所给方程的根的集合.

如果用已知方法已经将多项式 $f(x)$ 的(非常数)因子分解开来,那么解方程 $f(x)=0$ 便归结到解一些次数较低的方程了.

例1 解方程

$$x^4+2x^3+5x^2+4x-12=0.$$

解 分解左端成因子:

$$
\begin{aligned}
x^4+2x^3+5x^2+4x-12 &= (x^4+2x^3)+(5x^2+10x)-(6x+12) \\
&= (x+2)(x^3+5x-6) \\
&= (x+2)(x-1)(x^2+x+6).
\end{aligned}
$$

原方程便归结到解两个一次方程及一个二次方程

$$x+2=0, x-1=0, x^2+x+6=0.$$

由此

$$x_1=-2, x_2=1, x_{3,4}=\frac{-1 \pm i\sqrt{23}}{2}.$$

在下面的例2至例4中指示着因子分解的方法对于复数范围内开方的应用.

例2 计算 1 的三次根的值.

解 这需要解方程

$$x^3-1=0$$

或者

$$(x-1)(x^2+x+1)=0.$$

由此

$$x-1=0 \text{ 或 } x^2+x+1=0.$$

因此

$$x_1 = 1, x_2 = \frac{-1 + \mathrm{i}\sqrt{3}}{2}, x_3 = \frac{-1 - \mathrm{i}\sqrt{3}}{2}.$$

例 3　计算 $\sqrt[4]{1}$.

解　这要解方程

$$x^4 - 1 = 0$$

或

$$(x-1)(x+1)(x-\mathrm{i})(x+\mathrm{i}) = 0.$$

最后

$$x_1 = 1, x_2 = -1, x_3 = \mathrm{i}, x_4 = -\mathrm{i}.$$

例 4　计算 $\sqrt[4]{-1}$.

解　解方程式 $x^4 + 1 = 0$. 将左端分解成因子有

$$(x^2 + \sqrt{2}\,x + 1)(x^2 - \sqrt{2}\,x + 1) = 0,$$

如此解二次方程

$$x^2 + \sqrt{2}\,x + 1 = 0 \ \text{及} \ x^2 - \sqrt{2}\,x + 1 = 0.$$

因而得到

$$x_{1,2} = \frac{-\sqrt{2} \pm \mathrm{i}\sqrt{2}}{2}, x_{3,4} = \frac{\sqrt{2} \pm \mathrm{i}\sqrt{2}}{2}.$$

3.2　三项方程

形式是

$$ax^{2n} + bx^n + c = 0$$

的方程叫作三项方程.

三项方程能用根式解. 引入新未知数 $y = x^n$, 得到辅助二次方程

$$ay^n + by + c = 0,$$

由此

$$y = \frac{-b \pm \sqrt{b^2 - 4ac}}{2a},$$

于是

$$x = \sqrt[n]{\frac{-b \pm \sqrt{b^2 - 4ac}}{2a}}.$$

例 1　解方程

$$x^6 - 3x^3 + 2 = 0.$$

46

解 先由二次方程

$$y^2 - 3y + 2 = 0,$$

求 $y = x^3$. 得到 $y_1 = 1$ 及 $y_2 = 2$. 因此得到 $x^3 = 1$ 或 $x^3 = 2$. 由这些方程求得

$$x_1 = 1, x_2 = \frac{-1 - \mathrm{i}\sqrt{3}}{2}, x_3 = \frac{-1 + \mathrm{i}\sqrt{3}}{2},$$

$$x_4 = \sqrt[3]{2}, x_5 = \frac{-1 - \mathrm{i}\sqrt{3}}{2} \cdot \sqrt[3]{2}, x_6 = \frac{-1 + \mathrm{i}\sqrt{3}}{2} \cdot \sqrt[3]{2}.$$

例 2 解方程 $x^6 + 1 = 0$.

对于此方程,我们有

$$x^6 + 1 = (x^2 + 1)(x^4 - x^2 + 2) = 0,$$

因此必须分解为以下两个方程

$$x^2 + 1 = 0, x^4 - x^2 + 2 = 0,$$

解第一个方程得到 $x_{1,2} = \pm \mathrm{i}$.

第二个是双二次方程,由它得到

$$x^2 = \frac{1 \pm \mathrm{i}\sqrt{3}}{2}.$$

因此

$$x_{3,4} = \pm\sqrt{\frac{1 + \mathrm{i}\sqrt{3}}{2}}, x_{5,6} = \pm\sqrt{\frac{1 - \mathrm{i}\sqrt{3}}{2}}.$$

按照复数开方的法则,得到

$$x_{3,4} = \pm\left(\frac{\sqrt{3}}{2} + \frac{\mathrm{i}}{2}\right), x_{5,6} = \pm\left(\frac{\sqrt{3}}{2} - \frac{\mathrm{i}}{2}\right).$$

双二次方程

$$ax^4 + bx^2 + c = 0$$

是三项方程($n = 2$)的特殊情形.

双二次方程的解的公式

$$x = \pm\sqrt{\frac{-b \pm \sqrt{b^2 - 4ac}}{2a}}$$

给出了方程的全部四个根(各根中可能有重的). 现在研究实系数双二次方程的根. 我们认为 $a > 0$,并不失其一般性.

情形 1 $b^2 - 4ac > 0, c > 0, b < 0$. 辅助方程

$$ay^2 + by + c = 0$$

的两根都正:即对于 x^2 能够得到两个不同的正值,因而取二次方程有四个实

47

根.

情形 2 $b^2 - 4ac > 0, c < 0$. 对于 x^2 必然是得到符号不同的两个值, 于是双二次方程有两个实根及两个纯虚根.

情形 3 $b^2 - 4ac > 0, c > 0, b > 0$. 对于 x^2 必然得到两个负值, 于是双二次方程的各根都是纯虚数.

情形 4 $c = 0$, 辅助方程采取 $ay^2 + by = 0$ 的形式. 因此 $y = x^2 = 0$ 及 $y = x^2 = -\dfrac{b}{a}$.

如果 $b \neq 0$, 那么双二次方程有二重根 $x = 0$, 其他两根当 $b < 0$ 时是实的, 当 $b > 0$ 时是虚的. 如果 $b = c = 0$, 那么双二次方程有四重根 $x = 0$.

情形 5 $b^2 - 4ac < 0$. 对于 x^2 得到两个共轭虚数值, 而双二次方程有两个不同的(两个共轭的) 虚根.

情形 6 $b^2 - 4ac = 0$. 辅助方程有二重根 $y = x^2 = -\dfrac{b}{2a}$.

当 $b > 0$ 时双二次方程有两个虚的二重根, 而当 $b < 0$ 时有两个实的二重根.

3.3　倒数方程

在方程
$$a_n x^n + a_{n-1} x^{n-1} + a_{n-2} x^{n-2} + \cdots + a_2 x^2 + a_1 x + a_0 = 0$$
里, 凡与首末两项等距离的项的系数相等, 即 $a_n = a_0, a_{n-1} = a_1, a_{n-2} = a_2, \cdots$. 这样的方程叫作第一类倒数方程.

如方程
$$2x^5 + 6x^4 - 15x^3 - 15x^2 + 6x + 2 = 0, 7x^4 + 5x^3 + 6x^2 + 5x + 7 = 0,$$
就是第一类倒数方程.

倒数方程的任何一根不能等于零. 事实上, 如果 $x = 0$ 是方程的根, 那么就得使 $a_0 = 0$, 从而 $a_n = 0$, 即方程的次数将要降低.

倒数方程的名称来源于如下性质: 如果 α 是它的根, 那么 α 的倒数 $\dfrac{1}{\alpha}$ 也是它的根. 实际上

$$a_n \frac{1}{\alpha^n} + a_{n-1} \frac{1}{\alpha^{n-1}} + \cdots + a_1 \frac{1}{\alpha} + a_0$$

$$= \frac{a_n + a_{n-1}\alpha + \cdots + a_1 \alpha^{n-1} + a_0 \alpha^n}{\alpha^n}$$

48

$$= \frac{a_0 + a_1\alpha + \cdots + a_{n-1}\alpha^{n-1} + a_n\alpha^n}{\alpha^n} = 0.$$

下面我们来研究第一类倒数方程的解法. 从具有偶次的方程开始.

i. 若 n 为偶数,可设 $n = 2k$,则第一类倒数方程形如

$$f(x) = a_0 x^{2k} + a_1 x^{2k-1} + \cdots + a_k x^k + \cdots + a_1 x + a_0 = 0 (a_0 \neq 0). \quad (1)$$

方程两端同除以 x^k(注意 $x = 0$ 不是方程式的根,$x^k \neq 0$),且像下面那样将各项分组,得到

$$a_0\left(x^k + \frac{1}{x^k}\right) + a_1\left(x^{k-1} + \frac{1}{x^{k-1}}\right) + \cdots + a_1 x + a_0 = 0. \quad (2)$$

注意到

$$x^p + \frac{1}{x^p} = \left(x^{p-1} + \frac{1}{x^{p-1}}\right)\left(x + \frac{1}{x}\right) - \left(x^{p-2} + \frac{1}{x^{p-2}}\right)$$

若令

$$x + \frac{1}{x} = y,$$

则有

$$x^2 + \frac{1}{x^2} = y^2 - 2,$$

$$x^3 + \frac{1}{x^3} = y^3 - 3y,$$

$$x^4 + \frac{1}{x^4} = y^4 - 4y^2 + 2,$$

$$\vdots$$

将以上各式代入方程(2)得到一个关于 y 的 k 次方程. 解这个方程得到 y 的 k 个值,对于每个 y 值,可从 $x + \frac{1}{x} = y$ 中求出相应的 x 值.

特别地,若是解四次的倒数方程,在一般情形下,可以归结到解三个二次方程;其中一个是为了确定辅助未知量 y,另两个是为了确定 x.

作为例子,我们来解方程 $2x^4 + 3x^3 - 16x^2 + 3x + 2 = 0$,这是第一类倒数方程. 用 x^2 遍除各项得

$$2\left(x^2 + \frac{1}{x^2}\right) + 3\left(x + \frac{1}{x}\right) - 16 = 0.$$

引入新未知量 $y = x + \frac{1}{x}$,有 $x^2 + \frac{1}{x^2} = y^2 - 2$,代入得

$$2(y^2 - 2) + 3y - 16 = 0,$$

即

$$2y^2 + 3y - 20 = 0,$$

解得

$$y_1 = \frac{5}{2}, y_2 = -4.$$

最后,解确定 x 的两个方程

$$x + \frac{1}{x} = \frac{5}{2} \text{ 与 } x + \frac{1}{x} = -4.$$

求出

$$x_1 = 2, x_2 = \frac{1}{2}, x_3 = -2 + \sqrt{3}, x_4 = -2 - \sqrt{3}.$$

ii. 若 n 为奇数,设 $n = 2k+1$,则第一类倒数方程的形式如下

$$f(x) = a_0 x^{2k+1} + a_1 x^{2k} + \cdots + a_k x^{k+1} + a_k x^k + \cdots + a_1 x + a_0 = 0 (a_0 \neq 0). \tag{3}$$

把这方程的左端分成若干个二项式的和

$$a_0(x^{2k+1} + 1) + a_1 x(x^{2k} + 1) + \cdots + a_k x^k(x + 1) = 0. \tag{4}$$

显然 $x+1$ 是 $f(x)$ 的一个因子,方程(4)左边除以 $x+1$ 得商式如下

$$a_0 x^{2k} - a_0 x^{2k-1} + a_0 x^{2k-2} - \cdots - a_0 x + a_0 +$$
$$a_1 x^{2k-1} - a_1 x^{2k-2} + \cdots - a_1 x^2 + a_1 x +$$
$$a_2 x^{2k-2} - \cdots + a_2 x^2 + \cdots + a_k x^k,$$

或者

$$a_0 x^{2k} + (-a_0 + a_1) x^{2k-1} + (a_0 - a_1 + a_2) x^{2k-2} + \cdots + a_k x^k + \cdots +$$
$$(a_0 - a_1 + a_2) x^2 + (-a_0 + a_1) x + a_0.$$

与首末两项距离相等的项的系数相等,因此原方程可写成如下形式

$$(x+1)(a_0 x^{2k} + b_1 x^{2k-1} + b_2 x^{2k-2} + \cdots + b_k x^k + \cdots + b_2 x^2 + b_1 x + a_0) = 0. \tag{5}$$

其中,$b_1 = -a_0 + a_1, b_2 = a_0 - a_1 + a_2, \cdots, b_k = a_k$. 因此解方程(5)就归结为第一类偶数次倒数方程了.

作为刚才所述的应用,我们来解方程

$$x^5 + 1 = 0.$$

解 已知此方程有一个根 $x_1 = -1$. 因此方程可写成

$$(x+1)(x^4 - x^3 + x^2 - x + 1) = 0.$$

现在解第二个方程 $x^4 - x^3 + x^2 - x + 1 = 0$,这是第一类偶次倒数方程. 用 x^2 遍除方程式的左端,得

$$\left(x^2 + \frac{1}{x^2}\right) - \left(x + \frac{1}{x}\right) + 1 = 0.$$

设 $y = x + \dfrac{1}{x}$,得 $x^2 + \dfrac{1}{x^2} = y^2 - 2$.代入得

$$(y^2 - 2) - y + 1 = 0.$$

即

$$y^2 - y - 1 = 0,$$

解得

$$y_{1,2} = \frac{1 \pm \sqrt{5}}{2}.$$

解确定 x 的两个方程

$$x + \frac{1}{x} = \frac{1 + \sqrt{5}}{2}, x + \frac{1}{x} = \frac{1 - \sqrt{5}}{2},$$

得到

$$x_{2,3} = \frac{1 + \sqrt{5}}{2} \pm \frac{i}{4}\sqrt{10 - 2\sqrt{5}}, x_{4,5} = \frac{1 - \sqrt{5}}{2} \pm \frac{i}{4}\sqrt{10 + 2\sqrt{5}}.$$

如果在方程

$$a_n x^n + a_{n-1} x^{n-1} + a_{n-2} x^{n-2} + \cdots + a_2 x^2 + a_1 x + a_0 = 0$$

里,与首末两项等距离的项,对于 x 的偶次幂系数相等,对于 x 的奇次幂,系数互为相反数,即 $a_n = -a_0, a_{n-1} = -a_1, a_{n-2} = -a_2, \cdots$.这种形式的方程叫作第二类倒数方程.

第二类倒数方程根据次数不同也有偶次和奇次两种类型.它们的解法都是通过代换 $y = x - \dfrac{1}{x}$ 把原方程转变为 k 次方程来解.

解方程 $2x^4 - x^3 - 10x^2 + x + 2 = 0$.

这是第二类偶数次倒数方程.用 x^2 遍除方程左端得

$$2\left(x^2 + \frac{1}{x^2}\right) - \left(x - \frac{1}{x}\right) - 10 = 0.$$

令 $x - \dfrac{1}{x} = y$,得 $x^2 + \dfrac{1}{x^2} = y^2 + 2$,代入得

$$2(y^2 + 2) - y - 10 = 0$$

或

$$2y^2 - y - 6 = 0.$$

解得

$$y_1 = -\frac{3}{2}, y_2 = 2.$$

所以,确定 x 的两个方程为

$$x + \frac{1}{x} = -\frac{3}{2}, x + \frac{1}{x} = 2.$$

解之得

$$x_1 = -2, x_2 = \frac{1}{2}, x_3 = 1 + \sqrt{2}, x_4 = 1 - \sqrt{2}.$$

数域上的多项式及其性质

第 2 章

§1 数域上的多项式

1.1 数域的基本概念

在数学中,许多问题的讨论都与数的范围有关,并且同一问题在不同的数的范围来考虑时,常常具有不同的性质.方程式的求解问题就是这样,例如求解一元二次方程 $x^2-2=0$,如果在有理数范围内考虑,这一问题的答案是没有解,因为没有一个有理数,它的平方等于 2.但在实数范围内,答案正好相反:这个方程式有解,其解是 $x=\pm\sqrt{2}$.类似地,方程式 $x^2+1=0$ 在实数范围内无解,但在更大的复数范围内有解.

出现这种不同情况的原因在于所考虑的数的集合对于(数的)某些运算具有不同的性质.例如所有整数的集合,对加、减、乘三种运算是普遍可施行的,但对除法却不能普遍施行(因为两个整数的商不一定是整数);而有理数集(实数集、复数集)对加、减、乘、除(只要除数不为 0)均可普遍施行,但有理数集以及实数集对开方运算却不能普遍施行.

由于解方程总是需要数的四种算术运算,所以在其中能进行四种算术运算(加、减、乘、除)的数集对于讨论方程式的求解问题才有意义.除了上述四个数集外,还有很多数集,也能普遍地施行四种算术运算.为了在以后的讨论中把它们统一起来,我们引入下面的重要概念.

53

设 P 是复数集合的一个子集合,如果 P 之内任意两个数作加、减、乘、除(0 不作除数)运算后,其结果仍然落在 P 之内,并且 P 至少含有两个不同的元素,则称 P 为一个数域[①].

易见,有理数集 $\mathbf{Q}$、实数集 $\mathbf{R}$、复数集 $\mathbf{C}$ 都是数域,分别称为有理数域、实数域和复数域. 由于两个非零整数相除未必还是整数,所以整数集不是一个数域;同样所有正实数也不能构成一个域.

指出一个事实:上述的三个数域依次各被包含在其他数域中. 即是说,有理数域中的每一个数,既属于实数域又属于复数域,实数域中的每一个数都属于复数域.

除了刚才提及的那三个最重要的数域外,还可以举出很多个其他的数域. 例如,我们来证明实数集的如下真子集

$$\{a+b\sqrt{2} \mid a,b \text{ 为有理数}\}$$

也是一个数域.

事实上,

$$(a+b\sqrt{2}) \pm (c+d\sqrt{2}) = (a \pm c) + (b \pm d)\sqrt{2},$$
$$(a+b\sqrt{2})(c+d\sqrt{2}) = (ac+2bd) + (ad+bc)\sqrt{2},$$

最后

$$\frac{a+b\sqrt{2}}{c+d\sqrt{2}} = \frac{ac-2bd}{c^2-2d^2} + \frac{bc-ad}{c^2-2d^2}\sqrt{2} \ (c+d\sqrt{2} \neq 0),$$

就是说,任何两个形如 $a+b\sqrt{2}$ 的数,它们的和、差、积以及商(除数不为 0)仍然在我们所考虑的集合之中,因而它是一个数域,这个数域记作 $Q(\sqrt{2})$. 类似地,$Q(\sqrt{5}) = \{a+b\sqrt{5} \mid a,b \text{ 为有理数}\}$ 也是一个数域.

在各数域中有两个域占有相对重要的地位. 全部复数,按照它包含所有其他数域的数来说,称为"最大"的数域. 全部有理数,则是"最小"的数域,因为它的数被包含在任何其他数域中.

定理 1.1.1(关于最小数域的定理)　全部有理数被包含在任何数域中.

证明　设 P 是一个数域,由于 P 对减法和除法封闭,这样 $0,1,-1$ 必在 P 里面;再由数域对加法的封闭性,所有的整数均在 P 中,最后由 P 对除法封闭知,P 含有所有有理数.

[①]　第一次引入数域概念的是阿贝尔与伽罗瓦,但他们都没有使用"数域"这个术语. 第一个使用数域这一名词的是德国数学家戴德金(Julius Wilhelm Richard Dedekind,1831—1916).

初看似乎遗憾,像所有整数以及所有的正实数这样重要的数类,竟不能满足域的定义.人们可能会发出一个疑问,是否这表示域的概念不完善呢? 但以后理论的发展将证明,从在不同代数领域中所研讨的各问题的观点来看,重要的却正是域的概念,而上面援引的两类数在一定意义上倒是不完整的(因为它们对四种代数运算来说是不封闭的).不过我们要指出,对某些问题是可以局限在所讨论的数集内所规定的较少的条件的.例如,研究这种数集,它们只具有下列性质:这个集的任何两个数的和、差与积仍属于同一集.这种数集称为数环.全部整数,就这意义来说,构成一个数环.今后我们将不使用环的概念.至于正实数集,那应当说,正的性质按其本质来讲是完全属于另一思想领域,本质上有别于数(包含以后的多项式)的运算性质,而数(与多项式)乃是构成我们讨论的基本范围.因此,以正的特征区别出来的实数类不成为域的这一事实是十分自然而存在于问题的本质中的.

1.2　数域上的多项式

前面所引入的域的概念对我们是很重要的,因为用了这概念,我们可以按照系数的性质来把方程式分类.

如果代数方程式

$$a_0 x^n + a_1 x^{n-1} + \cdots + a_n = 0 (a_0 \neq 0) \tag{1}$$

的所有系数 $a_0, a_1, \cdots, a_n$ 都是数域 P 中的数,则这方程式称为域 P 上的方程式[①].这里记号 x 只是一个抽象的符号,通常称为未知元或未知量.

例如方程式 $x^2 + 3x - 1 = 0$ 显然是有理数域上的方程式,而方程式 $x^2 + \sqrt{2} x - 1 = 0$ 则是数域 $Q(\sqrt{2})$ 上的方程式.

---

① 强调方程式系数的范围或者说系数域有什么意义呢? 让我们考察一下有理系数二次方程式 $ax^2 + bx + c = 0 (a \neq 0)$ 的求根公式:$x_{1,2} = \dfrac{-b \pm \sqrt{b^2 - 4ac}}{2a}$.可以把它更为明确地记为 $x_{1,2} = f(a, b, c) = \dfrac{-b \pm \sqrt{b^2 - 4ac}}{2a}$.就是说,方程式的根实际上相当于系数 a, b, c 的一个函数.这意味着什么? 假设一个函数 $f(a, b, c)$ 只是对变量 a, b, c 作加、减、乘和除运算,那么,当 a, b, c 是有理数的时候,函数值 $f(a, b, c)$ 就一定不是无理数(当然分母不能为 0).这说明,系数及其运算方式控制着求根公式的"输出"范围.比如,如果只允许加、减、乘、除的运算方式,那么连 $x^2 - 2 = 0$ 这种方程式都不存在求根公式,因为有理数作加、减、乘、除不会得到无理数.总而言之,如果根在有理数域内的,靠四则运算就已经能求解.如果根在有理数域外的,我们只有通过开方去拓展有理数域——加入有理数的整数次方根——组成一个新的数域,让方程的根可以算出来.这就是要出现"根式求解"的原因.

要是系数是复数,按照代数学基本定理,复数域上任何一个方程式的根都是复数,那么就不存在根式无法求解的问题了.

如果写出了方程式(1),那么常常想要求出它的根.但是更有意义的是把解方程式(1)的工作换为更为普遍的这一方程式的左端的研究工作.为此我们引入 P 上多项式函数[①]的概念:

由变量 x 和数域 P 上的数,经过有限次加、减、乘运算得到的函数表达式,称为数域 P 上变量 x 的多项式(有理整函数),或更准确地称为一元多项式.我们应用符号 $f(x),g(x)$ 等作为变量 x 的多项式的缩写.

注意:数域 P 上的多项式作为函数的定义域也可认为是数域 P.简言之,有理整函数是在已知数域上研究的.

例如,$x^2+2x-1,(x-1)^2+(x+2)(3x-5),6$ 等都是有理数域上的多项式,也可看作任意数域上的多项式.一般地,如果 P_1 是包含数域 P 的任一数域,那么,数域 P 上的多项式当然也是数域 P_1 上的多项式.反过来说则不一定,例如,$\sqrt{2}\,x^3+\sin 10° x-1,(\pi x+4)^2+2.718\ 9$ 是实数域上的多项式,但不是有理数域上的多项式.下面的函数表达式不是多项式:$\dfrac{2}{x+1},\dfrac{x-1}{x},2x^{\frac{2}{3}}-x^{-\frac{1}{2}}+1,x^2+\sqrt{x}+1,2-\mathrm{e}^x,\lg x+1,\sin x+\cos x^2$.一元多项式经恒等变形,可化为下列形式

$$a_n x^n + a_{n-1} x^{n-1} + \cdots + a_0 \tag{2}$$

这里 $a_n,a_{n-1},\cdots,a_0$ 都是域 P 中的数,即表示成有限个形如 $a_i x^i$ 的和.每个乘积 $a_i x^i$ 叫作多项式(2)的一项,并称为 i 次项.a_i 称为 i 次项系数.多项式(2)中各项的次数互不相同,而且逐项递减,故称为多项式的降幂标准形式,或简称降幂形式.

多项式(2)有时也写成以下形式

$$a_0 + a_1 x + \cdots + a_{n-1} x^{n-1} + a_n x^n,$$

称为多项式的升幂形式.

为统一起见,除个别情况外,多项式一般写成降幂形式.以后所说的多项式均指写成标准形式的多项式.

在式(2)中,若 $a_n \neq 0$,则称 $a_n x^n$ 为这个多项式的首项或者最高项,a_n 称为首项系数或者最高项系数,n 称为多项式的次数.a_0 称为多项式(2)的常数项.若除了常数项外,其他 a_i 都是零,则称这种多项式为零次多项式.最后(数域的零元素),$0x^n+0x^{n-1}+\cdots+0$ 也是多项式,称为零多项式,记为 $0(x)$.$0(x)$ 被

---

① 多项式函数也被称为有理整函数.

认为没有次数,是唯一没有次数的多项式.

两个降幂形式下的多项式 $f(x),g(x)$,若有相同的形式,即次数相等及对应系数相同(不计零系数项),则称为相等,记为 $f(x)=g(x)$.

另一方面,如果对变量 x 的所有值,$f(x)$ 与 $g(x)$ 都取相同的值,则称 $f(x)$ 与 $g(x)$ 恒等,记为 $f(x)\equiv g(x)$.

那么,多项式的相等与作为函数的恒等是否一致呢? 回答是肯定的.为此需要 $0(x)$ 的相应性质.首先,显然 $0(x)$ 对数域 P 中任意数的函数值都是零,$0(x)\equiv0$.反过来,如果一个标准形式下的多项式,对于数域 P 中任意数的函数值都是零,那么这个多项式一定是 $0(x)$.这就是:

定理 1.2.1(零多项式的唯一性定理) 数域 P 上的多项式 $f(x)$ 恒等于 0,则 $f(x)$ 是 $0(x)$.

证明 设 $f(x)=a_nx^n+a_{n-1}x^{n-1}+\cdots+a_0$,我们对 $f(x)$ 的次数 n 用数学归纳法.

i. $n=1$ 时,$f(x)=a_1x+a_0$.既然对 x 的任何值,有 $f(x)\equiv0$.则令 $x=0$ 可得 $a_0=f(0)=0$;再令 $x=1$ 得 $0=f(1)=a_1\cdot1+0=a_1,a_1=0$.故此时 $f(x)=0(x)$.

ii. 假设定理对于 $n=m-1$ 成立,我们来考虑 $n=m$ 的情形,此时
$$f(x)=a_mx^m+a_{m-1}x^{m-1}+\cdots+a_0, \tag{3}$$
并且 $f(x)\equiv0$.

用 $2x$ 替换 $f(x)$ 中的 x,得
$$\begin{aligned}f(2x)&\equiv a_m(2x)^m+a_{m-1}(2x)^{m-1}+\cdots+a_0\\&\equiv2^ma_mx^m+2^{m-1}a_{m-1}x^{m-1}+\cdots+2a_1x+a_0.\end{aligned} \tag{4}$$
在式(3)的两边乘上 2^m,得
$$2^mf(x)\equiv2^ma_mx^m+2^ma_{m-1}x^{m-1}+\cdots+2^ma_1x+2^ma_0. \tag{5}$$
由于 $f(x)\equiv0$,故 $f(2x)\equiv0,2^mf(x)\equiv0$.由此式(5)$-$(4),得
$$0\equiv2^{m-1}(2-1)a_{m-1}x^{m-1}+2^{m-2}(2^2-1)a_{m-2}x^{m-2}+\cdots+(2^m-1)a_0.$$
这个等式的右边是一个 $m-1$ 次多项式,并且它恒等于零,由归纳假设,必须所有系数都等于零
$$2^{m-1}(2-1)a_{m-1}=0,2^{m-2}(2^2-1)a_{m-2}=0,\cdots,(2^m-1)a_0=0,$$
如此 $a_{m-1}=a_{m-2}=\cdots=a_0=0$,于是
$$f(x)=a_mx^m,$$
令 $x=1$,得 $a_m=f(1)=0$,即 $f(x)=0(x)$.

现在可以证明:

57

定理 1.2.2(多项式的唯一性定理) 数域 P 上两个非零的多项式恒等的充分必要条件是它们相等.

证明 设
$$f(x) = a_n x^n + a_{n-1} x^{n-1} + \cdots + a_1 x + a_0 (a_n \neq 0),$$
$$g(x) = b_m x^m + b_{m-1} x^{m-1} + \cdots + b_1 x + b_0 (b_m \neq 0).$$

条件的充分性是显然的.我们来证明条件的必要性:如果 $f(x) \equiv g(x)$,则 $n = m$,且 $a_i = b_i (i = 1, 2, \cdots, n)$.

如果 $f(x)$ 与 $g(x)$ 的次数不相等,例如 $n > m$,让 $f(x)$ 减去 $g(x)$,得
$$a_n x^n + \cdots + a_{m+1} x^{m+1} + (a_m - b_m) x^m + \cdots + (a_1 - b_1) x + (a_0 - b_0) \equiv 0.$$
按照定理 1.2.1,此等式左边的多项式是 $0(x)$,得出与假设矛盾的结论 $a_n = 0$.因此 $n = m$.于是
$$f(x) - g(x) \equiv (a_m - b_m) x^m + \cdots + (a_1 - b_1) x + (a_0 - b_0) \equiv 0.$$
按照定理 1.2.1,得
$$a_m - b_m = 0, a_{m-1} - b_{m-1} = 0, \cdots, a_0 - b_0 = 0.$$
综上所述,我们得出 $f(x) = g(x)$.

最后,我们来讨论下数域 P 上一个多项式(作为函数)的值域的情况,即当自变量取遍整个数域 P 时,其函数值集合的情况.

我们知道,数域关于四则运算是封闭的.因此,P 上多项式函数的值域总不能越出数域 P 之外,即对于任意 $a \in P$,恒有 $f(a) \in P$.

但是,$f(x)$ 的值域能否"充满"整个数域 P 呢?一般是不行的,例如 $0(x)$ 以及零次多项式的值域只含一个数.

对于一般的数域来说,高于零次的多项式函数的值域也不一定充满整个数域.如实数域上的多项式 $f(x) = x^2$ 的值域,只是全部非负实数集,并非整个实数域 **R**.

但复数域 **C** 就不同了,对于 **C** 上的任意高于零次的多项式 $f(x)$ 和任意 $b \in$ **C**,方程
$$f(x) = b \text{ 或 } f(x) - b = 0$$
在 **C** 中总有解(代数学基本定理),就是说,复数域上任意高于零次的多项式.作为函数的值域总重合于整个复数域 **C**.这是复数域上多项式的一个特性.

1.3 多项式的运算·余数定理

现在我们的目标是详细地研究多项式的运算.我们注意系数在域 P 中有任何次数的变量 x 的所有多项式的集合,这集合通常用 $P[x]$ 来表示.讨论所有可

能的这种多项式,除一次、二次、三次、…… 的多项式外,还有零次多项式和零多项式.

根据数的四则运算法则,容易明白 $P[x]$ 中两个多项式 $f(x)$ 与 $g(x)$ 的和(差)$f(x)+g(x)(f(x)-g(x))$ 是把 $f(x)$ 与 $g(x)$ 的同次项的系数相加(相减)所得到的多项式.它们的积 $f(x)g(x)$ 是把 $f(x)$ 的每一项乘 $g(x)$ 的每一项然后合并同次项且以加号相联结所得到的多项式,其中两个单项的乘积由下式确定

$$ax^r \cdot bx^s = abx^{r+s}.$$

定理 1.3.1 设 $f(x)$ 和 $g(x)$ 是域 P 上的多项式,它们的次数分别是 n 和 m.那么这两个多项式的和、差与积也是同一域 P 上的多项式,并且,$f(x)+g(x)$ 与 $f(x)-g(x)$ 的次数不超过 n 与 m 中较大的那个,而 $f(x)g(x)$ 的次数等于两因式的次数之和 $n+m$[①].

证明 把多项式 $f(x)$ 与 $g(x)$ 相加或相减,我们将得到变量 x 的各次幂的和,并且这许多次幂显然都不超过 n,m 二数中较大的一个,而且具有属于 P 的系数.把同次项化简,即把 x 的同次幂各项归并在一起,我们将得到 x 的不同次幂的和,各不同次幂都不超过 n,m 二数中较大的一个,并且所有系数都将是属于 P 的数.因此,$f(x)+g(x)$ 与 $f(x)-g(x)$ 将是 P 上的多项式,其次数不超过 n 与 m 中较大的一个.

为了证明剩下的部分.设
$$f(x) = a_0 x^n + a_1 x^{n-1} + \cdots + a_n (a_0 \neq 0),$$
$$g(x) = b_0 x^m + b_1 x^{m-1} + \cdots + b_m (b_0 \neq 0).$$
将 $f(x)$ 与 $g(x)$ 相乘并把同类项简化,结果显然是
$$f(x)g(x) = a_0 b_0 x^{n+m} + (a_0 b_1 + a_1 b_0) x^{n+m-1} + \cdots + (a_{n-1} b_m + a_n b_{m-1})x + a_0 b_m.$$
第一项占有最高次数 $n+m$,且这一项的系数 $a_0 b_0$ 不等于零.所有的系数都是 P 中的数的乘积的和,因而是属于 P 的.因此,$f(x)g(x)$ 是次数为 $n+m$ 的 P 上的多项式.

由于在上述定理中,自然可以看出乘积 $f(x)g(x)$ 中 x^k 的系数是各种各样的乘积 $a_i b_j$ 的和,其中 $i+j=n+m-k$.特别要指出,乘积的最高项系数等于各因式的最高项系数的乘积,而其常数项等于各因式的常数项的乘积.

此外,容易验证,$P[x]$ 中的多项式对于刚才规定的加法和乘法还具有如下

---

① 既然在定理的叙述中,提到多项式 $f(x)$ 与 $g(x)$ 的次数,这就假定了两个多项式不是等于零的常数.当多项式 $f(x)$ 与 $g(x)$ 之一或它们都等于零的常数时,它们间的运算结果是十分明显的.

性质：

1° 交换性：$f(x)+g(x)=g(x)+f(x),f(x)g(x)=g(x)f(x)$；

2° 结合性：$(f(x)+g(x))+h(x)=f(x)+(g(x)+h(x));(f(x)g(x))h(x)=f(x)(g(x)h(x))$；

3° 分配性：$f(x)(g(x)+h(x))=f(x)g(x)+f(x)h(x)$；

4° 消去性：如果 $f(x)+g(x)=f(x)+h(x)$，则 $g(x)=h(x)$；如果 $f(x)g(x)=f(x)h(x)$ 且 $f(x)\neq 0$，则 $g(x)=h(x)$．

前面，当说到多项式间的运算时，我们一点也没有讲起除法．这是因为从多项式的除法，我们有时竟得不到多项式的商（有时我们说：多项式的除法不常常可能，意思是 —— 在多项式的集合 $P[x]$ 中不常常可能）．事实上，例如，若 $f(x)$ 的次数低于 $g(x)$ 的次数，则函数 $h(x)=\dfrac{f(x)}{g(x)}$ 不可能是一个多项式，因为 $f(x)=g(x)h(x)$，根据定理 1.3.1，若 $h(x)$ 是多项式的话，那么 $g(x)$ 与 $h(x)$ 的次数之和将等于 $f(x)$ 的次数，因而 $f(x)$ 的次数就不可能低于 $g(x)$ 的次数了．

由于上面指出的情形，那么所谓"带余式的除法"的引入看来是适宜的．

定义 1.3.1　我们说用多项式 $g(x)$ 对多项式 $f(x)$ 施行带余式的除法，其中 $g(x)$ 的次数为 m，若是 $f(x)$ 可由 $g(x)$ 用下面形式表示

$$f(x)=g(x)q(x)+r(x),$$

其中 $q(x)$ 与 $r(x)$ 为某两个多项式，且多项式 $r(x)$，即叫作余式，具有低于 m 的次数，或者 $r(x)$ 是等于零的常数[①].

定理 1.3.2（带余式的除法定理）　若 $f(x)$ 与 $g(x)$ 是域 P 上的多项式，且 $g(x)$ 不是等于零的常数，则用 $g(x)$ 来除 $f(x)$ 的带余式的除法总是可能且具有唯一形式的

$$f(x)=g(x)q(x)+r(x),$$

就是说多项式 $q(x)$ 和 $r(x)$ 是唯一决定的．

证明　i．首先来证明带余式除法的可能性．让我们先看看这一情形，即当 $f(x)$ 的次数低于 $g(x)$ 的次数或当 $f(x)$ 是等于零的常数时．作为所求的 $q(x)$ 和 $r(x)$，显然可取 $q(x)=0$ 与 $r(x)=f(x)$．事实上在这种情形下

———————————

① 不同于通常的用语，我们将不把多项式 $q(x)$ 叫作用 $g(x)$ 来除 $f(x)$ 的带余式除法的商，保留名词商用于函数 $\dfrac{f(x)}{g(x)}$．要注意，既说起多项式 $g(x)$ 的次数，我们就已经假定 $g(x)$ 不是等于零的常数．

$$f(x) = 0 \cdot g(x) + r(x),$$

且 $r(x) = f(x)$ 具有次数低于 $g(x)$ 的次数(或者 $r(x) = f(x)$ 是等于零的常数). 多项式 $q(x) = 0$ 与 $r(x) = f(x)$ 是域 P 上的多项式.

在多项式 $f(x)$ 的次数 n 不低于多项式 $g(x)$ 的次数 m 的情形中,证明将用对 n 的归纳法来进行.

若 $n = 0$(因此 $m = 0$),则 $f(x) = a$ 与 $g(x) = a'$ 都是常数,因而我们有

$$f(x) = \frac{a}{a'} \cdot g(x) + 0.$$

今设

$$f(x) = a_0 x^n + a_1 x^{n-1} + \cdots + a_{n-1} x + a_n \ (a_0 \neq 0, n > 0);$$
$$g(x) = b_0 x^m + b_1 x^{m-1} + \cdots + b_{m-1} x + b_m \ (b_0 \neq 0, m \leqslant n).$$

且对所有次数低于 n 的多项式,用 $g(x)$ 来施行的带余式除,总是可能,而其中相应多项式都是域 P 上的多项式. 让我们来作下面的差式

$$h(x) = f(x) - \frac{a_0}{b_0} x^{n-m} g(x)$$

$$= a_0 x^n + a_1 x^{n-1} + \cdots + a_{n-1} x + a_n -$$

$$\frac{a_0}{b_0} x^{n-m}(b_0 x^m + b_1 x^{m-1} + \cdots + b_{m-1} x + b_m).$$

集合 x 的同次项,我们看到 x 的 n 次项消减了

$$a_0 x^n - \frac{a_0}{b_0} x^{n-m} b_0 x^m = 0,$$

所有其他各项将含有 x 的低于 n 的各次幂. 这样,$h(x)$ 是一个次数低于 n 的多项式. 同时 $h(x)$ 是域 P 上的多项式,因为它的系数是由 P 中的数用有理运算得出的. 依归纳法的假定,对于 $h(x)$ 总可以找到域 P 上这样的多项式 $q_1(x)$ 与 $r_1(x)$,使

$$h(x) = g(x) q_1(x) + r_1(x),$$

且 $r_1(x)$ 的次数低于 m(或 $r_1(x)$ 是等于零的常数). 利用 $h(x)$,$f(x)$ 与 $g(x)$ 间的关系,得到

$$f(x) = h(x) + \frac{a_0}{b_0} x^{n-m} g(x)$$

$$= g(x) q_1(x) + r_1(x) + \frac{a_0}{b_0} x^{n-m} g(x)$$

$$= g(x) \left[q_1(x) + \frac{a_0}{b_0} x^{n-m} \right] + r_1(x).$$

所得这一 $f(x)$ 的表达式,显然就是用 $g(x)$ 对 $f(x)$ 施行带余式除法的结果. 同

时在方括号中的整个多项式与余式 $r_1(x)$ 都是域 P 上的多项式.

ii. 现在来证明唯一性. 设同时有

$$f(x) = g(x)q(x) + r(x), f(x) = g(x)q'(x) + r'(x)$$

成立,其中 $r(x)$ 与 $r'(x)$ 的次数低于 $g(x)$ 的次数($r(x)$ 与 $r'(x)$ 是等于零的常数). 由上面两个等式之一减去另一个并移项,可得

$$g(x) = [q'(x) - q(x)] = r'(x) - r(x).$$

假如 $r'(x) - r(x) \neq 0$,则从左边我们将得到一个多项式,其次数根据定理 1.3.1,不低于 $g(x)$ 的次数,而从右边却得到次数低于 $g(x)$ 的次数的多项式.

因此,事实上

$$q'(x) - q(x) = 0,$$

因而

$$r'(x) - r(x) = 0,$$

这就是说,上面用 $g(x)$ 对 $f(x)$ 施行的两个带余式除法是相同的.

很容易看出定理 1.3.2 的证明还给予了一个方法,用了它事实上就能施行带余式的除法. 要这样做,必须先从多项式 $f(x)$ 中减去 $\dfrac{a_0}{b_0} x^{n-m} g(x)$(按照定理 1.3.2 的记法),并用同一方法再来处理所得的多项式,即从它减去 $\dfrac{c_0}{b_0} x^{n'-m} g(x)$,其中 c_0 为前面所得多项式的最高系数,而 n' 为其次数,这样重复下去,直至得到一多项式具有次数低于 $g(x)$ 的次数,它显然将是那余式.

可是,要指出待定系数的方法常常要比所提出的方法来得简单些. 已知多项式的除法总是可能的,我们为了要实施这一运算于任何两个多项式上,可以一开始就写下表示带余式除法的关系式. 其中的未知多项式 $q(x)$ 与 $r(x)$ 的系数可用任何字母来代替(关于 $q(x)$ 与 $r(x)$ 的次数,我们知道 $r(x)$ 的次数是低于 $g(x)$ 的次数的,而 $q(x)$ 的次数显然等于多项式 $f(x)$ 与 $g(x)$ 的次数之差). 因为这一关系式是多项式的恒等式,故等式的左边与右边的 x 同次幂的系数应相等. 同时,若给予 x 以任何数值,此等式仍成立. 利用这些理由,就能决定多项式 $q(x)$ 与 $r(x)$ 的未知系数了.

例 设要对多项式

$$f(x) = 4x^4 - 2x^3 + 4x^2 + x - 3$$

用多项式

$$g(x) = 2x^2 + x - 2$$

来实施带余式的除法. 为此,令

62

$$4x^4 - 2x^3 + 4x^2 + x - 3 = (2x^2 + x - 2)(A_0x^2 + A_1x + A_2) + B_0x + B_1.$$

为了那些待定的系数 A_0, A_1, A_2, B_0 与 B_1. 我们把右边两括号展开并比较左右两边 x 的同次幂的系数.

比较 x^4 的系数,得

$$4 = 2 \cdot A_0, A_0 = 2.$$

比较 x^3 的系数(利用 $A_0 = 2$),得

$$-2 = 2A_1 + A_0, A_1 = -2.$$

比较 x^2 的系数,得

$$4 = 2A_2 + A_1 - 2A_0, A_2 = 5.$$

比较 x 的系数,得

$$1 = -2A_1 + A_2 + B_0, B_0 = -8.$$

最后,比较常数项,得

$$-3 = -2A_2 + B_1, B_1 = 7.$$

把求出的 A_0, A_1, A_2, B_0 与 B_1 的值代入初写的对比关系式中,得到一个等式,即对我们的多项式实施带余式的除法.

我们现在特别提到用 $x - a$ 这样形式的多项式来施行带余式的除法,其中 a 为常数. 这种情形就下一定理来说是很重要的.

定理 1.3.3(余数定理)   用多项式 $x - a$ 去除多项式 $f(x)$ 时所得出的余式等于 $f(a)$,即当 $x = a$ 时 $f(x)$ 的值.

证明   对我们的多项式实施带余式的除法具有形式

$$f(x) = (x - a)q(x) + r.$$

其中 r 为常数(它应是零,或次数低于 1 的多项式,即异于零的常数).

在这个等式中,令 $r = a$. 这时 r 的值不变,因 r 是常数,

$$f(a) = (a - a)q(a) + r.$$

从而

$$r = f(a).$$

1.4   多项式的除法

根据函数的除法的定义,所谓多项式 $g(x)$ 除多项式 $f(x)$ 有这样的一个函数 $q(x)$,它使下式成立

$$f(x) = g(x)q(x).$$

这里,我们已经提到过的,$q(x)$ 并不永远是多项式. 现在我们要研究的却正是当 $q(x)$ 是多项式的那种情形. 在这种情形下,上面的等式,可以看作是用

$g(x)$ 来对 $f(x)$ 施行带余式除法的结果,并且余式是等于零的常数. 反之,如果在带余式除法中余式为等于零的常数,那么 $g(x)$ 除 $f(x)$ 的商是一个多项式.

因此,下面的定义就显得很自然了:

定义 1.4.1 如果在多项式 $g(x)$ 对多项式 $f(x)$ 施行的带余式除法中的余式为等于零的常数,即

$$f(x) = g(x)q(x),$$

那么我们就说,$f(x)$ 被 $g(x)$ 整除,而 $g(x)$ 是 $f(x)$ 的除式.

因为联系着多项式 $f(x)$ 与其除式 $g(x)$ 的关系式是带余式除法的特殊情形,故显然在这情形下,那些以前为一般情形时证明的性质仍然有效. 例如,如果 $f(x)$ 与 $g(x)$ 都是某一域 P 上的多项式,那么 $q(x)$ 也将是这同一域上的多项式. 对指定的 $f(x)$ 与 $g(x)$,$q(x)$ 是唯一决定的.(要注意这种唯一性是很重要的,因为我们知道,对一函数 $f(x)$ 可有 $f(x) = g(x)q_1(x)$ 及 $f(x) = g(x)q_2(x)$ 同时成立,其中 $q_1(x)$ 与 $q_2(x)$ 是不同的函数,而多项式的这种不唯一性,只有在一种情形下才成立,即当 $f(x)$ 与 $g(x)$ 都是等于零的常数时.)

所谓多项式 $f(x)$ 的根,是指这样的数 a,它使多项式的值在 $x = a$ 时等于零,即 $f(a) = 0$.

利用定义 1.4.1,由余数定理(定理 1.3.3)可直接得出下面的推论:

推论 数 a 是多项式 $f(x)$ 的根,当且仅当 $x - a$ 是多项式 $f(x)$ 的除式时成立.

依此推论,下一概念就很自然了.

定义 1.4.2 设有数 a,如多项式 $f(x)$ 可被 $(x-a)^k$ 整除,而不能被 $(x-a)^{k+1}$ 整除,那么称数 a 为 $f(x)$ 的 k 重根. 换句话说,根 a 的重数是能除尽多项式 $x - a$ 的最高次幂的指数.

重数大于 1 的根,通常称为重根,一重的根叫作单根.

最后,我们指出四个简单而常用的有关多项式整除的性质.

1° 若多项式 $f_1(x)$ 能被 $f_2(x)$ 整除,而 $f_2(x)$ 被 $f_3(x)$ 整除,则 $f_1(x)$ 被 $f_3(x)$ 整除(整除关系的传递性).

事实上,我们有

$$f_1(x) = f_2(x)q_1(x), f_2(x) = f_3(x)q_2(x).$$

因而得到

$$f_1(x) = f_3(x)[q_1(x)q_2(x)].$$

2° 若多项式 $f_1(x), f_2(x), \cdots, f_n(x)$ 中每一个都可以被 $g(x)$ 整除,则取任意的多项式 $h_1(x), h_2(x), \cdots, h_n(x)$ 时,多项式

64

$$f_1(x)h_1(x) + f_2(x)h_2(x) + \cdots + f_n(x)h_n(x)$$

能被 $g(x)$ 整除.

我们有

$$f_1(x) = g(x)q_1(x), f_2(x) = g(x)q_2(x), \cdots, f_n(x) = g(x)q_n(x).$$

因而得到

$$f_1(x)h_1(x) + f_2(x)h_2(x) + \cdots + f_n(x)h_n(x)$$
$$= g(x)[h_1(x)q_1(x) + h_2(x)q_2(x) + \cdots + h_n(x)q_n(x)].$$

我们要指出,这个限制常用于这种情形里: $n=1$(一个被 $g(x)$ 整除的多项式与第二个任意的多项式的乘积); $n=2$ 在 $h_1(x)=1, h_2(x)=1$ 时(两个被 $g(x)$ 整除的多项式的和)及 $n=2$ 在 $h_1(x)=1$ 与 $h_2(x)=-1$ 时(两个被 $g(x)$ 整除的多项式的差).

3° 若多项式 $f(x)$ 被 $g(x)$ 整除,而反过来多项式 $g(x)$ 也被 $f(x)$ 整除,则多项式 $f(x)$ 与 $g(x)$ 只能相差一常数因子.

事实上,我们有

$$f(x) = g(x)q(x), g(x) = f(x)h(x),$$

因而得到

$$f(x) = f(x)h(x)q(x).$$

但根据定理1.3.1,乘积的次数等于各因式的次数的和.因此 $h(x)$ 与 $q(x)$ 的次数应等于零,即 $h(x)$ 与 $q(x)$ 是常数.

4° 若 $f(x)$ 可被 $g(x)$ 整除,则取任何常数 c_1 与 $c_2(c_2 \neq 0)$ 时, $c_1 f(x)$ 将被 $c_2 g(x)$ 整除.

设

$$f(x) = g(x)q(x),$$

因而直接得到

$$c_1 f(x) = \left[c_2 g(x) \right] \cdot \left[\frac{c_1}{c_2} q(x) \right].$$

1.5 最高公因式

从性质的本身上来看,多项式整除的关系在很多地方和整数整除的关系相像.这种关系并非表面上偶然的符合,而是在问题的本质上.这种相像的基础,只有在所谓环论的研究中,才能了解得更清楚.在研究多项式整除理论时与整数的整除概念及性质相对照是很有益的.

成为数论中重要概念之一的是最大公因子的概念.显然,要试着为多项式建立相似的概念.但这里遇到一些困难,根据通常的定义,两个整数的最大公因子是它们公有的因子,其数值是超过它们的所有其他公因子的.但说到多项式的大小就没有意义了.因此,用一种相仿于整数的最大公因子的最重要性质之一的性质来规定最高公因式,常常且事实上是最为方便的.

定义 1.5.1 若多项式 $g(x)$ 是多项式 $f_1(x), f_2(x), \cdots, f_m(x)$ 中每一个的因式,则 $g(x)$ 称为这些多项式的公因式.

若多项式 $f_1(x), f_2(x), \cdots, f_m(x)$ 的公因式 $g(x)$ 被这些多项式的任何其他公因式所整除,则它叫作多项式 $f_1(x), f_2(x), \cdots, f_m(x)$ 的最高公因式.

为了要使最高公因式这一概念有效地被运用.必须阐明下面这些问题:是不是任何多项式间都存在最高公因式? 它是不是唯一的,若有几个,则不同的公因式间是怎样互相联系着的? 实际上怎样去为任意的多项式找最高公因式? 而且,最重要的是下一问题.多项式整除的理论并非建立于全部复多项式的领域上(在这种情形里的理论恰恰比较简单浅显),而是为不指定的(一般来说,任意的)域上的多项式.由于这关系,必须知道,不是单单地问指定多项式有没有最高公因式存在,而是这些多项式有没有这样的最高公因式,它必须是在指定多项式所在的同一域上的多项式.

定理 1.5.1(最高公因式的定理) 设域 P 上的多项式 $f_1(x), f_2(x), \cdots, f_m(x)$ 中有不为零的多项式,这时可找到域 P 上的这些多项式 $h_1(x), h_2(x), \cdots, h_m(x)$ 使多项式

$$D(x) = h_1(x)f_1(x) + h_2(x)f_2(x) + \cdots + h_m(x)f_m(x)$$

成为同一域 P 上的多项式,它是多项式 $f_1(x), f_2(x), \cdots, f_m(x)$ 的最高公因式,并且最高系数等于 1.

任何多项式,与这一多项式相差一异于零的常数因子,同样是多项式 $f_1(x), f_2(x), \cdots, f_m(x)$ 的最高公因式,同时这些多项式再没有其他的最高公因式.

证明 i.让我们来看具有下列形式的各种多项式

$$g_1(x)f_1(x) + g_2(x)f_2(x) + \cdots + g_m(x)f_m(x),$$

它们都是最高系数等于 1 的,其中 $g_1(x), g_2(x), \cdots, g_m(x)$ 是 P 上的任意多项式.在这些多项式中,随便选出次数最低的一个.把它记作

$$D(x) = h_1(x)f_1(x) + h_2(x)f_2(x) + \cdots + h_m(x)f_m(x).$$

根据多项式整除的性质 $2°(1.4$ 目$)$, $D(x)$ 被多项式 $f_1(x), f_2(x), \cdots, f_m(x)$ 的任何公因式所整除.我们来证明, $D(x)$ 是 $f_1(x)$ 的因式.为此用 $D(x)$ 对 $f_1(x)$ 来施行带余式的除法

66

$$f_1(x) = D(x)q(x) + r(x).$$

把 $D(x)$ 的表达式代入后,合并同类项,得

$$r(x) = [1 - h_1(x)q(x)]f_1(x) + [-h_2(x)q(x)]f_2(x) + \cdots +$$
$$[-h_m(x)q(x)]f_m(x).$$

若 $r(x)$ 不是等于零的常数,那么它的次数将低于 $D(x)$ 的次数.把所得的等式乘以 $\dfrac{1}{c}$.其中 c 是多项式 $r(x)$ 的最高系数,我们将得到,$\dfrac{1}{c}r(x)$ 成为我们原有形式的多项式,但是它的次数却比 $D(x)$ 的还低,这违反了 $D(x)$ 的挑选条件.

同理,$f_2(x)$ 被 $D(x)$ 整除,$f_3(x)$ 被 $D(x)$ 整除,依此类推.这样,$D(x)$ 就成为多项式 $f_1(x)$,$f_2(x)$,$\cdots$,$f_m(x)$ 的最高公因式了.

ii. 由于 $D(x)$ 是多项式 $f_1(x)$,$f_2(x)$,$\cdots$,$f_m(x)$ 的最高公因式,根据多项式整除的性质 4°(1.4目),立即得出,对任何异于零的常数 c,$cD(x)$ 也是这些多项式的最高公因式.

设 $E(x)$ 为多项式 $f_1(x)$,$f_2(x)$,$\cdots$,$f_m(x)$ 的任意一个最高公因式.它应被这些多项式的公因式 $D(x)$ 整除.同理 $D(x)$ 也被 $E(x)$ 整除.因此,由于多项式整除的性质 3°(1.4目),$E(x)$ 与 $D(x)$ 只相差一常数因子

$$E(x) = cD(x)(c \neq 0).$$

我们要指出,多项式 $f_1(x)$,$f_2(x)$,$\cdots$,$f_m(x)$ 的最高公因式 $cD(x)$ 当且仅当 c 是 P 中的数时才是 P 上的多项式.

在定理 1.5.1 中所作对多项式的最高公因式存在的证明,在形式上具有非算法式的性质.在我们的理论中,从某些无限多个一定形式的多项式中选出次数最低的一个多项式.实际上怎样来做到这一步在理论中却没有指出.但在所作理论的基础上不难得出实际构成最高公因式的方法,先取如定理 1.5.1 所示形式的任一多项式,然后降低其次数(即以另一同样形式而次数较低的多项式来代替它),应用带余式的除法,就像在定理 1.5.1 中当我们证明 $f_1(x)$ 被 $D(x)$ 整除时所做的那样.下面我们将给出求两个多项式的最高公因式的方法较详细的描述.

这个方法的运用把求多项式的最高公因式的问题归结为这些多项式的系数间一连串的加、减、乘、除的运算.假如开始的这些多项式的系数是这样指定的(例如,设它们是有理数),即在它们之间,我们可以施行这些运算,那么我们就得到算法式的运算.因此这种方法的通常名称就叫作欧几里得算法.

定义 1.5.2 对于不等于常数的多项式 $f(x)$ 与 $g(x)$,所谓欧几里得序列是指下列多项式的序列

$$f_1(x)=f(x), f_2(x)=g(x), f_3(x), \cdots, f_{m-1}(x), f_m(x).$$

它是由下面逐次实施带余式的除法而得到的:

$$f_1(x)=f_2(x)q_2(x)+\lambda_3 f_3(x)(f_3(x) \text{ 的次数低于 } f_2(x) \text{ 的次数});$$

$$f_2(x)=f_3(x)q_3(x)+\lambda_4 f_4(x)(f_4(x) \text{ 的次数低于 } f_3(x) \text{ 的次数});$$

$$\vdots$$

$$f_{m-2}(x)=f_{m-1}(x)q_{m-1}(x)+\lambda_m f_m(x)(f_m(x) \text{ 的次数低于 } f_{m-1}(x) \text{ 的次数});$$

$$f_{m-1}(x)=f_m(x)q_m(x)(f_m(x) \text{ 是 } f_{m-1}(x) \text{ 的因式}),$$

这里 $\lambda_3, \lambda_4, \cdots, \lambda_m$ 是任意异于零的常数.

特别要指出的是,在 $f(x)$ 与 $g(x)$ 是某一域 P 上的多项式,而所有常数 λ_i 属于同一域内的情形下,欧几里得序列的各项,由于定理 1.3.2,也将是这域 P 上的多项式.

对于任何两个不等于常数零的多项式,都能构成欧几里得序列.这是在欧几里得序列中各项的逐次求得的过程中自然引出的结果,即某一项成为前项的因式(序列的构造即结束于此).事实上

$$f_2(x) \text{ 次数} > f_3(x) \text{ 次数} > \cdots > f_{k-1}(x) \text{ 次数} > f_k(x) \text{ 次数} \cdots$$

但每数小于前数的非负整数的序列不可能是无穷尽的(显然它包含的项数不超过比第一数多 1 的数目).因此,我们多项式的构造进行应中止,即在适当的步骤上,我们可以得到一个多项式,用它求施行带余式除法已不可能了(否则从带余式除法,我们还能得出一多项式来).成为这样一个多项式的,只能是等于零的常数.在我们进行中,零的获得就表示上一个多项式是它前面一个的因式.

显然,决定欧几里得序列各项的公式中,每一等式就是一个用多项式 $f_{k+1}(x)$ 对 $f_k(x)$ 来施行的带余式除法.其中的余式用 $\lambda_{k+2} f_{k+2}(x)$ 表示,而常数 λ_i 可以任意选择.像常常发生的那样,可能局限于取所有常数 λ_i 等于 1 的这种序列.那么我们就得到一固定的序列,它的各项就是带余式除法中的余式.但在欧几里得序列的实际应用上,常数 λ_i 的任意挑选的可能性使计算的进行更为简便.其中我们得到不是一个而是几个欧几里得序列,这也没有任何困难.问题在这里,不难确定对于指定多项式的不同的欧几里得序列所有的对应各项只相差一常数因子.

从等式

$$f_k(x)=f_{k+1}(x)q_{k+1}(x)+\lambda_{k+2} f_{k+2}(x)$$

得到等式

$$\mu_1 f_k(x) = (\mu_2 f_{k+1}(x)) \cdot \left(\frac{\mu_1}{\mu_2} \cdot q_{k+1}(x)\right) + (\mu_1 \lambda_{k+2}) f_{k+2}(x),$$

μ_1 与 μ_2 是任何异于零的常数,这个等式可看作是用 $\mu_2 f_{k+1}(x)$ 来对 $\mu_1 f_k(x)$ 施行的带余式除法. 因而得到下一事实:为得到欧几里得序列的一项 $f_{k+2}(x)$,可实施带余式的除法,不是用 $f_{k+1}(x)$ 来除 $f_k(x)$,而是用 $\mu_2 f_{k+1}(x)$ 来除 $\mu_1 f_k(x)$. 这种情形有时就简便了欧几里得序列各项的计算.

欧几里得序列的定理 对于多项式 $f(x)$ 与 $g(x)$,在欧几里得序列中,最后一项就是这两多项式的最高公因式.

证明 用 D_k 表示多项式 $f_k(x)$ 与 $f_{k+1}(x)$ 的最高公因式($i=1,2,\cdots,m-1$). 从

$$f_{k-1}(x) = f_k(x) q_k(x) + \lambda_{k+1} f_{k+1}(x),$$

根据多项式整除的性质 $2°$ 与 $4°$(1.4 目),得知 D_k 是 $f_{k-1}(x)$ 的因式.因为它是 $f_{k-1}(x)$ 与 $f_k(x)$ 的因式,所以它应当是 D_{k-1} 的因式.同样从

$$f_{k+1}(x) = \frac{1}{\lambda_{k+1}} f_{k-1}(x) - \frac{1}{\lambda_{k+1}} f_k(x) q_k(x)$$

得知 D_{k-1} 为 D_k 的因式.这样,由于多项式整除的性质(1.4 目),得

$$D_1 = c_2 D_2 = c_3 D_3 = \cdots = c_{m-1} D_{m-1},$$

其中 c_i 是常数.但 D_m 是 $f_{m-1}(x)$ 与 $f_m(x)$ 的最高公因式.因为 $f_{m-1}(x)$ 被 $f_m(x)$ 整除,因此 $f_m(x)$ 是它们两个的最高公因式:$f_m(x) = c D_{m-1}$.这样,$f_m(x)$ 与 D_1 只相差一常数因子,因此成为 $f(x)$ 和 $g(x)$ 的最高公因式.

让我们指出,由于欧几里得序列的定理的证明,得知,$f_m(x)$ 即是每对 $f_k(x),f_{k+1}(x)(k=1,2,\cdots,m-1)$ 的最高公因式,因此显然是欧几里得序列所有各项

$$f_1(x),f_2(x),f_3(x),\cdots,f_{m-1}(x),f_m(x)$$

的最高公因式.

同时应当注意到,用来求欧几里得序列各项的公式,不但可以找到两个多项式的最高公因式,并且使它可由开始多项式中成为像定理 1.5.1 中所示那样.事实上,从我们公式的倒数第二行可用 $f_{m-1}(x)$ 与 $f_{m-2}(x)$ 来表示 $f_m(x)$. 从其前一行用了 $f_{m-2}(x)$ 与 $f_{m-3}(x)$ 可表出 $f_{m-1}(x)$,而因此 $f_m(x)$ 也由 $f_{m-2}(x)$ 与 $f_{m-3}(x)$ 所表示了.再用同样方法表出 $f_{m-2}(x)$,然后 $f_{m-3}(x)$,依此类推.最后得到我们的 $f_m(x)$ 由 $f_1(x)=f(x)$ 与 $f_2(x)=g(x)$ 来表示.这一表示正好有定理 1.5.1 中所示的那种性质.

例 让我们求下列两个多项式的最高公因式:

$$f(x) = x^4 + x^3 + x^2 - x - 2, g(x) = 2x^3 + (2+i)x^2 + (-1+i)x - 1.$$

我们来为这一对多项式建立欧几里得序列. 在建立这序列的过程中, 将挑选这样的常数 λ_i, 使得到的多项式尽可能具有简单的系数. 对 $2f(x)$ 来用 $g(x)$ 实施带余式除法:

$2x^4 + 2x^3 + 2x^2 - 2x - 4$ (被除式)	$2x^3 + (2+i)x^2 + (-1+i)x - 1$ (除式)
$2x^4 + (2+i)x^3 + (-1+i)x^2 - x$	$x - \dfrac{i}{2}$ (商式)

$$-ix^3 + (3-i)x^2 - x - 4$$
$$-ix^3 + (\frac{1}{2} - i)x^2 + (\frac{1}{2} + \frac{i}{2})x + \frac{i}{2}$$

$$\frac{5}{2}x^2 - (\frac{3}{2} + \frac{i}{2})x - 4 - \frac{i}{2}$$

可得

$$f_3(x) = 5x^2 - (3+i)x - 8 - i.$$

再一次实施带余式除法:

$10x^3 + (10+5i)x^2 + (-5+5i)x - 5$	$5x^2 + (3+i)x - 8 - i$
$10x^3 - (6+2i)x^2 - (16+2i)x$	$2x + \dfrac{16}{5} + \dfrac{7i}{5}$

$$(16+7i)x^2 + (11+7i)x - 5$$
$$(16+7i)x^2 + \frac{1}{5}(41+37i)x - \frac{1}{5}(121+72i)$$

$$\frac{1}{5}(96+72i)x + \frac{1}{5}(96+72i)$$

可得

$$f_4(x) = x + 1.$$

在用 $f_4(x)$ 对 $f_3(x)$ 施行的带余式除法中, 我们可知, 余式是等于 $f_3(-1)$ 的. 因此立刻把它找出

$$f_3(-1) = 5 \cdot (-1)^2 - (3+i) \cdot (-1) - 8 - i = 0.$$

因为得到的余式等于零, 所以关于我们的多项式的欧几里得序列就由四项构成. 最后一项是 $f_4(x) = x + 1$, 它因而也就是多项式 $f(x)$ 与 $g(x)$ 的最高公因式.

70

1.6 不可约多项式

高次方程的求解往往可归结到相应多项式的因式分解(第一章,§3),因此让我们来研究多项式的因式分解问题,并且是在某种给定的(但是任意的)域上建立理论.无论是原来的多项式本身还是它的因式都应是给定域上的多项式.

把给定域上多项式分解成该域上各多项式之积的问题是与同域上多项式的因式的问题等价的.事实上,若 $f(x)$ 被分解为多项式的乘积,那么这些多项式就是它的因式.另一方面,多项式 $g(x)$ 是 $f(x)$ 的因式,这就表示,按定义存在着 $f(x)$ 的一个分解,即 $g(x)$ 与另一多项式 $q(x)$(如我们在1.4目中指出的,它是与 $f(x)$ 和 $g(x)$ 在同一域上的多项式)的乘积

$$f(x) = g(x)q(x).$$

设 $f(x)$ 为域 P 上的 n 次多项式,c 为 P 中非零的任意数.从分解式

$$f(x) = c \cdot \left(\frac{1}{c}f(x)\right)$$

得知 P 中异于零的任何数,即 P 上的零次多项式都是 $f(x)$ 的因式.同时任何多项式与 $f(x)$ 相差一属于 P 的非零常数因子的也是 $f(x)$ 的因式.后一种是 P 上唯一具有与多项式 $f(x)$ 本身同样次数 n 的 $f(x)$ 的因式.至于 $f(x)$ 的别种因式,也是同一域 P 上的多项式但次数大于零而小于 n,$f(x)$ 可以有这种因式也可以没有,具体要看是怎样的 $f(x)$ 与怎样的域 P.

由于刚才所说的,把最缺乏因式的多项式加以甄别是很自然的,就是指这种多项式,它们唯一的因式在给定的域上就是常数与跟它们本身相差一常数因子的多项式.

定义 1.6.1 域 P 上的多项式 $f(x)$,其次数 n 大于零,若它在这域上没有次数大于零而小于 n 的因式,那么就称它在这个域上是不可约的.

换句话说,P 上的多项式是不可约的,若它不能分解成几个 P 上的次数比它本身低的多项式的乘积.

由定义直接得出,一次多项式在域 P 上总是不可约的.因为这种多项式不能有次数小于1(即多项式本身的次数)而大于零的因式.

同样直接可从定义得出下一性质.设 $f(x)$ 为域 P_1 上的多项式,而域 P_2 包含域 P_1,即域 P_1 中任何数是域 P_2 中的数.若 $f(x)$ 被看作域 P_2 上的多项式是在 P_2 上不可约的,那它在 P_1 上更不用说,是不可约的(须知,多项式 $f(x)$ 的任何因式,若是 P_1 上的多项式,那么也就是 P_2 上的多项式).

71

例 $x^4 + 1$ 在全部实数的域上是可约的. 事实上, 有下面的分解存在

$$x^4 + 1 = (x^2 + \sqrt{2}x + 1)(x^2 - \sqrt{2}x + 1).$$

至于得出的两个二次因式, 则在全部实数的域上不可再约了. 因为, 二次多项式要在某一域上可约就必须有成为同一域上一次多项式的因式. 后者必须有是同一域中的数的根($ax + b$ 的根是 $-\dfrac{b}{a}$), 那也就是原多项式的根. 可是多项式 $x^2 + \sqrt{2}x + 1$ 与 $x^2 - \sqrt{2}x + 1$ 是没有实数根的.

应该指出, 我们刚才引用的对多项式不可约的证明, 基于多项式缺乏在指定域中的根, 是通用二次(三次也可证明)的多项式, 但绝非适用于任何多项式的. 我们原来的多项式 $x^4 + 1$ 就可作为这一点例证, 它当然是没有实数根的, 可是我们知道, 它在全部实数的域上是可约的.

在以后我们需要不可约多项式的下一性质.

预备定理 若在域 P 上一不可约多项式 $g(x)$ 是同一域上两个多项式乘积的因式, 那么这两个多项式之一必为 $g(x)$ 所整除.

证明 设 $g(x)$ 是乘积 $f_1(x), f_2(x)$ 的因式. 我们来看多项式 $f_1(x)$ 与 $g(x)$ 的最高公因式 $D(x)$, 其最高系数等于 1. 按照定理 1.5.1, $D(x)$ 具有以下形式

$$D(x) = h_1(x)f_1(x) + h_2(x)g(x).$$

$D(x)$ 是 $g(x)$ 的因式, 并且是 P 上的多项式. 因为 $g(x)$ 在 P 上不可约, 所以 $D(x)$ 只可能等于 1 或与 $g(x)$ 相差一常数因子, 即: $D(x) = cg(x)$. 第二种可能表示 $g(x)$ 是 $f_1(x)$ 的因式.

我们来看 $D(x) = 1$ 的情形.

$$1 = h_1(x)f_1(x) + h_2(x)g(x).$$

以 $f_2(x)$ 乘此等式, 得到

$$f_2(x) = h_1(x)f_1(x)f_2(x) + h_2(x)g(x)f_2(x).$$

其中, $f_1(x)f_2(x)$ 与 $g(x)$ 都是为 $g(x)$ 所整除的. 因此, 根据多项式整除的性质 2°(1.4 目), 就得 $f_2(x)$ 也应为 $g(x)$ 所整除.

要提出多项式不同的因式分解的数量问题, 在未作任何补充限制时, 我们是无法讲什么唯一性的, 甚至也不能讲不同分解的数量的局限性. 事实上, 例如取多项式 $x^2 - 1$. 它有我们熟知的分解

$$x^2 - 1 = (x + 1)(x - 1).$$

但同样也可以写出这样的分解

$$x^2 - 1 = (2x + 2)\left(\frac{1}{2}x - \frac{1}{2}\right), x^2 - 1 = \left(\frac{5}{7}x + \frac{5}{7}\right)\left(\frac{7}{5}x - \frac{7}{5}\right).$$

显然类似的不同分解可以写出无限数量. 但这些分解在我们看来, 就一定意义上说, 是相互间没有基本上的区别的. 两个这种分解的各多项式只以常数因子来相互区别, 而在某种意义上, 这不是本质上的区别. 在这样的观点上, 就可证明, 一指定多项式成为本质上相区别的不同分解的数量的有限性. 还可指出, 一多项式成为在指定域上不可约因式的分解式只有一个(所谓一个, 仍是讲的在只相差一常数因子的范围内).

不过, 为了避免上述的分歧, 我们用另一种处理方法. 我们只限于讨论多项式的这样的因式, 即它们是最高系数等于1的多项式. 当然, 这样的缩小范围并不改变问题的本质. 事实上, 根据多项式整除的性质4°(1.4目), 如果在域 P 上的多项式

$$g(x) = a_0 x^m + a_1 x^{m-1} + \cdots + a_{m-1}x + a_m (a_0 \neq 0)$$

是某一多项式 $f(x)$ 的因式, 那么多项式

$$\frac{1}{a_0}g(x) = x^m + \frac{a_1}{a_0}x^{m-1} + \cdots + \frac{a_{m-1}}{a_0}x + \frac{a_m}{a_0},$$

同样是 P 上的多项式, 并且也是 $f(x)$ 的因式.

定理 1.6.1(多项式分解为不可约因式的定理) 域 P 上的多项式 $f(x)$, 若不是常数零, 必有如下的唯一分解形式

$$f(x) = ap_1(x)p_2(x)\cdots p_m(x),$$

其中 a 为 P 中异于零的数, 而 $p_1(x), p_2(x), \cdots, p_m(x)$ 是 P 上不可约的多项式, 其最高系数都等于1.

证明 i. 首先来证明在定理中所说的分解的可能性. 在使 $f(x)$ 成为如下形式的乘积的各种分解中

$$f(x) = ap_1(x)p_2(x)\cdots p_m(x),$$

其中 $p_k(x)(k=1,2,\cdots,m)$ 是 P 上非零次的多项式, 且最高系数等于1, 我们来选取有最多因式的一个(这样一个是找得到的, 因为随便哪一种分解, 所含有的因式个数 m, 总不能超过多项式 $f(x)$ 的次数). 这一种分解的每一多项式 $p_k(x)$ 是在 P 上不可约的. 事实上, 在相反情形下, $p_k(x)$ 本身将被分解为 P 上的两个非零次多项式的乘积. 但这样当把这乘积去替代所讨论的 $f(x)$ 的分解中的 $p_k(x)$ 时, 我们可得到 $f(x)$ 的另一种分解, 其所含因式的个数要比所讨论的那一种分解的多. 这就与后者的挑选矛盾了.

ii. 现在来证明所论的分解的唯一性. 我们用对多项式次数的归纳法来进行

证明.

若多项式的次数等于零,即多项式 $f(x)$ 是异于零的常数,那么所求的二分解:

$$f(x)=a, f(x)=a',$$

(这里,成为不可约多项式的因式当然是不可能有的,因为否则,$f(x)$ 的次数变成大于零了),当然是重合的,即 $a=a'$.

现在假定对所有次数低于 n 的多项式,它们的分解的唯一性已证明了.让我们来证明,从这可推出次数等于 n 的多项式 $f(x)$ 的分解的唯一性.

设

$$f(x)=ap_1(x)p_2(x)\cdots p_r(x)=a'p_1'(x)p_2'(x)\cdots p_s'(x),$$

其中 a 与 a' 是 P 中的数,而 $p_i(x)$ 与 $p_i'(x)$ 是 P 上不可约的多项式,最高系数都等于 1(同时 $r\geqslant 1$,因为 $f(x)$ 的次数大于零)因为这 P 上多项式的乘积

$$a'p_1'(x)p_2'(x)\cdots p_s'(x),$$

是被 P 上不可约多项式 $p_1(x)$ 整除的,故根据前面的预备定理,必有一个 $p_j'(x)$ 被 $p_1(x)$ 整除.但 $p_j'(x)$ 本身是在 P 上不可约的;从这一点并注意到 $p_j'(x)$ 与 $p_1(x)$ 的最高系数等于 1,就推出 $p_1(x)=p_j'(x)$.

用 $p_1(x)=p_j'(x)$ 来除等式的两边,得

$$p_2(x)\cdots p_r(x)=a'p_1'(x)p_2'(x)\cdots p_{j-1}'(x)p_{j+1}'(x)\cdots p_s'(x).$$

这个等式的两边都可看作是成为 $p_1(x)$ 除 $f(x)$ 的商的多项式 $q(x)$ 的分解,是分解为 P 中的数与 P 上最高系数为 1 的不可约多项式的乘积.因为 $q(x)$ 的次数低于 $f(x)$ 的次数,故由于归纳法的假定,$q(x)$ 的这种分解是唯一的.因此,$a=a'$,而多项式 $p_2(x),p_3(x),\cdots,p_r(x)$ 与 $p_2'(x),p_3'(x),\cdots,p_r'(x)$ 是同样的多项式(只是可能次序不相同而已).把我们已证明了的 $p_1(x)=p_j'(x)$ 估计进去,这就表示原来的 $f(x)$ 的两个分解式是重合的.

把多项式表成如定理 1.6.1 中所说的那个形式时,自然可能发生,在我们的多项式被分解成的不可约因式之积中,有相同的因式.因此这乘积常常写成一项形式,表明哪一些因式是相同的.在这种情况下分解采取了形式

$$f(x)=ap_1^{k_1}(x)p_2^{k_2}(x)\cdots p_m^{k_m}(x), \tag{1}$$

其中 a 是域 P 中的数,而 $f(x)$ 就是这 P 上的多项式,而且 $p_1(x),p_2(x),\cdots,p_m(x)$ 是互不相同的 P 上不可约的多项式,其最高系数都是等于 1 的.数 $k_1,k_2,\cdots,k_m$ 是自然数.不过有时容许某一 k_i 有等于零的数值是很方便的(也就是说,那相应的多项式 $p_i(x)$ 实际上不在 $f(x)$ 的分解式中,它也不是 $f(x)$ 的因式).

74

如果所讨论的多项式,是在如定理 1.6.1 所示的形式下出现的,那就可以直接解决它们中的一个是不是另一个的因式的问题.

设域 P 上的两个多项式 $f(x)$ 与 $g(x)$ 是下面的形式:

$$f(x) = a p_1^{k_1}(x) p_2^{k_2}(x) \cdots p_m^{k_m}(x), g(x) = b p_1^{h_1}(x) p_2^{h_2}(x) \cdots p_m^{h_m}(x)$$

(在二多项式的分解中,形式上都具有相同的不可约因式;显然这不是一种限制,只要我们允许指数 k_i 与 h_j 也有等于零的数值).若其指数间有一个关系式:

$$k_i \geqslant h_i (i = 1, 2, \cdots, m)$$

成立,那么,显然 $g(x)$ 是 $f(x)$ 的因式.因为

$$f(x) = g(x) \cdot \left[\frac{a}{b} p_1^{k_1 - h_1}(x) p_2^{k_2 - h_2}(x) \cdots p_m^{k_m - h_m}(x) \right].$$

若 $k_i < h_i$,即使只有一个这样的 k_i,那么 $g(x)$ 就不是 $f(x)$ 的因式.事实上,假如 $g(x)$ 是 $f(x)$ 的因式.那么,我们把 $g(x)$ 与 $g(x)$ 除 $f(x)$ 的商都表示成 P 中的数与 P 上最高系数为 1 的不可约多项式的乘积.把这样表示的两个式子乘在一起,我们就得到 $f(x)$ 的一个表达式.其形式为 P 中的数与 P 上最高系数为 1 的不可约多项式的乘积.这一乘积是不同于原先那一个的,因为 $p_i(x)$ 在这里不止 k_i 次(由于假设 $h_i > k_i$).但这却与定理 1.6.1 中的唯一性相矛盾.

由刚才的理论推出,域 P 上的多项式 —— 被表成定理 1.6.1 中的形式的,即

$$f(x) = a p_1^{k_1}(x) p_2^{k_2}(x) \cdots p_m^{k_m}(x),$$

的最高系数等于 1 的因式,应是如下形式的多项式:

$$p_1^{h_1}(x) p_2^{h_2}(x) \cdots p_m^{h_m}(x)(0 \leqslant h_i \leqslant k_i, i = 1, 2, \cdots, m).$$

这样的多项式只有有限个(不难计算出到底几个).多项式 $f(x)$ 所有在 P 上的其他因式则是与所示的这些相差任意常数因子的多项式(这种多项式已是无限多了,因为任何域是含有无限个不同的数的).因此我们对于上述那种形式的多项式可以写出它们的不同的乘积形式的分解.这种"本质上不相同"(若两个乘积中的多项式只相差一常数因子,就认为这两分解式的差别是"非本质上的")的分解的数量对给定的多项式是有限的(而且不难计算出其个数).

这样,我们确信,定理 1.6.1 以及由它直接推出的许多结果,完全可以阐明我们要研究的关于一域上多项式的整除性问题.但必须着重指出下一原则性的情形.问题在于定理 1.6.1 的理论不是算法式的.在定理 1.6.1 中所得任意多项式在任意域上的分解是永远存在的,但实际上对随便给定的多项式,怎样去求它呢? 关于这个问题,在我们引用的证明中却什么也没做.记得我们是这样讨论的:"若多项式为不可约",或"把可约的多项式按定义表成了乘积的形式".但

实际上怎样对任何给定的多项式来查明它是不可约的或可约的,而且在后一情形下,又怎样实际对它求出一个分解呢?用有限步骤来挑选所有比给定多项式次数低的多项式是不可能的,因为它们有无限多个.为解决这些问题,我们什么样的算法都不知道,并且在现在也还没有任何这种普遍的算法.当然,在许多个别的情形中,对某些多项式或多项式组实际上成功地得到了我们的问题的答案(参阅《多项式理论》卷).

§2　对称多项式

2.1　多项式的根与系数间的关系

设
$$f(x) = a_0 x^n + a_1 x^{n-1} + \cdots + a_n \, (a_0 \neq 0)$$
是数域 P 上的一个 n 次多项式.既然复数域是最大的数域,那么这多项式亦可看作复数域 C 上的多项式,如此按照代数学基本定理,$f(x)=0$ 应该有 n 个复数根.

按余数定理(定理 1.3.3),我们可写
$$f(x) = a_0 (x - \alpha_1) f_1(x).$$
其中 $f_1(x)$ 是复数域 C 上的一个首项系数为 1 的 $n-1$ 次多项式,而 α_1 是 $f(x)$ 的任何一个根.若 $n-1 > 0$,那么 $f_1(x)$ 在 C 中有根 α_2,因而在 $C[x]$ 中
$$f(x) = a_0 (x - \alpha_1)(x - \alpha_2) f_1(x).$$
这样继续下去,最后我们得到 $f(x)$ 在复数域上完全分解为 n 个一次因式的乘积
$$f(x) = a_0 (x - \alpha_1)(x - \alpha_2) \cdots (x - \alpha_n). \tag{1}$$
这里 $\alpha_1, \alpha_2, \cdots, \alpha_n$ 是多项式 $f(x)$ 的 n 个根,它们中可能有些是相等的.

如果把式子(1)右端括号拆开.自然我们将得到许多项之和,每一项都是 n 个数量的乘积
$$a_0 z_1 z_2 \cdots z_n,$$
其中 z_i 或等于 x 或等于 $(-\alpha_i)$.我们的和将由一切可能的这种项构成.合并变量 x 的同次项.例如成为 x 的一次项的是
$$a_0 x (-\alpha_2)(-\alpha_3) \cdots (-\alpha_n), a_0 (-\alpha_1) x (-\alpha_3) \cdots (-\alpha_n), \cdots,$$
$$a_0 (-\alpha_1)(-\alpha_2) \cdots (-\alpha_{n-1}) x.$$

把每个这种项的集合中的 x 相当次幂拿到括号外面,我们得 $f(x)$ 的如下表达式

$$f(x) = a_0 x^n - a_0 \sigma_1(\alpha_1, \alpha_2, \cdots, \alpha_n) x^{n-1} + a_0 \sigma_2(\alpha_1, \alpha_2, \cdots, \alpha_n) x^{n-2} + \cdots +$$
$$(-1)^{n-1} a_0 \sigma_{n-1}(\alpha_1, \alpha_2, \cdots, \alpha_n) x + (-1)^n a_0 \sigma_n(\alpha_1, \alpha_2, \cdots, \alpha_n).$$

这里用 $\sigma_k(\alpha_1, \alpha_2, \cdots, \alpha_n)(k=1,2,\cdots,n)$ 来表示每个那种项的集合中拿出 x 相当次幂及 $(-1)^k$ 后剩下的式子. 直接可以看出,表达式 $\sigma_k(\alpha_1, \alpha_2, \cdots, \alpha_n)$ 有如下形式

$$\sigma_1(\alpha_1, \alpha_2, \cdots, \alpha_n) = \alpha_1 + \alpha_2 + \cdots + \alpha_n,$$
$$\sigma_2(\alpha_1, \alpha_2, \cdots, \alpha_n) = \alpha_1 \alpha_2 + \alpha_1 \alpha_3 + \cdots + \alpha_{n-1} \alpha_n,$$
$$\cdots\cdots$$
$$\sigma_{n-1}(\alpha_1, \alpha_2, \cdots, \alpha_n) = \alpha_1 \alpha_2 \cdots \alpha_{n-1} + \alpha_1 \alpha_2 \cdots \alpha_{n-2} \alpha_n + \cdots + \alpha_2 \alpha_3 \cdots \alpha_n,$$
$$\sigma_n(\alpha_1, \alpha_2, \cdots, \alpha_n) = \alpha_1 \alpha_2 \cdots \alpha_n.$$

可以这样说, $\sigma_k(\alpha_1, \alpha_2, \cdots, \alpha_n)$ 是自 $\alpha_1, \alpha_2, \cdots, \alpha_n$ 中取 k 个不同数量的一切可能的乘积之和.

按照多项式的相等,下列等式必须成立

$$a_1 = -a_0 \sigma_1(\alpha_1, \alpha_2, \cdots, \alpha_n),$$
$$a_2 = a_0 \sigma_2(\alpha_1, \alpha_2, \cdots, \alpha_n),$$
$$\cdots\cdots$$
$$a_k = (-1)^k a_0 \sigma_k(\alpha_1, \alpha_2, \cdots, \alpha_n),$$
$$\cdots\cdots$$
$$a_{n-1} = (-1)^{n-1} a_0 \sigma_{n-1}(\alpha_1, \alpha_2, \cdots, \alpha_n),$$
$$a_n = (-1)^n a_0 \sigma_n(\alpha_1, \alpha_2, \cdots, \alpha_n).$$

如果把 $\sigma_k(\alpha_1, \alpha_2, \cdots, \alpha_n)$ 代以它的表达式,则得联系着多项式的系数与根的许多公式. 这些公式称为韦达公式.

$$a_1 = -a_0(\alpha_1 + \alpha_2 + \cdots + \alpha_n),$$
$$a_2 = a_0(\alpha_1 \alpha_2 + \alpha_1 \alpha_3 + \cdots + \alpha_{n-1} \alpha_n),$$
$$a_3 = -(\alpha_1 \alpha_2 \alpha_3 + \alpha_1 \alpha_2 \alpha_4 + \cdots + \alpha_{n-2} \alpha_{n-1} \alpha_n),$$
$$\cdots\cdots$$
$$a_{n-1} = (-1)^{n-1} a_0(\alpha_1 \alpha_2 \cdots \alpha_{n-1} + \alpha_1 \alpha_2 \cdots \alpha_{n-2} \alpha_n + \cdots + \alpha_2 \alpha_3 \cdots \alpha_n),$$
$$a_n = (-1)^n a_0 \alpha_1 \alpha_2 \cdots \alpha_n.$$

求代数方程式的根是要求在方程左边的多项式的根. 给定了多项式,即是说,给定了构成其系数的一个数列. 因此解 n 次代数方程

77

$$a_0 x^n + a_1 x^{n-1} + \cdots + a_n = 0$$

的问题,是等于解 n 个未知数 $\alpha_1, \alpha_2, \cdots, \alpha_n$ 的 n 个方程组的问题

$$a_1 = -a_0(\alpha_1 + \alpha_2 + \cdots + \alpha_n),$$

$$a_2 = a_0(\alpha_1 \alpha_2 + \alpha_1 \alpha_3 + \cdots + \alpha_{n-1} \alpha_n),$$

$$a_3 = -(\alpha_1 \alpha_2 \alpha_3 + \alpha_1 \alpha_2 \alpha_4 + \cdots + \alpha_{n-2} \alpha_{n-1} \alpha_n),$$

$$\cdots\cdots$$

$$a_{n-1} = (-1)^{n-1} a_0(\alpha_1 \alpha_2 \cdots \alpha_{n-1} + \alpha_1 \alpha_2 \cdots \alpha_{n-2} \alpha_n + \cdots + \alpha_2 \alpha_3 \cdots \alpha_n),$$

$$a_n = (-1)^n a_0 \alpha_1 \alpha_2 \cdots \alpha_n.$$

现在代数基本定理可以重新表达为这样的定理,它断言上面所引的 n 个方程组总是可解的.

这样的处理代数方程的方法对阐明它们的属性与本质没有什么特别的贡献.但在某些情形中,它可能是有好处的.

韦达公式中所得的多项式之系数与其根的关系式给出了用根来表示各系数的明显便利的式子.反之,即用系数来表示各根的式子,就更有意思了,但可惜的是,它要来得非常地复杂.只有在个别的情形中,根可用系数有理地表示出来(即用加、减、乘、除的运算).作为这种可能情形的例子,我们要提出一个所有根完全相等的多项式,就是说这多项式只有一根,虽然它的系数是任意的.这样的多项式具有形式

$$f(x) = a(x-\alpha)^k = ax^k - ak\alpha x^{k-1} + \cdots + (-1)^{k-1} ak\alpha^{k-1} x + (-1)^k ak\alpha^k.$$

这多项式的根可用下一方式用系数有理地表出

$$\alpha = -\frac{-ak\alpha}{4}.$$

这样,在此例中,$f(x)$ 若是一数域上的多项式,其根就属于这个数域.

自然,所示的情形绝不常遇到.任何系数为有理数而根是无理数的二次方程就是一个例子,这时根是不能用有理方法由系数表出的.

根能用系数经过加、减、乘、除的运算而表出的代数方程的范围是很狭小的.若除去所说四种有理运算外,还应用开任何次方的运算,那么根能用系数经过这五种运算而表出的代数方程的范围就有相当的扩大了.但我们知道,这还是不能包含所有一切方程.

2.2 多元多项式

类似于一元多项式,我们来引入含多个变量的多项式的概念.

定义 2.2.1 由变量 $x_1, x_2, \cdots, x_n$ 和数域 P 上的数经有限次加、减、乘运

78

算得到的 n 元函数表达式,称为数域 P 上的 n 元多项式.

同一元多项式一样,域 P 上的 n 元多项式作为 n 元函数,其定义域也认为是数域 P. 与此同时,$x_1,x_2,\cdots,x_n$ 可以各自独立地取数域 P 中的任何数.

例如,$3(x_1+x_2+x_3)^3+2,x_1{}^2 x_2+(x_1+x_2)(2x_3-5),2x_1-x_2{}^2+3x_1 x_2+43,x_3{}^3,-9$ 等都是有理数域上的多元多项式,也是任意数域上的多元多项式. 而形如 $ax_1^{\alpha_1}x_2^{\alpha_2}\cdots x_n^{\alpha_n}$ 的 n 元函数,其中 $\alpha_i(i=1,2,\cdots,n)$ 是非负整数(若 $\alpha_i=0$,这函数实际上不含变量 x_i),$a\in P$,称为数域 P 上的 n 元单项式,a 称为它的系数. 若 $a\neq 0$,则 $\alpha_1+\alpha_2+\cdots+\alpha_n$ 称为它的次数. 若系数为零,则称为零单项式,否则称为非零单项式. 零单项式没有次数.

两个单项式 $ax_1^{\alpha_1}x_2^{\alpha_2}\cdots x_n^{\alpha_n}$ 与 $bx_1^{\beta_1}x_2^{\beta_2}\cdots x_n^{\beta_n}$,若有 $\alpha_1=\beta_1,\alpha_2=\beta_2,\cdots,\alpha_n=\beta_n$,则称为同类单项式. 零单项式可以认为与任意单项式同类. 两个同类单项式相加,相当于系数相加.

含 n 个变量 $x_1,x_2,\cdots,x_n$ 的 n 元多项式

$$ax_1^{\alpha_1}x_2^{\alpha_2}\cdots x_n^{\alpha_n}+bx_1^{\beta_1}x_2^{\beta_2}\cdots x_n^{\beta_n}+\cdots+cx_1^{\omega_1}x_2^{\omega_2}\cdots x_n^{\omega_n} \tag{1}$$

中,若各单项式互不同类,则称为 n 元多项式的标准形式. 组成(1)的各个单项式,称为(1)的项. 各非零项次数的最高者,称为这个 n 元多项式的次数.

显然,单项式也是多项式,不过它只含有一项. 若多项式各项均是零单项式,则称为零多项式. 零多项式没有次数.

两个 n 元多项式 f 和 g,若含有相同的项(不计项的次序及零系数项的不同),则称其相等,记为 $f=g$.

和一元多项式一样,多元多项式的相等和恒等也是一致的,为了证明这一点,先来证明零多项式的唯一性.

定理 2.2.1 数域 P 上的 n 元多项式 $f(x_1,x_2,\cdots,x_n)$ 如果对任意的 $x_i\in P,i=1,2,\cdots,n$,其函数值都是零,那么 $f(x_1,x_2,\cdots,x_n)$ 是零多项式,即其标准形式中各项都是零单项式.

证明 对变量个数使用数学归纳法.

i. 当 $n=1$ 时,我们在上一节 1.2 目已经证明过了.

ii. 假定对于变量个数是 $n-1$ 的情况已经证明. 现在我们来证明结论对于变量个数是 n 的情况成立.

设 $f(x_1,x_2,\cdots,x_n)$ 是一个 n 元多项式,对变量 $x_1,x_2,\cdots,x_n$ 的一切值,恒有 $f(x_1,x_2,\cdots,x_n)=0$. 现将多项式 $f(x_1,x_2,\cdots,x_n)$ 按照 x_n 的方幂排项,即把含有相同的 x_n 的方幂的项集中在一起,设 x_n 的最高项为 x_n^m,则

$$f(x_1, x_2, \cdots, x_n) = f_m(x_1, x_2, \cdots, x_{n-1})x_n^m + f_{m-1}(x_1, x_2, \cdots, x_{n-1})x_n^{m-1} + \cdots +$$
$$f_1(x_1, x_2, \cdots, x_{n-1})x_n + f_0(x_1, x_2, \cdots, x_{n-1}).$$

由于对 $x_1, x_2, \cdots, x_n$ 的任一组值,函数值 $f(x_1, x_2, \cdots, x_n)$ 都是零,所以固定 $x_1, x_2, \cdots, x_{n-1}$ 的任一组值 $c_1, c_2, \cdots, c_{n-1}$,而让 x_n 可以变化,便得到只含一个变量 x_n 的一元多项式

$$f(c_1, c_2, \cdots, c_{n-1}, x_n) \equiv f_m(c_1, c_2, \cdots, c_{n-1})x_n^m + f_{m-1}(c_1, c_2, \cdots, c_{n-1})x_n^{m-1} + \cdots +$$
$$f_1(c_1, c_2, \cdots, c_{n-1})x_n + f_0(c_1, c_2, \cdots, c_{n-1}).$$

它是恒等于零的一元多项式. 由上一节的零多项式唯一性定理知, $f(c_1, c_2, \cdots, c_{n-1}, x_n)$ 各系数都应是零,即

$$f_i(c_1, c_2, \cdots, c_{n-1}) = 0, i = m, m-1, \cdots, 0.$$

由 $c_1, c_2, \cdots, c_{n-1}$ 的任意性知

$$f_i(c_1, c_2, \cdots, c_{n-1}) \equiv 0, i = m, m-1, \cdots, 0.$$

以上这 $m+1$ 个 $n-1$ 元多项式都恒等于零. 由归纳假定,它们都是零多项式,即 $f_m, f_{m-1}, \cdots, f_0$ 的系数全是零,因而 f 的系数也都是零,即 f 为零多项式.

定理 2.2.2 两个 n 元多项式 f 和 g 恒等的充要条件是其标准形式相等.

证明 充分性显然.

必要性. 假定 $f \equiv g$,这时可以适当补充一些系数等于零的项而使得两个多项式含有共同的项. 照此可设

$$f = ax_1^{\alpha_1} x_2^{\alpha_2} \cdots x_n^{\alpha_n} + bx_1^{\beta_1} x_2^{\beta_2} \cdots x_n^{\beta_n} + \cdots + cx_1^{\omega_1} x_2^{\omega_2} \cdots x_n^{\omega_n},$$
$$g = a'x_1^{\alpha_1} x_2^{\alpha_2} \cdots x_n^{\alpha_n} + b'x_1^{\beta_1} x_2^{\beta_2} \cdots x_n^{\beta_n} + \cdots + c'x_1^{\omega_1} x_2^{\omega_2} \cdots x_n^{\omega_n}.$$

按假定,它们的差 $f - g$ 应恒等于零. 但

$$f - g \equiv (a - a')x_1^{\alpha_1} x_2^{\alpha_2} \cdots x_n^{\alpha_n} + (b - b')x_1^{\beta_1} x_2^{\beta_2} \cdots x_n^{\beta_n} + \cdots + (c - c')x_1^{\omega_1} x_2^{\omega_2} \cdots x_n^{\omega_n},$$

由于定理 2.2.1 知,必有

$$a - a' = 0, b - b' = 0, \cdots, c - c' = 0,$$

或

$$a = a', b = b', \cdots, c = c'.$$

这就证明了 f 和 g 的标准形式对应的系数是相等的,即 $f = g$.

推论 任一多项式的标准形式是唯一的.

多元多项式的标准形式对项的排列次序没有要求,且不计系数为零的项. 另外,多项式的非标准形式是不唯一的. 例如

$$f(x_1, x_2) = (x_1 + x_2)^2 - x_1^2 - x_2^2 \equiv 2 x_1 x_2$$
$$\equiv (x_1 + 2x_2)^2 - (x_1 + x_2)^2 - 3x_2^2.$$

标准形式下 n 元多项式的加法、减法、乘法法则,与一元多项式的对应法则

80

十分类似,我们不再详述.仅仅指出,数域 P 上 n 元多项式的和、差、积都是同一数域 P 的 n 元多项式,并且满足通常的算律.

最后,如果允许除法运算,则得到域上有理函数的概念:

定义 2.2.2 由域 P 内的数和变量 $x_1,x_2,\cdots,x_n$,经有限次加、减、乘、除运算得到的 n 元函数表达式,叫作域 P 上变量 $x_1,x_2,\cdots,x_n$ 的有理函数.

显然,任何多项式都是有理(整)函数.

以下各式可作为实数域上有理函数的例子:

$$\frac{x_1+3x_2}{2x_1+x_2},\frac{7x_1^3-8x_2^2}{x_1+x_2},\frac{1}{2}x_1^2+3x_2-\frac{1}{3}.$$

表达式

$$\frac{x_1^2+x_2^2}{(x_1+x_2)^2-x_1^2-2x_1x_2-x_2^2}$$

不能认为是有理函数,因为对于任何变量值,该表达式都没有数值.

2.3 两个预备定理

为了下文的叙述,我们来讲两个预备定理.第一个还有其自身的意义,它表明了一个多项式的根有着怎样的界限.

预备定理 1 多项式

$$f(x)=a_0x^n+a_1x^{n-1}+\cdots+a_n(a_0\neq 0)$$

的任何复根的模小于 $R=\dfrac{A}{|a_0|}+1$,这里 A 代表从 a_1 起的系数的模中最大的一个.

证明参阅《多项式理论》卷.

预备定理 2 设一个多项式 $F(x_1,x_2,\cdots,x_n)$ 表成了形如

$$Ax_1^{k_1}x_2^{k_2}\cdots x_n^{k_n}(A\neq 0)$$

的各项的和,其中没有两项仅常数因子不同,则有这样一组互不相同的变量的自然数数值 $x_1=\alpha_1,x_2=\alpha_2,\cdots,x_n=\alpha_n(\alpha_i\neq\alpha_j,i\neq j)$ 存在,使得

$$F(x_1,x_2,\cdots,x_n)\neq 0.$$

证明 对变量的个数 n 作归纳法.如果 $n=1$,则我们得到一个含有一个变量的多项式,它包含系数不等于零的项.这样的多项式自然不是等于零的常数.由预备定理 1,当变量取足够大的自然数数值时,这个多项式取不等于零的数值.

现在假定本定理对于任何含有变量的个数小于 n 的多项式成立.把多项式

$F(x_1, x_2, \cdots, x_n)$ 按照 x_n 的乘幂排列

$$F(x_1, x_2, \cdots, x_n) = \varphi_0(x_1, x_2, \cdots, x_{n-1})x_n^m + \varphi_1(x_1, x_2, \cdots, x_{n-1})x_n^{m-1} + \cdots + \varphi_{m-1}(x_1, x_2, \cdots, x_{n-1})x_n + \varphi_m(x_1, x_2, \cdots, x_{n-1}).$$

如果 $m = 0$,则 $F(x_1, x_2, \cdots, x_n)$ 可以看作是一个含有 $n-1$ 个变量的多项式.由归纳法假定,对于变量 $x_1, x_2, \cdots, x_{n-1}$,有这样一个互不相同的自然数数值存在,使得 $F(x_1, x_2, \cdots, x_n)$ 的值不等于 0.至于 x_n,则显然可以取任何自然数数值.

设 $m > 0$.由于归纳法假定,对于变量 $x_1, x_2, \cdots, x_{n-1}$ 有这样一组互不相同的自然数数值 $x_1 = \alpha_1, x_2 = \alpha_2, \cdots, x_{n-1} = \alpha_{n-1}$ 存在,使得

$$\varphi_0(\alpha_1, \alpha_2, \cdots, \alpha_{n-1}) \neq 0.$$

将这些数值代入 $F(x_1, x_2, \cdots, x_n)$ 中,我们把它变成了一个含有一个变量 x_n 的多项式,它的次数大于零

$$F(\alpha_1, \alpha_2, \cdots, \alpha_{n-1}, x_n) = \varphi_0(\alpha_1, \alpha_2, \cdots, \alpha_{n-1})x_n^m + \varphi_1(\alpha_1, \alpha_2, \cdots, \alpha_{n-1})x_n^{m-1} + \cdots + \varphi_{m-1}(\alpha_1, \alpha_2, \cdots, \alpha_{n-1})x_n + \varphi_m(\alpha_1, \alpha_2, \cdots, \alpha_{n-1}).$$

利用预备定理 1,我们可令 x_n 取这样的自然数数值 α_n,使得它代入刚才得到的多项式中所得的值不等于零,而且使它大于 $\alpha_1, \alpha_2, \cdots, \alpha_{n-1}$ 各数.这样一来

$$F(x_1, x_2, \cdots, x_n) \neq 0,$$

其中所有 $\alpha_1, \alpha_2, \cdots, \alpha_n$ 都是互不相同的自然数.

2.4 问题的提出·变量的置换

我们曾经说过,用多项式的系数来表示根有着很大的原则性的困难.因为根本身可能不属于含有所有系数的域,所以自然,各种多项式根的有理表达式,一般说来,也不是这域中的数.但在各种特殊情形中某些根的表达式可能是属于那包含系数的域.此外,还有一类表达式,它具有这样的性质:对确定次数的任何一个多项式,从它的根得到的这些表达式的值就必然含在所有系数所属的域中.由韦达公式,作为这种表达式的例子可以是所有根的和与积.

于是,我们来研究下列多个变量的多项式,它们被称为基本对称多项式:

$$\sigma_1(x_1, x_2, \cdots, x_n) = x_1 + x_2 + \cdots + x_n,$$
$$\sigma_2(x_1, x_2, \cdots, x_n) = x_1 x_2 + x_1 x_3 + \cdots + x_{n-1} x_n,$$
$$\sigma_3(x_1, x_2, \cdots, x_n) = x_1 x_2 x_3 + x_1 x_2 x_4 + \cdots + x_{n-2} x_{n-1} x_n,$$
$$\cdots\cdots$$
$$\sigma_{n-1}(x_1, x_2, \cdots, x_n) = x_1 x_2 \cdots x_{n-1} + x_1 x_2 \cdots x_{n-2} x_n + \cdots + x_2 x_3 \cdots x_n,$$
$$\sigma_n(x_1, x_2, \cdots, x_n) = x_1 x_2 \cdots x_n.$$

82

由于韦达公式,这些多项式的呈现是十分自然的,因为我们知道,若 $x_1 = \alpha_1, x_2 = \alpha_2, \cdots, x_n = \alpha_n$,其中 $\alpha_1, \alpha_2, \cdots, \alpha_n$ 为首系数是1的多项式 $f(x)$ 的根,那么这些多项式的值除相差因子 ± 1 不计外,是等于多项式 $f(x)$ 的各系数的.

现在我们来提出一个问题. 就是去查明什么时候在域 P 上多项式 $F(x_1, x_2, \cdots, x_n)$ 能表达成在同域 P 上变量为 $y_1 = \sigma_1(x_1, x_2, \cdots, x_n), y_2 = \sigma_2(x_1, x_2, \cdots, x_n), \cdots, y_n = \sigma_n(x_1, x_2, \cdots, x_n)$ 的多项式 H 的形式

$$F(x_1, x_2, \cdots, x_n) = H(y_1, y_2, \cdots, y_n). \tag{1}$$

这种多项式之所以引起我们的兴趣,是由于下面的缘故. 若 $\alpha_1, \alpha_2, \cdots, \alpha_n$ 是在 P 上多项式

$$f(x) = x^n + a_1 x^{n-1} + \cdots + a_{n-1} x + a_n$$

的所有根,那么,由韦达公式,可知在 $x_1 = \alpha_1, x_2 = \alpha_2, \cdots, x_n = \alpha_n$ 时有上面所说性质的多项式就取得如下的值

$$F(\alpha_1, \alpha_2, \cdots, \alpha_n) = H(-a_1, a_2, \cdots, (-1)^n a_n).$$

因为所有 a_i 都属于 P 而 H 是 P 上的多项式,所以数 $F(\alpha_1, \alpha_2, \cdots, \alpha_n)$ 属于 P.

另一方面,设 P 上的多项式 $F(x_1, x_2, \cdots, x_n)$ 是这样的多项式,对于它具有下面性质的(关于 n 个变量的 P 上的)多项式 G 存在:对于无论什么样的 P 上的多项式

$$f(x) = x^n + a_1 x^{n-1} + \cdots + a_{n-1} x + a_n,$$

总能成立等式

$$F(\alpha_1, \alpha_2, \cdots, \alpha_n) = G(a_1, a_2, \cdots, a_n).$$

这里 $\alpha_1, \alpha_2, \cdots, \alpha_n$ 表示 $f(x)$ 的根.那么

$$F(x_1, x_2, \cdots, x_n) = G(-y_1, y_2, \cdots, (-1)^n y_n),$$
$$y_i = \sigma_i(x_1, x_2, \cdots, x_n), i = 1, 2, \cdots, n.$$

换句话说,$F(x_1, x_2, \cdots, x_n)$ 具有前面所说的性质(1).

事实上,假定多项式

$$\Phi(x_1, x_2, \cdots, x_n) = F(x_1, x_2, \cdots, x_n) - G(-y_1, y_2, \cdots, (-1)^n y_n)$$

不是等于零的常数.那么根据预备定理2,可找到这样的自然数 $\alpha_1, \alpha_2, \cdots, \alpha_n$,使

$$\Phi(\alpha_1, \alpha_2, \cdots, \alpha_n) \neq 0. \tag{2}$$

但这与下一事实矛盾:取多项式

$$f(x) = (x - \alpha_1)(x - \alpha_2) \cdots (x - \alpha_n)$$

(显然这是 P 上的多项式,因为它的系数都是整数),由假设,应可得

$$F(\alpha_1, \alpha_2, \cdots, \alpha_n) = G[-\sigma_1(x_1, x_2, \cdots, x_n), \sigma_2(x_1, x_2, \cdots, x_n), \cdots,$$
$$(-1)^n \sigma_n(x_1, x_2, \cdots, x_n)],$$

这与式(2)相悖.

要解决这一有趣的问题,我们必须引入一个重要的新概念. 我们来看下述的多变量多项式的变换,叫作变量置换. 令 $x_1, x_2, \cdots, x_n$ 中每一个对应还是这些变量中的某一个,并且互不相同的变量对应于不同的变量

$$x_1 \to x_{i_1}, x_2 \to x_{i_2}, \cdots, x_n \to x_{i_n}.$$

(这样,$x_{i_1}, x_{i_2}, \cdots, x_{i_n}$ 就是 $x_1, x_2, \cdots, x_n$,只是次序不同.)

设 $\Phi(x_1, x_2, \cdots, x_n)$ 是一个 n 变量 $x_1, x_2, \cdots, x_n$ 的多项式. 置换的结果使这多项式变成一个新多项式

$$\Phi(x_{i_1}, x_{i_2}, \cdots, x_{i_n}).$$

显然存在着不止一个的变量置换.

作为例子,我们来看多项式

$$\Phi(x_1, x_2, x_3, x_4) = x_1 - x_2 + x_3 - x_4.$$

用下面的变量置换把它变换一下:

$$x_1 \to x_2, x_2 \to x_3, x_3 \to x_4, x_4 \to x_1.$$

于是 $\Phi(x_1, x_2, x_3, x_4)$ 变成新多项式

$$\Phi(x_2, x_3, x_4, x_1) = x_2 - x_3 + x_4 - x_1.$$

我们看到

$$\Phi(x_2, x_3, x_4, x_1) = -\Phi(x_1, x_2, x_3, x_4).$$

现在对多项式 $\Phi(x_1, x_2, x_3, x_4)$ 作如下的另一个变量置换

$$x_1 \to x_3, x_2 \to x_4, x_3 \to x_1, x_4 \to x_2.$$

我们就得到多项式

$$\Phi(x_3, x_4, x_1, x_2) = x_3 - x_4 + x_1 - x_2.$$

我们发现

$$\Phi(x_3, x_4, x_1, x_2) = \Phi(x_1, x_2, x_3, x_4),$$

即第二个置换并没有改变我们的多项式.

有一个置换将不改变任何多项式的形式

$$x_1 \to x_1, x_2 \to x_2, \cdots, x_n \to x_n,$$

它实际上并没有改变变量在多项式中的位置. 这个置换被称为恒等置换,或者单位置换.

2.5 对称多项式·基本定理

怎样的变量置换改变多项式而怎样的置换不改变它,这问题是与多项式的较深的性质有关的.

特别地,在任何变量置换下不改变的多变量多项式占有特殊地位.

定义 2.5.1 在任何变量置换下不改变的多变量多项式称为对称多项式.

事实是这样的:关于对称多项式的问题是与上一节中我们提出的问题有关的.下面我们要证明那相应的定理.同时,我们将估计到系数的性质,在讲域上的多项式时就指出我们的多项式的所有系数都属于那给定的数域.

在转到所说的定理之前,我们来阐明关于 n 变量 $x_1,x_2,\cdots,x_{n-1},x_n$ 的基本对称多项式与 $n-1$ 变量 $x_1,x_2,\cdots,x_{n-1}$ 的基本对称多项式有怎样的关系.我们规定把 $n-1$ 变量的基本对称多项式暂记作

$$\overline{\sigma}_1(x_1,x_2,\cdots,x_{n-1}),\overline{\sigma}_2(x_1,x_2,\cdots,x_{n-1}),\cdots,\overline{\sigma}_{n-1}(x_1,x_2,\cdots,x_{n-1}).$$

若在 n 变量 $x_1,x_2,\cdots,x_n$ 的基本对称多项式的表达式中挑出所有包含 x_n 的各项而在这些项的集合中把 x_n 放置在括号之外,那么我们显然将得下列 $\sigma_i(x_1,x_2,\cdots,x_n)$ 与 $\overline{\sigma}_j(x_1,x_2,\cdots,x_{n-1})$ 间的关系式

$$
\left.
\begin{aligned}
\sigma_1(x_1,x_2,\cdots,x_n) &= \overline{\sigma}_1(x_1,x_2,\cdots,x_{n-1})+x_n;\\
\sigma_2(x_1,x_2,\cdots,x_n) &= \overline{\sigma}_2(x_1,x_2,\cdots,x_{n-1})+x_n\overline{\sigma}_1(x_1,x_2,\cdots,x_{n-1});\\
&\cdots\cdots\\
\sigma_k(x_1,x_2,\cdots,x_n) &= \overline{\sigma}_k(x_1,x_2,\cdots,x_{n-1})+x_n\overline{\sigma}_{k-1}(x_1,x_2,\cdots,x_{n-1});\\
&\cdots\cdots\\
\sigma_{n-1}(x_1,x_2,\cdots,x_n) &= \overline{\sigma}_{n-1}(x_1,x_2,\cdots,x_{n-1})+x_n\overline{\sigma}_{n-2}(x_1,x_2,\cdots,x_{n-1});\\
\sigma_n(x_1,x_2,\cdots,x_n) &= x_n\overline{\sigma}_{n-1}(x_1,x_2,\cdots,x_{n-1}).
\end{aligned}
\right\}
$$

$$(1)$$

从这些等式可依次找出由 x_n 与多项式 $\sigma_i(x_1,x_2,\cdots,x_n)$ 来表示多项式 $\overline{\sigma}_j(x_1,x_2,\cdots,x_{n-1})$ 的表达式.从第一等式我们找得 $\overline{\sigma}_1(x_1,x_2,\cdots,x_{n-1})$ 的表达式.利用所得表达式,从第二等式找得 $\overline{\sigma}_2(x_1,x_2,\cdots,x_{n-1})$ 的表达式,依此类推.所有这些表达式显然是以 x_n 与各不同的 $\sigma_i(x_1,x_2,\cdots,x_n)$ 为变量的整系数多项式.我们就不详细写出这些表达式了.它们是比较复杂的,而我们的兴趣不在于表达式本身,只在于这些表达式存在这一事实上.

定理 2.5.1(对称多项式的基本定理) 域 P 上 n 个变量 $x_1,x_2,\cdots,x_n$ 的多项式 $\Phi(x_1,x_2,\cdots,x_n)$ 能表成以 $\sigma_1(x_1,x_2,\cdots,x_n),\sigma_2(x_1,x_2,\cdots,x_n),\cdots,\sigma_n(x_1,x_2,\cdots,x_n)$ 为变量的 P 上多项式形式的充要条件是 $\Phi(x_1,x_2,\cdots,x_n)$ 为对称多项式.

证明[①]　　必要性.首先要指出,每个基本对称多项式在施行诸变量置换后是不改变的,这就是说,它们事实上的确是对称的.这一点可直接由这些多项式本身的形式上看出.

现在设 $\Phi(x_1, x_2, \cdots, x_n)$ 是任意一多项式,它具有所需的表达式:

$$\Phi(x_1, x_2, \cdots, x_n) = \Psi[\sigma_1(x_1, x_2, \cdots, x_n), \sigma_2(x_1, x_2, \cdots, x_n), \cdots,$$
$$\sigma_n(x_1, x_2, \cdots, x_n)].$$

施行任意的变量置换

$$x_1 \to x_{i_1}, x_2 \to x_{i_2}, \cdots, x_n \to x_{i_n}.$$

多项式 $\Phi(x_1, x_2, \cdots, x_n)$ 变成多项式

$$\Phi(x_{i_1}, x_{i_2}, \cdots, x_{i_n}) = \Psi[\sigma_1(x_{i_1}, x_{i_2}, \cdots, x_{i_n}), \sigma_2(x_{i_1}, x_{i_2}, \cdots, x_{i_n}), \cdots,$$
$$\sigma_n(x_{i_1}, x_{i_2}, \cdots, x_{i_n})].$$

因为

$$\sigma_k(x_{i_1}, x_{i_2}, \cdots, x_{i_n}) = \sigma_k(x_1, x_2, \cdots, x_n), k = 1, 2, \cdots, n,$$

故

$$\Phi(x_{i_1}, x_{i_2}, \cdots, x_{i_n}) = \Psi[\sigma_1(x_1, x_2, \cdots, x_n), \sigma_2(x_1, x_2, \cdots, x_n), \cdots, \sigma_n(x_1, x_2, \cdots, x_n)]$$
$$= \Phi(x_1, x_2, \cdots, x_n).$$

因此,多项式 $\Phi(x_1, x_2, \cdots, x_n)$ 是对称的.

充分性.设 $\Phi(x_1, x_2, \cdots, x_n)$ 为域 P 上的任意对称多项式.需要证明它能表示成以

$$\sigma_1(x_1, x_2, \cdots, x_n), \sigma_2(x_1, x_2, \cdots, x_n), \cdots, \sigma_n(x_1, x_2, \cdots, x_n)$$

为变量的 P 上多项式的形式.证明将对 n 作数学归纳法.

若 $n = 1$,则 $\sigma_1(x_1) = x_1$,因而要证的断言显然是正确的.

假定我们的断言对所有 $n-1$ 个变量的对称多项式是正确的.把对称多项式 $\Phi(x_1, x_2, \cdots, x_n)$ 的所有项按 x_n 的幂排列

$$\Phi(x_1, \cdots, x_n) = \zeta_0(x_1, \cdots, x_{n-1}) x_n^h + \zeta_1(x_1, \cdots, x_{n-1}) x_n^{h-1} + \cdots +$$
$$\zeta_{h-1}(x_1, \cdots, x_{n-1}) x_n + \zeta_h(x_1, \cdots, x_{n-1}).$$

若对变量 $x_1, x_2, \cdots, x_n$ 施行任何使 x_n 仍变为 x_n 的置换,我们的多项式不变.因为各项按照 x_n 的次数排列的那个表达式作为我们的多项式是唯一的(定理2.2.2的推论),故在所说的那种置换下,每个 $\zeta_i(x_1, x_2, \cdots, x_{n-1})$ 不能改变.因此,$\zeta_i(x_1, x_2, \cdots, x_{n-1})$ 是变量 $x_1, x_2, \cdots, x_{n-1}$ 的对称多项式($i = 0, 1, 2, \cdots, n-$

_____

①　我们指出,这个定理还有几个本质上区别于我们的证明方法.作为定理的补充,还可以证明对称多项式表为 $\sigma_1, \sigma_2, \cdots, \sigma_n$ 的表示法是唯一的,见《多项式理论》卷.

1). 由于归纳法假定可认为所有的 $\zeta_i(x_1,x_2,\cdots,x_{n-1})$ 都能表成以基本对称多项式 $\overline{\sigma_1}(x_1,x_2,\cdots,x_{n-1}),\overline{\sigma_2}(x_1,x_2,\cdots,x_{n-1}),\cdots,\overline{\sigma_{n-1}}(x_1,x_2,\cdots,x_{n-1})$ 为变量的域 P 上多项式的形式,但后面的那些基本对称多项式本身又可表成以 x_n 及 $\sigma_1(x_1,x_2,\cdots,x_n),\sigma_2(x_1,x_2,\cdots,x_n),\cdots,\sigma_n(x_1,x_2,\cdots,x_n)$ 为变量的域 P 上多项式的形式(参看本节开头的讨论)(以后为简便起见将那些 $\sigma_i(x_1,x_2,\cdots,x_n)$ 记作 $\sigma_1,\sigma_2,\cdots,\sigma_n$). 从这里可推出多项式 $\Phi(x_1,x_2,\cdots,x_n)$ 本身也是可表成以 $x_n,\sigma_1,\sigma_2,\cdots,\sigma_n$ 为变量的域 P 上多项式的形式的.

在这表达式里可免除 x_n 的大于或等于 n 的各次幂. 事实上,由类似于韦达公式的论证我们不难得到等式

$$(x-x_1)(x-x_2)\cdots(x-x_n)$$
$$=x^n-\sigma_1 x^{n-1}+\sigma_2 x^{n-2}-\cdots+(-1)^{n-1}\sigma_{n-1}x+(-1)^n\sigma_n,$$

从这里取 $x=x_n$,就得

$$x_n^n=\sigma_1 x_n^{n-1}-\sigma_2 x_n^{n-2}+\cdots+(-1)^{n-2}\sigma_{n-1}x_n+(-1)^{n-1}\sigma_n.$$

由这一等式,在以 $x_n,\sigma_1,\sigma_2,\cdots,\sigma_n$ 为变量的 $\Phi(x_1,x_2,\cdots,x_n)$ 的表达式中 x_n 的等于及大于 n 的各次幂可逐步代入所有 x_n 的次数低于 n 的表达式. 这样我们的多项式最后得到如下形式的表达式:

$$\Phi(x_1,x_2,\cdots,x_n)=\eta_1(\sigma_1,\sigma_2,\cdots,\sigma_n)x_n^{n-1}+\eta_2(\sigma_1,\sigma_2,\cdots,\sigma_n)x_n^{n-2}+\cdots+$$
$$\eta_{n-1}(\sigma_1,\sigma_2,\cdots,\sigma_n)x_n+\eta_n(\sigma_1,\sigma_2,\cdots,\sigma_n).$$

因为我们所讨论的是对称多项式,故用了下面的变量置换

$$x_k\to x_n,x_n\to x_k,\ x_i\to x_i(i=1,2,\cdots,k-1,k+1,\cdots,n-1).$$

我们仍将得到这同一多项式,其中所有的 σ_j 当然是变为它们自己,即

$$\Phi(x_1,x_2,\cdots,x_n)=\eta_1(\sigma_1,\sigma_2,\cdots,\sigma_n)x_k^{n-1}+\eta_2(\sigma_1,\sigma_2,\cdots,\sigma_n)x_k^{n-2}+\cdots+$$
$$\eta_{n-1}(\sigma_1,\sigma_2,\cdots,\sigma_n)x_k+\eta_n(\sigma_1,\sigma_2,\cdots,\sigma_n).$$

现在让我们给予变量 $x_1,x_2,\cdots,x_n$ 这样的互不相同的数值 $x_1^{(0)},x_2^{(0)},\cdots,x_n^{(0)}$,使得所有不等于 0 的常数的那些 $\eta_i(\sigma_1,\sigma_2,\cdots,\sigma_n)$ 取异于零的值(这样的 x_i 值,如在预备定理 2 中已证明的,是存在的). 把多项式 $\sigma_i(x_1,x_2,\cdots,x_n)$ 在 $x_1,x_2,\cdots,x_n$ 这样的取值而获得的值就记作 $\sigma_i^{(0)}$.

我们来考察下面的单个变量 x 的 $n-1$ 次多项式:

$$\eta_1(\sigma_1^{(0)},\sigma_2^{(0)},\cdots,\sigma_n^{(0)})x^{n-1}+\eta_2(\sigma_1^{(0)},\sigma_2^{(0)},\cdots,\sigma_n^{(0)})x^{n-2}+\cdots+$$
$$\eta_{n-1}(\sigma_1^{(0)},\sigma_2^{(0)},\cdots,\sigma_n^{(0)})x+(\eta_n(\sigma_1^{(0)},\sigma_2^{(0)},\cdots,\sigma_n^{(0)})-\Phi(x_1^{(0)},x_2^{(0)},\cdots,x_n^{(0)})).$$

前面已经得到的等式表示,那 n 个互不相同的数 $x_1^{(0)},x_2^{(0)},\cdots,x_n^{(0)}$ 中每一个都是这多项式的根. 但次数低于 n 的多项式是不能有 n 个不同根的. 因此这

多项式只能是等于零的常数. 这就是说, 所有它的系数等于零. 由于数 $x_1^{(0)}$, $x_2^{(0)}, \cdots, x_n^{(0)}$ 的挑选, 可推出多项式

$$\eta_1(x_1, x_2, \cdots, x_n), \eta_2(x_1, x_2, \cdots, x_n), \cdots, \eta_{n-1}(x_1, x_2, \cdots, x_n)$$

都是等于零的常数.

这样, 我们就得到 $\Phi(x_1, x_2, \cdots, x_n)$ 的以 $\sigma_1, \sigma_2, \cdots, \sigma_n$ 为变量的域 P 上多项式的形式

$$\Phi(x_1, x_2, \cdots, x_n) = \eta_n(\sigma_1, \sigma_2, \cdots, \sigma_n).$$

作为例子, 我们来看三个变量的多项式

$$\Phi(x_1, x_2, x_3) = x_1^3 + x_2^3 + x_3^3.$$

这多项式是对称的. 试把它用 x_1, x_2, x_3 的基本对称多项式表示出来. 那基本对称多项式为简便起见记作 $\sigma_1, \sigma_2, \sigma_3$. 所求的表达式将用基本定理的充分性证明所用的方法来找出.

把我们的多项式依照 x_3 的次幂来排列

$$\Phi(x_1, x_2, x_3) = x_3^3 + (x_1^3 + x_2^3).$$

它的系数 1 与 $x_1^3 + x_2^3$ 是两个变量的对称多项式. 首先我们需把它们用 x_1 与 x_2 的基本对称多项式来表示, 即用

$$\overline{\sigma_1} = x_1 + x_2, \overline{\sigma_2} = x_1 x_2.$$

这可以用普遍方法来做, 但通常在两个变量的情形中这问题是不难直接解决的

$$x_1^3 + x_2^3 = x_1^3 + x_2^3 + 3x_1^2 x_2 + 3x_1 x_2^2 - 3x_1 x_2 (x_1 + x_2) = (\overline{\sigma_1})^3 - 3\overline{\sigma_2}\,\overline{\sigma_1}.$$

这样, 原先的多项式成为

$$\Phi(x_1, x_2, x_3) = x_3^3 + (\overline{\sigma_1})^3 - 3\overline{\sigma_2}\,\overline{\sigma_1}.$$

现在利用公式 (1) 把 $\overline{\sigma_1}$ 与 $\overline{\sigma_2}$ 用 x_3 及 $\sigma_1, \sigma_2, \sigma_3$ 来表示

$$\sigma_1 = \overline{\sigma_1} + x_3; \overline{\sigma_1} = \sigma_1 - x_3; \sigma_2 = \overline{\sigma_2} + x_3\overline{\sigma_1}; \overline{\sigma_2} = \sigma_2 - x_3\overline{\sigma_1} + x_3^2.$$

从这里得

$$\Phi(x_1, x_2, x_3) = x_3^3 + (\sigma_1 - x_3)^3 - 3(\sigma_2 - x_3\sigma_1 + x_3^2)(\sigma_1 - x_3)$$
$$= 3x_3^3 - 3\sigma_1 x_3^2 + 3\sigma_2 x_3 + \sigma_1^3 - 3\sigma_1\sigma_2.$$

现在需 "降低" x_3 的次数. 这可利用下一等式来做

$$x_3^3 - \sigma_1 x_3^2 + \sigma_2 x_3 - \sigma_3 = 0.$$

把从这里得出的 x_3^3 的表达式代入我们的多项式, 就得到所求的表达式

$$\Phi(x_1, x_2, x_3) = \sigma_1^3 - 3\sigma_1\sigma_2 + 3\sigma_3.$$

若我们来看三次代数方程

$$x^3 + a_1 x^2 + a_2 x + a_3 = 0,$$

88

把它的根记作 $\alpha_1,\alpha_2,\alpha_3$. 那么,从上面所得的表达式可推出它的根的立方和可用系数像下面那样表示出来

$$\alpha_1^3 + \alpha_2^3 + \alpha_3^3 = -a_1^3 + 3a_1a_2 - 3a_3.$$

因为各变量的同等次幂之和显然是有理数域上的对称多项式,故由基本定理可推出一般公式的存在,使得首系数为 1 的代数方程式所有根的任何同等次幂之和可用方程式的系数与有理数经过加法及乘法运算表示出来.

用根的置换解代数方程·群

第 3 章

§1　用根的置换解代数方程

1.1　拉格朗日的方法·利用根的置换解三次方程式

前面我们利用代换、配完全平方等方法找到了二、三和四次方程式的代数求解公式,但这些方法有很大的局限性,在得到四次方程式代数解之后的 200 年,数学家遵循着类似的途径去解五次方程式,始终没能成功.

在 1770—1771 年,法国学者拉格朗日提出了一种利用置换理论来解方程的新方法[①]. 这种方法导出三次、四次方程的解并不像意大利人那样对每种情况都有它某种固有的复杂性并且好像是偶然地找到的一种变换,相反地它是十分严格地并且是从一个一般的想法借助于对称多项式的理论、置换的理论及预解式理论的统一的方法导出的.

例如,让我们来考察一下拉格朗日对一般三次方程

$$x^3 + px^2 + qx + r = 0$$

的解法.

[①]　与拉格朗日同时代的数学家范德蒙(Vandermonde Alexandre Theophile,1735—1796) 在拉格朗日出版他的《关于代数方程解的思考》之后稍晚一些的时间出版了自己关于解代数方程的论文 *Memoire sur la resolution des equations*.

这篇文章也提供了一些关于代数方程的深刻思想并与拉格朗日关于三次方程的考虑颇为相似. 但在这些工作中,拉格朗日的论文以其思路的清晰和内容的全面脱颖而出.

设 x_1, x_2, x_3 是它的三个根,由韦达定理可得出关系式

$$\begin{cases} x_1 + x_2 + x_3 = -p \\ x_1 x_2 + x_2 x_3 + x_3 x_1 = q \\ x_1 x_2 x_3 = -r \end{cases} \qquad (1)$$

$x_1 + x_2 + x_3, x_1 x_2 + x_2 x_3 + x_3 x_1, x_1 x_2 x_3$ 这三个关于 x_1, x_2, x_3 的多项式有这样的特点:它在对 x_1, x_2, x_3 的任何一种置换下都是不变的. 我们知道这种置换共有 6 种[①]:

$$\begin{pmatrix} 1 & 2 & 3 \\ 1 & 2 & 3 \end{pmatrix}, \begin{pmatrix} 1 & 2 & 3 \\ 1 & 3 & 2 \end{pmatrix}, \begin{pmatrix} 1 & 2 & 3 \\ 2 & 3 & 1 \end{pmatrix}, \begin{pmatrix} 1 & 2 & 3 \\ 2 & 1 & 3 \end{pmatrix}, \begin{pmatrix} 1 & 2 & 3 \\ 3 & 2 & 1 \end{pmatrix}, \begin{pmatrix} 1 & 2 & 3 \\ 3 & 1 & 2 \end{pmatrix}.$$

根据对称多项式的基本定理,任何关于根 x_1, x_2, x_3 的对称多项式,必可用基本对称多项式(1)的多项式表示出来,也就是说,可用方程的系数 p, q, r 的多项式表出.

我们考虑预解式

$$\Psi_1 = x_1 + \varepsilon x_2 + \varepsilon^2 x_3.$$

式中 ε 是 1 的 3 次方根. Ψ_1 不是对称多项式. 在 6 种置换

$$\begin{pmatrix} 1 & 2 & 3 \\ 1 & 2 & 3 \end{pmatrix}, \begin{pmatrix} 1 & 2 & 3 \\ 1 & 3 & 2 \end{pmatrix}, \begin{pmatrix} 1 & 2 & 3 \\ 2 & 3 & 1 \end{pmatrix}, \begin{pmatrix} 1 & 2 & 3 \\ 2 & 1 & 3 \end{pmatrix}, \begin{pmatrix} 1 & 2 & 3 \\ 3 & 2 & 1 \end{pmatrix}, \begin{pmatrix} 1 & 2 & 3 \\ 3 & 1 & 2 \end{pmatrix}$$

作用下 Ψ_1 分别变为

$$\begin{pmatrix} 1 & 2 & 3 \\ 1 & 2 & 3 \end{pmatrix} : \Psi_1 \rightarrow x_1 + \varepsilon x_2 + \varepsilon^2 x_3 = \Psi_1,$$

$$\begin{pmatrix} 1 & 2 & 3 \\ 1 & 3 & 2 \end{pmatrix} : \Psi_1 \rightarrow x_1 + \varepsilon x_3 + \varepsilon^2 x_2 = \Psi_2,$$

$$\begin{pmatrix} 1 & 2 & 3 \\ 2 & 3 & 1 \end{pmatrix} : \Psi_1 \rightarrow x_2 + \varepsilon x_3 + \varepsilon^2 x_1 = \Psi_3,$$

$$\begin{pmatrix} 1 & 2 & 3 \\ 2 & 1 & 3 \end{pmatrix} : \Psi_1 \rightarrow x_2 + \varepsilon x_1 + \varepsilon^2 x_3 = \Psi_4,$$

$$\begin{pmatrix} 1 & 2 & 3 \\ 3 & 2 & 1 \end{pmatrix} : \Psi_1 \rightarrow x_3 + \varepsilon x_2 + \varepsilon^2 x_1 = \Psi_5,$$

[①] 这里, 我们把 $x_1, x_2, \cdots, x_n$ 间的置换 $x_1 \rightarrow x_{i_1}, x_2 \rightarrow x_{i_2}, \cdots, x_n \rightarrow x_{i_n}$ 记为 $\begin{pmatrix} x_1 & x_2 & x_3 & \cdots & x_n \\ x_{i_1} & x_{i_2} & x_{i_3} & \cdots & x_{i_n} \end{pmatrix}$ 或简单地记为 $\begin{pmatrix} 1 & 2 & 3 & \cdots & n \\ i_1 & i_2 & i_3 & \cdots & i_n \end{pmatrix}$.

$$\begin{pmatrix} 1 & 2 & 3 \\ 3 & 1 & 2 \end{pmatrix}: \Psi_1 \to x_3 + \varepsilon x_1 + \varepsilon^2 x_2 = \Psi_6.$$

我们首先指出，x_1, x_2, x_3 可以用 p, Ψ_1, Ψ_2 等表示出来. 例如，因为

$$-p + \Psi_1 + \Psi_2 = (x_1 + x_2 + x_3) + (x_1 + \varepsilon x_2 + \varepsilon^2 x_3) + (x_1 + \varepsilon^2 x_2 + \varepsilon x_3)$$
$$= 3x_1 + (1 + \varepsilon + \varepsilon^2) x_2 + (1 + \varepsilon + \varepsilon^2) x_3 = 3x_1,$$

所以

$$x_1 = \frac{1}{3}(-p + \Psi_1 + \Psi_2). \tag{2}$$

类似地，我们可以得到

$$x_2 = \frac{1}{3}(-p + \varepsilon^2 \Psi_1 + \varepsilon \Psi_2), \tag{3}$$

$$x_3 = \frac{1}{3}(-p + \varepsilon \Psi_1 + \varepsilon^2 \Psi_2). \tag{4}$$

从式(2)～(4)看出，如果 Ψ_1, Ψ_2 的值能够求出，那么 x_1, x_2, x_3 就能求出来了. 于是问题转化为求 Ψ_1, Ψ_2.

如果 Ψ_1, Ψ_2 是 x_1, x_2, x_3 的对称多项式，那么只要根据对称多项式的基本定理把它们表示成 p, q, r 的多项式，就求出了 Ψ_1, Ψ_2 的值. 但遗憾的是它们不是对称多项式，我们只好把问题扩展一下.

不仅 Ψ_1，而且 $\Psi_1, \Psi_2, \Psi_3, \Psi_4, \Psi_5, \Psi_6$ 中的任何一个在 6 种置换下的结果，都分别是 $\Psi_1, \Psi_2, \Psi_3, \Psi_4, \Psi_5, \Psi_6$ 的某个次序的排列. 这就是说，在 6 种置换下，下述关于 t 的方程

$$(t - \Psi_1)(t - \Psi_2)(t - \Psi_3)(t - \Psi_4)(t - \Psi_5)(t - \Psi_6) = 0 \tag{5}$$

总是不变的(因为任何一种置换作用于此方程的结果，不过是将其因子的次序重新排列一下而已). 这样一来，式(5)虽然是 t 的六次方程，但是巧的是，由式(5)知

$$\Psi_6 = \varepsilon \Psi_1, \quad \Psi_3 = \varepsilon^2 \Psi_1, \quad \Psi_4 = \varepsilon \Psi_2, \quad \Psi_5 = \varepsilon^2 \Psi_2,$$

所以

$$(t - \Psi_1)(t - \Psi_6)(t - \Psi_3) = (t - \Psi_1)(t - \varepsilon \Psi_1)(t - \varepsilon^2 \Psi_1)$$
$$= t^3 - (\varepsilon^2 + \varepsilon + 1)\Psi_1 t^2 + (\varepsilon^2 + \varepsilon + 1)\Psi_1^2 t - \Psi_1^3$$
$$= t^3 - \Psi_1^3.$$

同样

$$(t - \Psi_2)(t - \Psi_4)(t - \Psi_5) = t^3 - \Psi_2^3.$$

于是方程(5)就成为

92

$$(t^3 - \Psi_1{}^3)(t^3 - \Psi_2{}^3) = 0$$

或

$$t^6 - (\Psi_1{}^3 + \Psi_2{}^3)t^3 + \Psi_1{}^3 \Psi_2{}^3 = 0 \tag{6}$$

一方面方程(6)应仍和方程(5)一样,其系数是 p, q, r 的多项式是已知的.实际上,可以求出

$$\Psi_1{}^3 + \Psi_2{}^3 = -2p^3 + 9pq - 27r, \quad \Psi_1{}^3 \Psi_2{}^3 = (p^2 - 3q)^3.$$

另一方面,方程(6)实际上可以化成解二次方程,这只要把 t^3 看成一个元,从方程(6)即可解得

$$t^3 = \frac{\Psi_1^3 + \Psi_2^3 \pm \sqrt{(\Psi_1^3 + \Psi_2^3)^2 - 4\Psi_1^3 \Psi_2^3}}{2}$$

$$= \frac{-2p^3 + 9pq - 27r \pm \sqrt{(-2p^3 + 9pq - 27r)^2 - 4(p^2 - 3q)^3}}{2}.$$

知道了 t^3 即易求得 t,即得方程(5)的6个根 $\Psi_1, \Psi_2, \Psi_3, \Psi_4, \Psi_5, \Psi_6$.知道 Ψ_1 与 Ψ_2,再根据式(4)即可求得原来三次方程的三个根 x_1, x_2, x_3.这样,三次方程的求解问题就完全解决了.

上面解三次方程的方法初看起来有些"怪异",也没有提出什么新的结果(通常用卡丹的方法甚至比这里还简单一些),但以后我们却会看到它显示了解代数方程的一种普遍方法.

1.2 利用根的置换解四次方程

上目利用根的多项式在根的置换作用下所发生的变化解了三次方程式,现在我们遵循同样的方法来解四次方程.

考察四次方程

$$x^4 + ax^3 + bx^2 + cx + d = 0.$$

它的四个根记为 x_1, x_2, x_3 与 x_4,它们与方程式的系数之间有下列关系(韦达定理):

$$\begin{cases} x_1 + x_2 + x_3 + x_4 = -a \\ x_1 x_2 + x_1 x_3 + x_1 x_4 + x_2 x_3 + x_2 x_4 + x_3 x_4 = b \\ x_1 x_2 x_3 + x_1 x_2 x_4 + x_2 x_3 x_4 + x_1 x_3 x_4 = -c \\ x_1 x_2 x_3 x_4 = d \end{cases}.$$

由排列理论知道四个根 x_1, x_2, x_3, x_4 的各种置换共有 4! $=24$ 种(包括恒等置换):

$$\begin{pmatrix} 1 & 2 & 3 & 4 \\ 1 & 2 & 3 & 4 \end{pmatrix}, \begin{pmatrix} 1 & 2 & 3 & 4 \\ 1 & 2 & 4 & 3 \end{pmatrix}, \begin{pmatrix} 1 & 2 & 3 & 4 \\ 1 & 3 & 2 & 4 \end{pmatrix}, \begin{pmatrix} 1 & 2 & 3 & 4 \\ 1 & 3 & 4 & 2 \end{pmatrix}, \cdots. \quad (1)$$

方程 $x^4-1=0$ 的四个根是 $1,-1,\mathrm{i},-\mathrm{i}$. 因此与解三次方程时所引进的根的多项式 $\Psi_1=x_1+\varepsilon x_2+\varepsilon^2 x_3$ 相当的根的多项式应该是 $\varphi_1=x_1-x_2+\mathrm{i}x_3-\mathrm{i}x_4$, 但这样做下去变化很多, 比较麻烦. 我们另外研究类似的多项式:

$$V_1=x_1+x_2-x_3-x_4.$$

在 (1) 的 24 种置换作用下, V_1 的变化共有下面 6 种形式:

$$(2)\quad\begin{cases} V_1=x_1+x_2-x_3-x_4, \\ V_2=-x_1-x_2+x_3+x_4=-V_1, \\ V_3=x_1+x_3-x_2-x_4, \\ V_4=-x_1-x_3+x_2+x_4=-V_3, \\ V_5=x_1+x_4-x_2-x_3, \\ V_6=-x_1-x_4+x_2+x_3=-V_5, \end{cases}$$

因此. 另一方面方程

$$(t-V_1)(t-V_2)(t-V_3)(t-V_4)(t-V_5)(t-V_6)=0 \quad (3)$$

在 24 种置换的作用下不变, 故式 (3) 展开后其系数是根的对称多项式, 因而可用 a,b,c,d 的多项式表出. 或者说式 (3) 是系数已知的方程. 另一方面, 由式 (2) 可知此方程又可化为

$$(t^2-V_1{}^2)(t^2-V_3{}^2)(t^2-V_5{}^2)=0$$

所以它是 t^2 的三次方程. 现在来求这预解方程式的系数. 注意到 (记 $y_1=x_1x_2+x_3x_4, y_2=x_1x_3+x_2x_4, y_3=x_1x_4+x_2x_4$):

$$[(x_1+x_2)+(x_3+x_4)]^2-[(x_1+x_2)-(x_3+x_4)]^2$$
$$=[2(x_1+x_2)][2(x_3+x_4)]$$
$$=4(x_1+x_2)(x_3+x_4)$$
$$=4(x_1x_3+x_1x_4+x_2x_3+x_2x_4)$$
$$=4[(x_1x_2+x_1x_3+x_1x_4+x_2x_3+x_2x_4+x_3x_4)-(x_1x_2+x_3x_4)]$$
$$=4b-4y_1$$

所以 $V_1{}^2=a^2-4b+4y_1$.

类似的, $V_3{}^2=a^2-4b+4y_2, V_5{}^2=a^2-4b+4y_3$. 如此, 我们有

$$V_1{}^2+V_3{}^2+V_5{}^2=3a^2-12b+4(y_1+y_2+y_3)=3a^2-8b,$$
$$V_1{}^2V_3{}^2+V_1{}^2V_5{}^2+V_3{}^2V_5{}^2=3(a^2-4b)^2+8(a^2-4b)(y_1+y_2+y_3)+$$
$$16(y_1y_2+y_1y_3+y_2y_3)$$

$$= 3a^4 - 16\,a^2 b + 16b^2 + 16ac - 64b,$$

$$V_1{}^2 V_3{}^2\,V_5{}^2 = 3(a^2 - 4b)^3 + 4(a^2 - 4b)^2 (y_1 + y_2 + y_3)^2 +$$
$$16(a^2 - 4b)(y_1 y_2 + y_1 y_3 + y_2 y_3) + 64 y_1 y_2 y_3$$
$$= [8c - a(a^2 - 4b)]^2.$$

而三次方程我们已经会解了,在解得 t^2 后,利用开方即可求得式(3)的 6 个根 $V_1, V_2, V_3, V_4, V_5, V_6$,利用

$$\begin{cases} V_1 = x_1 + x_2 - x_3 - x_4, \\ V_3 = x_1 + x_3 - x_2 - x_4, \\ V_5 = x_1 + x_4 - x_2 - x_3, \\ -a = x_1 + x_3 + x_2 + x_4. \end{cases}$$

即可解得

$$\begin{cases} x_1 = \dfrac{1}{4}(V_1 + V_3 + V_5 - a), \\[2mm] x_2 = \dfrac{1}{4}(V_1 - V_3 - V_5 - a), \\[2mm] x_3 = \dfrac{1}{4}(-V_1 + V_3 - V_5 - a), \\[2mm] x_4 = \dfrac{1}{4}(-V_1 - V_3 + V_5 - a). \end{cases}$$

这样,我们就解决了四次方程的求解问题.

1.3　求解代数方程式的拉格朗日程序

现在我们仿照拉格朗日用置换的理论回过头去分析韦达方法和费拉里方法. 韦达解法的关键一步是引进了代换

$$x = z - \frac{p}{3z} \tag{1}$$

正是这个代换使得原来不能解的方程

$$x^3 + px + q = 0 \tag{2}$$

变成了可以解的方程

$$z^6 + qz^3 - \frac{p^3}{27} = 0 \tag{3}$$

或者说就可解与不可解这一点而言,式(3)与式(2)有本质不同. 但式(3)又不是随便写出的,它的解 z 是由式(2)的解 x 制约的. 拉格朗日精辟地指出:奥秘正是在这里,正是在于 z 到底是如何用 x 表示出来的. 式(1)说的是 x 是 z 的函

数,拉格朗日却指出我们不应该把注意力集中于此,而应该集中于 z 是 x 的什么样的函数这一点上.

拉格朗日发现,在下面这个关于 x_1,x_2,x_3 的多项式

$$\frac{1}{3}(x_1 + \varepsilon x_2 + \varepsilon^2 x_3) \tag{4}$$

中,把 x_1,x_2,x_3 作置换(回忆一下,共有 6 种置换),就可以得出式(3)中 z 的 6 个解.这只要用

$$\begin{cases} x_1 = u + v, \\ x_2 = u\varepsilon + v\varepsilon^2, \\ x_3 = u\varepsilon^2 + v\varepsilon \end{cases} \tag{5}$$

代到 6 种置换下的式(4)中,即得

$$u, u\varepsilon, u\varepsilon^2, v, v\varepsilon, v\varepsilon^2,$$

这正是式(3)的解.于是拉格朗日找出了 z 与 x 的值的关系是在置换意义下的下式

$$z = \frac{1}{3}(x_1 + \varepsilon x_2 + \varepsilon^2 x_3).$$

上面说过,z 在 6 种置换下取 6 个不同的值,因此,z 不得不由一个六次方程决定.但是

$$z^3 = \frac{1}{27}(x_1 + \varepsilon x_2 + \varepsilon^2 x_3)^3. \tag{6}$$

在 6 种置换下却取两个值.从而 z^3 的确应该由一个二次方程确定出来.得出了 z,再由 $x = z - \dfrac{p}{3z}$ 求 x 就不难了.

读者已经看到,方程的可解与不可解确实与置换有很大关系.

再看费拉里法解四次方程(参阅第 1 章 §2,2.3).为了凑成完全平方,关键在于引进了辅助未知量 y,y 满足的辅助方程式(3)是可解的.那么和前面一样,我们要问,y 和方程原来的根有什么关系呢?设(4)的第一个方程两根为 x_1 与 x_2,(4)的第二个方程的两根为 x_3,x_4,则易见

$$x_1 x_2 = y_0 + \beta = y_0 + \sqrt{y_0^2 - d}, x_3 x_4 = y_0 - \beta = y_0 - \sqrt{y_0^2 - d}. \tag{7}$$

两式相加即得 $y_0 = \dfrac{1}{2}(x_1 x_2 + x_3 x_4)$,而 $\dfrac{1}{2}(x_1 x_2 + x_3 x_4)$ 在 x_1,x_2,x_3,x_4 的 24 种置换作用下仅取三种不同的值,因此它必满足一个系数为已知的三次方程(3),从而是可解的.得出了 y_0,再求 x 就不难了.

所以不管是卡丹法、费拉里法或拉格朗日法(其他方法也如此),解三、四次

96

方程的关键在于引进一个关于原来的根的函数——一个恰当的辅助量(如 $z = \frac{1}{3}(x_1 + \varepsilon x_2 + \varepsilon^2 x_3)$)，$y = \frac{1}{2}(x_1 x_2 + x_3 x_4)$，$V = x_1 + x_2 - x_3 - x_4$ 等)，这些辅助量是根的多项式，用这些辅助量及其在置换下的不同值，往回可以求出原来的根。往前看，这些辅助量(或它的某次幂)又可以由一个次数较低的方程解出来，这个方程的系数是原方程系数的多项式，因而是已知的。

拉格朗日还更一般地研究了根的有理函数与置换之间的关系。设 n 次代数方程式

$$a_0 x^n + a_1 x^{n-1} + \cdots + a_n = 0 (a_0 \neq 0)$$

的 n 个不同根为 $x_1, x_2, \cdots, x_n$。他证明了两个重要的命题。这构成了上述做法的理论根据。

命题 1　如果使根的有理函数 $\Psi(x_1, x_2, \cdots, x_n)$ 不变的一切置换也使根的另一有理函数 $\varphi(x_1, x_2, \cdots, x_n)$ 不变，则 φ 必可用 Ψ 及原方程的系数 a_0，$a_1, \cdots, a_n$ 的有理函数表出。

命题 2　如果使根的有理函数 $\varphi(x_1, x_2, \cdots, x_n)$ 不变的置换亦使另一有理函数 $\Psi(x_1, x_2, \cdots, x_n)$ 不变，而且在使 $\Psi(x_1, x_2, \cdots, x_n)$ 不变的所有置换作用下，φ 取 r 个不同的值，则 φ 必满足一 r 次代数方程，其系数为 Ψ 及原方程系数 $a_0, a_1, \cdots, a_n$ 的有理函数。

这两个命题的证明我们以后(第 5 章)再给出。

在得到了以上两个命题之后，拉格朗日拟订了一种解 n 次代数方程的方案(已知的一些代数求解方法，都可归结为这一方案的一种具体体现)。

对于一般系数为 $a_0, a_1, \cdots, a_n$ 的 n 次代数方程式，设其 n 个不同根为 $x_1, x_2, \cdots, x_n$，则可按下述步骤探讨其根式解。

ⅰ. 取 $x_1, x_2, \cdots, x_n$ 的任一对称多项式 $\varphi_0(x_1, x_2, \cdots, x_n)$，即 φ_0 在所有 $n!$ 个置换作用下都不变。根据对称多项式基本定理以及韦达公式，我们知道 φ_0 一定可用方程的系数的多项式表出。为简单起见，不妨就取

$$\varphi_0 = x_1 + x_2 + \cdots + x_n.$$

ⅱ. 再选取根的另一个多项式 φ_1，设 φ_1 只在根的部分置换下不变而在 $n!$ 个置换下取 r 种不同的值。由命题二知道，φ_1 必满足一个 r 次方程，此方程的系数是由 φ_0 及原方程的系数 $a_0, a_1, \cdots, a_n$ 的有理函数所构成。既然，前面所取 φ_0 可由原方程式的系数有理地表示，所以最后该 r 次方程式的系数亦可用原方程式的系数有理地表示出来。

设这个 r 次方程代数可解，由于 φ_1 为此方程的根，故 φ_1 可用其系数代数表

出,进而 φ_1 可用原方程的系数 $a_0, a_1, \cdots, a_n$ 的代数式表出.

iii. 然后再取根的另一个多项式 φ_2,设 φ_2 不变的置换仅为使 φ_1 不变的置换的一部分. 若使 φ_1 不变的全部置换作用于 φ_2 时得到 s 种不同的值,于是再由命题二,φ_2 满足一 s 次方程,其系数是 φ_1 及原方程系数的有理函数. 由于 φ_1 已用 $a_0, a_1, \cdots, a_n$ 表出,故该 s 次方程的系数可以只由 $a_0, a_1, \cdots, a_n$ 的代数式表出.

设此 s 次方程代数可解. 同上面作同样的讨论,φ_2 必可用原方程的系数 $a_0, a_1, \cdots, a_n$ 的代数式表出.

iv. 继续这样的步骤,可得 $\varphi_3, \varphi_4, \cdots$,因为使 φ_k 不变的置换随 k 的增大而逐步减少. 直至最后使 φ_k 不变的置换仅有单位置换即可停止:在使前一函数 φ_{k-1} 不变的置换中,仅有一个单位置换使 φ_k 不变. 于是,φ_k 可用 $a_0, a_1, \cdots, a_n$ 代数表出.

这最后的 φ_k,不妨取 x_1. 于是 x_1 即可由 $a_0, a_1, \cdots, a_n$ 代数表示出来,从而解出了一个根. $x_2, \cdots, x_n$ 均可用同样的过程解得.

上述过程中出现的那些 r 次,s 次,$\cdots$ 方程被称为预解方程式.

这个方案看来是很理想的,用它来解二、三、四次方程时也确实很有成效,因为预解方程式的次数较已知方程的次数少一. 可是就五次方程而论,情况就完全不同了. 拉格朗日发现他所得出的五次方程的预解方程式是一个六次方程了. 他费了很多精力去寻找能导致次数低于五次方程的预解方程式,但始终没有成功. 拉格朗日未能找到选择 φ_i 的准则[①],使得 φ_i 满足的那个方程式代数可解.

这样,拉格朗日虽然顽强努力,用根号解高于四次的方程的问题仍然悬而未决. 这个几乎费了 3 个世纪的问题正如拉格朗日所表述的那样"它好像是在向人类的智慧挑战".

§2 置换的一般概念

2.1 排列与对换

前面我们已经了解到根的置换在代数方程式求解方法中所起的重要作用.

---

① 只有引入置换群的概念之后,我们才能找到并描述选择 φ_i 的准则,参看第 5 章.

现在我们来进一步讨论置换以及与之相关的一些概念,而这些概念本身亦有其独立的用处.

设想有有限个元素(事物),则可把这些元素按照某种次序排成一排. 我们就把这种任意的布列法称为这些元素的一个全排列,简称排列.

对于一个元素,则其排列法自然只有一种;但 2 个元素 a,b 的排列法则有 2 种,即 ab,ba. 三个元素 a,b,c 的排列法则有以下 6 种:

$$abc,acb,bac,bca,cab,cba.$$

为了确定 n 个元素 $\{a_1,a_2,\cdots,a_n\}$ 的排列法的数目. 我们先假定 $n-1$ 个元素 a_1, $a_2,\cdots,a_{n-1}$ 的排列法为 $f(n-1)$. 今若再添入第 n 个元素 a_n,则此元素于 $n-1$ 个元素的每一个排列中,可处于第一位,第二位,乃至第 n 位. 如此,我们可由原来的每一排列,获得 n 个排列,并且各不相同,于是,

$$f(n)=nf(n-1).$$

如此,由 $f(1)=1,f(2)=2,f(3)=6$,用完全归纳原理,可得

$$f(n)=n\cdot(n-1)\cdot\cdots\cdot2\cdot1$$

乘积 $n\cdot(n-1)\cdot\cdots\cdot2\cdot1$ 常用记号 $n!$ 表示,并把它叫作 n 的阶乘.

常有这样的情形:对所考虑的事物规定某一种"标准"次序. 例如,倘若元素是整数,则标准次序可以认为是它们按大小递增的次序排列. 如果给出了这些元素的任何一个排列,则自然要企图来指明它与按标准次序的排列有怎样的差别. 这可以按照下面的方式来做:在这样一个排列中我们来考虑任何两个元素,它们在排列中的先后次序可以与在标准排列中一样,或者与之相反. 在后一种场合我们说所考虑的这一对元素成一倒位或反序. 可以来计算排列中所有可能的各对元素的倒位或反序总数. 这数在排列本身是标准次序的时候等于零,也只有在这个时候等于零. 在相反的情况下必得一个大于零的数. 所以我们取这个数来量度所给排列与标准排列的差别是很自然的.

我们现在就来举出例子用以说明上面所表达的.

取 3 个整数:1,2,3. 由这三个数,总共可以作出 3! =6(个)排列:123,132, 312,321,231 和 213.

在这 6 个排列中,先取出第一个,123. 在这个排列中,数是依着标准次序排列着的. 但是,其余的排列就不是这样了:例如,132,我们可以看到,数 3 是排列在数 2 的前面,它含有一个反序. 其次再看 312,我们立刻就知道它含有两个反序:3 排列在 2 的前面和 3 在 1 的前面. 又如 321,则含有三个反序,其余的依此类推,就可得出下列关系:

排列	反序数
123	0 个反序
132	1 个反序
312	2 个反序
321	3 个反序
231	2 个反序
213	1 个反序

在 n 个事物的标准次序的排列中,我们把排列在第一个位置的元素称为第一元素,排列在第二个位置的称为第二元素,……,排列在最后那个位置的称为第 n 元素.于是,对于这些元素的任何一个排列,我们可以按照下述方法计算反序数:首先计算有多少元素排列在第一元素的前面,其次,把第一元素划去,再计算有多少个记数排列在第二元素的前面(划去了的第一元素,不再计算),把第二元素划去后,再计算有多少个记数排列在第三元素的前面(划去了的两个元素,不再计算),其余类推下去.假设在第一元素前面有 m_1 个元素,在第二元素前面有 m_2 个元素,等等,最后在第 n 个元素前面有 m_n 个元素,则这个排列的反序数就等于 $m_1 + m_2 + \cdots + m_n$.

例 计算排列 531246 的反序数.

531246 的标准次序的排列为 123456.于是第一元素为 1,第二元素为 2,……,第六元素为 6.如此,按照我们上面所说的方法:

1 前面有 2 个元素(5 和 3).划去 1:531246

2 前面有 2 个元素(5 和 3).划去 2:531246

3 前面有 1 个元素(5).划去 3:531246

4 前面有 1 个元素(5).划去 4:531246

5 前面没有任何元素.划去 5:531246

最后,6 前面也没有元素(所有元素都被划去).由此,知道所求的反序数等于 6:$2+2+1+1+0+0=6$.

现在设想在一个含有 n 个元素的某一个排列

$$a, b, c, \cdots, h$$

中,假若使这个排列的任意两个元素位置互相交换,例如使 a 和 c 相交换,我们显然得出一个新的排列

$$c, b, a, \cdots, h$$

我们把交换两个元素的运算叫作一个对换,并用记号 (ac) 代表它.

接连着若干次对换,我们将得到所有新的排列.这情形对我们来说是重要

的：

定理 2.1.1 由任一所给的排列可以借助一系列元素的对换得出任何别的排列.

证明 对于两个元素这结论是显然的,因为重要的排列总共有两个,而每个都可以借助于一次对换由另一个得出.这情形使我们能按元素数目用归纳法来证明这结论的一般场合.

我们假设,这个结论已经对 $n-1$ 个元素的排列证明了.设给了两个 n 元素的排列(当然同是这些元素的排列)：

$$i_1, i_2, \cdots, i_n \text{ 及 } j_1, j_2, \cdots, j_n.$$

现在来求一系列对换把第二个排列变为第一个.首先我们在 $j_1, j_2, \cdots, j_n$ 诸元素中找出元素 i_1.设这是 j_k.如果 $j_k \neq j_1$,则我们在第二个排列中做 j_k 与 j_1 这两个元素的对换.如此得到

$$j_k, j_2, \cdots, j_{k-1}, j_1, j_{k+1}, \cdots$$

这个排列.如果将它与所给的第一个排列作比较,则我们将看出,它的元素由第二个起形成 $i_2, i_3, \cdots, i_n$ 诸元素的一个排列.既然这些元素的个数等于 $n-1$,则按所作假设能以一系列的对换将这个排列变为 $i_2, i_3, \cdots, i_n$,而这正是所需要的.除去不加考虑的 $j_k = j_1$ 这一场合是更为简单的,因为其中预先那一个对换也不需要了.

为了清楚起见,现在取一个具体的例子作为说明：试指出,由排列

$$3, 4, 5, 6, 8, 7, 1, 2. \tag{A}$$

出发,经过怎样的对换可变成排列

$$8, 1, 7, 2, 5, 4, 3, 0. \tag{B}$$

在排列(A)中,第一个位置是 3,在排列(B)中,第一个位置是 8.为了使 8 排列在第一个位置,我们可以对换排列(A)施以对换(38),由此得出

$$8, 4, 5, 6, 3, 7, 1, 2. \tag{A_1}$$

现在,再比较(A_1)和(B),(A_1)的第二个位置是 4,但(B)的第二个位置是 1,所以对(A_1)施以对换(41),就得出如下的一个排列

$$8, 1, 5, 6, 3, 7, 4, 2. \tag{A_2}$$

而使 1 排列在第二个位置.继续施行怎样的对换,得(这边括号内指示所施行的对换)：

$$(57)8, 1, 7, 6, 3, 5, 4, 2 \tag{A_3}$$

$$(62)8, 1, 7, 2, 3, 5, 4, 6 \tag{A_4}$$

$$(35)8, 1, 7, 2, 5, 3, 4, 6 \tag{A_5}$$

$$(34)8,1,7,2,5,4,3,0 \qquad\qquad (B)$$

但是,对换的作用,并不仅限于这一点.

含 n 个元素的一切排列,可以分成两类.假若一个排列含有偶数个反序,我们就把这个排列叫作一个偶排列;反之,叫作奇排列.例如 231 就是一个偶排列,因为它的反序数是 2.

假若对于排列 231 施以对换(23),就得一个含有 3 个反序的排列 321,也就是说,得出了一个奇排列.由此我们看出,经过一个对换,排列就变更了它的奇偶性.这并不是一个偶然的结果,事实上,有下面定理成立:

定理 2.1.2 经过一个对换,每一个排列都变更了它的奇偶性.

证明 首先我们讨论一个特别情形,就是被施对换的两个元素 i 和 k 是相邻排列的,换句话说,假设所给的排列是 $AikB$ 的形式.式中的 A 代表排在元素 i 的左端的一群元素,B 代表排列在元素 k 的右端的一群元素.施以对换(ik) 后,得到 $AkiB$.显然,经过这样的对换后,i 与记数群 A 或记数群 B 间的反序数,并没有发生变化.同样,就记数 k 而言,也是一样的情形.由此,我们知道,经过这样一个对换后排列只能出现或消失一个反序.这意味着,对换变更了它的奇偶性.

现在我们再讨论一般的情形.设在 i,k 之间有 m 个元素,就是说,假设所给的排列是

$$Ai,i_1,i_2,\cdots,i_m,kB \qquad\qquad (1)$$

的形式.

先使 i 向右移动,依次与 $i_1,i_2,\cdots,i_m$ 交换,经过 m 个对换后,得到如下的排列

$$Ai_1,i_2,\cdots,i_m,i,kB$$

其次再使 k 向左移动,依次与 $i,i_m,i_{m-1},\cdots,i_1$ 交换,经过 $m+1$ 个对换后得到

$$Aki_1,i_2,\cdots,i_m,iB \qquad\qquad (2)$$

在此,我们总共需要 $m+(m+1)=2m+1$(个) 对换,而使 k 排列在 i 的位置,i 排列在 k 的位置.每一个对换都使排列的奇偶性发生了变化.因为 $2m+1$ 是一个奇数,所以原排列的奇偶性发生了奇数次的变化,因此排列(2)的奇偶性和排列(1)的奇偶性相反.

由上面证明的定理,得出下面两个推论:

i.由某一个排列变成另一个具有相同奇偶性的排列,必须经过偶数个对换.由某一个排列变成另一个具有相反奇偶性的排列,必须经过奇数个对换.

ii. 由 n 个元素可以构成偶排列和奇排列各 $\dfrac{n!}{2}$ 个.

后一推论不能使人一目了然,所以需要加以证明.

证明　我们已经知道,由 n 个元素可以产生 $n!$ 个排列. 假若在这 $n!$ 个排列中,有 p 个偶排列和 q 个奇排列.

设想对于每一个偶排列,都施行同一个对换,由上面证明的定理,每一个都变成一个奇排列,而且没有两个是相同的. 由此得 $p \leqslant q$.

同样,假若对于每一个奇排列,都施行同一个对换,则得出 q 个不同的偶排列,这就是说 $q \leqslant p$.

比较不等式 $p \leqslant q$ 和 $q \leqslant p$,就得出 $p = q$ 的结论.

2.2　置换及其运算

现在我们介绍一个较对换更为普遍的运算 —— 置换,下面是它的一般定义.

设

$$M = \{a_1, a_2, \cdots, a_n\}$$

是一个包含 n 个元素的集合.

假若 M 的每一个元素 a_i,都被 M 的另一个元素代替[①],并且不同的元素被不同的元素代替,这样我们就说,由集合 M 的全体得出一个 n 次置换.

根据这个定义,有限集合 M 的一个置换无非就是集合 M 到其自身的一个一一映射.

容易明白,对换不过是置换的一个特别情形. 例如,就对换 $(a_1 a_3)$ 而言,它可以看作集合 M 的一个置换,在这个置换中,a_1 被 a_3 代替,a_3 被 a_1 代替,其余的元素保持不变.

我们常用下述方法书写置换:把被代替的元素写成一行,代替的元素写在被代替的元素的下面,然后用一个圆括号括起来. 于是集合 M 的任一置换为

$$s = \begin{pmatrix} a_1 & a_2 & \cdots & a_n \\ b_1 & b_2 & \cdots & b_n \end{pmatrix},$$

这里 $b_i = s(a_i)$, $i = 1, 2, \cdots, n$.

例如

---

① 　在特殊情形下,元素 a_i 可被它自身代替,换句话说,它可以保持不变.

$$s = \begin{pmatrix} a_1 & a_2 & a_3 & a_4 & a_5 \\ a_4 & a_3 & a_5 & a_2 & a_1 \end{pmatrix} \tag{1}$$

就代表一个含有五个元素 a_1, a_2, a_3, a_4, a_5 的一个置换,就是说,一个五次置换.元素 a_1 的下面是 a_4,这就表示置换 s 把 a_1 换成 a_4.

同理 s 把 a_2 换成 a_3,把 a_3 换成 a_5,把 a_4 换成 a_2,把 a_5 换成 a_1.最后,还注意一点,在置换 s 的写法中,列的先后次序是可以任意变更的,例如,我们还可以把置换(1)写成

$$\begin{pmatrix} a_5 & a_4 & a_3 & a_2 & a_1 \\ a_1 & a_2 & a_5 & a_3 & a_4 \end{pmatrix},$$

在这个写法中,a_1 虽然写在最后的一列,但是和前面一样,a_1 的下面是 a_4,这就是说,由于这个置换,a_1 换成 a_4.其余的元素也是和置换(1)一样,a_2 换成 a_3,把 a_3 换成 a_5,把 a_4 换成 a_2,把 a_5 换成 a_1.

因为置换按定义是一对一的,所以 $b_1, b_2, \cdots, b_n$ 实际上是 $a_1, a_2, \cdots, a_n$ 的一个排列,由此可见,M 的每个置换对应 $a_1, a_2, \cdots, a_n$ 的一个排列,不同的置换对应不同的排列,此外,$a_1, a_2, \cdots, a_n$ 的任意排列也确定 M 的一个置换,所以,M 的置换共有 $n!$ 个,其中 n 是 M 的元数.

含 n 个元素的集合上的置换称为 n 次置换.以后用 S_n 表示这 $n!$ 个置换作成的集合.

为了简单起见,有时我们不写 $a_1, a_2, \cdots, a_n$ 而只写它们的下标并且就说 n 个数 $1, 2, \cdots, n$ 的 n 次置换.例如上面的置换(1),就可以写成 5 个数的置换如下:

$$\begin{pmatrix} 1 & 2 & 3 & 4 & 5 \\ 4 & 3 & 5 & 2 & 1 \end{pmatrix} \tag{2}$$

现在我们引进置换的一个运算.先取两个四次置换来引入它:

$$s_1 = \begin{pmatrix} 1 & 2 & 3 & 4 \\ 2 & 4 & 3 & 1 \end{pmatrix}, s_2 = \begin{pmatrix} 1 & 2 & 3 & 4 \\ 3 & 1 & 4 & 2 \end{pmatrix}.$$

我们先看先施置换 s_1,再施置换 s_2,会产生怎样的结果.由于置换 s_1 把 1 换成 2,再由于置换 s_2,把 2 换成 1,所以继续施行 s_1 和 s_2,1 将被换成 1,也就是,1 保持不变.我们可以把这个结果写成:$\begin{Bmatrix} 1 \\ 1 \end{Bmatrix}$.其次 s_1 把 2 换成 4,s_2 把 4 换成 2,所以继续施行 s_1 和 s_2,数 2 也同样的保持不变.我们可以把这个结果写成 $\begin{Bmatrix} 1 & 2 \\ 1 & 2 \end{Bmatrix}$.同

样,由于继续施行 s_1 和 s_2,3 换成 4.我们把上面的结果写成 $\begin{Bmatrix} 1 & 2 & 3 \\ 1 & 2 & 4 \end{Bmatrix}$.最后,继续施行 s_1 和 s_2,4 换成 3.我们把这个结果写成 $\begin{Bmatrix} 1 & 2 & 3 & 4 \\ 1 & 2 & 4 & 3 \end{Bmatrix}$.综合上述,由继续施行 s_1 和 s_2 的结果,我们就得出一个新的置换

$$s_3 = \begin{pmatrix} 1 & 2 & 3 & 4 \\ 1 & 2 & 4 & 3 \end{pmatrix}.$$

这个新的置换叫作置换 s_1 和 s_2 的"积",并用下面记号代表它

$$\begin{pmatrix} 1 & 2 & 3 & 4 \\ 2 & 4 & 3 & 1 \end{pmatrix} \cdot \begin{pmatrix} 1 & 2 & 3 & 4 \\ 3 & 1 & 4 & 2 \end{pmatrix} = \begin{pmatrix} 1 & 2 & 3 & 4 \\ 1 & 2 & 4 & 3 \end{pmatrix}.$$

一般地,所谓两个 n 次置换 s_1 和 s_2 的"积",是指另一个 n 次置换,它是由继续施行置换 s_1 和 s_2 所得的结果.

自然,置换的"积"和置换"相乘"这两个术语,在这里有着它的特别意义,已不是算术上数的积和相乘的意义了.乘 s_1 于 s_2 的结果,是一个置换 s_3.但是,假如我们以 s_2 乘以 s_1,就得出完全不同的一个置换:

$$\begin{pmatrix} 1 & 2 & 3 & 4 \\ 3 & 1 & 4 & 2 \end{pmatrix} \cdot \begin{pmatrix} 1 & 2 & 3 & 4 \\ 2 & 4 & 3 & 1 \end{pmatrix} = \begin{pmatrix} 1 & 2 & 3 & 4 \\ 3 & 2 & 1 & 4 \end{pmatrix}.$$

因此,我们就可以看出,使置换相乘,顺序是很有关系的,置换的乘法和普通算术的乘法是不同的,一般来说,置换乘法不满足交换律:$s_1 s_2$ 不常等于 $s_2 s_1$.但是,我们马上就能看到,它却具有算术上另外的一些普通规则.

由 n 个数所成的一切置换中,有一个置换是下面的形式:

$$I = \begin{pmatrix} 1 & 2 & 3 & \cdots & n \\ 1 & 2 & 3 & \cdots & n \end{pmatrix},$$

这个置换叫作恒等置换或单位置换.以它乘另一个置换 s,恰得 s 的自身.它和算术中的 1 相当.事实上,对于任意一个置换 s,

$$s = \begin{pmatrix} 1 & 2 & 3 & \cdots & n \\ i_1 & i_2 & i_3 & \cdots & i_n \end{pmatrix},$$

常有下面的等式成立

$$sI = Is = s.$$

不但如此,置换和数还有相似的地方.对于每一个置换 s 均可求出一个所谓的逆置换 s^{-1} 满足等式:

$$ss^{-1} = s^{-1}s = I.$$

容易验证,s 的逆置换是下面的形式:

$$s^{-1} = \begin{pmatrix} i_1 & i_2 & i_3 & \cdots & i_n \\ 1 & 2 & 3 & \cdots & n \end{pmatrix}.$$

事实上,假若 s 把 1 换成 i_1,s^{-1} 就把 i_1 换成 1,结果,ss^{-1} 把 1 换成 1.同理,ss^{-1} 把 2 换成 2,3 换成 3,$\cdots$,n 换成 n,这就是说,$ss^{-1} = I$.同样,可以知道 $s^{-1}s = I$.

其次,我们证明置换的乘法满足结合律:

$$(s_1 s_2)s_3 = s_1(s_2 s_3).$$

要证明这个结果,设想 s_1 把某一数 i 换成 j,s_2 把 j 换成 k,s_3 把 k 换成 r.由于 $s_1 s_2$,i 被换成 k,续此施以置换 s_3,k 就被换成 r,所以,施行 $(s_1 s_2)s_3$ 的结果,i 换成 r.

和上面一样,试看 $s_1(s_2 s_3)$.s_1 把 i 换成 j,但 $s_2 s_3$ 是把 j 换成 r,结果,$s_1(s_2 s_3)$ 的作用和 $(s_1 s_2)s_3$ 是一样的,所以 $(s_1 s_2)s_3 = s_1(s_2 s_3)$.

2.3　置换的轮换表示

现在利用下面轮换的概念,我们可以把置换表示成较简单的形式.

设 s 是任意一个 n 次置换,但不是单位置换.但若 s 把某一数 i_1 换成另一个和 i_1 不同的数 i_2,把 i_2 换成另一个和 i_1 不同的数 i_3,$\cdots$,如此下去,把 i_{k-1} 换成另一个和 i_1 不同的数 i_k,最后 i_k 被换成最初出发的数 i_1,此外,其余的数(如果还有的话)则保持不变[①].这个时候,我们就把 s 叫作一个 k 项轮换,或者简称轮换,并用记号 $(i_1 i_2 i_3 \cdots i_{k-1} i_k)$ 代表它.特别地,长度为 2 的轮换称为对换.

例如一个 n 次的三项轮换 (132),就代表一个置换,由于它,1 换成 3,3 换成 2,2 换成 1.其余的数 $4,5,\cdots,n$ 都保持不变,换言之

$$(132) = \begin{pmatrix} 1 & 2 & 3 & 4 & \cdots & n \\ 3 & 1 & 2 & 4 & \cdots & n \end{pmatrix}$$

而置换

$$\begin{pmatrix} 1 & 2 & 3 & 4 \\ 2 & 1 & 4 & 3 \end{pmatrix}$$

就不是一个轮换.事实上,这个置换虽把 1 换成 2,2 换成 1,但其余的数 3 和 4 却不是保持不变的.

---

① 在此 i_3 不仅和 i_1 不同,而且和 i_2 也不同,一般每一数 i_s 和前面的数 $i_1 i_2 \cdots i_{s-1}$ 都不同.事实上,假若 i_3 和 i_2 重合,这两个不同的数 i_1 和 i_3 就被同一个数 i_2 所置换,这显然和置换的定义相矛盾.

最后,还值得注意一点,在一个轮换的写法中,我们可以从它所含的任意一个数开始,例如,轮换(132)就可以写成(321)或(213).

为了方便起见,我们把单位置换看作一个一项轮换,并用(i)代表它,式中的i可以是数$1,2,\cdots,n$中的任意一个.设$(i_1 i_2 i_3 \cdots i_{k-1} i_k)$和$(j_1 j_2 j_3 \cdots j_{r-1} j_r)$是两个$n$次置换,假若数组$i_1,i_2,\cdots,i_k$和数组$j_1,j_2,\cdots,j_r$不含共同的数,我们就说这两个轮换是相互独立的[①].由此可以证明下述定理:

定理 2.3.1 任意一个置换均可分解为两两相互独立的轮换的乘积.

证明 设s是一个置换.在s中任意取出一个数i_1.假若s使i_1不变,i_1自身就成一个一项轮换(i_1).

假若s把i_1换成另外一个和i_1不同的数i_2,再由s,i_2换成i_1或换成和i_1不同的i_3.在第一个情形,得出一个二项轮换,即轮换$(i_1 i_2)$.在第二个情形,i_3可能换成i_1,由此得三项轮换$(i_1 i_2 i_3)$,否则,i_3被换成和i_1不同的i_4,其余类推.由于数$1,2,\cdots,n$的个数有限,最后一定得到一个$i_t (t \leqslant n)$被i_1所置换.这样就得出一个t项轮换$(i_1 i_2 \cdots i_t)$.

根据上述,无论哪一个情形,由数i_1出发,必然会得出一个轮换$(i_1 i_2 \cdots i_k)$,式中的k满足$1 \leqslant k \leqslant n$.

假若$i_1,i_2,\cdots,i_k$取了所有的数$1,2,\cdots,n$(就是说$k=n$),

$$s = (i_1 i_2 \cdots i_n).$$

这就是所求的轮换表现.反之,必定有一个数j_1存在,而不含于$i_1,i_2,\cdots,i_k$.由j_1出发,继续用上述的方法,就会得到一个轮换$(j_1 j_2 \cdots j_r)$.这时如果$i_1,i_2,\cdots,i_k,j_1,j_2,\cdots,j_r$取了所有数,

$$s = (i_1 i_2 \cdots i_n)(j_1 j_2 \cdots j_r).$$

这就是所给的置换的轮换表现[②].假若不然,继续上面的方法,就可以把s表示成所要的轮换的乘积.

我们进一步指出,如果略去一项轮换以及不计轮换的书写次序,那么每一置换分解为两两相互独立的轮换的乘积的方法是唯一的.

事实上,设s可分解为两种独立的轮换的乘积如下

$$s = (i_1 i_2 \cdots i_n)(j_1 j_2 \cdots j_r) \cdots (k_1 k_2 \cdots k_h) \tag{1}$$

$$s = (i_1' i_2' \cdots i_n')(j_1' j_2' \cdots j_r') \cdots (k_1' k_2' \cdots k_h') \tag{2}$$

---

① 亦称这两个轮换是不相交的.

② 我们容易证明$(i_1 i_2 \cdots i_n)$和$(j_1 j_2 \cdots j_r)$是相互独立的.假若不然,设$j_s = i_t$,j_1就会含于数$i_1,i_2,\cdots,i_n$中,这显然和j_1的意义相矛盾.

试看式(1)中的任意轮换,例如$(i_1 i_2 \cdots i_n)$,i_1必出现在式(2)中的某个轮换之内,例如$(i_1' i_2' \cdots i_n')$.由于一个轮换中任意元素都可排在头一位,不妨假定$i_1 = i_1'$,由此i_1和i_1'应该被换成同样的数,于是,$i_2 = i_2'$,类推之,$i_3 = i_3'$,…….如此,可见$(i_1 i_2 \cdots i_n)$必和$(i_1' i_2' \cdots i_n')$完全相同,这就是说,式(1)中的任意轮换必出现在式(2)中,同样式(2)中的任意轮换必出现在式(1)中,因此,式(1)和式(2)含有的轮换一样,至多在排列方式上有所不同.但容易验证,相互独立的轮换相乘适合交换律,所以排列的次序是可以任意改变的.

不难看出,任意轮换可以写成对换的乘积,例如我们有下列公式:
$$(a_1 a_2 \cdots a_r) = (a_1 a_r)(a_1 a_{r-1}) \cdots (a_1 a_3)(a_1 a_2).$$
于是由定理 2.3.1 即可推知下列推论.

推论 对任意置换,有一法(但未必只有一法)可将其写成一些对换的乘积.

这里,乘积中出现的诸对换已非不相交,例如上面的等式中诸对换均含有a_1.而且,表法也不唯一.比方
$$\begin{pmatrix} 1 & 2 & 3 & 4 \\ 2 & 3 & 1 & 4 \end{pmatrix} = (123) = (12)(13) = (14)(24)(34)(14)$$
现在我们举两个例题说明如何分解一个置换成轮换的乘积.

例 1 试讨论置换
$$s = \begin{pmatrix} 1 & 2 & 3 & 4 & 5 & 6 & 7 & 8 \\ 2 & 8 & 5 & 3 & 4 & 7 & 6 & 1 \end{pmatrix}$$
这个置换把1换成2,同时又把2换成8,8换成1.由此我们得出一个轮换(128).其次再任选一个数,而不含于1,2,8中,例如我们选3,置换s把3换成5,5换成4,4换成3,由此得出另一个轮换(354).至此我们还没有把s所有的数取尽,因为还余有两个数6和7.再继续下去,我们知道s把6换成7,7换成6,由此得出最后的一个轮换(67).

因此,所给的置换s可以分解成三个轮换的积:$s = (128)(354)(67)$.

例 2 我们留给读者自己去证明,置换
$$t = \begin{pmatrix} 1 & 2 & 3 & 4 & 5 & 6 & 7 & 8 & 9 \\ 6 & 3 & 5 & 2 & 4 & 7 & 9 & 8 & 1 \end{pmatrix}$$
可以分解成两两相互独立的轮换如下:$t = (1679)(2354)(8)$.

因为一项轮换就是单位置换,所以我们可以把所有的一项轮换略去不写.

把置换表示成两两相互独立的轮换后,要求出它们的乘积,是比较简单的,例如,要求置换

$$s = (356)(142) \text{ 乘以 } t = (17245)(63)$$

的积,我们可如下进行.在此可取利用置换相乘的概念去处理它[①].先由任意一个记数开始,纵使由 3 开始,也无妨碍.首先,由于置换 s,3 换成 5,再有置换 t,5换成 1,所以继续施行这两个置换的结果,3 换成 1.在此我们可以把这个结果写成(31).其次 s 把 1 换成 4,但 t 把 4 换成 5,结果 1 换成 5.我们可以把上面结果写成(315).又因为 s 把 5 换成 6,t 把 6 换成 3,结果 st 把 5 换成 3,换句话说,得出一个轮换(315).其次再任取一个不含(315)的记数,例如 7,s 使 7 不变,t 把7 换成 2,结果继续施行 s 和 t 后,7 换成 2,我们把这个结果写成(72).现在,再取一个不含于(315)和(72)的记数,例如 4.在此,我们容易看出 s 把 4 换成 2,t 又把 2 换成 4,换句话说,4 自身成一个一项轮换(4).最后只剩下记数 6 不含于(315),(27)和(4)中,因为 s 把 6 换成 3,但 t 却把 3 换成 6,由此又得出一个一项轮换(6).

因此,略去一项轮换后,得

$$st = (315)(27).$$

既然已经知道对换是轮换的特别情形,我们就很容易证明,每一个 k 项置换在 $k > 1$ 的时候,都可以表示成自 $k-1$ 对换的乘积.

例如轮换(2356)就可以分解为下面三个对换的乘积:

$$(2356) = (23)(25)(26).$$

一般$(i_1 i_2 \cdots i_k)$ 在 $k \geqslant 2$ 时,可以分解成下面 $k-1$ 个对换的积:

$$(i_1 i_2 \cdots i_k) = (i_1 i_2)(i_1 i_3) \cdots (i_1 i_k).$$

对于任意一个 n 次置换,我们还可以证明如下定理:

定理 2.3.2 设 n 次置换 s 可以表为 r 个两两相互独立的轮换的积(一项轮换计算在内),s 就可以表示为 $n-r$ 个对换的积.

证明 设所给的置换为

$$s = \begin{pmatrix} 1 & 2 & 3 & \cdots & n \\ i_1 & i_2 & i_3 & \cdots & i_n \end{pmatrix}$$

可以表示为 r 个两两相互独立的轮换的积

$$s = (i_1 i_2 \cdots i_{h_1})(j_1 j_2 \cdots j_{h_2}) \cdots (k_1 k_2 \cdots k_{h_r})$$

但是,我们已经知道,每一个 k 项轮换都可以表示为 $k-1$ 个对换的乘积,因此,所给的置换 s 可表示为

---

① 我们可以把这两个置换都看作七次置换.

$$(h_1 - 1)(h_2 - 1) \cdots (h_r - 1) = (h_1 + h_2 + \cdots + h_r) - r = n - r$$

个对换的乘积,这就证明了上面的定理.

最后,我们还要强调一点,把一个置换分解成对换的乘积时,这些对换的书写方法和先后顺序是有关系的,因为用来分解置换的这些对换,一般并不是相互独立的.

n 和 r 的差 $n - r$,叫作置换的缩减.

例如,分解置换

$$s = \begin{pmatrix} 1 & 2 & 3 & 4 & 5 & 6 & 7 & 8 \\ 3 & 4 & 5 & 8 & 1 & 7 & 2 & 6 \end{pmatrix}$$

为对换的乘积.为了这个目的,先分解 s 为两两相互独立的对换的乘积

$$s = (135)(24867), r = 2.$$

现在把每一个轮换分解成对换的乘积

$$(135) = (13)(15), (24867) = (24)(28)(26)(27),$$

由此得

$$s = (13)(15)(24)(28)(26)(27).$$

这个结果正如我们所希望的,一共得 $n - r = 8 - 2 = 6$(个) 对换.

在此,我们必须注意,用定理 2.3.2 把一个置换表为对换的乘积,方法不唯一,例如上例的置换还可以写成

$$s = (35)(31)(28)(48)(67)(26).$$

虽然如此,但是无论用什么方法把一个置换分解为对换的乘积,这些对换的个数或永远是偶数个或永远是奇数个.

为了证明这个事实,我们先把 n 次置换作如下分类:设

$$s = \begin{pmatrix} 1 & 2 & 3 & \cdots & n \\ i_1 & i_2 & i_3 & \cdots & i_n \end{pmatrix}$$

是一个 n 次置换,假若 s 第二行的记数所成的排列 $i_1 i_2 \cdots i_n$ 含有偶数个反序,s 就叫作一个偶置换,假若 $i_1 i_2 \cdots i_n$ 含有奇数个反序,s 就叫作奇置换.

现在我们证明:偶置换只能分解成偶数个对换的乘积,奇置换只能分解成奇数个对换的乘积.

设所给的置换 s 已经用了某一个方法分解成了 r 个对换的乘积.并设 s 第二行的记数所成的排列 $i_1 i_2 \cdots i_n$ 含有 p 个反序.假如我们施置换 s 于排列 $12 \cdots n$,显然得到排列 $i_1 i_2 \cdots i_n$.由假设,因为 s 可以表示为 r 个对换的乘积,所以排列 $i_1 i_2 \cdots i_n$ 可由排列 $12 \cdots n$ 施以 r 个对换而得来.但是,我们已经知道,假若反序数 p 是偶数,由排列 $12 \cdots n$ 变成排列 $i_1 i_2 \cdots i_n$ 则需要偶数个对换;反之,若 p 是奇

数,就需要奇数个对换.换句话说,r 和 p 应有同样的奇偶性,这就证明了上述结果.

特别地,一个置换的缩减和这个置换自身必须具有相同的奇偶性.

§3　群

3.1　对称性的描述·置换群的基本概念

我们已经知道:所谓根的对称多项式就是在所有 $n!$ 种置换作用下都不变的多项式.而非对称多项式就是指有些置换下会变化的多项式,以 $n=3$ 为例,多项式

$$\varphi = (x_1 - x_2)(x_2 - x_3)(x_3 - x_1)$$

在所有 $3! = 6$(种)置换作用下,有的置换会使它发生变化,例如

$$\varphi \begin{pmatrix} 1 & 2 & 3 \\ 2 & 1 & 3 \end{pmatrix} = (x_2 - x_1)(x_1 - x_3)(x_3 - x_2) = -\varphi,$$

但有的却不会使它发生变化,例如

$$\varphi \begin{pmatrix} 1 & 2 & 3 \\ 2 & 3 & 1 \end{pmatrix} = (x_2 - x_3)(x_3 - x_1)(x_1 - x_2) = \varphi.$$

通过验证,我们可以将使 φ 不变的置换全部拿出来,它们是以下三个

$$I = \begin{pmatrix} 1 & 2 & 3 \\ 1 & 2 & 3 \end{pmatrix}, s = \begin{pmatrix} 1 & 2 & 3 \\ 2 & 3 & 1 \end{pmatrix}, t = \begin{pmatrix} 1 & 2 & 3 \\ 3 & 1 & 2 \end{pmatrix}.$$

现在来研究一下由这三个置换 I, s, t 所组成的集合 G 的一些重要性质.

对于这个集合中的任意两个元素(置换),我们已经定义了一种运算 —— 置换的乘法.容易验证

$$Is = sI = s, It = tI = t,$$

及

$$st = \begin{pmatrix} 1 & 2 & 3 \\ 2 & 3 & 1 \end{pmatrix} \begin{pmatrix} 1 & 2 & 3 \\ 3 & 1 & 2 \end{pmatrix} = \begin{pmatrix} 1 & 2 & 3 \\ 1 & 2 & 3 \end{pmatrix} = I = ts,$$

$$ss = \begin{pmatrix} 1 & 2 & 3 \\ 2 & 3 & 1 \end{pmatrix} \begin{pmatrix} 1 & 2 & 3 \\ 2 & 3 & 1 \end{pmatrix} = \begin{pmatrix} 1 & 2 & 3 \\ 3 & 1 & 2 \end{pmatrix} = t,$$

$$tt = \begin{pmatrix} 1 & 2 & 3 \\ 3 & 1 & 2 \end{pmatrix} \begin{pmatrix} 1 & 2 & 3 \\ 3 & 1 & 2 \end{pmatrix} = \begin{pmatrix} 1 & 2 & 3 \\ 2 & 3 & 1 \end{pmatrix} = s.$$

这里我们看到了一个现象:集合 G 中的任意两个元素,它们的乘积仍为 G 中的元素.当然,从所有置换中随便取一部分出来组成一个集合,未必一定会有这个性质.

一些置换所组成的集合,如果能满足上面的性质,我们就称此集合为置换群.

上面例子中 I,s,t 三置换所组成的集合 G 就构成一置换群.

置换群还有一些值得注意的性质:设 G 是由 m 个 n 次置换构成的置换群,那么

1° G 中含有恒等置换,它与 G 中任何置换运算的结果仍是那个置换.

事实上,现任取 G 的一个元素 s,按照置换群的定义,s 的 $m+1$ 个方幂

$$s,s^2,\cdots,s^{m+1}$$

都是 G 中的元素.因此,必有两个幂相等

$$s^i=s^j(1\leqslant i<j\leqslant m+1).$$

因为置换的乘法满足结合律,我们有

$$s^i=s^i\cdot s^{j-i}. \tag{1}$$

若令

$$s^i=\begin{pmatrix}1 & 2 & \cdots & n\\ k_1 & k_2 & \cdots & k_n\end{pmatrix},$$

则由置换乘法的定义以及等式(1),可知 s^{j-i} 将数 k_1 变为 k_1,数 k_2 变为 k_2,$\cdots\cdots$,数 k_n 变为 k_n,即是说 G 中的元素 s^{j-i} 是单位置换.

2° G 中的每一置换在 G 中必有一逆置换.

设给出集合 G 中的任一元素 s,将元素 s 从右边乘上 G 中的元素 x,即作乘积 sx,并令 x 遍历 G 中的全部元素.我们来证明这样得到的 m 个元素互不相同.因为如果有

$$sx_i=sx_j,$$

在这个等式两端左乘 s 的逆(要知道,s 的逆是存在的,但未必在 G 中):

$$s^{-1}(sx_i)=s^{-1}(sx_j),$$

按照置换乘法的结合律,这等式亦可写作

$$(s^{-1}s)x_i=(s^{-1}s)x_j,$$

即有

$$x_i=x_j.$$

这样一来,可以重新得出 G 中的全部元素.因此,一定可以找到一个元素

112

x_0,使 ax_0 等于单位元素 I,因为按置换群的第一个性质,G 必定含有 I. 于是 x_0 就是 s 的一个逆元.

我们说过,并不是所有由置换构成的集合一定会是置换群. 注意上述 G 的特殊之处是 G 恰好是使一个多项式

$$(x_1 - x_2)(x_2 - x_3)(x_3 - x_1)$$

不变的所有那些置换组成的. 这一点并非偶然,事实上,我们可以证明:

基本定理   使得任一多项式 $\varphi(x_1, x_2, \cdots, x_n)$ 不变的所有置换构成的集合 G 是一个置换群.

证明   如果 G 中的 s,t 使 φ 不变的话,则 s 与 t 的乘积对 φ 所起的作用无非是将 s 与 t 这两个置换相继作用于 φ,如此 st 亦必然在集合 G 中.

群 G 称为函数 φ 的对称性特征不变群(简称特征不变群),而函数 φ 则称为群 G 的特征不变式. 这时候也说函数 φ 属于群 G. 注意此群由一切有这特性(不变 φ 的形式)的置换所组成. 换言之,群 G 中置换施于 φ 而不改变其形式,且只有 G 中的置换才能如此. 例如设函数 φ 属于群 G,则群 G 的子群 G_1 亦满足使 φ 不改变其形式的条件. 但 G 中不属于 G_1 的置换,亦有此性质,故函数 φ 不属于群 G_1,即 G_1 不是 φ 的特征不变群.

反过来,我们可以证明基本定理的逆定理也是成立的:

基本定理的逆定理   设 G 是由关于 $x_1, x_2, \cdots, x_n$ 的置换所构成的置换群,则必存在有理函数 $\varphi(x_1, x_2, \cdots, x_n)$,使它属于 G.

证明   设 $G = \{I, a, b, \cdots, h\}$. 取函数

$$V = m_1 x_1 + m_2 x_2 + \cdots + m_n x_n,$$

其中 $m_1, m_2, \cdots, m_n$ 皆不相等,于是将 S_n 中一切置换施于 V 后共得 $n!$ 种形式. 今将 G 中各置换施于 V,得

$$V_I = V, V_a, V_b, \cdots, V_h, \tag{1}$$

亦各不相同. 再在 G 中取一置换 c 施于(1)中各函数,得

$$V_{Ic}, V_{ac}, V_{bc}, \cdots, V_{hc}, \tag{2}$$

因为 $Ic, ac, bc, \cdots, hc$ 互不相同(例如若 $ac = bc$,则 $acc^{-1} = bcc^{-1}$,即得矛盾结论 $a = b$),但均属于 G,故(2)中各函数仍为(1)所有,不过次序不同而已. 令

$$\varphi = (\rho - V_I)(\rho - V_a) \cdots (\rho - V_h).$$

这里 ρ 为一待定量.

现在我们将说明,可以适当地选取 ρ 的值,使得不在 G 中的任一置换 s,皆能改变 φ 的形式. 为此设

$$\varphi_s = (\rho - V_{Is})(\rho - V_{as}) \cdots (\rho - V_{hs}).$$

则由于 V_{I_s} 与 $V_I = V, V_a, V_b, \cdots, V_h$ 均不同,故 φ 与 φ_s 不同. 使 s 遍历 S_n 中 G 外的一切置换,作连乘方程式

$$\prod_{s \in S_n, s \notin G} (\varphi - \varphi_s) = 0,$$

则不满足上述方程式的 ρ 值,必使得 $\varphi \neq \varphi_s$,而 φ 即为所求的函数.

3.2　一般群的基本概念

前面一目所引入的置换群是在伽罗瓦的原始意义下定义的,把这概念加以抽象推广,就得到了一般群的概念. 伽罗瓦原始意义下的置换群,不过是一种特殊的群. 群是近代数学中最重要的概念之一.

任何一个集合,它的元素可以是数,也可以不是数. 在这个集合中对任意两个元素往往可以规定一种运算(有时可以有不止一种运算,但我们这里只考察一种运算),这种运算也是多种多样的. 例如,元素为一切整数所成的集合,运算为数的加法;元素为 n 个数字的全部(共 $n!$ 个) 置换,运算为置换的乘法. 在所有多项式的集合中(或者只是在某一个域上的多项式),除了通常的乘法之外,还可以用另一个法则来定义"乘法"运算,按照这个法则,与多项式 $f(x)$ 及 $g(x)$ 对应的,是一个新的多项式(在新的"乘法" 意义下的"乘积")

$$h(x) = f(g(x)).$$

如前一目所示,置换群作为带有运算的集合具有一些特殊的性质. 我们把这些性质一般地叙述一下,就是:

1° 集合中任意两个元素经过某种规定的运算后,所得的结果还是集合中的元素.

2° 集合中规定的运算满足结合律.

3° 集合中含有恒等元素(亦称为单位元素),它与集合中任一元素运算后的结果仍是该元素.

4° 集合中每一元素都有一逆元素,元素与它的逆元素运算的结果等于恒等元素.

数学中,有各种不同的元素集合,尽管元素的性质和定义在元素上的运算可能不同,但都具有上面所说的那些性质. 例如,所有整数的集合,就通常数的加法运算来说,显然满足性质 1° 和性质 2°;也满足性质 3° 和性质 4°:成为恒等元素是数 0;任一整数 m 的逆元素是 $-m$.

每一个具有性质 1° ~ 4° 的集合,我们就称它为群.

按照定义,S_n 关于置换的乘法构成一个群,称为(n 次) 对称群;置换群也是

一个群. 所有整数在(数的)加法的运算下也成为一个群.

带有一个运算的集合并不都是群. 作为例子,容易验证,全体自然数对于通常的加法运算不构成一个群(因为这时没有恒等元素,也没有逆元素). 全体整数对于(数的)乘法运算也不成为群(因为 0 没有逆元素).

不难证明,一个群的单位元素和群中每一个元素的逆元素都是唯一的.

证明　若 e 和 e' 都是单位元素,则 $e'=ee'=e$,故 $e'=e$.

若 h 和 h' 是满足 g 的逆元素性质的两个元素,则

$$h'=h'e=h'(gh)=(h'g)h=eh=h, 故 h'=h.$$

这就完成了单位元素、逆元素唯一的证明.

以后,群的单位元素常用 e 来表示,元素 g 的逆元素常用 g^{-1} 来表示.

群中的元素一般不满足交换律,如果除了性质 $1° \sim 4°$,运算还满足交换律的话,这时的群就进一步称为交换群.

如果一个群 G 只含有有限个元素,则称 G 为有限群. 同时把 G 所含元素的个数称为 G 的阶数,记为 $|G|$. 不是有限的群称为无限群. 在本书中,如果不作特别指出,群均指有限群.

3.3　子群·群的基本性质

设 G 是一个群,H 是 G 的一个子集,如果按照 G 中的乘法运算,H 仍是一个群,则 H 叫作 G 的子群. 任一群 G 都有两个明显的子群,一个是由其单位元素组成的子群 $\{e\}$,称为 G 的单位子群;还有一个就是 G 本身.

注意:G 的子群 H 不只是一个包含在 G 中的群,而且 H 的运算必须与 G 的运算一样,比如,非零实数作成的乘法群不是所有实数作成的加法群的子群.

让读者自己去证明,一个群 G 的一个非空集合 H 作成 G 的一个子群的充分且必要条件是:对任意的 $s,t \in H$,均有 $st^{-1} \in H$.

一个群和它的子群的阶数之间有下列简单关系:

定理 3.3.1(拉格朗日定理)　群的阶数必能被其子群的阶数整除,或者说子群的阶数是群阶数的因子.

证明　设群 G 有 n 个元素而 H 是它的一个子群,并且 H 有 m 个不同的元素,记为

$$h_1, h_2, \cdots, h_m. \tag{1}$$

现在任取一个不在 H 中的 G 的元素 g_1,作出 m 个乘积如下

$$h_1 g_1, h_2 g_1, \cdots, h_m g_1. \tag{2}$$

这 m 个元素必定互异,因为不然的话,例如 $h_i g_1 = h_j g_1$,则两边右乘 g_1^{-1} 后

将得出 $h_i = h_j$ 的矛盾结论.同时,这 m 个元素在 G 中但都不在 H 中,否则 g_1 就要属于 H 了.

如果 $n > 2m$,则我们一定还可以取一个 G 中的元素 g_2,g_2 与上述(1),(2)中的 $2m$ 个元素不同,于是再作

$$h_1 g_2, h_2 g_2, \cdots, h_m g_2.$$

同前面一样,这 m 个元素彼此互异且都在 G 中,但和前面的 $2m$ 个元素都不相同.既然 G 中的元素个数是有限的,按照这种方式终可将 G 的 n 个元素排成下列形式

$$h_1, h_2, \cdots, h_m;$$
$$h_1 g_1, h_2 g_1, \cdots, h_m g_1;$$
$$h_1 g_2, h_2 g_2, \cdots, h_m g_2;$$
$$\cdots\cdots$$

所以 m 必能除尽 n.

若 H 是 G 的子群,则常常采用符号 $[G:H]$ 代表 $\left|\dfrac{G}{H}\right|$.由于拉格朗日定理,它是一个正整数.若 $[G:H]=r$,依照拉格朗日定理的证明过程,我们知道集合 G 可以分解为 r 个两两不交集合的并

$$G = H \bigcup H g_1 \bigcup H g_2 \bigcup \cdots \bigcup H g_r, \tag{3}$$

这里 $H g_i = \{h_1 g_i, h_2 g_i, \cdots, h_m g_i\}^{①}$,$i=1,2,\cdots,r-1$.等式(3)称为群 G 按子群 H 的右分解.类似地,G 亦可按子群 H 进行左分解.

设群 G 的阶数为 n,在 G 中任取一元素 g,依次作它的各次方幂,得到无限序列

$$g, g^2, g^3, \cdots$$

由群的性质知这些方幂都是 G 的元素.但是,我们已经知道 G 的元素不能是无限多的(事实上,只有 n 个),所以在刚才的序列中必有重复出现的,设

$$g^s = g^t (s > t),$$

以 g^t 的逆元 g^{-t} 左乘这个等式的两端得

$$g^{s-t} = e.$$

所以,对于 G 中任何元素一定存在正整数 m,使得 $g^m = e$.现在我们把能使 $g^m = e$ 的那些正整数中最小的那个称为元素 g 的周期,不同元素的周期未必相同.特

---

① 这里定义的集合 $H g_1, H g_2, \cdots, H g_{r-1}$ 通常称为 H 的右陪集.这概念是在群的进一步研究中产生的,但是我们现在不论及这些.

别地,有且仅有元素 e 的周期等于 1.

显然

$$\{g^0 = e, g, g^2, \cdots, g^{k-1}\}(k \text{ 为 } g \text{ 的周期}) \tag{4}$$

构成一 k 阶子群. 于是由拉格朗日定理得到.

推论 1 一个群的阶数必能被其任一元素的周期整除.

群(4)的一个重要特点是它的元素都是 g 的方幂. 一般地,若群 G 中的每个元素都是 G 中某个固定元素 a 的整数方幂 a^n,则称 G 是由 a 生成的循环群[①],并称 a 为 G 的一个生成元.

设 ε 是一个 12 次本原单位根,则全部 12 次单位根所成的群 U_{12},是由 ε 生成的循环群

$$U_{12} = \{\varepsilon^k \mid k = 0, 1, 2, \cdots, 11\}.$$

U_{12} 一共有 $\varphi(12) = 4$ 个生成元:$\varepsilon^1, \varepsilon^5, \varepsilon^7, \varepsilon^{11}$.

显然,循环群的子群仍为循环群.

由于推论 1,即可得到一个重要推论:

推论 2 若群的阶数为一素数,则此群必为循环群.

证明 设群 G 的阶为素数 p. 现任取 G 中的一个元素 $g \neq e$. 由推论 1,g 的周期 k 是素数 p 的因子,但 k 不能等于 1,因为 $g \neq e$,于是 $k = p$. 于是由 g 的方幂构成的循环群 $\{e, g, g^2, \cdots, g^{k-1}\}$ 恰有 p 个元素,正好穷尽 G 的所有元素,换句话说 $G = \{e, g, g^2, \cdots, g^{k-1}\}$,即 G 是循环群.

3.4 根式解方程式的对称性分析

我们从一个观察开始,即如果方程

$$x^n + a_1 x^{n-1} + \cdots + a_n = 0 \tag{1}$$

的根为 $x_1, x_2, \cdots, x_n$,则韦达公式表明 a_i 是 $x_1, x_2, \cdots, x_n$ 的某种函数. 例如

$$a_n = (-1)^n x_1 x_2 \cdots x_n, a_1 = -(x_1 + x_2 + \cdots + x_n).$$

这些函数是对称的,即在任意一个 $x_1, x_2, \cdots, x_n$ 的置换之下都保持不变. 由此可知,任一 $a_1, a_2, \cdots, a_n$ 的有理函数也是 $x_1, x_2, \cdots, x_n$ 的对称函数. 根式解方程的目标就是对 $a_1, a_2, \cdots, a_n$ 作有理运算或根式运算而得到方程的根,即那些完全不对称的函数 x_i.

因此,根式必须用某种变形而约化为对称的,我们可以看看二次方程的情

---

① 循环群亦称为巡回群.

形. 方程

$$x^2 + a_1 x + a_2 = (x - x_1)(x - x_2) = 0$$

的根是

$$x_1, x_2 = \frac{-a_1 \pm \sqrt{a_1^2 - 4a_2}}{2} = \frac{(x_1 + x_2) \pm \sqrt{x_1^2 - 2x_1 x_2 - x_2^2}}{2}.$$

我们注意到,对称函数 $x_1 + x_2$ 与 $x_1^2 - 2x_1 x_2 - x_2^2$ 在引入二值的 $\sqrt{}$ 后产生了两个非对称函数 x_1, x_2. 一般地,引入根号 $\sqrt[p]{}$ 后,函数值的数目增加了 p 倍,而对称性缩减了 p 倍,其意是指:保持函数不变的置换群的规模缩减为原来的 $1/p$.

以上的观察说明,方程式能否根式求解与保持函数不变的置换群有关.

作为进一步的例子,我们从对称性的角度来分析以前三次方程式的韦达解法. 三次方程式

$$y^3 + py + q = 0$$

三根 y_1, y_2, y_3 的解出,对下面的所谓预解方程式(均为二项方程)起了关键的作用:

$$\Delta^2 = \frac{q^2}{4} + \frac{p^3}{27}, \text{而} \ \Delta = \frac{\sqrt{-3}}{18}(y_1 - y_2)(y_2 - y_3)(y_3 - y_1);$$

$$z^3 = -\frac{q}{2} + \Delta, \text{而} \ z = \frac{1}{3}(y_1 + \omega y_2 + \omega^2 y_3);$$

最后

$$y_1 = z - \frac{p}{3z}, y_2 = \omega z - \frac{\omega^2 p}{3z}, y_3 = \omega^2 z - \frac{\omega p}{3z}.$$

从方程的系数开始,它们相对于所有的根具有最高的对称性,因为它们是根的基本对称多项式

$$0 = y_1 + y_2 + y_3, p = y_1 y_2 + y_1 y_3 + y_2 y_3, q = -y_1 y_2 y_3.$$

接下来是寻找一个具有更少对称性的表达式,它的某次方是根的对称多项式,从而是系数的多项式. 在这个例子中是 $\Delta = \frac{\sqrt{-3}}{18}(y_1 - y_2)(y_2 - y_3)(y_3 - y_1)$,它在根之间的一组置换 $\{I, (y_1 y_2 y_3)(y_1 y_3 y_2)\}$ 下保持不变,在另一组置换下变号,即变为 $-\Delta$,因而 Δ^2 相对于所有的根的置换都不变,于是它可表示为基本对称多项式 $0, p, q$ 的多项式,即表达成某个 $f(0, p, q)$(虽然计算起来有些麻烦,但是这是基本的事实).

接下来是寻找某个更少对称性的表达式:它的某次方在上述的那组(保持

Δ 不变的) 置换下保持不变. 在这个例子中是 $z=\dfrac{1}{3}(y_1+\omega y_2+\omega^2 y_3)$,它仅在恒等置换下不变. 计算可知这表达式的三次方为

$$z^3=\left[\frac{1}{3}(y_1+\omega y_2+\omega^2 y_3)\right]^3$$

$$=\frac{1}{27}\left[y_1^3+y_2^3+y_3^3+3\omega(y_1^2 y_2+y_2^2 y_3+y_3^2 y_1)+\right.$$

$$\left.3\omega^2(y_1^2 y_3+y_2^2 y_1+y_3^2 y_2)\right],$$

可见它在上述那组置换下形式不变,因而可以表达成 $\Delta,0,p,q$ 的有理函数(拉格朗日定理的命题一):

$$z^3=g(0,p,q,\Delta).$$

最后就是完全没有对称性了,同样的原因,可以决定出所有的根,它们都是 z 的有理函数,例如

$$y_1=g(0,p,q,\Delta,z).$$

虽然在本例中那些有理表达式易于计算,但是在一般的更高次数的方程中,决定此类有理函数的计算未必容易,但可由拉格朗日的命题一断定其必定存在.

以后,我们将推广这个过程并给以严格的理论基础.

论四次以上方程式不能解成根式

第 4 章

§1　数域的扩张及方程式解成根式问题的另一种提法

1.1　数域的代数扩张

我们知道,有理数域 Q 是数域中最小的一个,$Q(\sqrt{2})$、$Q(\sqrt{5})$ 等数域都比有理数域 Q 大,称为 Q 的扩域,而称 Q 是它们的子域.

一般来说,如果某数域 Δ 被包含在另一数域 Ω 中,则我们把 Δ 叫作数域 Ω 的子域,而 Ω 叫作 Δ 的扩域.我们常用 $\Delta \subseteq \Omega$ 这符号表示 Δ 是 Ω 的子域(而 Ω 是 Δ 的扩张).

在域的各种扩张中,与方程式根式解法问题密切联系着的是代数扩张这一重要情形.首先我们来引入代数数的概念.

设域 Ω 是数域 P 的扩域,而 α 是 Ω 的某一元素,则 α 对 P 而言显然只有两种可能性:或者 α 是系数属于域 P 的某 n 次代数方程式

$$a_0 x^n + a_1 x^{n-1} + \cdots + a_n = 0 \tag{1}$$

的根,或者 α 不能是任何系数属于域 P 的任意次的代数方程式的根.

在第一种场合,α 称为对域 P 而言的代数数,而在第二种场合,则称为对域 P 而言的超越数.

域 P 的每一个元素 a 都是关于域 P 的代数数,因为 a 可看作一次二项式 $x - a$ 的根. 但是除去域 P 的元素外,Ω 中可能有另外的代数数而不含于 P 内,例如容易验证 $Q(\sqrt{2})$ 中的 $\sqrt{2}$ 就是一个关于有理数域的代数数,但它并不含在有理数域内.

今在扩域 Ω 中任取代数数 α(关于 P 的)而讨论 α 在域 P 上的有理分式. 我们以 $P(\alpha)$ 表示

$$\frac{f(\alpha)}{g(\alpha)} = \frac{c_0 + c_1\alpha + \cdots + c_k\alpha^k}{d_0 + d_1\alpha + \cdots + d_s\alpha^s} \quad (g(\alpha) \neq 0)$$

这形式的元素的集合,这里 k 和 s 是任意的非负整数,$c_0, c_1, \cdots, c_k; d_0, d_1, \cdots, d_s$ 是域 P 中任意的元素. 容易证明,这集合 $P(\alpha)$ 对四种算术运算 —— 加法,减法,乘法,除法(分母不为 0)—— 是封闭的,因而是一个域. 我们称域 $P(\alpha)$ 为 P 的简单(代数)扩域. 在此由域 P 过渡到域 $P(\alpha)$ 的过程叫作添加元素 α 到 P 上去.

设 α 是域 P 的代数数,于是存在系数在 P 中且以它为根的多项式. 一般来说,这样的多项式有无限多个. 其中首项系数为 1 且次数最低者称为 α 在 P 上的极小多项式. 容易明白,这样的多项式是唯一的并且在域 P 上不可约(在 P 的某个扩域中它可能是可约的). 引入极小多项式后,我们可以证明下面的定理:

定理 1.1.1(简单代数扩域结构定理) 设 α 为域 P 的代数数,并且 α 在 P 上的极小多项式为 $p(x)$,则 $P(\alpha)$ 的任一元素 β 都能唯一地表示成 α 的多项式的形式

$$\beta = a_0 + a_1\alpha + \cdots + a_{n-1}\alpha^{n-1}, \tag{2}$$

其次数不高于 $n-1$,这里 n 是多项式 $p(x)$ 的次数. 并且 $P(\alpha)$ 是 P 的有限扩张而次数 $(P(\alpha):P)$ 等于 n[①].

证明 按定义 $P(\alpha)$ 的任何元素 β 应该有

$$\frac{f(\alpha)}{g(\alpha)} = \frac{c_0 + c_1\alpha + \cdots + c_k\alpha^k}{d_0 + d_1\alpha + \cdots + d_s\alpha^s} \quad (g(\alpha) \neq 0) \tag{3}$$

这形式,其中 k, s 是任意的非负整数而 $c_0, c_1, \cdots, c_k; d_0, d_1, \cdots, d_s$ 是域 P 中的数. 我们首先来证明,式 $f(\alpha)$ 可以变为下面这式子

$$f(\alpha) = a_0 + a_1\alpha + \cdots + a_{n-1}\alpha^{n-1},$$

它对 α 而言次数小于多项式 $p(x)$ 的次数 n.

设 α 在 P 中的极小多项式为 $p(x) = p_0 + p_1x + \cdots + p_nx^n (p_n \neq 0)$. 其次,

---

① 这个定理的部分结论涉及有限扩张以及扩张次数的概念,关于它详见本节第三目.

我们以 $q(x)$ 与 $r(x) = a_0 + a_1 x + \cdots + a_{n-1} x^{n-1}$ 各表示以 $p(x)$ 除

$$f(x) = c_0 + c_1 x + \cdots + c_k x^k$$

时的商及余式. 如此可以写

$$f(x) = p(x) q(x) + r(x). \tag{4}$$

在等式 (4) 中令 $x = \alpha$, 并且注意到 $p(\alpha) = 0$, 这样得到 $f(\alpha) = r(\alpha)$, 或

$$\beta = f(\alpha) = r(\alpha) = a_0 + a_1 \alpha + \cdots + a_{n-1} \alpha^{n-1},$$

这就是所要的. 类似地, 分母 $g(\alpha)$ 也可以写成这样的形式.

现在来看

$$\frac{f_1(\alpha)}{g_1(\alpha)} = \frac{a_0 + a_1 \alpha + \cdots + a_{n-1} \alpha^{n-1}}{b_0 + b_1 \alpha + \cdots + b_{n-1} \alpha^{n-1}} \quad (g_1(\alpha) \neq 0) \tag{5}$$

这个比. 我们现在来证明它可以变为 α 的有理整式. 因此我们来考虑多项式

$$g_1(x) = b_0 + b_1 x + \cdots + b_{n-1} x^{n-1}.$$

它不 (恒) 等于零: 如果 $g_1(x)$ 等于零, 则 $b_0 = b_1 = \cdots = b_{n-1} = 0$, 因此将有

$$g(\alpha) = g_1(\alpha) = b_0 + b_1 \alpha + \cdots + b_{n-1} \alpha^{n-1} = 0,$$

这与条件 $g(\alpha) \neq 0$ 相冲突.

显然, $g_1(x)$ 不能被 $p(x)$ 除尽, 因为 $g_1(x)$ 的次数低于 $p(x)$ 次数. 由于 $p(x)$ 不可约, 推知多项式 $g_1(x)$ 与 $p(x)$ 互素. 但在这样的场合我们有

$$g_1(x) \varphi(x) + p(x) \psi(x) = 1, \tag{6}$$

这里 $\varphi(x)$ 与 $\psi(x)$ 是系数属于域 P 的多项式. 在等式 (6) 中令 $x = \alpha$, 并且注意到 $p(\alpha) = 0$, 我们得

$$g_1(\alpha) \varphi(\alpha) = 1. \tag{7}$$

现在利用等式 (7) 我们可以像下面这样来变化 (5) 这个比. 我们以 $\varphi(\alpha)$ 乘式 (5) 的分子与分母. 根据等式 (7) 我们得到

$$\frac{f_1(\alpha)}{g_1(\alpha)} = \frac{f_1(\alpha) \varphi(\alpha)}{g_1(\alpha) \varphi(\alpha)} = \frac{f_1(\alpha) \varphi(\alpha)}{1} = f_1(\alpha) \varphi(\alpha).$$

但 $f_1(\alpha) \varphi(\alpha)$ 是 α 的一个多项式

$$f_1(\alpha) \varphi(\alpha) = h_0 + h_1 \alpha + \cdots + h_t \alpha^t.$$

所以

$$\frac{f(\alpha)}{g(\alpha)} = \frac{f_1(\alpha)}{g_1(\alpha)} = h_0 + h_1 \alpha + \cdots + h_t \alpha^t.$$

对这多项式作类似前面对 $f(\alpha)$ 的处理, 便得定理的第一部分.

进一步来证明元素 β 的这种表达式是唯一的. 事实上, 如果

$$\beta = b_0 + b_1 \alpha + \cdots + b_{n-1} \alpha^{n-1},$$

则

$$(a_0 - b_0) + (a_1 - b_1)\alpha + \cdots + (a_{n-1} - b_{n-1})\alpha^{n-1} = 0.$$

如此,多项式 $h(x) = (a_0 - b_0) + (a_1 - b_1)x + \cdots + (a_{n-1} - b_{n-1})x^{n-1}$ 有 α 为其根,所以多项式 $p(x)$ 与 $h(x)$ 将不是互素的了,因为将有 $x - \alpha$ 为它们的公因子.因此由于多项式 $p(x)$ 的不可约性,多项式 $h(x)$ 应该能被 $p(x)$ 除尽.但这只有在 $h(x) = 0$ 时可能;在相反的场合 $p(x)$ 就成了能除尽次数较低的多项式 $h(x)$ 了,这是不可能的.因此,$h(x) = 0$,由此有 $a_0 - b_0 = 0, a_1 - b_1 = 0, \cdots,$ $a_{n-1} - b_{n-1} = 0$,即 $a_0 = b_0, a_1 = b_1, \cdots, a_{n-1} = b_{n-1}$,而我们说 β 以 α 表达的式子是唯一的这话就证明了.

最后来证明 $(P(\alpha) : P) = n$. 事实上,$1, \alpha, \alpha^2, \cdots, \alpha^{n-1}$ 形成一个线性无关组.如其不然成立

$$c_0 + c_1\alpha + c_2\alpha^2 + \cdots + c_{n-1}\alpha^{n-1} = 0$$

这等式(其中 c_i 是 P 的元素,并且不同时等于0),则 α 将是次数低于 n 而系数属于 P 的方程式的根,但这是不可能的,因为 $p(x)$ 是不可约的.然后,我们知道,代数扩张 $P(\alpha)$ 的任何元素 β 都能以 α 表出如下

$$\beta = a_0 + a_1\alpha + \cdots + a_{n-1}\alpha^{n-1}(a_i \text{ 是 } P \text{ 中的数}),$$

由此可见,$P(\alpha)$ 是 P 的有限扩张,其基底为 $1, \alpha, \alpha^2, \cdots, \alpha^{n-1}$.显然,次数 $(P(\alpha) : P)$ 等于 n,因为基底 $1, \alpha, \alpha^2, \cdots, \alpha^{n-1}$ 由 n 个元素所组成.

直到现在我们只添加了一个代数数到域 P 上去.现在我们取域 P 的若干个代数数 $\alpha_1, \alpha_2, \cdots, \alpha_n$.先添加 α_1 这一元素到 P 上去.如此得到一个简单的扩张 $P(\alpha_1)$,然后再添加 α_2 到 $P(\alpha_1)$ 上去.如此得到一个更进一步的扩域,我们以 $P(\alpha_1, \alpha_2)$ 表之,如此等等.这样陆续添加 $\alpha_1, \alpha_2, \cdots, \alpha_n$ 诸元素后,我们得到域 P 的扩张 $P(\alpha_1, \alpha_2, \cdots, \alpha_n)$.我们将称 $P(\alpha_1, \alpha_2, \cdots, \alpha_n)$ 为添加 $\alpha_1, \alpha_2, \cdots, \alpha_n$ 诸元素到 P 上去所得的扩张.

现在证明下面的定理.

定理 1.1.2 域 $P(\alpha_1, \alpha_2, \cdots, \alpha_n)$ 是所有包含 P 与 $\alpha_1, \alpha_2, \cdots, \alpha_n$ 的域中之最小者,即 $P(\alpha_1, \alpha_2, \cdots, \alpha_n)$ 是所有包含域 P 及 $\alpha_1, \alpha_2, \cdots, \alpha_n$ 的域 Δ 的交集.

证明 既然每个所说的这种 Δ 对四种运算(当然要除去以零为除数这个例外)是封闭的,则 Δ 连同 α_1 与 P 应该包含所有像

$$\frac{f(\alpha_1)}{g(\alpha_1)} = \frac{a_0 + a_1\alpha_1 + \cdots + a_k\alpha_1^k}{b_0 + b_1\alpha_1 + \cdots + b_h\alpha_1^h}(g(\alpha_1) \neq 0) \tag{8}$$

这形式的可能的元素.这就是说,$P(\alpha_1)$ 被包含在每个域 Δ 中.但如果 $P(\alpha_1)$ 被包含在 Δ 中,则由此推知 $P(\alpha_1, \alpha_2)$ 亦被包含在 Δ 中,事实上,因为 Δ 对四种运算

是封闭的,域 Δ 应该连同 $P(\alpha_1)$ 与 α_2 亦包含在所有像

$$\frac{a_0(\alpha_1)+a_1(\alpha_1)\alpha_2+\cdots+a_k(\alpha_1)\alpha_2^k}{b_0(\alpha_1)+b_1(\alpha_1)\alpha_2+\cdots+b_h(\alpha_1)\alpha_2^h}$$

这样形式的可能的元素,这里 $a_i(\alpha_1),b_j(\alpha_1)$ 是 $P(\alpha_1)$ 中的元素并且分母异于零.换句话说,Δ 应该包含 $P(\alpha_1,\alpha_2)$ 等等.这样推论下去,我们最终可证明 Δ 包含 $P(\alpha_1,\alpha_2,\cdots,\alpha_n)$.

现在我们以 Σ 表示所有包含 P 与 $\alpha_1,\alpha_2,\cdots,\alpha_n$ 的域 Δ 的交集.既然 $P(\alpha_1,\alpha_2,\cdots,\alpha_n)$ 被包含在所有 Δ 中,则

$$P(\alpha_1,\alpha_2,\cdots,\alpha_n)\subseteq\Sigma. \tag{9}$$

由另一方面来说,$P(\alpha_1,\alpha_2,\cdots,\alpha_n)$ 既然包含 P 与 $\alpha_1,\alpha_2,\cdots,\alpha_n$,所以是包含 P 与 $\alpha_1,\alpha_2,\cdots,\alpha_n$ 的域 Δ 之一.因此

$$\Sigma\subseteq P(\alpha_1,\alpha_2,\cdots,\alpha_n), \tag{10}$$

此较(9)与(10)这两个关系,我们可见 $P(\alpha_1,\alpha_2,\cdots,\alpha_n)=\Sigma$.

由所证明这定理立刻推知,扩张 $P(\alpha_1,\alpha_2,\cdots,\alpha_n)$ 与添加 $\alpha_1,\alpha_2,\cdots,\alpha_n$ 诸元素到域 P 上的次序无关

$$P(\alpha_1,\alpha_2,\cdots,\alpha_n)=P(\alpha_{i_1},\alpha_{i_2},\cdots,\alpha_{i_n}).$$

这是因为 $P(\alpha_1,\alpha_2,\cdots,\alpha_n)$ 是所有包含 P 与 $\alpha_1,\alpha_2,\cdots,\alpha_n$ 的域的交集;因此 $P(\alpha_1,\alpha_2,\cdots,\alpha_n)$ 只与域 P 及所添加的这组元素 $\alpha_1,\alpha_2,\cdots,\alpha_n$ 有关,而与这组元素的添加次序无关.

然后容易明白,$P(\alpha_1,\alpha_2,\cdots,\alpha_n)$ 无非就是像

$$\frac{A_1\alpha_1^{k_1^{(1)}}\alpha_2^{k_2^{(1)}}\cdots\alpha_n^{k_n^{(1)}}+\cdots+A_p\alpha_1^{k_1^{(p)}}\alpha_2^{k_2^{(p)}}\cdots\alpha_n^{k_n^{(p)}}}{B_1\alpha_1^{h_1^{(1)}}\alpha_2^{h_2^{(1)}}\cdots\alpha_n^{h_n^{(1)}}+\cdots+B_p\alpha_1^{h_1^{(q)}}\alpha_2^{h_2^{(q)}}\cdots\alpha_n^{h_n^{(q)}}}, \tag{11}$$

这样形式的可能的元素,这里 A_i,B_j 是域 P 中的元素,而 $k_i^{(\nu)}$ 与 $h_j^{(\mu)}$ 是非负整数.

事实上,由于 $P(\alpha_1,\alpha_2,\cdots,\alpha_n)$ 对四种算术运算的封闭性,域 $P(\alpha_1,\alpha_2,\cdots,\alpha_n)$ 将不但包含 P 与 $\alpha_1,\alpha_2,\cdots,\alpha_n$,同时亦包含由 $\alpha_1,\alpha_2,\cdots,\alpha_n$ 诸元素及 P 中的元素以四种算术运算的某种配合求得的所有可能的元素.换言之,$P(\alpha_1,\alpha_2,\cdots,\alpha_n)$ 应包含像式(11)那样的所有可能的元素.但像式(11)那样的元素的总体构成一个域.所以,由于它是最小的,像式(11)那样的元素应该包含了 $P(\alpha_1,\alpha_2,\cdots,\alpha_n)$ 中的所有元素.

补充上面所说的,我们指出,如果 α_1 对 P 是代数数,α_2 对 $P(\alpha_1)$ 是代数数,如此等等,最后,α_n 对 $P(\alpha_1,\alpha_2,\cdots,\alpha_{n-1})$ 是代数数,则 $P(\alpha_1,\alpha_2,\cdots,\alpha_{n-1})$ 将包含像

124

$$A_1\alpha_1^{k_1^{(1)}}\alpha_2^{k_2^{(1)}}\cdots\alpha_n^{k_1^{(1)}}+\cdots+A_p\alpha_1^{k_1^{(p)}}\alpha_2^{k_2^{(p)}}\cdots\alpha_n^{k_1^{(p)}}$$

这样由前三种算术运算的结合中所得的元素.

1.2 代数方程式的有理域和正规域·方程式解成根式作为域的代数扩张

虽然我们已经确切地说过根式解方程式的含义,但是那种纯文字叙述的方式并不便于我们对它做进一步的数学处理.

让我们通过一个例子来考察根式解得出的运算过程:为了求出三次方程式 $x^3+px+q=0$ 的根 $x=\sqrt[3]{-\dfrac{q}{2}+\sqrt{\left(\dfrac{q}{2}\right)^2+\left(\dfrac{p}{3}\right)^3}}$,需要:

i.在方程的系数上做有理运算: $A=\dfrac{q^2}{4}+\dfrac{p^3}{27}$;

ii.做开方运算: $B=\sqrt{A}$;

iii.在 B 与方程的系数上做有理运算: $C=\dfrac{q}{2}+B$;

iv.做开方运算: $D=\sqrt[3]{C}$;

v.在 D 与方程的系数上做有理运算: $x=D-\dfrac{p}{3D}$.

很明显,第一次运算得出的数 A 包含在数域 $\Delta=Q(p,q)$ 中;第三次运算得出的数 C 包含在更大的数域 $\Delta(\sqrt{A})$ 中;最后,第五次运算得出的数 x 包含在进一步的扩域 $\Delta(\sqrt{A},\sqrt[3]{C})$ 内,并且这数域恰好包含了原来方程式的所有根.

为了更好地表达上面例子所表明的过程,我们来引入代数方程式的有理域和正规域这两个重要的概念.

设 $\alpha_1,\alpha_2,\cdots,\alpha_n$ 是 n 次方程式

$$a_0x^n+a_1x^{n-1}+\cdots+a_n=0 \tag{1}$$

的根.今将这方程式的系数 $a_0,a_1,\cdots,a_n$ 添加到有理数域 Q 上去.如此得到扩域 $Q(a_0,a_1,\cdots,a_n)$,这叫作方程式(1)的有理域,并为简单起见以 Δ 表之.例如,若方程式有有理系数,那么它的有理域 Δ 即是有理数域.若方程式是 $x^2+\sqrt{2}x+1=0$,那么它的有理域是 $\Delta=Q(\sqrt{2})$.

再,我们把 $\alpha_1,\alpha_2,\cdots,\alpha_n$ 诸根添加到 Δ 上去.在此得到的域 Δ 的扩域 $\Delta(\alpha_1,\alpha_2,\cdots,\alpha_n)$ 叫作方程式(1)的正规域或伽罗瓦域.正规域 $\Delta(\alpha_1,\alpha_2,\cdots,\alpha_n)$ 以后常常以 Ω 表之.例如,方程式 $x^2+1=0$ 的正规域 $\Omega=Q(\sqrt{-1})$;而方程式 $x^2+\sqrt{2}x+1=0$ 的正规域 $\Omega=Q(\sqrt{2},\sqrt{-1})$.

容易明白,有理域是包含方程式(1)诸系数的最小数域,而正规域是包含方程式(1)诸根的最小数域.

现在可以说:代数方程式根式解的得出密切联系着由有理域 Δ 得到正规域 Ω 的那种扩张过程.一般来说,我们可以证明下面的定理.

定理 1.2.1 方程式(1)可以解为根式的必要而充分条件是要正规域 $\Omega = \Delta(\alpha_1, \alpha_2, \cdots, \alpha_n)$ 被包含在扩域 $\Sigma = \Delta(\rho_1, \rho_2, \cdots, \rho_k)$ 中,这扩域是由添加若干根式 $\rho_1 = \sqrt[n_1]{A_1}, \rho_2 = \sqrt[n_2]{A_2}, \cdots, \rho_k = \sqrt[n_k]{A_k}$ 到 Δ 中而得到的,其中 A_1 属于 Δ,A_2 属于 $\Delta(\rho_1), \cdots, A_k$ 属于 $\Delta(\rho_1, \rho_2, \cdots, \rho_{k-1})$.

证明 如果方程式(1)能解为根式,则就是说,该方程式的根可以由四种算术运算组合其系数及某些根式 $\rho_1, \rho_2, \cdots, \rho_k$ 表示出来.既然域 $\Sigma = \Delta(\rho_1, \rho_2, \cdots, \rho_k)$,包含系数 $a_0, a_1, \cdots, a_n$ 及根式 $\rho_1, \rho_2, \cdots, \rho_k$,并且亦如任何数域一样对算术运算是封闭的,则根 $\alpha_1, \alpha_2, \cdots, \alpha_n$ 应该在 Σ 中.所以,Ω 这个所有包含 Δ 及 $\alpha_1, \alpha_2, \cdots, \alpha_n$ 的数域中最小的数域本身应该被包含在 Σ 中.

反之,如果 Ω 被包含在 Σ 中:$\Omega \subseteq \Sigma$,则方程式(1)的所有根 $\alpha_1, \alpha_2, \cdots, \alpha_n$ 都在 Σ 中.因此 $\alpha_1, \alpha_2, \cdots, \alpha_n$ 将可以用根式 $\rho_1, \rho_2, \cdots, \rho_k$ 及 Δ 中的某些数表示出来.但 Δ 中的每个数又能借四种算术运算的有限组合及根式 $\rho_1, \rho_2, \cdots, \rho_k$ 表出.换句话说,方程式(1)能解成根式.

这个定理表明,所谓根式解的问题,只不过是域的问题:如果我们能够找到一个域 K,使其包含正规域 Ω,并且 $K = K_m$ 可以由一些子域陆续加入开方根式而得

$$K_0 = Q(a_0, a_1, \cdots, a_n) \subseteq K_1 \subseteq K_2 \subseteq \cdots \subseteq K_m,$$

这里 $K_i = K_{i-1}(\rho_i)$,并且 $(\rho_i)^{n_i} \in K_{i-1}$($i = 1, 2, \cdots, m$;$n_i$ 是由 ρ_i 决定的正整数),则方程式有根式解.这样首要的问题变成:研究域的结构,研究一个域可能有哪些子域,研究哪些域可以由子域的元素开方而得到.

下面通过考虑小次数多项式的根的经典公式来验证这个定理.

二次方程式

$$f(x) = x^2 + px + q = 0$$

的根 x_1 与 x_2 可用二次求根公式

$$x = -\frac{p}{2} \pm \sqrt{\frac{p^2}{4} - q}$$

来确定.令 $K_0 = Q(p, q)$.定义 $K_1 = K_0(\rho_1)$,其中 $\rho_1 = \sqrt{\frac{p^2}{4} - q}$,则 K_1 是 K_0 的根式扩域,因为 $\rho_1^2 \in K_1$.此外,二次求根公式蕴含 K_1 是 $f(x)$ 的正规域,所以

$f(x)$ 根式可解.

我们再来看三次方程式 $x^3 + px + q = 0$,它的根,可按公式

$$x_1 = \sqrt[3]{-\frac{q}{2} + \sqrt{\left(\frac{q}{2}\right)^2 + \left(\frac{p}{3}\right)^3}} + \sqrt[3]{-\frac{q}{2} - \sqrt{\left(\frac{q}{2}\right)^2 + \left(\frac{p}{3}\right)^3}},$$

$$x_2 = \varepsilon \cdot \sqrt[3]{-\frac{q}{2} + \sqrt{\left(\frac{q}{2}\right)^2 + \left(\frac{p}{3}\right)^3}} + \varepsilon^2 \cdot \sqrt[3]{-\frac{q}{2} - \sqrt{\left(\frac{q}{2}\right)^2 + \left(\frac{p}{3}\right)^3}},$$

$$x_3 = \varepsilon^2 \cdot \sqrt[3]{-\frac{q}{2} + \sqrt{\left(\frac{q}{2}\right)^2 + \left(\frac{p}{3}\right)^3}} + \varepsilon \cdot \sqrt[3]{-\frac{q}{2} - \sqrt{\left(\frac{q}{2}\right)^2 + \left(\frac{p}{3}\right)^3}},$$

来解,这里 $\varepsilon = -\frac{1}{2} + \frac{\sqrt{3}}{2}\mathrm{i}$ 是三次单位本原根.

令 $K_0 = Q(p, q), K_1 = K_0(\varepsilon), K_2 = K_1\left(\sqrt{\left(\frac{q}{2}\right)^2 + \left(\frac{p}{3}\right)^3}\right), K_3 =$

$K_2\left(\sqrt[3]{-\frac{q}{2} + \sqrt{\left(\frac{q}{2}\right)^2 + \left(\frac{p}{3}\right)^3}}\right), K_4 = K_3\left(\sqrt[3]{-\frac{q}{2} - \sqrt{\left(\frac{q}{2}\right)^2 + \left(\frac{p}{3}\right)^3}}\right)$,则

$K_0 \subseteq K_1 \subseteq K_2 \subseteq K_3 \subseteq K_4$ 中的每个扩张均是根式扩张,并且 $x_1, x_2, x_3 \in K_4$.

1.3 数域的有限扩张

较代数扩张更为广泛的是有限扩张这一概念.为了引出它,我们先来介绍线性组合以及线性相关的概念.

设 Δ 与 Ω 是任何两个数域,并且 Ω 是 Δ 的扩张.而 $\omega, \omega_1, \omega_2, \cdots, \omega_k$ 是 Ω 中的任意 $k+1$ 个元素,如果在 Δ 中有这样的数 $a_1, a_2, \cdots, a_k$ 存在,至少有一个不等于零,使得下面的等式能够成立:

$$\omega = a_1\omega_1 + a_2\omega_2 + \cdots + a_k\omega_k,$$

则称 ω 为元素组 $\omega_1, \omega_2, \cdots, \omega_k$ 在 Δ 上的线性组合.

Ω 中的 k 个数

$$\omega_1, \omega_2, \cdots, \omega_k \tag{1}$$

叫作关于 Δ 线性相关,如果这些数中,至少有一个是数组(1)中其余数在 Δ 上的线性组合,否则叫作关于 Δ 线性无关.

我们指出这一个重要定义的另一形式:数组(1)关于 Δ 线性相关,如果能在 Δ 中选出这样的不全等于零的数 $a_1, a_2, \cdots, a_k$,使得

$$a_1\omega_1 + a_2\omega_2 + \cdots + a_k\omega_k = 0. \tag{2}$$

不难证明这两个定义是等价的.例如,设数组(1)中 ω_k 为其余元素的线性组合

$$\omega_k = a_1\omega_1 + a_2\omega_2 + \cdots + a_{k-1}\omega_{k-1},$$

就推得等式

$$a_1\omega_1 + a_2\omega_2 + \cdots + a_{k-1}\omega_{k-1} - \omega_k = 0,$$

这就是(2)型的等式,并且最后一个系数 $-1 \neq 0$. 反过来设数组(1)有关系式(2),而且在它里面例如 $a_k \neq 0$,那么

$$\omega_k = \left(-\frac{a_1}{a_k}\right)\omega_1 + \left(-\frac{a_2}{a_k}\right)\omega_2 + \cdots + \left(-\frac{a_{k-1}}{a_k}\right)\omega_{k-1},$$

这就是数 ω_k 为 $\omega_1, \omega_2, \cdots, \omega_{k-1}$ 的线性组合.

所说的第二个线性相关的定义可以用到 $k=1$ 的情形,也就是对于这样的组,只含有一个数 ω:这一组当且仅当 $\omega=0$ 时才是线性相关的. 因为如果 $\omega=0$,那么例如 $a=1$ 时就得出 $a\omega=0$. 反过来,如果 $a\omega=0$ 而 $a \neq 0$,那么必定有 $\omega=0$.

线性相关的一个性质作为引理表述如下.

引理 设排成某一序列的数组 $\omega_1, \omega_2, \cdots, \omega_m$ 没有一个为零且线性相关,则其中至少有一个数可经它前面的诸数线性表出. 反之,如果这一序列中有一个数可经它前面的诸数线性表出,则此组数线性相关.

证明 设在数组 $\omega_1, \omega_2, \cdots, \omega_k$ 中有关系(2)存在. 以 a_j 表示其最后不为零的系数.若 $k=1$,则式(2)变为 $a_1\omega_1 = 0(a_1 \neq 0)$,因此 $\omega_1 = 0$ 与假设 $a_1 \neq 0$ 矛盾. 故 $1 < j \leqslant k$,而式(2)可写为

$$a_1\omega_1 + a_2\omega_2 + \cdots + a_j\omega_j = 0(a_j \neq 0),$$

即得

$$\omega_j = \left(-\frac{a_1}{a_j}\right)\omega_1 + \left(-\frac{a_2}{a_j}\right)\omega_2 + \cdots + \left(-\frac{a_{j-1}}{a_j}\right)\omega_{j-1}.$$

结论的第一部分已经证明.至于其第二部分显然可直接从上面的等式得出.

有限扩张这个概念我们现在下其定义如下:

定义 1.3.1 如果在域 Δ 的扩域 Ω 中存在着这样一组元素 $\omega_1, \omega_2, \cdots, \omega_s$,使 Ω 中任一元素 α 都是 $\omega_1, \omega_2, \cdots, \omega_s$ 的线性组合

$$\alpha = a_1\omega_1 + a_2\omega_2 + \cdots + a_s\omega_s,$$

其中 a_i 是 Δ 的元素,则我们称 Ω 这个 Δ 的扩张对 Δ 而言是有限的.

元素 $\omega_1, \omega_2, \cdots, \omega_s$ 的全体叫作有限扩张 Ω 的基底,并用记号 $(\omega_1, \omega_2, \cdots, \omega_s)$ 表示.假若这个基底的元素线性无关(关于域 Δ),我们就说这个基底是线性无关的.

显然,由有限扩张 Ω 的每一个基底 $(\omega_1, \omega_2, \cdots, \omega_s)$ 都可以做出一个线性无

关的基底. 为了这个目的, 只需在$(\omega_1, \omega_2, \cdots, \omega_s)$内除去所有可由其余元素线性表出的元素就行了.

线性无关基底的元素的个数叫作Ω关于Δ的扩张次数, 并且将以$(\Omega : \Delta)$表之.

我们指出下面这些关于有限扩张的基本性质.

1° 次数$(\Omega : \Delta)$不随基底的选择而变化.

设$(\omega_1, \omega_2, \cdots, \omega_s)$是$\Delta$的扩域$\Omega$的一个线性无关的基底, 我们来证明其他任一线性无关的基底$(u_1, u_2, \cdots, u_t, \cdots)$中所含的元素个数不能超过$s$. 试考察数组

$$u_1, \omega_1, \omega_2, \cdots, \omega_s. \tag{3}$$

既然$(\omega_1, \omega_2, \cdots, \omega_s)$是$\Omega$的基底, 则$u_1$能以$\omega_1, \omega_2, \cdots, \omega_s$线性表出. 故(3)中诸数线性相关. 由引理, 在序列(3)中至少有一个数ω_i可以经过其前面的诸数线性表出

$$\omega_i = a_0 u_1 + a_1 \omega_1 + a_2 \omega_2 + \cdots + a_{i-1} \omega_{i-1}. \tag{4}$$

在(3)中除去ω_i, 得一新序列

$$u_1, \omega_1{}', \omega_2{}', \cdots, \omega_{s-1}{}'. \tag{5}$$

其中$\omega_1{}', \omega_2{}', \cdots, \omega_{s-1}{}'$为$\omega_1, \omega_2, \cdots, \omega_s$中除去$\omega_i$后的所余诸数.

任一数关于$\omega_1, \omega_2, \cdots, \omega_s$的线性表示式中的$\omega_i$可用等式(4)代入, 换句话说, 组(5)亦是$\Omega$的基底.

现在再来看数组

$$u_2, u_1, \omega_1{}', \omega_2{}', \cdots, \omega_{s-1}{}'. \tag{6}$$

因为u_2可经其余诸向量线性表出, 它们是线性相关的. 由引理, 其中至少有一向量可经其前面的数线性表出. 因为u_2与u_1线性无关, 故此数必在$\omega_1{}'$, $\omega_2{}', \cdots, \omega_{s-1}{}'$中. 在(6)内除去这个数后, 又得一新序列

$$u_2, u_1, \omega_1{}'', \omega_2{}'', \cdots, \omega_{s-2}{}''. \tag{7}$$

其中$\omega_1{}'', \omega_2{}'', \cdots, \omega_{s-2}{}''$为$\omega_1{}', \omega_2{}', \cdots, \omega_{s-1}{}'$中除去此数后的其余$s-2$个数.

因为(6)是Ω的基底, 与前面的做同样的讨论知(7)亦为Ω的基底. 在(8)的前面添加一个u_3继续如上进行. 如果u_i的个数大于s, 则进行s次后, 可得一序列

$$u_s, u_{s-1}, \omega_1{}'', \cdots, u_2, u_1. \tag{8}$$

其中不含$\omega_1, \omega_2, \cdots, \omega_s$且为$\Omega$的基底, 即$\Omega$中每一数均可经(8)线性表出, 特别地, u_{s+1}可经(8)线性表出, 这与$u_1, u_2, \cdots, u_t, \cdots$线性无关矛盾. 故基底$(u_1, u_2, \cdots, u_t, \cdots)$中所含的元素个数不能多于$(u_1, u_2, \cdots, u_s)$的元素个数, 可见$\Omega$

的任一基底中所含的元素个数均有限. 但 $(u_1, u_2, \cdots, u_s)$ 为 Ω 中的任一有限基底. 由前面的推理可知任一基底中所含的元素个数不能少于其他基底中所含元素的个数, 即是说 Ω 中任一基底中所含元素的个数是一定的.

2° 如果 $(\Omega : \Delta) = s$, 则有限扩张 Ω 的任一组 $s+1$ 个元素是线性相关的 (对 Δ 而言).

3° 如果 $(\Omega : \Delta) = s$, 则有限扩张 Ω 的每一个元素对 Δ 而言都是代数性的, 即都是一个不高于 s 次的多项式的根.

性质 3° 容易由性质 2° 推出. 事实上, 由性质 2°, 一组 $s+1$ 个元素 $\alpha^0 = 1, \alpha, \alpha^2, \cdots, \alpha^s$ 应该是 (对 Δ 而言) 线性相关的, 即

$$c_0 + c_1 \alpha + c_2 \alpha^2 + \cdots + c_s \alpha^s = 0, \tag{9}$$

其中 c_i 是 Δ 的元素, 并且 c_i 中至少有一元素异于零. 但等式 (9) 恰好表明 α 是 Δ 上不高于 s 次的多项式

$$f(x) = c_0 + c_1 x + c_2 x^2 + \cdots + c_s x^s$$

的根.

我们来举一个有限扩张的例子.

例 容易看出, 复数域 C 是实数域 R 的有限扩张, 并且对 R 而言是二次的.

事实上, 1 与 $i = \sqrt{-1}$ 对 R 而言形成一个线性无关组, 因为等式 $c \cdot 1 + d \cdot i = 0$, 其中 c 与 d 是实数, 只有在 $c = d = 0$ 时才成立. 此外, 大家知道, 任何复数都能表示为 $a + bi$ 的形式, 这里 a, b 是实数. 所以 1 与 i 是 C 的一组基底.

既然基底 $1, i$ 由两个元素所组成, 则次数 $(C : R)$ 等于 2.

下述的两个定理是以后研究有限扩张的基础.

定理 1.3.1 如果 Ω_1 是域 Δ 的有限扩张, 而 Ω_2 是 Ω_1 的有限扩张, 则 Ω_2 是域 Δ 的有限扩张, 并且 $(\Omega_2 : \Delta) = (\Omega_2 : \Omega_1) \cdot (\Omega_1 : \Delta)$.

证明 设 $(u_1, u_2, \cdots, u_m)$ 是 Ω_1 关于 Δ 的线性无关基底, $(v_1, v_2, \cdots, v_n)$ 是 Ω_2 关于 Ω_1 的线性无关基底. 域 Ω_2 的任意一个元素 u 可由基底 $(v_1, v_2, \cdots, v_n)$ 线性表出

$$u = \sum_{i=1}^{n} s_i v_i, \tag{10}$$

s_i 代表域 Ω_1 的元素. Ω_1 是域 Δ 的有限扩张, 所以有

$$s_i = \sum_{j=1}^{m} c_{ji} u_j.$$

式中 c_{ji} 代表域 Δ 的元素. 把 s_i 的值代入式 (10) 得

130

$$u = \sum_{i=1}^{n} \sum_{j=1}^{m} (u_j v_i) c_{ji}.$$

由最后这个等式我们证明了 mn 个元素 $u_1 v_1, u_1 v_2, \cdots, u_m v_n$ 构成 Ω_2 关于 Δ 的一个基底,换句话说,Ω_2 是 Δ 的有限扩张. 我们还要证明有限扩张 Ω_2 的基底 $(u_1 v_1, u_1 v_2, \cdots, u_m v_n)$ 线性无关.

假若不然,设有

$$\sum_{i=1}^{n} \sum_{j=1}^{m} (u_j v_i) c_{ji} = 0.$$

现在试问 c_{ji} 等于什么.

由括号提出公因子 v_i,我们可以把最后这一个等式写成

$$\sum_{i=1}^{n} s_i v_i = 0. \tag{11}$$

式中的 s_i 代表 Ω_1 的元素

$$s_i = \sum_{j=1}^{m} c_{ji} u_j.$$

因为元素 $v_1, v_2, \cdots, v_n$ 关于 Ω_1 线性无关,所以式(11)的每一个 s_i 都必须等于零,即

$$\sum_{j=1}^{m} c_{ji} u_j = 0.$$

但是,元素 $u_1, u_2, \cdots, u_m$ 关于 Δ 是线性无关的,所以每一个 c_{ji} 也必须等于零,也就是说,Δ 的有限扩张 Ω_2 的基底 $(u_1 v_1, u_1 v_2, \cdots, u_m v_n)$ 是线性无关(关于域 Δ)的,因而

$$(\Omega_2 : \Delta) = mn = (\Omega_2 : \Omega_1) \cdot (\Omega_1 : \Delta).$$

定理 1.3.2 设 Ω 是域 Δ 的有限扩张,由此域 Δ 的任何一个含于 Ω 内的扩张 Σ 都是域 Δ 的有限扩张,同时次数 $(\Sigma : \Delta)$ 是次数 $(\Omega : \Delta)$ 的因子.

证明 先由域 Σ 内取出最大数的线性无关元素 $u_1, u_2, \cdots, u_m$. 这样一个元素组是必然存在的:因为 Ω 是 Δ 的有限扩张并且 Σ 是 Ω 的子域. 次设 n 代表有限扩张 Ω 关于 Δ 的次数,如此应该有 $m \leqslant n$. 我们可以证明元素 $u_1, u_2, \cdots, u_m$ 是 Σ 关于 Δ 的基底. 事实上,假若令 u 代表 Σ 的任意一个元素,由于 m 是域 Σ 的线性无关元素的最大次数,所以 $u, u_1, u_2, \cdots, u_m$ 必然线性相关

$$cu + c_1 u_1 + c_2 u_2 + \cdots + c_m u_m = 0,$$

式中的 c 和 c_i 代表 Δ 的元素. 元素 c 不能等于零,否则 $u_1, u_2, \cdots, u_m$ 成为线性相关. 由此元素 u 可由 $u_1, u_2, \cdots, u_m$ 线性表示,即元素 $u_1, u_2, \cdots, u_m$ 构成 Σ 关于 Δ 的基底. 这样,我们就证明了 Σ 是域 Δ 的有限扩张.

我们还要证明 $(\Sigma:\Delta)$ 可以整除 $(\Omega:\Delta)$. 现在可以根据下述来证明这一事实. 域 Ω 显然可以看作 Σ 的有限扩张. 事实上, 假若 $(v_1,v_2,\cdots,v_n)$ 是 Ω 关于 Δ 的基底, $(v_1,v_2,\cdots,v_n)$ 当然也是 Ω 关于 Σ 的基底. 我们既然证明了 Σ 是 Δ 的有限扩张, Ω 是 Σ 的有限扩张, 所以应用定理 1.3.1 有

$$(\Omega:\Delta)=(\Omega:\Sigma)\cdot(\Sigma:\Delta),$$

这就是说, $(\Sigma:\Delta)$ 可被 $(\Omega:\Delta)$ 整除.

由定理 1.3.2 推知, 把对 P 而言的代数数 $\theta_1,\theta_2,\cdots,\theta_n$ 添加到 P 上去, 则所得到的任何扩张 $P(\theta_1,\theta_2,\cdots,\theta_n)$ 都是域 P 的有限扩张. 所以, 在特例 n 次多项式 $f(x)=a_0x^n+a_1x^{n-1}+\cdots+a_n$ 的正规域 $\Omega=\Delta(\alpha_1,\alpha_2,\cdots,\alpha_n)$ 是多项式 $f(x)$ 的有理域 Δ 的有限扩张.

反过来说, 我们有如下定理.

定理 1.3.3 设 Ω 是 Δ 的有限扩域, 则 Ω 必是 Δ 的有限次添加代数元扩域: $\Omega=\Delta(\alpha_1,\alpha_2,\cdots,\alpha_n)$, 其中 α_i 是 Δ 的代数数.

证明 设 $(\Omega:\Delta)=n$. 任取扩域 Ω 的一个基底 $(\alpha_1,\alpha_2,\cdots,\alpha_n)$, 可以证明 $\Omega=\Delta(\alpha_1,\alpha_2,\cdots,\alpha_n)$. 事实上, 因为所有 $\alpha_i\in\Omega$, $\Delta\subseteq\Omega$, 而 Δ 是域, 所以 $\Delta(\alpha_1,\alpha_2,\cdots,\alpha_n)\subseteq\Omega$. 反之, 由基底的定义知, 任一 $a\in\Omega$ 必可写成 $a=a_1\alpha_1+a_2\alpha_2+\cdots+a_n\alpha_n$, $a_i\in\Delta$, 所以 $a\in\Delta(\alpha_1,\alpha_2,\cdots,\alpha_n)$, 即 $\Omega\subseteq\Delta(\alpha_1,\alpha_2,\cdots,\alpha_n)$. 于是, 必有 $\Omega=\Delta(\alpha_1,\alpha_2,\cdots,\alpha_n)$. 由 $(\Omega:\Delta)=n$ 与有限扩张的基本性质 3°, 知 α_i 是 Δ 的代数数.

由以上论证可知, 有限添加代数数扩域与有限扩域是一回事. 进一步, 我们还可以证明, 域的任一有限扩域都可以作为简单的代数扩域.

定理 1.3.4 域 Δ 的每一个有限扩张 Ω 都是通过添加某一个多项式的根于域 Δ 的结果, 或者说 Ω 都是 Δ 的简单扩张.

证明 先考虑添加两个代数数的情形. 设 Ω 是域 Δ 通过添加其代数数 α 和 β 而得到的扩域: $\Omega=\Delta(\alpha,\beta)$.

再令 Δ 上的代数数 α 和 β 分别是 Δ 上的不可约多项式

$$f(x)=x^m+a_1x^{m-1}+\cdots+a_m$$

和

$$g(x)=x^n+b_1x^{n-1}+\cdots+b_n$$

的根. 考虑它们的乘积多项式 $f(x)g(x)$ 在 Ω 上的正规域 K, 则在 $K[x]$ 中有

$$f(x)=a_0(x-\alpha_1)(x-\alpha_2)\cdots(x-\alpha_m),$$ 而 α_i 是 K 的元素(其中 $\alpha_1=\alpha$);

$$g(x)=a_0(x-\beta_1)(x-\beta_2)\cdots(x-\beta_n),$$ 而 β_i 是 K 的元素(其中 $\beta_1=\beta$).

今在 Δ 中任意取这样一个数 d, 它不等于零且满足

$$d \neq \frac{\alpha - \alpha_i}{\beta_j - \beta}, 其中 i = 2, 3, \cdots, m, j = 2, 3, \cdots, n.$$

这样的 d 是存在的,因为上式右边那种数最多有 $(m-1)(n-1)$ 个,而 Δ 是无限域,所以这种 d 必可取到. 令

$$\theta = \alpha + d\beta,$$

由 d 的取法知

$$\alpha_i + d\beta_j \neq \theta$$

或

$$\theta - d\beta_j \neq \alpha_i,$$

这里 $i = 2, 3, \cdots, m; j = 2, 3, \cdots, n.$

现在可以证明 $\Delta(\alpha, \beta) = \Delta(\theta)$. 首先,由 $\theta = \alpha + d\beta$, 和 $d \in \Delta$ 知,$\Delta(\theta) \subseteq \Delta(\alpha, \beta)$. 为了证明反向包含关系也成立,我们考虑系数在域 $\Delta(\theta)$ 中的多项式

$$h(x) = f(\theta - dx),$$

这里,$f(\theta - dx)$ 是把 $f(x)$ 中的变量 x 替换成 $\theta - dx$ 得到的新多项式,于是有 $h(\beta) = f(\theta - d\beta) = f(\alpha) = 0$. 这说明 β 是 $g(x)$ 和 $h(x)$ 的公共根. 进一步,对 $g(x)$ 的其他根 $\beta_1, \beta_2, \cdots, \beta_n$, 有 $h(\beta_i) = f(\theta - d\beta_i)$, 但已知 $\alpha_1, \alpha_2, \cdots, \alpha_m$ 是 $f(x)$ 的所有的根,且 $\theta - d\beta_i$ 与任一 α_i 都不等,所以 $h(\beta_i) \neq 0, 2 \leqslant i \leqslant n$. 这说明了 β 是 $g(x)$ 和 $h(x)$ 的唯一公共根. $x - \beta$ 就是 $g(x)$ 和 $h(x)$ 的最大公因式. 设 $g(x) = q(x)h(x) + r(x)$, 因为 $q(x)$ 和 $r(x)$ 的公共系数域是 $\Delta(\theta)$, 所以 $q(x)$ 和 $r(x)$ 也是 $\Delta(\theta)$ 上的多项式,而 $g(x)$ 和 $h(x)$ 的最大公因式是用辗转相除法求得的,所以 $x - \beta$ 的系数必定属于公共系数域 $\Delta(\theta)$, 这说明 $\beta \in \Delta(\theta)$, 所以 $\alpha = \theta - d\beta \in \Delta(\theta)$, 又有 $\Delta(\alpha, \beta) \subseteq \Delta(\theta)$. 于是 $\Delta(\alpha, \beta) = \Delta(\theta) = \Delta(\alpha + d\beta)$.

既然两个添加元能换成一个,则

$$\Delta(\alpha, \beta, \gamma) = \Delta(\alpha, \beta)(\gamma) = \Delta(\theta)(\gamma) = \Delta(\theta, \gamma) = \Delta(\delta).$$

更一般地,Δ 的有限扩域 Ω 必是有限添加代数元扩域 $\Omega = \Delta(\alpha_1, \alpha_2, \cdots, \alpha_n)$, 因而必是简单代数扩域 $\Omega = \Delta(\beta)$.

根据这个定理可立刻推得:任一 $f(x) \in \Delta[x]$ 在 Δ 上的正规域 Ω 必是 Δ 的单代数扩域

$$\Omega = \Delta(\alpha_1, \alpha_2, \cdots, \alpha_n) = \Delta(\beta),$$

尽管这个 β 可能很难具体找出来,但是这个结论已经令人非常满意了.

这个定理同时告诉我们一个有趣的事实:若对 α 和 β 能取到 $d = 1$(这在根多情况下可以取到),则必有 $\Delta(\alpha, \beta) = \Delta(\alpha + \beta)$. 例如,$Q(\sqrt{2}, \sqrt{3}) = Q(\sqrt{2} + \sqrt{3})$, 这只要验证一下取 $d = 1$ 必能满足定理中的条件即可.

最后我们顺便证明代数数的一个有趣的性质如下：

所有代数数的集合构成一个数域.

为了证明这个性质，我们必须证明任意两个代数数的和、积、差与商同样是一个代数数.

设 α 和 β 代表任意的两个代数数. 添加 α 于有理数域，并设由此所得的代数扩张 $Q(\alpha)$ 是 Σ_1. β 显然也可看作关于域 Σ_1 的代数数，添加 β 于域 Σ_1 则得到 Σ_1 的代数扩张 $\Sigma_1(\beta)$. 为了简单，用 Σ_2 代表 $\Sigma_1(\beta)$. 显然，Σ_2 同时也是域 Σ_1 的有限扩张，Σ_1 是域 Q 的有限扩张. 根据定理 1.3.2，Σ_2 也必然是 Q 的有限扩张，再由次数的性质 $3°$，域 Δ 的有限扩张 Ω 的每一个元素都是关于域 Δ 的代数数，所以 Σ_2 的元素必须是关于有理数域 Q 的代数数，换句话说，必须是代数数. 因为 Σ_2 是一个域，所以 $\alpha + \beta, \alpha - \beta, \alpha\beta, \dfrac{\alpha}{\beta}(\beta \neq 0)$ 不但含于 Σ_2，而且都是代数数.

§2　不可能的第一证明

2.1　第一个证明的预备

在下一目我们将看到，凡次数等于 5 或大于 5 的代数方程式都没有一般的根式解公式. 这个划时代的结论主要是阿贝尔和鲁菲尼的贡献. 我们的证明即是以阿贝尔的原始论文为基础的.

在第一节已经证明过方程式[①]

$$a_0 x^n + a_1 x^{n-1} + \cdots + a_n = 0 (a_0 \neq 0) \tag{1}$$

可解为根式的必要而充分的条件是要正规域 $\Omega = \Delta(\alpha_1, \alpha_2, \cdots, \alpha_n)$ 被包含在扩域 $\Delta(\rho_1, \rho_2, \cdots, \rho_n)$ 中，这里扩域是由在 Δ 中添加若干根式 $\rho_1 = \sqrt[n_1]{A_1}, \rho_2 = \sqrt[n_2]{A_2}, \cdots,$ $\rho_k = \sqrt[n_k]{A_k}$ 而得到的，其中 A_1 属于 Δ，A_2 属于 $\Delta(\rho_1)$，$\cdots$，A_k 属于 $\Delta(\rho_1, \rho_2, \cdots, \rho_{k-1})$，这里域 Δ 无非就是方程式的有理域.

我们总可以假设根式的指数 $n_1, n_2, \cdots, n_k$ 是素数. 这是因为，如果遇到像 $\sqrt[12]{A}$ 这样的根式，则我们可代之以 3 个根式 $\rho' = \sqrt{A}, \rho'' = \sqrt{\rho'}$ 及 $\rho''' = \sqrt[3]{\rho''}$. 在这种符号之下，我们以后对根式 ρ_i 的指数不以 n_i 来表示，而以 p_i 来表示，并且

---

① 这样由添加根式的扩张称为根式扩张.

默认 p_i 为素数.

我们在 Δ 上添加 1 的 p_1 次,p_2 次,$\cdots$,p_k 次的本原根,并且以 K 来表示这样的添加结果:$K=\Delta(\varepsilon_1,\varepsilon_2,\cdots,\varepsilon_k)$. 显然,如果方程式(1)能解成根式,则它的正规域 Ω 将更不待言被包含在扩域 $K(\rho_1,\rho_2,\cdots,\rho_k)$ 中. 但是根式 $\rho_1=\sqrt[p_1]{A_1}$,$\rho_2=\sqrt[p_2]{A_2}$,$\cdots$,$\rho_k=\sqrt[p_k]{A_k}$ 的一部分可以是多余的. 即,如果根式 $\rho_i=\sqrt[p_i]{A_i}$ 的根下数 A_i 在域 $K(\rho_1,\rho_2,\cdots,\rho_{i-1})$ 恰好是 p_i 次的方幂,亦就是说,如果 $A_i=a^{p_i}$(这里 a 是 $K(\rho_1,\rho_2,\cdots,\rho_{i-1})$ 中的某一个元素),则二项式 $x^{p_i}-A_i$ 的所有根将都在这域里面,因此根式 ρ_i 成为多余的 —— 它添加到域 $K(\rho_1,\rho_2,\cdots,\rho_{i-1})$ 上去事实上并没有使它扩大

$$K(\rho_1,\rho_2,\cdots,\rho_i)=K(\rho_1,\rho_2,\cdots,\rho_{i-1}).$$

现在我们来证明下面这阿贝尔发现的定理作为第一个预备:

预备定理 1 如果 A_i 不是域 $K(\rho_1,\rho_2,\cdots,\rho_{i-1})$ 中的 p_i 次的方幂,则二项式 $x^{p_i}-A_i$ 在域 $K(\rho_1,\rho_2,\cdots,\rho_{i-1})$ 中不可约.

证明 我们假设其反面,设这二项式 $x^{p_i}-A_i$ 在 $K(\rho_1,\rho_2,\cdots,\rho_{i-1})$ 中是可约的

$$x^{p_i}-A_i=\varphi(x)\psi(x),$$

这里 $\varphi(x)$ 与 $\psi(x)$ 是域 $K(\rho_1,\rho_2,\cdots,\rho_{i-1})$ 上的多项式. 我们以 ε 表示 1 的 p_i 次的本原根,并且以 θ_0 表示我们这二项式的任何一个根. 于是我们知道这二项式的任何一个根可按公式

$$\theta_\nu=\varepsilon^\nu\theta_0$$

来找. 由此多项式 $\varphi(x)$ 的常数项 b 将等于

$$b=(-1)^r\theta_{v_1}\theta_{v_2}\cdots\theta_{v_r}=\varepsilon'(-\theta_0)^r,$$

这里 $\varepsilon'=\varepsilon^{v_1+v_2+\cdots+v_r}$ 而 $1\leqslant r\leqslant p_i$. 显然,$\varepsilon'$ 是 1 的某一 p_i 次方根. 我们把 b 自乘 p_i 次方

$$b^{p_i}=\varepsilon'^{p_i}(-\theta_0)^{rp_i}=(-1)^{rp_i}A_i^r,\ \ \text{即}\ \ A_i^r=(-1)^{rp_i}b^{p_i}.$$

既然 $1\leqslant r\leqslant p_i$,而 p_i 是素数,则 r 与 p_i 互为素数;由此存在这样的整数 s 与 t,使 $rs+p_it=1$. 如此,我们得到

$$A_i=A_i^{rs+p_it}=A_i^{rs}A_i^{p_it}=(-1)^{rp_is}b^{p_is}A_i^{p_it}=[(-1)^{rs}b^sA_i^t]^{p_i},$$

即 A_i 在域 $K(\rho_1,\rho_2,\cdots,\rho_{i-1})$ 中恰好是一个 p_i 次方幂,这是不可能的.

预备定理 1 给出了数域上一类特殊的不可约多项式,它在构造域的根式扩张过程中常常要用到.

预备定理 2 如果根式 $\rho_i=\sqrt[p_i]{A_i}$ 不在域 $K(\rho_1,\rho_2,\cdots,\rho_{i-1})$ 内,则在 m 能被

p_i 除尽的时候,也只有在这时候,整方幂 ρ_i^m 才在域 $K(\rho_1,\rho_2,\cdots,\rho_{i-1})$ 内.

证明　如果 m 能被 p_i 除尽,则 $m=p_iq$,这里 q 是一个整数.由此有

$$\rho_i^m=\rho_i^{p_iq}=(\rho_i^{p_i})^q=A_i^q.$$

但 A_i 以及 A_i^q 都在域 $K(\rho_1,\rho_2,\cdots,\rho_{i-1})$ 内.所以,ρ_i^m 应该在 $K(\rho_1,\rho_2,\cdots,\rho_{i-1})$ 内.

反之,设 ρ_i^m 在 $K(\rho_1,\rho_2,\cdots,\rho_{i-1})$ 内,即,$\rho_i^m=a$,这里 a 是 $K(\rho_1,\rho_2,\cdots,\rho_{i-1})$ 的某一元素.我们以 q 表示 p_i 除 m 时的商而 r 表示剩余.于是我们可写 $m=p_iq+r$.我们假设剩余 r 不等于零.在这场合

$$\rho_i^m=\rho_i^{p_iq+r}=(p_i^{p_i})^q\rho_i^r=A_i^q\rho_i^r.$$

由此,因等式 $\rho_i^m=a$ 我们得到

$$A_i^q\rho_i^r=a \text{ 或 } \rho_i^r=b,$$

这里 $b=aA_i^{-q}$ 是域 $K(\rho_1,\rho_2,\cdots,\rho_{i-1})$ 的一个元素.由此可见,ρ_i 同时是多项式 $p(x)=x^{p_i}-A_i$ 与多项式 $\varphi(x)=x^r-b$ 的根,因此多项式 $p(x)$ 与 $\varphi(x)$ 不是互素的.再按预备定理1,$p(x)$ 在域 $K(\rho_1,\rho_2,\cdots,\rho_{i-1})$ 中是不可约的.所以,既然 $p(x)$ 与 $\varphi(x)$ 互素,$\varphi(x)$ 应该能被 $p(x)$ 除尽.但这是不可能的,因为多项式 $\varphi(x)$ 的次数 r 小于多项式 $p(x)$ 的次数 p_i.所以 $r\neq0$ 这假设是不真实的,即 m 能被 p_i 除尽.

预备定理 3　如果方程式(1)可解为根式,则该方程式的每个根都能像下面这样以根式表出

$$\alpha=u_0+\rho_h+u_2\rho_h^2+\cdots+u_{p_h-1}\rho_h^{p_h-1},$$

这里 $\rho_1=\sqrt[p_1]{A_1}$,$\rho_2=\sqrt[p_2]{A_2}$,$\cdots$,$\rho_h=\sqrt[p_h]{A_h}$(p_i 是素数),A_1 是域 K 的元素,A_2 是域 $K(\rho_1)$ 的元素,$\cdots$,A_h 是域 $K(\rho_1,\rho_2,\cdots,\rho_{h-1})$ 的元素,K 是添加1的 p_1 次原根 ε_1,p_2 次原根 ε_2,$\cdots$,p_k 次原根 $\varepsilon_k(k\geqslant h)$ 到该方程式的有理域 Δ 上去的扩张;u_i 是域 $K(\rho_1,\rho_2,\cdots,\rho_{h-1})$ 的元素.在此 ρ_1 不在 K 内,$\cdots$,ρ_h 不在 $K(\rho_1,\rho_2,\cdots,\rho_{h-1})$ 内,并且 α 不在 $K(\rho_2,\rho_3,\cdots,\rho_h)$,$K(\rho_1,\rho_3,\cdots,\rho_h)$,$\cdots$,$K(\rho_1,\rho_2,\cdots,\rho_{h-2},\rho_h)$,$K(\rho_1,\rho_2,\cdots,\rho_{h-1})$ 内.

证明　设 $\alpha=\alpha_1$ 是方程式(1)的一个根.既然方程式(1)可解为根式,则 α 将被包含在 $\Omega=\Delta(\rho_1,\rho_2,\cdots,\rho_k)$ 内,并且因此将被包含在一个像 $K(\rho_1,\rho_2,\cdots,\rho_h)(h\leqslant k)$ 这样形状的域内.由此有

$$\alpha=a_0+a_1\rho_h+a_2\rho_h^2+\cdots+a_{p_h-1}\rho_h^{p_h-1}, \tag{2}$$

其中 a_i 是域 $K(\rho_1,\rho_2,\cdots,\rho_{h-1})$ 的元素.我们可以假设 ρ_1 不在 K 内,ρ_2 不在 $K(\rho_1)$ 内,$\cdots$,ρ_h 不在 $K(\rho_1,\rho_2,\cdots,\rho_{h-1})$ 内,并且 α 不在 $K(\rho_1,\rho_2,\cdots,\rho_{i-1},\rho_{i+1},$

$\cdots,\rho_h$)内($i=1,2,\cdots,h$).的确,如其不然,则在式(2)中某些根式 ρ_i 将可以省略.

我们来证明,在根式 ρ_h 的适当选择之下 a_1 可以做成等于1.事实上,在等式(2)右边的所有 $a_1,a_2,\cdots,a_{p_h-1}$ 不能全等于零,因为在相反的情况下 α 将在 $K(\rho_1,\rho_2,\cdots,\rho_{h-1})$ 中,这是不可能的,所以设 $a_g\neq0(1\leqslant g\leqslant p_h)$.

于是我们令

$$a_g\rho_h^g={\rho_h}'.$$

既然 g 与 p_h 两数互为素数,则存在这样的整数 s 与 t,使 $sg+tp_h=1$.容易看出,s 不能被 p_h 除尽:如其 s 能被 p_h 除尽,则显然 $sg+tp_h=1$ 亦能被 p_h 除尽,因此 1 亦能被素数 p_h 除尽,而这是不可能的.我们把 ${\rho_h}'$ 自乘 s 次方

$$({\rho_h}')^s=a_g^s\rho_h^{gs}=a_g^s\rho_h^{1-tp_h}=a_g^s\rho_hA_h^{-t},$$

由此有

$$\rho_h=v{\rho_h'}^s,$$

这里 $v=A_h^ta_g^{-s}$ 是域 $K(\rho_1,\rho_2,\cdots,\rho_{h-1})$ 中的元素.显然,${\rho_h}'$ 不在 $K(\rho_1,\rho_2,\cdots,\rho_{h-1})$ 内;在相反的场合 $\rho_h=v{\rho_h'}^s$ 更不待言应在 $K(\rho_1,\rho_2,\cdots,\rho_{h-1})$ 内.如此,我们可以取 ${\rho_h}'$ 作第 h 个根式以替代 ρ_h.在等式(2)将根式 ρ_h 以其用 ${\rho_h}'$ 的表出式替代,并注意 $a_g\rho_h^g={\rho_h}'$,如此得

$$\alpha=a_1=a_0+a_1v{\rho_h'}^s+a_2v^2\rho_h'^{2s}+\cdots+{\rho_h}'+\cdots+a_{p_h-1}v^{p_h-1}\rho_h'^{(p_h-1)s}. \quad (3)$$

在等式(3)中所有方幂 $\rho_h'^{is}(i=0,1,\cdots,p_h-1)$ 彼此相异.事实上,如有

$$\rho_h'^{i_1s}=\rho_h'^{i_2s}(i_1>i_2),$$

则 $\rho_h'^{(i_1-i_2)s}=1$,由此按预备定理2,$(i_1-i_2)s$ 能被 p_h 除尽,即 (i_1-i_2) 能被 p_h 除尽,因为 s 不能被素数 p_h 除尽.但 (i_1-i_2) 不能被 p_h 除尽,因为 $0<i_1-i_2<p_h$.所以在 $i_1\neq i_2$ 时方幂 $\rho_h'^{i_1s}$ 与 $\rho_h'^{i_2s}$ 相异.

再设 q 是 p_h 除 is 的商而 r 是剩余.于是

$$\rho_h'^{is}=(\rho_h'^{p_h})^q\rho_h'^r=b\rho_h'^r,$$

这里 $b=(\rho_h'^{p_h})^q$ 是域 $K(\rho_1,\rho_2,\cdots,\rho_{h-1})$ 中的元素.显然,在 i 由1变至 p_h-1 时,剩余 r 以某种次序取 p_h-1 个不同的值 $1,2,\cdots,p_h-1$.由此等式(3)取下面这形式

$$\alpha=u_0+{\rho_h}'+u_2\rho_h'^2+\cdots+u_{p_h-1}\rho_h'^{p_h-1},$$

即在 a_1 的位置取得了1.

预备定理 4　如果方程式(1)能解成根式 $\rho_1,\rho_2,\cdots,\rho_k$,其指数各为 p_1,$p_2,\cdots,p_k$,则根式 ρ_i 是域 K 上方程式(1)的根的有理函数,这里 K 的意义与预

备定理 3 中的一样.

证明 设 $\alpha = \alpha_1$ 是方程式(1)的任何一个根. 按预备定理 3 我们可以写

$$\alpha = \alpha_1 = u_0 + \rho_h + u_2\rho_h^2 + \cdots + u_{p_h-1}\rho_h^{p_h-1}, \tag{4}$$

而 ρ_i 不在域 $K(\rho_1, \rho_2, \cdots, \rho_{i-1})$ 内且 α 不在域 $K(\rho_1, \rho_2, \cdots, \rho_{i-1}, \rho_{i+1}, \cdots, \rho_h)$ 内 $(i=1,2,\cdots,h)$. 既然 $\rho_h = \sqrt[p_h]{A_h}$ 不在域 $K(\rho_1, \rho_2, \cdots, \rho_{i-1})$ 内,则按预备定理 1, 二项式 $x^{p_h} - A_h$ 在域 $K(\rho_1, \rho_2, \cdots, \rho_{i-1})$ 内不可约,注意到这一点,我们在方程式(1)中把 x 以根 α 的表出式(4)替代之. 于是在方程式左边得到一个 ρ_h 的多项式,其系数借等式 $\rho_h^{p_h} = A_h$ 可降低至 $p_h - 1$

$$B_0 + B_1\rho_h + \cdots + B_{p_h-1}\rho_h^{p_h-1} = 0,$$

这里 B_i 在域 $K(\rho_1, \rho_2, \cdots, \rho_{h-1})$ 内. 由于二项式 $x^{p_h} - A_h$ 在域 $K(\rho_1, \rho_2, \cdots, \rho_{h-1})$ 内的不可约性,上面这等式只有当 $B_0 = B_1 = \cdots = B_{p_h-1} = 0$ 时才成立. 如此,这等式将对二项式 $x^{p_h} - A_h$ 的任何根 $\varepsilon_h^\mu \rho_h$ 都成立,所以

$$\alpha_{\mu+1} = u_0 + \varepsilon_h^\mu\rho_h + u_2\varepsilon_h^{2\mu}\rho_h^2 + \cdots + u_{p_h-1}\varepsilon_h^{\mu(p_h-1)}\rho_h^{p_h-1} \ (\mu = 0,1,\cdots,p_h-1) \tag{5}$$

亦是方程式(1)的根.

现在我们把等式(5)每个都乘以 $\varepsilon_h^{-\mu i}$ $(1 \leqslant i \leqslant p_h - 1)$ 并且逐项加起来. 经一些化简后我们得到

$$p_h\rho_h = \sum_{\mu=0}^{p_h-1} \varepsilon_h^{-\mu}\alpha_{\mu+1}, \quad p_h u_i\rho_h^i = \sum_{\mu=0}^{p_h-1} \varepsilon_h^{-\mu i}\alpha_{\mu+1} \ (i = 2, \cdots, p_h - 1).$$

由此有

$$\rho_h = \frac{1}{p_h}\sum_{\mu=0}^{p_h-1} \varepsilon_h^{-\mu}\alpha_{\mu+1}, \quad u_i = p_h^{i-1}\Big(\sum_{\mu=0}^{p_h-1} \varepsilon_h^{-\mu i}\alpha_{\mu+1}\Big)\Big(\sum_{\mu=0}^{p_h-1} \varepsilon_h^{-\mu}\alpha_{\mu+1}\Big)^{-i},$$

即 ρ_h 与 u_i 在域 $K(\alpha_1, \alpha_2, \cdots, \alpha_n)$ 内.

这样,$A_h = \rho_h^{p_h}$ 及 u_i 按刚才所证明的都是域 K 上 $\alpha_1, \alpha_2, \cdots, \alpha_n$ 诸根的有理函数,而另一方面可以用根式 $\rho_1, \rho_2, \cdots, \rho_{h-1}$ 表出之. 为写起来简便起见,我们给这些数一个统一的表示法 β_i. 这些数中至少有一个应该包含根式 ρ_{h-1}. 如其不然,则在根 α 以根式表出的式子(4)中 ρ_{h-1} 将可以省略,因此根 α 将在 $K(\rho_1, \rho_2, \cdots, \rho_{h-2}, \rho_h)$ 内,这是不可能的. 设 β_1 包含 ρ_{h-1},我们来写出 β_1 以根式表出的式子

$$\beta_1 = v_0 + v_1\rho_{h-1} + v_2\rho_{h-1}^2 + \cdots + v_{p_{h-1}-1}\rho_{h-1}^{p_{h-1}-1}. \tag{6}$$

既然 β_1 是 K 上 $\alpha_1, \alpha_2, \cdots, \alpha_n$ 诸根的有理整函数

$$\beta_1 = r(\alpha_1, \alpha_2, \cdots, \alpha_n),$$

则在 $r(\alpha_1, \alpha_2, \cdots, \alpha_n)$ 这式子中可以施行根 α_j 的所有可能的置换,结果我们得

到 $n!$ 个值：$\theta_1=\beta_1,\theta_2,\cdots,\theta_{n!}$. 我们来做成方程式

$$g(x)=\prod_{k=1}^{n!}(x-\theta_k).\tag{7}$$

显然，这方程式的系数是域 K 上 $\alpha_1,\alpha_2,\cdots,\alpha_n$ 的对称多项式，所以 $g(x)$ 是 K 上的一个多项式[①].

如此可见，β_1 是方程式(7)的根，解成了根式. 按预备定理3在式(6)中可以取 $v_1=1$：

$$\beta_1=v_0+\rho_{h-1}+v_2\rho_{h-1}^2+\cdots+v_{p_{h-1}-1}\rho_{h-1}^{p_{h-1}-1}.$$

对 β_1 重复与 α_1 同样的论证法，我们可证 ρ_{h-1} 与 v_i 在 $K(\alpha_1,\alpha_2,\cdots,\alpha_n)$ 内.

其次，我们对 ρ_{h-1} 与 v_i 给以统一的表示法 γ_i. γ_i 中至少有一个，比方说 γ_1，应该包含根式 ρ_{h-2}. 对 γ_1 重复我们对 β_1 所进行的相似的论证法，我们可证 ρ_{h-2} 在 $K(\alpha_1,\alpha_2,\cdots,\alpha_n)$ 中，如此等等. 最终我们达到根式 ρ_1 并且证明它在 $K(\alpha_1,\alpha_2,\cdots,\alpha_n)$ 中，如此我们完成了这个预备定理的证明.

预备定理4在我们将要完成的定理，也就是鲁菲尼－阿贝尔定理的证明中起着关键的作用，它最早由鲁菲尼在"四次以上方程式不能解成根式"这个定理的不充分的证明中所提出，但未加证明. 其后为阿贝尔所证明，人们常称其为鲁菲尼－阿贝尔预备定理.

预备定理5 设 $T=Q(\varepsilon_1,\varepsilon_2,\cdots,\varepsilon_k)$ 是在有理数域 Q 上添加1的 p_1 次，p_2 次，$\cdots$，p_k 次原根所得的扩域. 于是域 T 上未知元 $x_1,x_2,\cdots,x_n$ 与这些未知元的基本对称多项式之间的任何有理关系

$$\varphi(x_1,x_2,\cdots,x_n,\sigma_1,\sigma_2,\cdots,\sigma_n)=0\tag{8}$$

在未知元的任何置换之下仍保持成立

$$\varphi(x_{i_1},x_{i_2},\cdots,x_{i_n},\sigma_1,\sigma_2,\cdots,\sigma_n)=0\tag{9}$$

这里 $i_1,i_2,\cdots,i_n$ 是 $1,2,\cdots,n$ 诸数的一个任意的置换.

证明 对未知元的一组任意的值 $x_1=\alpha_1,x_2=\alpha_2,\cdots,x_n=\alpha_n(\alpha_i$ 是任何复数)，设 $\sigma_1=p_1,\sigma_2=p_2,\cdots,\sigma_n=p_n$，于是按预备定理的条件有

$$\varphi(\alpha_1,\alpha_2,\cdots,\alpha_n,p_1,p_2,\cdots,p_n)=0,$$

再令 $x_1=\alpha_{i_1},x_2=\alpha_{i_2},\cdots,x_n=\alpha_{i_n}$，在变量的这些值之下基本对称多项式显然仍

---

① 由对称多项式的基本定理以及基本对称多项式和韦达公式的关系，推出下面的重要推论：

设 $g(x)=x^n-p_1x^{n-1}+\cdots+(-1)^n p_n$ 是某一个在域 P 上只含一个变量且首项系数为一的多项式，并设 $\alpha_1,\alpha_2,\cdots,\alpha_n$ 是这个多项式在它的某一个正规域内的根. 由此任一个在域 P 上的对称多项式 $f(x_1,x_2,\cdots,x_n)$ 在 $x_1=\alpha_1,x_2=\alpha_2,\cdots,x_n=\alpha_n$ 的值均属于域 P.

有这些值 $\sigma_1 = p_1, \sigma_2 = p_2, \cdots, \sigma_n = p_n$. 如此,在关系(8)中我们可以令 $x_1 = \alpha_{i_1}$, $x_2 = \alpha_{i_2}, \cdots, x_n = \alpha_{i_n}, \sigma_1 = p_1, \sigma_2 = p_2, \cdots, \sigma_n = p_n$, 结果得到

$$\varphi(\alpha_{i_1}, \alpha_{i_2}, \cdots, \alpha_{i_n}, p_1, p_2, \cdots, p_n) = 0.$$

既然 $\alpha_1, \alpha_2, \cdots, \alpha_n$ 诸数是任意的,所以有

$$\varphi(x_{i_1}, x_{i_2}, \cdots, x_{i_n}, \sigma_1, \sigma_2, \cdots, \sigma_n) = 0.$$

附注 要由关系(8)转移到关系(9),这显然可借助

$$\begin{pmatrix} 1 & 2 & \cdots & n \\ i_1 & i_2 & \cdots & i_n \end{pmatrix}$$

这置换来实现.

所以,我们可以说关系(8)在 n 元对称群 S_n 的任何置换之下都保持成立.

最后,我们再证明一个柯西发现的定理作为预备.

预备定理6 设 $r(x_1, x_2, \cdots, x_n)$ 是一个关于 $x_1, x_2, \cdots, x_n$ 的有理函数,如果在其变量的所有置换下只能取到两个不同(形式)的值,则 $r(x_1, x_2, \cdots, x_n)$ 一定具有形式

$$A + B \cdot \prod_{1 \leqslant i < j \leqslant n} (x_i - x_j),$$

其中 A, B 均为 $x_1, x_2, \cdots, x_n$ 的对称函数.

证明 我们以 Ht 表示 $x_1, x_2, \cdots, x_n$ 的有理函数 H 施以置换 t 的结果所得的式子.

设 r 通过其变量置换产生的另一个值为 r', 则在任何置换下, r 与 r' 不能相等. 事实上,若存在置换 s 使得

$$rs = r's,$$

则按预备定理5,我们可以对这等式施以逆置换 s^{-1} 而保持等式仍然成立

$$rss^{-1} = r'ss^{-1},$$

但 $ss^{-1} = I$ 是单位置换. 从而得出矛盾 $r = r'$. 又 r 在任何置换下只能取 r 或 r', r' 也一样,于是有理函数

$$r + r'$$

是一个对称函数,而有理函数

$$\rho = r - r'$$

在任何置换下仅能取二值 $\rho, -\rho$ 之一;但 ρ 的平方 ρ^2 是一个对称函数.

今设 t 能使 r 变为 r', 则 t 必变 ρ 为 $-\rho$. 我们知道任何置换,因而 t 必可表示成一串对换的乘积,故而存在某个对换 $(i_1 j_1)$ 使 r 变化

$$\rho(i_1 j_1) = -\rho. \tag{10}$$

即

$$\rho(x_1,\cdots,x_{j_1},\cdots,x_{i_1},\cdots,x_n)=-\rho(x_1,\cdots,x_{i_1},\cdots,x_{j_1},\cdots,x_n)$$

或

$$\rho(x_1,\cdots,x_{j_1},\cdots,x_{i_1},\cdots,x_n)+\rho(x_1,\cdots,x_{i_1},\cdots,x_{j_1},\cdots,x_n)=0, \quad (11)$$

若视 $\rho(x_1,\cdots,x_{i_1},\cdots,x_{j_1},\cdots,x_n)$ 为 x_{i_1} 的有理函数,则由(11)知当 $x_{i_1}=x_{j_1}$ 时,则 $\rho(x_1,\cdots,x_{i_1},\cdots,x_{j_1},\cdots,x_n)=0,x_{j_1}$ 即为其一根,由此 ρ 应含因子 $x_{i_1}-x_{j_1}$,今将 ρ 中含有的 $x_{i_1}-x_{j_1}$ 全部提取出来

$$\rho=\rho'(x_{i_1}-x_{j_1})^m, \quad (12)$$

这里 ρ' 是有理函数,而 m 为正整数.

现在施置换 $\tau=(i_1 i)(j_1 j)$ (其中 $1\leqslant i\leqslant n,1\leqslant j\leqslant n$,而 $i\neq j$) 于等式(12)

$$\rho\tau=[\rho'(x_{i_1}-x_{j_1})^m]\tau,$$

但

$$[\rho'(x_{i_1}-x_{j_1})^m]\tau=(\rho'\tau)[(x_{i_1}-x_{j_1})^m\tau]=(\rho'\tau)(x_i-x_j)^m,$$

于是

$$\rho\tau=\rho''(x_i-x_j)^m,$$

这里 $\rho''=\rho'\tau$.这意味 $\rho\tau$ 含有因子 $(x_i-x_j)^m$.由 i,j 的任意性,$\rho\tau$ 应含有像

$$(x_i-x_j)^m,i\neq j;i,j=1,2,\cdots,n$$

这样的因子.

既然 $\rho\tau=\rho$ 或 $\rho\tau=-\rho$,于是我们可写

$$\rho=\rho''\cdot\prod_{1\leqslant i<j\leqslant n}(x_i-x_j)^m \quad (13)$$

或

$$-\rho=\rho''\cdot\prod_{1\leqslant i<j\leqslant n}(x_i-x_j)^m. \quad (14)$$

下面我们先就 ρ 具有(13)的形式来证明我们的结论.首先证明(13)中的 m 不能为偶数.事实上,在相反的情况下对等式(13)施以前面用过的那个使 ρ 变号的对换 $——(i_1 j_1)$:

$$\rho(i_1 j_1)=[\rho''\cdot\prod_{1\leqslant i<j\leqslant n}(x_i-x_j)^m](i_1 j_1),$$

既然 $\rho(i_1 j_1)=-\rho$,同时注意到因 m 为偶数而 $\prod\limits_{1\leqslant i<j\leqslant n}(x_i-x_j)^m$ 对称:$[\prod\limits_{1\leqslant i<j\leqslant n}(x_i-x_j)^m(i_1 j_1)]=\prod\limits_{1\leqslant i<j\leqslant n}(x_i-x_j)^m$,于是

$$-\rho=[\rho''(i_1 j_1)]\prod_{1\leqslant i<j\leqslant n}(x_i-x_j)^m.$$

将式(13)代入,我们得到类似于等式(10)的式子

$$\rho''(i_1 j_1) = -\rho'',$$

如此,像前面 ρ 一样,ρ'' 将含有因子 $x_{i_1} - x_{j_1}$,而这与 ρ'' 不含 $x_{i_1} - x_{j_1}$ 矛盾.

既然 m 是奇数,我们可以写 ρ 为下面的形式:

$$\rho = \rho'' \cdot \prod_{1 \leqslant i < j \leqslant n} (x_i - x_j)^{2k+1}, k \text{ 为非负整数.}$$

在这基础之上,我们来证明 ρ 对任一对换均变号.若不然,则存在 $(i_2 j_2)$ 使 ρ 不变

$$\rho(i_2 j_2) = \rho,$$

即

$$\left[-\rho''(i_2 j_2)\right] \prod_{1 \leqslant i < j \leqslant n} (x_i - x_j)^{2k+1} = \rho,$$

由此 $-\rho''(i_2 j_2) = \rho''$,因而 ρ'' 含因子 $x_{i_2} - x_{j_2}$

$$\rho'' = \rho'''(x_{i_2} - x_{j_2})$$

或

$$\rho''^2 = \rho'''^2 (x_{i_2} - x_{j_2})^2,$$

施置换 $(i_2 i_1)(j_2 j_1)$ 于这等式,同时注意到

$$\rho''^2 = \frac{\rho^2}{\prod\limits_{1 \leqslant i < j \leqslant n} (x_i - x_j)^{4k+2}}$$

为对称函数,故

$$\rho''^2 = \left[\rho'''^2 (i_2 i_1)(j_2 j_1)\right](x_{i_1} - x_{j_1})^2,$$

这表明 ρ'' 含因子 $x_{i_1} - x_{j_1}$,可是我们前面已经指出这是不可能的.

如此任一对换,均能使 $\rho, \prod\limits_{1 \leqslant i < j \leqslant n} (x_i - x_j)^{2k+1}$ 变号,故

$$\rho'' = \frac{\rho}{\prod\limits_{1 \leqslant i < j \leqslant n} (x_i - x_j)^{2k+1}}$$

是一个对称函数.

令

$$\rho'' \cdot \prod_{1 \leqslant i < j \leqslant n} (x_i - x_j)^{2k} = 2B,$$

而 B 是对称函数,于是

$$r - r' = \rho = 2B \cdot \prod_{1 \leqslant i < j \leqslant n} (x_i - x_j), \tag{15}$$

令

$$r + r' = 2A, \tag{16}$$

联立等式 $(15),(16)$,我们得出

142

$$r = A + B \cdot \prod_{1 \leqslant i < j \leqslant n} (x_i - x_j).$$

如果 ρ 具有(14)的形式,则可以同样来证明我们的结论.

2.2 鲁菲尼－阿贝尔定理

现在我们接近四次以上代数方程式不能有根式解这一个初看起来有些令人意外的著名定理了.

鲁菲尼－阿贝尔定理 当 $n \geqslant 5$ 时,一个给定的 n 次代数方程式不能有一般的公式把该方程式每个根表示成根式.

证明 我们假设其反面,设一个 $n \geqslant 5$ 次的任意代数方程式

$$f(x) = x^n - \sigma_1 x^{n-1} + \sigma_2 x^{n-2} - \cdots + (-1)^n \sigma_n = 0$$

的任何根 x_1 能按一般公式

$$x_1 = r(\rho_1, \rho_2, \cdots, \rho_h, \sigma_1, \sigma_2, \cdots, \sigma_n) \tag{1}$$

以根式表示出来,这里 $r(\rho_1, \rho_2, \cdots, \rho_h, \sigma_1, \sigma_2, \cdots, \sigma_n)$ 是域 $T = Q(\varepsilon_1, \varepsilon_2, \cdots, \varepsilon_k)$ 上 $\rho_1, \rho_2, \cdots, \rho_h, \sigma_1, \sigma_2, \cdots, \sigma_n$ 的一个有理函数,而域 T 是与方程式的选择无关的;ε_i 也如以前一样,表示 1 的 p_i 次本原根.因为这代数方程式是任意的,我们可以把它的根 $x_1, x_2, \cdots, x_n$ 看作是独立的变量.按预备定理 4,根式 ρ_i 应该是域 $K = \Delta(\varepsilon_1, \varepsilon_2, \cdots, \varepsilon_k)^{①}$ 上 $x_1, x_2, \cdots, x_n$ 的一个有理整函数,也是域 T 上 x_1, $x_2, \cdots, x_n, \sigma_1, \sigma_2, \cdots, \sigma_n$ 的有理函数

$$\rho_i = r_i(x_1, x_2, \cdots, x_n, \sigma_1, \sigma_2, \cdots, \sigma_n). \tag{2}$$

并且,既然公式(1)是对所有给定的 $n \geqslant 5$ 代数方程式的一般公式,则

$$r_i(x_1, x_2, \cdots, x_n, \sigma_1, \sigma_2, \cdots, \sigma_n)$$

这式子也应该与所给的 n 次方程式的选择法无关.

现在来考察第一根式 ρ_1.既然 $\rho_1 = r_1(x_1, x_2, \cdots, x_n, \sigma_1, \sigma_2, \cdots, \sigma_n) = \sqrt[p_1]{A_1}$ 并且 A_1 是域 T 上 $\sigma_1, \sigma_2, \cdots, \sigma_n$ 的有理函数,则等式

$$\rho_1^{p_1} = A_1,$$

可以看作是域 T 上 $x_1, x_2, \cdots, x_n, \sigma_1, \sigma_2, \cdots, \sigma_n$ 之间的有理关系;如此,这关系按预备定理 5 施用任何置换 s 后不被破坏:

$$(\rho_1^{p_1}) s = A_1 s.$$

或,既然 $(\rho_1)^{p_1} s = (\rho_1 s)^{p_1}$ 并且 $A_1 s = A_1$,我们有

---

① $\Delta = Q(\sigma_1, \sigma_2, \cdots, \sigma_n)$.

$$(\rho_1 s)^{p_1} = A_1,$$

即 $\rho_1 s$ 亦是 A_1 的 p_1 次方根. 由此有 $\rho_1 s = \varepsilon_1^\nu \rho_1$, 这里 ν 可设为是一个不超过 p_1 的非负整数.

$\rho_1 = r_1(x_1, x_2, \cdots, x_n, \sigma_1, \sigma_2, \cdots, \sigma_n)$ 不能是 $x_1, x_2, \cdots, x_n$ 的对称函数, 如不然则 ρ_1 将属于 Δ 而不需要再添加. 如此, 将存在某个置换使得 ρ_1 发生变化. 我们知道, 任意置换均可表示成一串对换的乘积, 这样, 将存在某个对换 τ 使得 $\rho_1 \tau$ 变化

$$\rho_1 \tau \neq \rho_1,$$

或, 在此有

$$\rho_1 \tau = \varepsilon_1^\nu \rho_1, \quad \nu \text{ 是一个介于 } 0 \text{ 和 } p_1 \text{ 的整数.}$$

而 $\rho_1 \tau^2 = (\rho_1 \tau)\tau = \varepsilon_1^\nu(\rho_1 \tau) = \varepsilon_1^{2\nu}\rho_1$, 但 $\tau^2 = I$, 这里 I 是单位置换. 所以, $\rho_1 \tau^2 = \rho_1 = \varepsilon_1^{2\nu}\rho_1$, 由此有 $\varepsilon_1^{2\nu} = 1$, 由 ε_1 是 1 的 p_1 次原根, 得出 2ν 是 p_1 的倍数, 即 p_1 是 2ν 的约数, 而 ν 小于 p_1 而不能被 p_1 所整除, 故必有 p_1 整除 2, 又 p_1 是一个素数, 最后只能 $p_1 = 2$. 这样, 我们就得出了下面这有趣的结论:

若方程式能解成根式, 则第一根式 ρ_1 是一个平方根.

于是 ρ_1 在所有置换下只能取到 2 个符号相反的值: $\rho_1, -\rho_1$. 按预备定理 6, ρ_1 可写成

$$B \cdot \prod_{1 \leqslant i < j \leqslant n} (x_i - x_j),$$

其中 B 为对称函数 (在这个情况下, 容易明白 $A = 0$).

这表明, 任一对换 (ij) 均使 ρ_1 变号.

在继续考察第二根式之前, 让我们先指出轮换的一些性质.

首先, 偶数多个对换的乘积可以表示成一串三项轮换的乘积.

这一结论可由下列明显的等式得出:

$(ij)(ik) = (ijk)$, 当 2 个对换相交时;

$(ij)(kh) = (jkh)(ijk)$, 当 2 个对换不相交时.

其次, 由第一个等式还可看出, 任何三项轮换均可表示成两个对换的乘积的形式.

转而考察第二根式:

$$\rho_2 = r_2(x_1, x_2, \cdots, x_n, \sigma_1, \sigma_2, \cdots, \sigma_n) = \sqrt[p_2]{A_2},$$

并且 A_2 是域 $\Delta(\rho_1)$ 中的元素.

注意到 $\rho_1^2 = A_1$, 即 ρ_1 对域 Δ 而言是代数的, 由简单代数扩域结构定理 (本章定理 1.1.1), 我们可将 A_2 写成如下形式

$$A_2 = A + B\rho_1,$$

而 A, B 是域 Δ 的元素. 并且我们还可以假定 B 不为零, 因为否则添加根式 ρ_1 就成为多余的事情了.

由于任何三项轮换 (ijk) 均可表示成两个对换的乘积的形式

$$(ijk) = (ij)(ik),$$

而 $(ij), (ik)$ 均只使 ρ_1 变号, 这样, $A_2 = A + B\rho_1$ 对于任何三项轮换将不变形式.

但可以证明, 第二根式不能对于任何施三项轮换 (ijk) 均不变.

事实上, 假若不然, 则对任意轮换 (ijk) 将有

$$\rho_2(ijk) = \rho_2.$$

我们已经知道偶置换 (偶数多个对换的乘积) 可以表示成一串三项轮换的乘积, 这就意味着对 ρ_2 施行偶数个对换, 其形式不能变化.

我们再来看看奇置换对 ρ_2 的作用. 由于任何奇置换均是一个偶置换和一个对换的乘积, 而偶置换不能使 ρ_2 变化, 因此我们只要考察对换对 ρ_2 的作用就行了.

令任两对换 $(ij), (kh)$ 分别施于 ρ_2

$$\rho_2(ij) = \rho_2', \quad \rho_2(kh) = \rho_2'',$$

现在再对第二个等式施以对换 (ij)

$$\rho_2(kh)(ij) = \rho_2''(ij),$$

既然 $(kh)(ij)$ 是一个偶置换, 故有

$$\rho_2 = \rho_2''(ij),$$

再对这个等式施以对换 (ij)

$$\rho_2(ij) = \rho_2''(ij)(ij),$$

而 $(ij)(ij) = I$, 这里 I 是单位置换, 我们得出

$$\rho_2' = \rho_2'',$$

这样, 在任何置换之下, ρ_2 只可能是 ρ_2' 或 ρ_2''. 依预备定理 6, ρ_2 一定具有形式

$$C + D \cdot \prod_{1 \leqslant i < j \leqslant n} (x_i - x_j),$$

这里 C, D 均为对称函数.

前面我们已经知道

$$\rho_1 = B \cdot \prod_{1 \leqslant i < j \leqslant n} (x_i - x_j),$$

而 B 是对称函数. 于是, 可以写 ρ_2 为下面的形式

$$\rho_2 = C + \frac{D}{B} \cdot \rho_1,$$

而 $\dfrac{D}{B}$ 是 $x_1, x_2, \cdots, x_n$ 的对称函数.

这样,在"第二根式对于任何三项轮换均不变"的假设之下,我们得出了矛盾: ρ_2 属于 $\Delta(\rho_1)$ 而不需要再添加.

于是至少存在一个三项轮换 s 使得 ρ_2 发生变化. 接下来,类似于第一根式的处理,施用这三项轮换 s 于等式

$$\rho_2^{p_2} = A_2, \tag{3}$$

而 $(\rho_1)^{p_1} s = (\rho_1)^{p_1}$ 并且 $A_2 s = A_2$,我们有

$$(\rho_2 s)^{p_2} = A_2,$$

即 $\rho_2 s$ 亦是 A_2 的 p_2 次方根. 由此有 $\rho_2 s = \varepsilon_2^{\nu} \rho_2$,并且由于 $\rho_2 s$ 不能等于 ρ_2,而 ν 可设为一个介于 0 和 p_1 的整数. 于是有

$$\rho_2 s = \varepsilon_2^{\nu} \rho_2,\ \rho_2 s^2 = \varepsilon_2^{2\nu} \rho_2,\ \rho_2 s^3 = \varepsilon_2^{3\nu} \rho_2,$$

因 $s^3 = I$,故必 $\varepsilon_2^{3\nu} = 1$,由 ε_2 是 1 的 p_2 次原根,得出 3ν 是 p_2 的倍数,即 p_2 是 3ν 的约数,而 ν 小于 p_2 而不能为 p_2 所整除,故必有 p_2 整除 3,又 p_2 是一个素数,最后只能 $p_2 = 3$. 这样,我们得到了与第一根式类似的结论:

若方程式能解成根式,则第二根式 ρ_2 是一个立方根.

如果原方程式的次数 n 高于 4,则至少有 5 个根. 今对等式(3)施以任意五项轮换 $s = (i_1 i_2 i_3 i_4 i_5)$,注意到

$$(i_1 i_2 i_3 i_4 i_5) = (i_1 i_2 i_3)(i_1 i_4 i_5),$$

并且前面已经得出 A_2 对于任何三项轮换均不变形式,于是 $A_2 s$ 将与 A_2 重合: $A_2 s = A_2$. 而 ρ_2 则或不变,或变成 $\varepsilon_2 \rho_2$,或变成 $\varepsilon_2^2 \rho_2$,这里 ε_2 是 1 的 3 次原根. 对于后两种情况,由于 $s^5 = I$,故将有 $\varepsilon_2^5 = 1$ 或 $\varepsilon_2^{10} = 1$,而这是不可能的事情. 因此,只有一种可能,那就是 ρ_2 对于任意五项轮换均无变化. 但每一三项轮换可由两个五项轮换组成,例如

$$(123) = (54213)(13245),$$

故 ρ_2 亦将对于任意三项轮换均不变化,而这件事情我们已经指出是不可能的. 由此断定,没有这样的有理函数 ρ_2 能满足等式(3),于是定理得证.

最后指出,虽然我们已经证明五次及以上代数方程式的根不能以其系数通过有限次加、减、乘、除、开方运算表示出来. 但在 1858 年,法国数学家埃尔米特(Charles Hermite,1822—1901)证明五次一般方程式的根可以用其系数经过加、减、乘、除、开方和椭圆函数的组合表示出来. 进一步,1880 年法国数学家庞加莱(Henri Poincaré,1854—1912)发现 n 次一般方程式的根可以用其系数经过加、减、乘、除、开方和 Fuchs 函数的组合表示出来.

146

代数学教程

(第四卷·代数方程式论)

§3　不可能的第二证明

3.1　第二个证明的预备

上一节所证明的鲁菲尼－阿贝尔定理只揭示了凡 $n \geqslant 5$ 次的代数方程式，根式解的普遍公式是不存在的，但由此并不能推断有不能解为根式的数字方程式存在，要知道还可能每个方程式都有其特殊的根式解．在下一目，我们要找出这样的具体数字方程式的例子．

设 $f(x), g(x)$ 是域 P 上的两个多项式，则它们的最大公因式的系数亦必属于 P. 现在如果 $f(x)$ 是不可约的，则只有两种可能性：或者 $f(x)$ 整除 $g(x)$，或者 $f(x)$ 与 $g(x)$ 互素．由此可得到方程式论中的一个重要结论 —— 阿贝尔不可约性定理[①]．

预备定理 1　设 $f(x), g(x)$ 是 $P[x]$ 中的两个多项式，如果 $f(x)$ 不可约并且它的一个根也是 $g(x)$ 的一个根，则 $f(x)$ 是 $g(x)$ 的一个因子．同时，$f(x)$ 的所有根都是 $g(x)$ 的根．

证明　设 α 是它们共同的根，于是 $f(x)$ 与 $g(x)$ 存在公因式 $x-\alpha$. 设其最大公因式为 $D(x)$，而其系数在域 P 内．在 P 内以 $D(x)$ 来除 $f(x)$，由 $f(x)$ 的不可约性知其商式必为 P 中一常数 c，如此 $f(x) = cD(x)$. 又 $D(x)$ 为 $g(x)$ 的一个因式

$$g(x) = h(x)D(x),$$

这里 $h(x)$ 是域 P 上的某个多项式．于是

$$g(x) = \frac{1}{c}h(x)f(x), \tag{1}$$

即 $f(x)$ 是 $g(x)$ 的一个因子．

若 β 是 $f(x)$ 的另一个根，则由(1)可知 $g(\beta) = \frac{1}{c}h(\beta)f(\beta) = 0$. 于是 $f(x)$ 的所有根都是 $g(x)$ 的根．

这定理直接包含了两个重要的推论：

i. 如果 P 上不可约多项式 $f(x)$ 的一个根也是同域 P 上次数低于 $f(x)$ 的

---

① 这个定理是阿贝尔于 1829 年发表的．

多项式 $g(x)$ 的根,则 $g(x)$ 的所有系数均等于零.

ⅱ. 如果 $f(x)$ 是 P 上的不可约多项式,则 $P[x]$ 中不存在别的与 $f(x)$ 有一个共同根的不可约多项式,除非它们只差一个常数因子.

由这个推论可知,在 P 上以 α 为根的多项式之中,首系数为 1 且不可约的是唯一的,这正是 α 在 P 上的极小多项式.

另一方面,我们知道,多项式的可约与否,与所讨论的数域有很大关系.例如,x^2+1 在有理数域上不可约,但如将 $i=\sqrt{-1}$ 添入其中,则 x^2+1 即可分解

$$x^2+1=(x+i)(x-i),$$

这里 i 是 x^2+1 的一个根.

刚刚所看到的是一个域上的不可约多项式,借助在原域上添加它自身的一个根而转变为可约的简单的例子.但并非一定要添加它自身的根才能使其成为可约的:有理数域上的不可约多项式

$$x^2-10x+7$$

在添入 $\sqrt{2}$ 后亦能成为可约的

$$x^2-10x+7=(x-5-3\sqrt{2})(x-5+3\sqrt{2}),$$

这里 $\sqrt{2}$ 并非原多项式的根.

现在我们就来考察后面那种更一般的情形,设 $f(x)$ 是次数为素数 p 的多项式,它在 P 上不可约,但将同域 P 上的 q 次不可约多项式 $g(x)$ 的一个根 α 添入后即成为可约.在这种情况下,首先成立下面的关于域 P 上不可约多项式在 P 的扩域上可约的第一个定理:

预备定理 2　$f(x)$ 是系数在域 P 中且次数为素数 p 的不可约多项式,α 为域 P 上另一个 q 次不可约多项式 $g(x)$ 的一个根.如果 $f(x)$ 在扩域 $P(\alpha)$ 成为可约

$$f(x)=\varphi(x,\alpha)\psi(x,\alpha)^{\textcircled{1}},$$

则对 $g(x)$ 的所有根 $\alpha_1=\alpha,\alpha_2,\cdots,\alpha_q$,均有

$$f(x)=\varphi(x,\alpha_i)\psi(x,\alpha_i),i=1,2,\cdots,n.$$

证明　既然数域 P 包含有理数域 Q,于是对每个有理数 r,我们可令

$$u(x)=f(r)-\varphi(r,x)\psi(r,x),$$

---

① 在讨论数域 $P(\alpha)$ 上的多项式 $\varphi(x)$ 时,为明确起见我们把 α 从 $\varphi(x)$ 的系数中分离出来而把 $\varphi(x)$ 记为 $\varphi(x,\alpha)$,即把 φ 看作系数在 P 中的关于变量 x 和 α 的一个二元多项式.这是可以的,因为 $P(\alpha)$ 中的元素均可写成 α 的系数在 P 中的多项式的形式.

则 $u(x)$ 显然是 P 上的多项式,并且 $u(\alpha)=0$. 这表明,$u(x)$ 和不可约多项式 $g(x)$ 有公共根 α. 由阿贝尔不可约性定理知 $g(x)$ 的每个根 $\alpha_1=\alpha,\alpha_2,\cdots,\alpha_q$ 亦是 $u(x)$ 的根,即 $u(\alpha_i)=0(i=1,2,\cdots,q)$. 从另一个角度看,多项式 $f(x)-\varphi(x,\alpha_i)\psi(x,\alpha_i)$ 当 x 取每个有理数 r 时均为零,就是说,它有无限多个根,这只能是零多项式. 于是,有下述 q 个恒等式

$$f(x)=\varphi(x,\alpha_1)\psi(x,\alpha_1),$$
$$f(x)=\varphi(x,\alpha_2)\psi(x,\alpha_2),$$
$$\cdots$$
$$f(x)=\varphi(x,\alpha_q)\psi(x,\alpha_q).$$

这就得到了我们的结论.

现在,把上述 q 个恒等式左右两边分别相乘得到

$$f(x)^q=\Phi(x)\cdot\Psi(x),$$

其中 $\Phi(x)$ 及 $\Psi(x)$ 分别为 q 个多项式 $\varphi(x,\alpha_1),\varphi(x,\alpha_2),\cdots$ 及 $\psi(x,\alpha_1),\psi(x,\alpha_2),\cdots$ 的乘积.

注意到 $\Phi(x)$ 是多项式 $g(x)$ 的全部根 $\alpha_1,\alpha_2,\cdots,\alpha_q$ 的对称函数,根据对称多项式的基本定理,$\Phi(x)$ 可以表示为 $g(x)$ 诸系数的多项式,因此 $\Phi(x)$ 是 $P[x]$ 中的多项式. 由于同样的原因,$\Psi(x)$ 也是 $P[x]$ 中的多项式.

又多项式 $f(x)$ 在 P 上不可约,所以 $\Phi(x)$ 和 $\Psi(x)$ 都只能是 $f(x)$ 的方幂(当然可能相差一个常数系数). 令

$$\Phi(x)=f(x)^u,\Psi(x)=f(x)^v,$$

其中 $u+v=q$. 今设 $\varphi(x,\alpha)$ 与 $\psi(x,\alpha)$ 关于 x 次数分别为 m 与 n. 比较左边和右边的次数可得

$$mq=up,nq=vp.$$

又因为 m 与 n 均小于素数 p,由此可知 p 为 q 的因子. 这就得到了下面的关于域 P 上不可约多项式在 P 的扩域上可约的第二个定理:

预备定理 3(阿贝尔引理) $f(x)$ 是系数在域 P 中且次数为素数 p 的不可约多项式,α 为域 P 上另一个不可约多项式 $g(x)$ 的一个根. 如果 $f(x)$ 在扩域 $P(\alpha)$ 成为可约,则 p 必定整除 $g(x)$ 的次数.

预备定理 2 和预备定理 3 及其证明思想在下面的克罗内克定理的证明中将反复被用到,是一些深刻的结果.

转而来讨论一个关于数域的问题. 我们知道一个数域对于四种算术运算是封闭的,也就是说含于其中的任何两个数进行四种算术运算后的结果仍然在这个数域中,但是数域对于复数的共轭这种运算就不一定再封闭了.

例如我们来考虑数域 $Q(\varepsilon\sqrt[3]{2})$，这里 ε 是 3 次单位本原根. 这数域是在有理数域上添加方程式 $x^3-2=0$ 的根 $\varepsilon\sqrt[3]{2}$ 产生的. 我们来证明数 $\varepsilon\sqrt[3]{2}$ 的复共轭不在这个数域中. 事实上，$\varepsilon\sqrt[3]{2}$ 的复共轭 $\overline{\varepsilon\sqrt[3]{2}}=\bar{\varepsilon}\sqrt[3]{2}=\varepsilon^2\sqrt[3]{2}$（注意到 $\varepsilon^2\sqrt[3]{2}$ 亦是 $x^3-2=0$ 的根）. 如果 $\varepsilon^2\sqrt[3]{2}$ 在 $Q(\varepsilon\sqrt[3]{2})$ 内，那么它将可写成 $a+b\varepsilon\sqrt[3]{2}+c\varepsilon^2\sqrt[3]{2^2}$ 的形式，这里 a,b,c 均是有理数. 即

$$\varepsilon^2\sqrt[3]{2}=a+b\varepsilon\sqrt[3]{2}+c\varepsilon^2\sqrt[3]{2^2}.$$

既然 $\varepsilon\sqrt[3]{2}$，$\varepsilon^2\sqrt[3]{2^2}$ 均是无理数，那么 a 应该等于 0. 然后这等式两端立方后，将得到

$$2=b^3+4c^2+6b^2c\varepsilon\sqrt[3]{2}+6bc^2\varepsilon^2\sqrt[3]{4},$$

遂产生矛盾：无论 b,c 取何值时，这等式均不能成立，于是 $\varepsilon^2\sqrt[3]{2}\notin Q(\varepsilon\sqrt[3]{2})$.

我们引入定义：如果一个数域内的任何一个数的复共轭还在这个数域内，则称这个数域对复共轭是封闭的.

显然实数域及其任意子域均是复共轭封闭的，因为其中每个数都是自共轭的. 复数域 C 也是复共轭封闭域.

现在证明下面的定理.

预备定理 4　设域 P 是复共轭封闭的. 如果 P 上二项方程式 $x^n-a=0$ 的一个根 α 不在 P 内，那么扩域 $P(\alpha,\bar{\alpha})$ 是复共轭封闭的，这里 $\bar{\alpha}$ 表示与 α 共轭的数.

证明　首先指出，扩域 $P(\alpha)$ 可能还不是复共轭封闭的. 其次，α 的共轭复数 $\bar{\alpha}$ 亦是数域 P 的代数元素：既然 α 是 P 上方程式 $x^n-a=0$ 的根，则 $\bar{\alpha}$ 是同域上方程式 $x^n-\bar{a}=0$ 的根，因为 P 是复共轭封闭的.

现在来对域 $P(\alpha)$ 添加（α 的）共轭复数 $\bar{\alpha}$. 分两个情形：

$1°$ 如果 $\bar{\alpha}\in P(\alpha)$，即 $P(\alpha)$ 已含有 $\bar{\alpha}$，此时 $P(\alpha,\bar{\alpha})=P(\alpha)$. 于是对于 $P(\alpha)$ 的任一数 $\beta=c_0+c_1\alpha+c_2\alpha^2+\cdots+c_{n-1}\alpha^{n-1}$（这里 $c_0,c_1,c_2,\cdots,c_{n-1}\in P$），它的共轭 $\bar{\beta}=\bar{c_0}+\bar{c_1}\bar{\alpha}+\bar{c_2}\bar{\alpha}^2+\cdots+\bar{c_{n-1}}\bar{\alpha}^{n-1}$ 应该也属于 $P(\alpha)$，因为 $\bar{c_0},\bar{c_1},\bar{c_2},\cdots,\bar{c_{n-1}}$，$\bar{\alpha}$ 均是 $P(\alpha)$ 中的数.

$2°$ 如果 $\bar{\alpha}\notin P(\alpha)$，此时真扩域 $P(\alpha,\bar{\alpha})=P(\alpha)(\bar{\alpha})$ 的任何元素可表示为

$$\gamma=d_0+d_1\bar{\alpha}+d_2\bar{\alpha}^2+\cdots+d_{n-1}\bar{\alpha}^{n-1},$$

这里 $d_j=c_0+c_1\alpha+c_2\alpha^2+\cdots+c_{n-1}\alpha^{n-1}=\sum_{i=0}^{n-1}c_{ij}\alpha^i$（其中 $c_{ij}\in P$）是 $P(\alpha)$ 中的数，如此

$$\gamma = \sum_{j=0}^{n-1} \left(\sum_{i=0}^{n-1} c_{ij} \alpha^i \right) \bar{\alpha}^j,$$

它的复共轭 $\bar{\gamma} = \sum_{j=0}^{n-1} \left(\sum_{i=0}^{n-1} \overline{c_{ij}} \; \overline{\alpha}^i \right) \alpha^j = \sum_{i=0}^{n-1} \left(\sum_{j=0}^{n-1} \overline{c_{ij}} \; \overline{\alpha}^j \right) \alpha^i \in P(\alpha, \bar{\alpha}).$

综上所述，$P(\alpha, \bar{\alpha})$ 是复共轭封闭的域.

3.2 克罗内克定理

有了上述准备工作以后，现在我们就可以来证明一个以克罗内克命名的有趣的定理，它是克罗内克在 1856 年发现的.

定理 3.2.1　次数为奇素数，并且在有理数域内不可约的代数可解方程式，或者仅有一个实根，或者仅有实根.

证明　为方便起见，假设我们考虑的方程式 $f(x) = 0$ 的最高次项系数为 1，而次数为 p. 按题设 $f(x)$ 有一个根 ω 能用根式表示，故存在数域的根式扩张 (§1,1.3)

$$Q = P_0 \subset P_1 \subset P_2 \subset \cdots \subset P_n, \tag{1}$$

使得每个数域 P_{i+1} 总是通过添加 P_i 中某个数的素数次方根 ρ_i 而得到：$P_i = P_{i-1}(\rho_i)(i=1,2,\cdots,m)$，并且最后一个数域 P_n 包含了 ω.

现在，把 p 次单位本原根 $\varepsilon = \cos\dfrac{2\pi}{p} + \mathrm{i}\sin\dfrac{2\pi}{p}$ 添加到 (1) 的每个数域上去，我们得到

$$Q(\varepsilon) = P_0(\varepsilon) \subset P_1(\varepsilon) \subset P_2(\varepsilon) \subset \cdots \subset P_n(\varepsilon).$$

在此基础上，进一步来考虑下面的扩张系

$P_0'(\varepsilon)$	$\subset$	$P_1'(\varepsilon)$	$\subset$	$P_2'(\varepsilon)$	$\subset \cdots \subset$	$P_n'(\varepsilon)$
$\parallel$		$\parallel$		$\parallel$		$\parallel$
$P_0(\varepsilon)$		$P_0(\varepsilon)(\rho_0, \bar{\rho}_0)$		$P_1(\varepsilon)(\rho_1, \bar{\rho}_1)$		$P_{n-1}(\varepsilon)(\rho_{n-1} \overline{\rho_{n-1}})$

这里 $\bar{\rho}_i$ 是 ρ_i 的共轭复数. 换句话说，这里要求 $Q(\varepsilon)$ 逐步扩大而成为 $P_n'(\varepsilon)$ 的过程中，在每次添加一个方根的同时也把该方根的共轭复数添加进来. 这样做的目的是保证每个 $P_i'(\varepsilon)$ 还满足条件：$P_i'(\varepsilon)$ 中每个复数的共轭复数也在 $P_i'(\varepsilon)$ 中（预备定理 4）.

如此，ω 将被包含在更大的数域 $P_n'(\varepsilon)$ 中，于是 $f(x)$ 在域 $P_n'(\varepsilon)$ 上是可约的（含有因子 $x-\omega$），但 $f(x)$ 在 $P_0'(\varepsilon) = Q(\varepsilon)$ 上是不可约的：因为 ε 是分圆多项式 $x^{p-1} + x^{p-2} + \cdots + x + 1$ 的一个根，并且该多项式在有理数域上不可约（参阅第 5 章 §3）. 根据阿贝尔引理，$f(x)$ 在扩域 $Q(\varepsilon)$ 中还是不可约的，否则

将得出 p 整除 $p-1$ 的矛盾.

今设在 $P_0{}'(\varepsilon), P_1{}'(\varepsilon), \cdots, P_n{}'(\varepsilon)$ 中第一个使 $f(x)$ 成为可约的域为 $P_k{}'(\varepsilon): f(x)$ 在 $P_{k-1}{}'(\varepsilon)$ 上不可约,但在 $P_k{}'(\varepsilon)$ 上可约.

为方便起见,记 $P = P_{k-1}{}'(\varepsilon), a = \rho_k, \bar{a} = \overline{\rho_k}$. 令
$$P \subset P(a) \subset P(a, \bar{a}),$$
这里 a 是 P 中元素 a 的素数次方根 $\alpha = \sqrt[h]{a}$ (h 为素数).

既然 a 不能是 P 中某个元素的 h 次幂(否则 P 将与 $P(a)$ 重合),于是按 §2 预备定理 1,多项式 $x^h - a$ 在 P 上不可约.根据阿贝尔引理,得出 $f(x)$ 的次数 p 应该整除素数 h,但 p 也是素数,这显然只能是 $h = p$.

现在,令 $f(x)$ 在数域 $P(a)$ 上的不可约分解为
$$f(x) = \varphi(x, a)\psi(x, a)\cdots,$$
其中 $\varphi(x, a), \psi(x, a), \cdots$ 均为 $P(a)$ 上关于变量 x 的不可约多项式. 当然,从 $f(x)$ 在 P 上的不可约性可知,诸因式 $\varphi(x, a), \psi(x, a), \cdots$ 都不是 P 上关于 x 的多项式.

为了需要,我们先来证明扩域 $P(a)$ 上不可约因式 $\varphi(x, a), \psi(x, a), \cdots$ 的若干性质.预先指出,数域 P 上不可约多项式 $x^p - a$ 的 p 个根可以表示为
$$\alpha_0 = \alpha, \alpha_1 = \varepsilon\alpha, \cdots, \alpha_{p-1} = \varepsilon^{p-1}\alpha, \text{其中 } \varepsilon = \cos\frac{2\pi}{p} + \mathrm{i}\sin\frac{2\pi}{p}.$$

1° 在数域 $P(a)$ 上,每个 $\varphi(x, \alpha_i)(i = 0, 1, \cdots, p-1)$ 均可整除 $f(x)$.

这是因为,$f(x) = \varphi(x, a)\psi(x, a)\cdots$,于是按预备定理 2,可以得到 $f(x) = \varphi(x, \alpha_i)\psi(x, \alpha_i)\cdots$ 对每个 $i = 1, 2, \cdots, p-1$ 也成立,从而每个 $\varphi(x, \alpha_i)$ 均可整除 $f(x)$.

2° 多项式 $\varphi(x, \alpha_i)(i = 0, 1, \cdots, p-1)$ 在 $P(a)$ 中不可约.

假若有 $\varphi(x, \alpha_i) = u(x, \alpha_i)v(x, \alpha_i)$,类似于预备定理 2 的证明,对有理数 r,构造 P 上多项式 $w(x) = \varphi(r, x) - u(r, x)v(r, x)$. 显然 $w(x)$ 和 P 上的不可约多项式 $x^p - a$ 有一个公共根 α_i,因而后者能整除前者,故每个 α_j 都是 $w(x) = 0$ 的根. 所以,多项式 $\varphi(x, \alpha_j) - u(x, \alpha_j)v(x, \alpha_j)$ 在每个有理数 r 上的取值均为零,故为恒等式. 由此即知 $\varphi(x, \alpha_j) = u(x, \alpha_j)v(x, \alpha_j)$,对每个 $j = 0, 1, 2, \cdots, p-1$ 均成立. 取 $j = 0$ 得到 $\varphi(x, a) = u(x, a)v(x, a)$,但它与 $\varphi(x, a)$ 在 $P(a)$ 上不可约的假设相矛盾.

3° p 个多项式 $\varphi(x, \alpha_i)$ 两两不同.

假如存在 $\varphi(x, \alpha_s) = \varphi(x, \alpha_t)$,而 $s \neq t$. 由于 $\alpha_s = \varepsilon^s\alpha, \alpha_t = \varepsilon^t\alpha$,则

$$\varphi(x,\alpha_s) - \varphi(x,\alpha_t) = \varphi(x,\varepsilon^s\alpha) - \varphi(x,\varepsilon^t\alpha) = 0.$$

如同以前的做法,对于任意 $r \in Q$ 定义

$$u(x) = \varphi(r,\varepsilon^s x) - \varphi(r,\varepsilon^t x),$$

因为其中没有 α,所以 $u(x)$ 是 P 上的多项式,且 $u(\alpha)=0$.注意到 α 同时是 P 上不可约多项式 $x^p - a$ 的根,按照预备定理 1,它的所有根 $\alpha_i = \varepsilon^i\alpha$ 也是 $u(x)$ 的根,即有

$$u(\varepsilon^i\alpha) = \varphi(r,\varepsilon^s\varepsilon^i\alpha) - \varphi(r,\varepsilon^t\varepsilon^i\alpha) = 0.$$

由于 r 的任意性,即有恒等式

$$\varphi(x,\alpha) - \varphi(x,\varepsilon^{s-t}\alpha) = 0.$$

这就证明了在等式 $\varphi(x,\varepsilon^s\alpha) = \varphi(x,\varepsilon^t\alpha)$ 中,可以把 α 替换为任意一个 $\alpha_k = \varepsilon^k\alpha$.特别地,取 $k = p-s$ 即得 $\varphi(x,\alpha) = \varphi(x,\alpha\eta)$,这里 $\eta = \varepsilon^{t-s}$.接着,再把 α 替换成另外一个根 $\alpha\eta$,同理又得到 $\varphi(x,\alpha\eta) = \varphi(x,\alpha\eta^2)$.不断重复下去,就得到

$$\varphi(x,\alpha) = \varphi(x,\alpha\eta) = \varphi(x,\alpha\eta^2) = \cdots = \varphi(x,\alpha\eta^{p-1}),$$

因 $s \neq t$,故素数 p 不能整除 $t-s$,此时 η 也是一个 p 次单位本原根.因此 α, $\alpha\eta,\cdots,\alpha\eta^{p-1}$ 恰好给出了 $x^p - a$ 的全部根.从而

$$p\varphi(x,\alpha) = \varphi(x,\alpha\eta) + \varphi(x,\alpha\eta^2) + \cdots + \varphi(x,\alpha\eta^{p-1})$$

是 $x^p - a$ 的全部根的一个对称多项式.由对称多项式基本定理,它可以用 $x^p - a$ 的系数表示出来,即 $p\varphi(x,\alpha)$ 关于 x 的系数均在 P 中,换句话说,$\varphi(x,\alpha)$ 是 P 上关于 x 的多项式,即是说 $f(x)$ 在 P 上有一个因式 $\varphi(x,\alpha)$ 而变得可约了,这矛盾表明 $\varphi(x,\alpha_i)$ 两两不同.

回到定理的证明上来.由于 $\Phi(x) = \varphi(x,\alpha_0)\varphi(x,\alpha_1)\cdots\varphi(x,\alpha_{p-1})$ 是多项式 $x^p - a$ 的 p 个根 $\alpha_i(i=0,1,\cdots,p-1)$ 的对称多项式,故 $\Phi(x)$ 能用 $x^p - a$ 的系数表出,因而是域 P 上的多项式.由上述性质 1° 知,多项式 $\Phi(x)$ 应该整除 $f(x)$.但 $f(x)$ 不可约,这只有 $f(x) = \Phi(x)$(有可能相差一个常数因子)才有可能.因为已经假设 $f(x)$ 最高次项的系数为 1,故不妨也要求它在 $P(\alpha)$ 上的每个不可约因式 $\varphi(x,\alpha)$ 关于 x 的最高次项的系数也为 1.

注意到 $f(x)$ 的次数为 p,于是,诸 $\varphi(x,\alpha_i)$ 只能是一次多项式,令 $\varphi(x,\alpha_i) = x - \omega_i(i=0,1,\cdots,p-1)$,则 $\omega_0,\omega_1,\omega_2,\cdots,\omega_{p-1}$ 即为 $f(x)$ 的全部根,并且都在 $P(\alpha)$ 中.当把 $\varphi(x,\alpha)$ 写成关于 x 的多项式时,按照简单代数扩域结构定理,相应的常数项可记为 $c(\alpha) = c_0 + c_1\alpha + c_2\alpha^2 + \cdots + c_{p-1}\alpha^{p-1}$,其中 c_i 皆属于 P,则 $\omega_i = c(\alpha_i)$ 对每个 $i=0,1,\cdots,p-1$ 均成立.

因为实系数多项式的根总是按复数共轭成对出现的,又 $f(x)$ 的次数为奇素数 p,所以 $f(x)$ 至少有一个实数根,不妨设 $\omega = \omega_0$ 即为其实根.下面分两种

情况讨论：

i. $a \in P$ 为实数.

设 $\alpha = \sqrt[p]{a}$ 为 a 的一个 p 次方根. 因为已经假定了 P 包含 p 次单位本原根 ε，所以可以假设 α 亦为实数（必要时乘以一个 p 次单位根）. 因为

$$\omega = c(\alpha_0) = c_0 + c_1\alpha + c_2\alpha^2 + \cdots + c_{p-1}\alpha^{p-1},$$

其共轭复数为

$$\bar{\omega} = \overline{c_0} + \overline{c_1}\,\overline{\alpha} + \overline{c_2}\,\overline{\alpha^2} + \cdots + \overline{c_{p-1}}\,\overline{\alpha^{p-1}},$$

从 $\omega = \bar{\omega}$ 以及 $P(\alpha)$ 中元素的唯一表示法（简单代数扩张结构定理）可知每个 $c_i = \overline{c_i}$，即每个 c_i 均为实数. 此时，由 ε^k 的复共轭为 $\overline{\varepsilon^k} = \varepsilon^{-k} = \varepsilon^{p-k}$ 以及 $\alpha_k = \varepsilon^k\alpha$，可知 $\overline{\alpha_k} = \varepsilon^{-k}\alpha = \alpha_{p-k}$，所以

$$\overline{\omega_k} = c_0 + c_1\,\overline{\alpha_k} + c_2\,\overline{\alpha_k^2} + \cdots + c_{p-1}\,\overline{\alpha_k^{p-1}}$$
$$= c_0 + c_1\alpha_{p-k} + c_2\alpha_{p-k}^2 + \cdots + c_{p-1}\alpha_{p-k}^{p-1} = \omega_{p-k}.$$

注意到不可约多项式没有重根，即诸 ω_k 两两不等. 又因为 p 为奇素数，从而 $k \neq p-k$，说明 $\overline{\omega_k} \neq \omega_k$，即 ω_k 不是实数，所以 $f(x)$ 仅有一个实根 ω，其余 $p-1$ 个根皆为复根.

ii. $a \in P$ 不是实数.

因 $\alpha = \sqrt[p]{a}$，则 α 的共轭 $\bar{\alpha} = \sqrt[p]{\bar{a}}$. 令 $\lambda = \alpha\bar{\alpha}$，如果把 λ 添加到 P 上，就能使 $f(x)$ 成为可约（在 $P(\lambda)$ 上），这时可以归结为 I 的情形. 因此以下我们假定 $f(x)$ 在 $P(\lambda)$ 上仍然不可约，接着把 α 继续添加到 $P(\lambda)$ 上而得到一个更大的数域 $P(\alpha, \lambda)$. 因为 $P(\alpha) \subset P(\lambda, \alpha)$，所以 $f(x)$ 在数域 $P(\lambda, \alpha)$ 上也是可约的. 注意到

$$\omega = c(\alpha_0) = c_0 + c_1\alpha + c_2\alpha^2 + \cdots + c_{p-1}\alpha^{p-1},$$

以及 α 的共轭 $\bar{\alpha} = \dfrac{\lambda}{\alpha}$，所以

$$\bar{\omega} = \overline{c_0} + \overline{c_1}\,\overline{\alpha} + \overline{c_2}\,\overline{\alpha^2} + \cdots + \overline{c_{p-1}}\,\overline{\alpha^{p-1}} = \overline{c_0} + \overline{c_1}\frac{\lambda}{\alpha} + \overline{c_2}\left(\frac{\lambda}{\alpha}\right)^2 + \cdots + \overline{c_{p-1}}\left(\frac{\lambda}{\alpha}\right)^{p-1},$$

因为 ω 已经被假定为实数，所以 $\omega = \bar{\omega}$，这样我们得到

$$c_0 + c_1\alpha + c_2\alpha^2 + \cdots + c_{p-1}\alpha^{p-1} = \overline{c_0} + \overline{c_1}\frac{\lambda}{\alpha} + \overline{c_2}\left(\frac{\lambda}{\alpha}\right)^2 + \cdots + \overline{c_{p-1}}\left(\frac{\lambda}{\alpha}\right)^{p-1}$$

$$(2)$$

既然每个 c_i 及其共轭 $\overline{c_i}$ 都在 P 中，而 λ 在 $P(\lambda)$ 中，所以在等式 (2) 中除 α 外的每个复数都在数域 $P(\lambda)$ 中.

我们指出，多项式 $x^p - a$ 在 $P(\lambda)$ 上不可约. 如若不然，则根据 §2 预备定

154

理 1 可知,a 必为 $P(\lambda)$ 上某个元素 β 的 p 次方幂:$a=\beta^p$,即是说 β 也是 $x^p-a=0$ 的一个根,故存在 i 使得 $\beta=\alpha_i=\varepsilon^i\alpha$. 由此得出 $\alpha\in P(\lambda)$,继而推出 $P(\lambda,\alpha)=P(\lambda)$,因此 $f(x)$ 在 $P(\lambda)$ 上可约,矛盾.

现在在等式(2)两端同乘以 α^{p-1} 并将其整理成等式 $h(\alpha)=0$,其中 $h(x)$ 为 $P(\lambda)$ 上的一个多项式. 则从 $h(x)$ 和 $P(\lambda)$ 上的不可约多项式 x^p-a 有公共根 α 可知后者能整除前者(阿贝尔不可约性定理),从而 $x^p-a=0$ 的每个根 α_i 都是 $h(x)=0$ 的根. 由此推出等式(2)对每个 α_i 均成立,这时注意到

$$\frac{\lambda}{\alpha_i}=\overline{\frac{\alpha\alpha}{\varepsilon^i\alpha}}=\overline{\varepsilon^i\,\overline{\alpha}}=\overline{\varepsilon^i\alpha}=\overline{\alpha_i},$$

于是在等式(2)中把 α 替换为 α_i 后,可以得到

$$c_0+c_1\alpha_i+c_2\alpha_i^2+\cdots+c_{p-1}\alpha_i^{p-1}=\overline{c_0}+\overline{c_1}\,\overline{\alpha_i}+\overline{c_2}\,\overline{\alpha_i^2}+\cdots+\overline{c_{p-1}}\,\overline{\alpha_i^{p-1}},$$

即 $\omega_i=\overline{\omega_i}$,这表明 $f(x)$ 的每个根 ω_i 都是实数.

结合 i 和 ii 两种情况,就证明了克罗内克定理.

在这个定理的证明中,克罗内克的高明之处在于,他并不直接去构造那些有理数域 Q 的根式扩张,而是抓住了多项式不可约性在根式扩张下的动态这个关键问题,即重点考察 $f(x)$ 不可约性在何时发生了改变. 此外,在上面的证明过程中,还可以看出如果 $f(x)$ 的一个根能用根式表示,那么它的所有根也都可以用根式表示.

克罗内克定理同样给出了一个"高于四次的方程式一般不能用代数方法解出"的证明:它把方程式的根式求解问题归结为计算方程式实根个数的问题,而一个多项式的实根个数在很多时候是容易计算出来的. 例如,像五次方程式

$$x^5-4x-2=0^①$$

就不能解成根式.

为了确定这方程式实根的数目,考虑函数 $f(x)=x^5-4x-2(x\in R)$ 的图像. 为此求出导数 $f'(x)=5x^4-4=0$ 的实根 $x_1=\sqrt[4]{\dfrac{4}{5}}$,$x_2=-\sqrt[4]{\dfrac{4}{5}}$. 由于 $f''(x_1)>0,f''(x_2)<0$,所以 $f(x)$ 在 x_1 取得极小值,在 x_2 取得极大值. 再由

---

① 对于这些不能解为根式的方程式的根可以做下面的几何解释. 我们知道,整数通过加、减、乘、除(除数不为 0)得到有理数域,但有理数域并没有填满实数轴,其中还有间隙(即存在着无理数). 将有理数进行扩张,四项运算之外,再加上开方运算,经过这样运算后得到的数已拓展到了复平面,但其实并没有填满复平面,其中仍有间隙,而高次方程的根往往就落在这些间隙中(当然,次数小于等于四次的方程的根只是恰好避开了这些间隙罢了). 我们还要指出,即便将方程的根再添上去,得到的数域依然不能填满复平面,因为还存在着超越数(即圆周率 π,自然对数底 e 之类).

$f'(x)$容易确定出 $f(x)$ 的增区间为 $(-\infty, -\sqrt[4]{\frac{4}{5}}) \cup (\sqrt[4]{\frac{4}{5}}, +\infty)$，减区间为

$\left[-\sqrt[4]{\frac{4}{5}}, \sqrt[4]{\frac{4}{5}}\right]$. 注意到 $f(-2) < 0, f(-1) > 0, f(-2) < 0, f(0) < 0$,

$f(1) < 0, f(2) > 0$，可以大致确定出 $f(x)$ 的图像如图 1 所示：有三个实数根

和两个复数根，于是，按照克罗内克定理，这个方程式是代数不可解的.

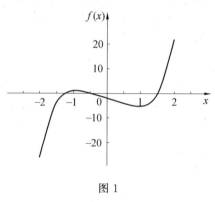

图 1

以群之观点论代数方程式的解法

第

5

章

§1　有理函数与置换群

1.1　引言·域上方程式的群

鲁菲尼－阿贝尔定理表明了五次代数方程式通用的求根公式是不存在的,进一步克罗内克定理举出了不存在根式解的数字方程式的例子;另一方面有相当数量的五次和五次以上代数方程是可以用根式求解的(例如方程式 $x^5-1=0$ 就是这样)[①]. 现在的问题是:给定一个数字方程式,如何判定它能否用根式解. 如此需对代数方程式根式解可能性问题做更完全的研究.

为了将置换理论应用到具体数字方程式上去,我们来引入域上方程式的群这一个很重要的概念.

设

$$f(x) = x^n + a_1 x^{n-1} + \cdots + a_n = 0 \qquad (1)$$

是数域 P 上的一个 n 次代数方程式,并且假设它的 n 个复根 $\alpha_1, \alpha_2, \cdots, \alpha_n$ 是相异的. 我们称方程式(1)为基本方程式,而数域 P 称为基域.

---

① 系数是整数的五次方程里面到底有多少是根式可解的,有多少不是根式可解的呢？大数学家希尔伯特(David Hilbert,1862—1943)证明了五次方程里面根式可解的所占的比例是零.这并不是说没有根式可解的方程,而是说根式可解的方程所占的比例是微不足道的.这就像素数虽然有无限多个,但是素数在全体自然数里面所占的比例很小一样.

现在考虑以 $f(x)$ 的 n 个根 $\alpha_1, \alpha_2, \cdots, \alpha_n$ 为变量，P 中的数为系数的任意有理函数. 这样的函数可分为两类：第一类是函数值仍在 P 中的，第二类是函数值不在 P 中的.

再考察 n 个根 $\alpha_1, \alpha_2, \cdots, \alpha_n$ 的所有 n 次置换（共有 $n!$ 个）. 如果随便从中取出一个置换作用到上述任一个有理函数上，则变换的结果，或者函数值不变，或者函数值改变. 现在我们将使第一类有理函数值保持不变（从而变换后的函数值仍在 P 中）的所有置换构成的集合记为 G.

我们来证明，集合 G 对置换的乘法而言形成一群[①].

要证明这一点，只需证明集合 G 对置换的乘法是封闭的，即置换的乘法永远可以在集合 G 里面进行.

我们取 G 中两个任意的置换 s_1 及 s_2，再取关于 $\alpha_1, \alpha_2, \cdots, \alpha_n$ 的任一第一类函数 $r(\alpha_1, \alpha_2, \cdots, \alpha_n)$，设它的值等于 a

$$r(\alpha_1, \alpha_2, \cdots, \alpha_n) = a, a \in P. \tag{2}$$

既然 s_1 和 s_2 均不改变 $r_1(\alpha_1, \alpha_2, \cdots, \alpha_n)$ 的值，于是乘积 $s_1 s_2$ 亦不改变 $r(\alpha_1, \alpha_2, \cdots, \alpha_n)$ 的值. 因此 $s_1 s_2$ 亦应该属于 G. 由此知道 G 形成一个群.

这个群叫作域 P 上方程式 (1) 的伽罗瓦群或简称为域 P 上方程式 (1) 的群. 在 P 是方程式的有理域的情形"域 P 上"这几个字通常可以省略.

按照定义，伽罗瓦群应该与具有下面性质的置换群重合：

$1°$ 凡函数值在域 P 中的任何有理函数 $r(\alpha_1, \alpha_2, \cdots, \alpha_n)$，在群中每一个置换下保持函数值不变.

$2°$ 任一有理函数 $r(\alpha_1, \alpha_2, \cdots, \alpha_n)$，若在群中的每个置换下都保持不变，则其函数值必在 P 中.

设 H 满足性质 $1°$ 和 $2°$ 则性质 $1°$ 表明 $H \subseteq G$，而性质 $2°$ 表明 $G \subseteq H$，所以 $H = G$.

如果根 $\alpha_1, \alpha_2, \cdots, \alpha_n$ 之间的两个有理函数的值相等

$$r_1(\alpha_1, \alpha_2, \cdots, \alpha_n) = r_2(\alpha_1, \alpha_2, \cdots, \alpha_n), \tag{3}$$

则称根 $\alpha_1, \alpha_2, \cdots, \alpha_n$ 满足有理关系 (3).

这时差 $r_1 - r_2$ 亦为一有理函数，并且它的值等于数域 P 内的 0. 故按性质 $1°$，即表明伽罗瓦群 G 中的任何置换 s，不改变其值. 于是

$$(r_1 - r_2)_s = (r_1)_s - (r_2)_s = r_1 - r_2 = 0,$$

[①] 这不排除群中某些置换（例如恒等置换）也使得第二类有理函数保持不变，但可以证明对于任一第二类的有理函数，群中至少有一个置换能改变这个函数的值. 参阅第 6 章定理 1.4.1 的推论.

即
$$(r_1)_s = (r_2)_s.$$

另一方面,等式(2)亦可以看作是 $\alpha_1, \alpha_2, \cdots, \alpha_n$ 间的一个有理关系. 如此,群 G 是方程式(1)的根集的对称群 S_n① 中这样的置换的总体,它们使域 P 的元素保持不变同时不破坏域 P 上 $\alpha_1, \alpha_2, \cdots, \alpha_n$ 诸根间的任何一个有理关系②.

域 P 上的一般 n 次方程,也就是系数为独立变量的那种方程. 它的根 x_1, $x_2, \cdots, x_n$ 亦将是独立变量. 因此,有理关系
$$r_1(x_1, x_2, \cdots, x_n) = r_2(x_1, x_2, \cdots, x_n),$$
意味着在 $x_1, x_2, \cdots, x_n$ 以一切数值代入时皆相等,即恒等. 这时候 S_n 中的任何置换都不能改变这恒等式. 于是这种方程式在域 P 上的群即为 S_n.

作为再一个例子,我们来找二次方程式
$$x^2 + px + q = 0 \tag{4}$$
的群. 这方程式具有有理系数,并且有两个相异的无理实根 α_1 及 α_2.

显然,在当前这场合 P 是有理数域. 另外,方程式(4)的根之间的任一有理关系都可以假设是有理整关系,因为 α_1 与 α_2(对有理数域而言)是代数数. 此外,我们还可以假设进入关系 $r(\alpha_1, \alpha_2) = 0$ 中的每个根 α_1 或 α_2 次数都不超过 1,因为在相反的情况下我们可借方程式(4)来降低相应根的次数. 这样,关系 $r(\alpha_1, \alpha_2) = 0$ 可以写成
$$r(\alpha_1, \alpha_2) = a\alpha_1\alpha_2 + b\alpha_1 + c\alpha_2 + d = 0(a, b, c, d \text{ 是有理数})$$
的形式. 但按韦达公式有 $\alpha_1\alpha_2 = q$,所以,令 $aq + d = m$,我们有
$$r(\alpha_1, \alpha_2) = b\alpha_1 + c\alpha_2 + m = 0.$$
既然 $\alpha_2 = -p - \alpha_1$,则得
$$r(\alpha_1, \alpha_2) = (b - c)\alpha_1 + (m - pc) = 0.$$

如其 $b - c \neq 0$,则我们将有 $\alpha_1 = \dfrac{pc - m}{b - c}$,而这是不可能的,因为 α_1 是无理数. 所以 $b - c = 0$,因此 $r(\alpha_1, \alpha_2) = 0$ 这关系取这样的最后形式
$$r(\alpha_1, \alpha_2) = b(\alpha_1 + \alpha_2) + m = 0, \tag{5}$$
关系(5)显然在二次对称群 S_2 的任何置换之下不被破坏(甚至保持同一),所以,S_2 就是方程式(4)的群.

---

① 即根集 $\{\alpha_1, \alpha_2, \cdots, \alpha_n\}$ 上所有置换所构成的群.

② 既然任何有理关系(3)都可写成 $r = r_1 - r_2$ 的形式,那么说,若 $r(\alpha_1, \alpha_2, \cdots, \alpha_n) = 0$,则 $r(\alpha_1 s, \alpha_2 s, \cdots, \alpha_n s) = 0$,这里 $r(x_1, x_2, \cdots, x_n) \in P(x_1, x_2, \cdots, x_n), s \in S_n$.

1.2 伽罗瓦群作为伽罗瓦预解方程式诸根间的置换群

设 P 为所设数域,而基本方程式为

$$f(x) = x^n + a_1 x^{n-1} + \cdots + a_n = 0. \tag{1}$$

它的 n 个复根为 $\alpha_1, \alpha_2, \cdots, \alpha_n$. 则我们能作出这些根的一个有理函数 V,它的系数为域 P 中的数,并且对于 $\alpha_1, \alpha_2, \cdots, \alpha_n$ 的 $n!$ 个置换,V 有 $n!$ 个不同的值.

为此,取

$$V = m_1 \alpha_1 + m_2 \alpha_2 + \cdots + m_n \alpha_n, \tag{2}$$

其中 $m_1, m_2, \cdots, m_n$ 为待定的 P 中的数. 任取两个不同的置换 a 与 b 施于 V 得 V_a 与 V_b. 既然基本方程式的根 $\alpha_1, \alpha_2, \cdots, \alpha_n$ 互不相等,故 V_a 与 V_b 不能对 m_1, $m_2, \cdots, m_n$ 的一切值皆相等. 令 a, b 遍历 $n!$ 个置换,则可得到形如 $V_a = V_b$ 的关系式 $C_{n!}^2 = \dfrac{1}{2} n! (n! - 1)$ 个. 我们这样选择 $m_1, m_2, \cdots, m_n$ 诸数的值,使它不能满足其中的任何一个关系式. 如此,所得到的 V 即为所求函数.

$n!$ -值函数(2)在所有置换下的 $n!$ 个值:$V_1 = V, V_2, \cdots, V_{n!}$,为方程式

$$F(y) = (y - V_1)(y - V_2) \cdots (y - V_{n!}) = 0 \tag{3}$$

的根. 这是域 P 上的方程式,因为它的系数是原方程式诸根 $\alpha_1, \alpha_2, \cdots, \alpha_n$ 的对称函数,即可以表示为 $m_1, m_2, \cdots, m_n$ 及 $a_1, a_2, \cdots, a_n$ 的有理整函数,由此即知诸系数均在 P 内.

现在我们以 $F_0(y)$ 表示 $F(y)$ 的那个有 V_1 为其根的不可约因子[①],并且把不可分解方程式

$$F_0(y) = 0 \tag{4}$$

称为方程式(1)的在域 P 上的伽罗瓦预解方程式.

现在可以引入下面的定理.

定理 1.2.1 所设方程式(1)诸根的任意有理函数(系数在数域 P 内的),必能表示为 $n!$ -值函数 V 的有理函数(系数亦在 P 内),即

$$\varphi(\alpha_1, \alpha_2, \cdots, \alpha_n) = \Phi(V).$$

证明 设有理函数 φ, V 在 $\alpha_1, \alpha_2, \cdots, \alpha_n$ 的 $n!$ 个置换下的值分别为

$$\varphi_1 = \varphi, \varphi_2, \cdots, \varphi_{n!} (有可能有相同的);V_1 = V, V_2, \cdots, V_{n!} .$$

引入关于 y 的有理函数如下

---

① 显然,如果 $F(y)$ 在 P 内已经不可约,则 $F_0(y)$ 即为 $F(y)$ 自身.

$$g(y) = F(y) \sum_{i=1}^{n!} \frac{\varphi_i}{y - V_i},$$

这有理函数是根 $\alpha_1, \alpha_2, \cdots, \alpha_n$ 的对称函数,因而其系数是 $a_1, a_2, \cdots, a_n$ 的有理函数,所以 $g(y)$ 是域 P 上的函数. 令 $y = V = V_1$,则

$$g(V_1) = (V_1 - V_2)(V_1 - V_3) \cdots (V_1 - V_{n!}) \cdot \varphi_1 = F'(V_1) \cdot \varphi_1,$$

如此便得到了我们需要的结果:φ 表成了 V 的有理函数

$$\varphi(\alpha_1, \alpha_2, \cdots, \alpha_n) = \frac{g(V)}{F'(V)} = \Phi(V),$$

这里 $F'(t)$ 表示 $F(t)$ 的导数.

这个定理的一个重要情形为:方程式(1)的根均可以表示为 $n!-$ 值函数 V 的有理函数

$$\alpha_1 = \Phi_1(V), \alpha_2 = \Phi_2(V), \cdots, \alpha_n = \Phi_n(V),$$

其系数均在 P 内. 所以如果我们能够确定某个 $n!-$ 值函数的值,即等同于解出所设方程式.

下一个命题是:

定理 1.2.2 设方程式(1)的根 $\alpha_1, \alpha_2, \cdots, \alpha_n$ 的有理函数 $\varphi(\alpha_1, \alpha_2, \cdots, \alpha_n)$ 按照定理 1.2.1 表成了 $n!-$ 值函数 V 的有理函数

$$\varphi(\alpha_1, \alpha_2, \cdots, \alpha_n) = \Phi(V)^{①}.$$

则对这等式两端的函数分别施以诸根的任一置换 s 后,等式仍然成立

$$\varphi_s(\alpha_1, \alpha_2, \cdots, \alpha_n) = \Phi(V_s).$$

证明 事实上,若 $s = I$,则结论显然成立. 今设 s 为非单位置换,既然 V 是 $n!-$ 值函数,于是函数组

$$V_1 = V, V_2, \cdots, V_{n!}$$

中的每个均施行 s 后,将得到一组同样的函数(排列次数自然不同):

$$V_1, V_2, \cdots, V_{n!}.$$

若设 $V_s = V_i$,则函数

$$(V_1 - V_2)(V_1 - V_3) \cdots (V_1 - V_{n!})$$

施行 s 后将变为

$$(V_s - V_1)(V_s - V_2) \cdots (V_s - V_{i-1})(V_s - V_{i+1})(V_s - V_{n!}).$$

于是定理 1.2.1 中的函数

---

① 这里假定我们不得利用伽罗瓦群预解方程式 $F_0(y) = 0$ 将 $\Phi(V_1)$ 的形式化简,若加以简化,则致结果失效. 详见下一目的例子.

$$g(V_1) = (V_1 - V_2)(V_1 - V_3) \cdots (V_1 - V_{n!}) \cdot \varphi,$$

施行 s 后变为

$$g(V_s) = (V_s - V_1)(V_s - V_2) \cdots (V_s - V_{i-1})(V_s - V_{i+1})(V_s - V_{n!}) \cdot \varphi,$$

由此

$$\varphi_s(\alpha_1, \alpha_2, \cdots, \alpha_n) = \frac{g(V_s)}{F'(V_s)} = \Phi(V_s).$$

转而来建立原方程式(1)的群 G 与伽罗瓦预解方程式(4)诸根间的联系.

定理 1.2.3 设预解方程式 $F_0(y) = 0$ 的全部根为

$$V_1, V_a, V_b, \cdots, V_h. \tag{5}$$

又设导出各根所用的置换为

$$I, a, b, \cdots, h. \tag{6}$$

我们来证明,这些置换构成一个群并且与原来方程式(1)的群重合.

证明 设 r 及 s 为(5)内的任二置换,于是 V_r 与 V_s 为 $F_0(y) = 0$ 的根

$$F_0(V_r) = 0.$$

既然 V_r 亦为域 P 上根 $\alpha_1, \alpha_2, \cdots, \alpha_n$ 的有理函数,于是按定理 1.2.1 可将 V_r 表为 V_1 的有理函数(系数在 P 内)

$$V_r = \Phi(V_1), \tag{7}$$

代入得 $F_0[\Phi(V_1)] = 0$. 于是 P 内的不可约方程 $F_0(y) = 0$ 有一根能满足方程式

$$F_0[\Phi(y)] = 0.$$

(其系数在 P 内). 由此:方程式 $F_0(y) = 0$ 的所有根亦满足这方程式,所以

$$F_0[\Phi(V_s)] = 0.$$

以置换 s 施于(7),得(按定理 1.2.2)

$$(V_r)_s = V_{rs} = \Phi(V_s),$$

故得 $F_0(V_{rs}) = 0$,可见 V_{rs} 亦为 $F_0(y) = 0$ 的根. 于是 rs 含于(5)内,由 r 及 s 的任意性知(5)中诸置换构成一个群 H.

现在来证明 H 满足伽罗瓦群的条件 i 和 ii.

设 $\varphi = \varphi(\alpha_1, \alpha_2, \cdots, \alpha_n)$ 为根 $\alpha_1, \alpha_2, \cdots, \alpha_n$ 的任一有理函数,按定理 1.2.1,有

$$\varphi = \Phi(V_1), \varphi_a = \Phi(V_a), \varphi_b = \Phi(V_b), \cdots, \varphi_h = \Phi(V_h), \tag{8}$$

此处 V_1 为一 $n!$ 一值函数,而 Φ 为系数在 P 内的有理函数.

i 的证明 设 $\varphi(\alpha_1, \alpha_2, \cdots, \alpha_n)$ 等于 P 内的一数 p,则由式(8)得等式

$$\Phi(V_1) - r = 0.$$

换句话说, V_1 为方程式

$$\Phi(y) - r = 0 \qquad\qquad (9)$$

(其系数在 P 内)的一个根. 既然 V_1 是不可约方程式 $F_0(y) = 0$ 的根,所以 $F_0(y) = 0$ 的一切根 $V_1, V_a, V_b, \cdots, V_h$ 亦将适合方程式(9),而有

$$\Phi(V_1) - r = 0, \Phi(V_a) - r = 0, \cdots, \Phi(V_h) - r = 0,$$

故由式(8),得 $\varphi = \varphi_a = \varphi_b = \cdots = \varphi_h$,即 φ 对于 H 的一切置换,其值皆不变.

ii 的证明　既然 $\varphi = \varphi_a = \varphi_b = \cdots = \varphi_h$,则由式(8)得

$$\varphi = \frac{1}{m}[\Phi(V_1) + \Phi(V_a) + \Phi(V_b) + \cdots + \Phi(V_h)].$$

但等式的右端为伽罗瓦群预解方程式 $F_0(y) = 0$ 的 m 个根 $V_1, V_a, V_b, \cdots, V_h$ 的对称函数,故为 $F_0(y) = 0$ 各系数的有理函数;所以 φ 为 P 内之数.

1.3　例子

作为上一目诸结论的解释,我们来讲一个例子. 考虑有理数域 Q 上的方程式 $x^3 + x^2 + x + 1 = 0$,它的根为

$$\alpha_1 = -1, \alpha_2 = i, \alpha_3 = -i.$$

为了获得诸根的一个 6 — 值函数,我们取 $V = m_1\alpha_1 + m_2\alpha_2 + m_3\alpha_3 = -m_1 + im_2 - im_3$,它在根 $\alpha_1, \alpha_2, \alpha_3$ 的 3! $= 6$(个) 置换下得到 6 个函数

$$V_1 = -m_1 + im_2 - im_3,$$
$$V_2 = V_{(23)} = -m_1 - im_2 + im_3,$$
$$V_3 = V_{(12)} = im_1 - m_2 - im_3,$$
$$V_4 = V_{(13)} = -im_1 + im_2 - m_3,$$
$$V_5 = V_{(123)} = -im_1 - m_2 + im_3,$$
$$V_6 = V_{(132)} = im_1 - im_2 - m_3.$$

在 $V_i - V_j = 0 (i, j = 1, 2, 3, 4, 5, 6, i \neq j)$ 的 15 个关系式中,可得到诸 m_i 的 9 个不同关系式:

$$m_2 - m_3 = 0,\text{相应于 } V_1 - V_2 = 0, V_3 - V_6 = 0, V_4 - V_5 = 0;$$
$$m_1 - m_2 = 0,\text{相应于 } V_1 - V_3 = 0, V_2 - V_5 = 0, V_4 - V_6 = 0;$$
$$m_1 - m_3 = 0,\text{相当于 } V_1 - V_4 = 0, V_2 - V_6 = 0, V_3 - V_5 = 0;$$
$$(i-1)m_1 + (i+1)m_2 - 2im_3 = 0,\text{相应于 } V_1 - V_5 = 0;$$
$$(i+1)m_1 - 2im_2 + (i-1)m_3 = 0,\text{相应于 } V_1 - V_6 = 0;$$
$$(i-1)m_1 - 2im_2 + (i+1)m_3 = 0,\text{相应于 } V_2 - V_4 = 0;$$
$$(i+1)m_1 + (i-1)m_2 - 2im_3 = 0,\text{相应于 } V_2 - V_3 = 0;$$
$$2im_1 - (i+1)m_2 - (i-1)m_3 = 0,\text{相应于 } V_3 - V_4 = 0;$$

$-2\mathrm{i}m_1+(\mathrm{i}-1)m_2+(\mathrm{i}+1)m_3=0$,相应于 $V_5-V_6=0$.

若取 $m_3=0$,则由前三个关系式,知不得再取 m_1 与 m_2 为 0,又由后面 6 个关系式知不能使 $m_1=km_2$,其中 $k=1,\pm\mathrm{i},1\pm\mathrm{i},\dfrac{1}{2}(1\pm\mathrm{i})$. 所以在有理数域内,只需取 m_1 为异于 0 和 1 的整数,则 $m_1\alpha_1+\alpha_2$ 即为一个 6 — 值函数.

令 $V_1=\alpha_2-\alpha_1=\mathrm{i}+1$ 而来作伽罗瓦预解方程式. V_1 在 6 个置换下的六个值为 $\pm V_1,\pm V_2=\pm(\alpha_2-\alpha_1)=\pm 2\mathrm{i},\pm V_3=\pm(\alpha_3-\alpha_1)=\pm(-\mathrm{i}+1)$,以它们为根的方程式为

$$F(y)=(y^2-V_1^2)(y^2-V_2^2)(y^2-V_3^2)=(y^2-2\mathrm{i})(y^2+4)(y^2+2\mathrm{i})$$
$$=y^6+4y^4+4y^2+16=0.$$

在有理数域内,$F(y)$ 的不可约因子有

$$y^2+4=(y+V_2)(y-V_2),y^2-2V+2=(y-V_1)(y-V_3),$$
$$y^2+2V+2=(y+V_1)(y+V_3),$$

于是得到伽罗瓦群解方程式为

$$F_0(y)=y^2-2y+2=0.$$

作为上目定理 1.2.1 的例子,我们去找以 $V_1=\alpha_2-\alpha_1$ 来表示 $\varphi=\alpha_2$ 的有理函数. 因

$$F(y)=y^6+4y^4+4y^2+16,F'(y)=6y^5+16y^3+8y.$$

于是

$$g(y)=F(y)\left(\frac{\alpha_2}{y-V_1}+\frac{\alpha_1}{y+V_1}+\frac{\alpha_2}{y-V_2}+\frac{\alpha_3}{y-V_3}+\frac{\alpha_3}{y+V_2}+\frac{\alpha_1}{y+V_3}\right),$$

将 $\alpha_1=-1,\alpha_2=-\mathrm{i},\alpha_3=-\mathrm{i},V_1=\mathrm{i}+1,V_2=2\mathrm{i},V_3=-\mathrm{i}+1$ 代入,我们得到

$$g(y)=-2y^5-4y^4-12y^3-8y^2-16y-48.$$

最后,

$$\varphi=\alpha_2=\frac{g(V_1)}{F'(V_1)}=\frac{-2V_1^5-2V_1^4-12V_1^3-8V_1^2-16V_1-48}{6V_1^5+16V_1^3+8V_1}=\varPhi(V_1),$$

这就得到了我们需要的函数. 施置换(12) 于这个等式,得到

$$\alpha_1=\varPhi(V_2)=\frac{-2V_2^5-2V_2^4-12V_2^3-8V_2^2-16V_2-48}{6V_2^5+16V_2^3+8V_2}.$$

这个等式的验证是容易的:将 $V_1=-(\alpha_2-\alpha_1)=-\mathrm{i}-1$ 代入,得到

$$\varPhi(V_2)=\frac{16\mathrm{i}-48}{-16\mathrm{i}+48}=-1,$$

与 $\alpha_1=-1$ 相等.

但如果借助关系式 $F_0(V_1)=0$ 将 $\varPhi(V_1)$ 的形式化简,则定理 1.2.2 不再成

164

立. 将有理函数 $\Phi(y)$ 的分子与分母分别除以多项式 $F_0(y)=y^2-2y+2=0$ 得出

$$-2y^5-2y^4-12y^3-8y^2-16y-48$$

$$=-(2y^3+8y^2+24y+40)F_0(y)+(-48y+32),$$

$$6y^5+16y^3+8y=(6y^3+12y^2+28y+32)F_0(y)+(16y-64),$$

但 $F_0(V_1)=0$,故以 V_1 代 y 即得

$$\alpha_2=\Phi'(V_1)=\frac{-48V_1+32}{16V_1-64}=\frac{-3V_1+2}{V_1-4}.$$

至此已证明 α_2 与 $\Phi'(V_1)$ 在数值上相等. 但若施以置换 (12),则变 α_2 为 $\alpha_1=-1$,变 $\Phi'(V_1)$ 为 $\Phi'(V_2)=i-4$,而不再成一等式. 这是因为将 $\Phi(V_1)$ 化为 $\Phi'(V_1)$ 时,需根据 $F_0(V_1)=0$. 今施以 s,变 $F_0(V_1)$ 为 $F_0(V_s)$,但 $F_0(V_s)$ 未必为零,故未必能变 $\Phi(V_1)$ 为 $\Phi(V_s)$[①].

最后,我们来找域 Q 上方程式 $x^3+x^2+x+1=0$ 的伽罗瓦群,前面已求得其伽罗瓦群的预解方程式为 $F_0(y)=y^2-2V+2=0$,而其根为 V_1 及 V_3. 既然 V_3 可从 V_1 施以置换 $(\alpha_2\alpha_3)$ 得来,故对于有理数域 Q,方程式 $x^3+x^2+x+1=0$ 的群为 $\{I,(23)\}$.

1.4　根的有理函数的对称性群

第3章 §3 中置换群的引入,是以拉格朗日关于代数方程论的研究为基础的,它讨论的对象是一般的 n 次方程式. 在这种情况下,诸根的两个有理函数,只有在形式上完全相同时,才是相等的.

但是,对于具体的数字方程式就不同了:两个根的有理函数,只要它们的数值相等,就认为是相等的. 这时候,它们的表达式不一定相同.

例如,$x^3+x^2+x+1=0$ 的根为

$$\alpha_1=-1,\alpha_2=i,\alpha_3=-i(i=\sqrt{-1}).$$

这时,有理函数 $\alpha_2{}^2,\alpha_3{}^2$ 及 α_1 的形式虽然不同,但它们的值相同. 然而因为 $-1=\alpha_2{}^2\neq\alpha_1{}^2=1$,故我们不能施置换 $(\alpha_1\alpha_2\alpha_3)$ 于等式 $\alpha_2{}^2=\alpha_3{}^2$. 又根的置换中能使有理函数 $\alpha_2{}^2$ 的值不变的有 $I,(\alpha_1\alpha_3),(\alpha_2\alpha_3),(\alpha_1\alpha_2\alpha_3)$,它们并不能组成一个群.

再就方程 $x^4+1=0$ 而言,它的根为

---

① 这里置换 (12) 不属于 $x^3+x^2+x+1=0$ 的群 G,但若施行 G 中的置换,则等式仍然成立.

$$\alpha_1 = \varepsilon, \alpha_2 = i\varepsilon, \alpha_3 = -\varepsilon, \alpha_4 = -i\varepsilon \left(\varepsilon = \frac{1+i}{\sqrt{2}}\right).$$

这里,形式不同的有理函数 $\alpha_1{}^2$ 与 $\alpha_1\alpha_4$ 在数值上相等:$\alpha_1{}^2 = \alpha_1\alpha_4 = \varepsilon^2 = i$. 同样,数值 $\alpha_1{}^2$ 等于 $\alpha_3{}^2$ 而不等于 $\alpha_2{}^2$ 及 $\alpha_4{}^2$. 再使 $\alpha_1{}^2$ 的值不变的置换有

$$I, (23), (24), (34), (234), (243), (13), (13)(24), (213), (413), (4213), (4132).$$

$$(1)$$

这 12 个置换中的前 6 个不仅保持 $\alpha_1{}^2$ 的值不变,甚至保持 $\alpha_1{}^2$ 的形式不变;后 6 个则在形式上将 $\alpha_1{}^2$ 变为 $\alpha_3{}^2$(数值上相等). 这些置换并不组成一个群:因为上述置换包括 $(13), (23)$,但不包括它们的乘积 $(13)(23)$.

然而,如果将考虑的置换限制在基本方程式的群内,情况就不同了. 例如,方程式 $x^4 + 1 = 0$ 对于有理数域 Q 的群[1]为

$$G_4 = \{\, I, (12)(34), (13)(24), (14)(23) \}.$$

就(1)中的 12 个置换来说,能使 $\alpha_1{}^2$ 数值上不变的,仅为 G_4 内的 I 以及 $(13)(24)$. 故 $x^4 + 1 = 0$ 的根的函数 $\alpha_1{}^2$ 属于集合 $\{I, (13)(24)\}$,它构成一个置换群[2].

一般地,我们可以证明下面的定理,它是与第 3 章中 §3 的基本定理对应的.

定理 1.4.1 一个方程式的群中的置换,能使根的有理函数的值不变的所有置换构成一个群.

证明 设 G 为所考虑的方程式的群,而 G 内的置换 $I, a, b, \cdots, h$ 使有理函数 $\varphi(\alpha_1, \alpha_2, \cdots, \alpha_n)$ 的数值不变. 今将置换 b 施行于有理关系

$$\varphi = \varphi_a,$$

则

$$\varphi_b = \varphi_{ab}.$$

于是,$\varphi_{ab} = \varphi$. 即乘积 ab 亦含于使 $\varphi(\alpha_1, \alpha_2, \cdots, \alpha_n)$ 数值不变的诸置换中. 故置换 $I, a, b, \cdots, h$ 成一个群 H.

以后,为了区分起见,我们将称 $r(\alpha_1, \alpha_2, \cdots, \alpha_n)$ 在数值上或者在形式上属于某群 G. 亦称 $r(\alpha_1, \alpha_2, \cdots, \alpha_n)$ 为群 G 的特征不变值或者特征不变式.

反过来,我们来证明(与它成对应的是第 1 章中 §3 的基本定理的逆定理):

---

[1] 这伽罗瓦群的计算参见本节中 1.7.

[2] 能使 $\alpha_1{}^2$ 形式上不变的置换群为 $\{I, (234), (23), (24), (34)\}$,它与 G_4 以及 $\{I, (13)(24)\}$ 均无关.

定理 1.4.2　伽罗瓦群的任何子群 H,必定存在根的一个系数属于基域的有理函数,使它属于 H.

证明　设 $H=\{I,b,c,\cdots,h\}$. 我们可作诸根的 $n!$ — 函数(1.2 目)

$$V=m_1\alpha_1+m_2\alpha_2+\cdots+m_n\alpha_n,$$

其中 $m_1,m_2,\cdots,m_n$ 均是基域内的数. 今将 H 中各置换施于 V,得

$$V_I=V,V_a,V_b,\cdots,V_h, \tag{2}$$

亦各不相同. 再在 H 中取一置换 c 施于(2)中各有理函数,得

$$V_{Ic},V_{ac},V_{bc},\cdots,V_{hc}, \tag{3}$$

因为 $Ic,ac,bc,\cdots,hc$ 互不相同(例如若 $ac=bc$,则 $acc^{-1}=bcc^{-1}$,即得矛盾结论 $a=b$),但均属于 H,故(3)中各有理函数仍为(2)所有,不过次序不同而已. 令

$$\varphi=(\rho-V_I)(\rho-V_a)\cdots(\rho-V_h).$$

这里 ρ 为待定常数.

现在我们将说明,可以适当地选取 ρ 的值,使得不在 H 中的任一置换 s,皆能改变 φ 的值. 为此设

$$\varphi_s=(\rho-V_{Is})(\rho-V_{as})\cdots(\rho-V_{hs}).$$

则由于 V_{Is} 与 $V_I=V,V_a,V_b,\cdots,V_h$ 均不同,故 φ 与 φ_s 不等. 使 s 遍历 S_n 中 H 外的一切置换,而作连乘方程式

$$\prod_{s\in S_n,s\notin H}(\varphi-\varphi_s)=0,$$

则不满足上述方程式的 ρ 值,必使得 $\varphi\neq\varphi_s$,而 φ 即为所求的有理函数.

1.5　有理函数的共轭值(式)·预解方程式

这一目将叙述方程式诸根的有理函数关于置换群的理论. 我们所考虑的基域 P 内的基本方程式 $f(x)=x^n+a_1x^{n-1}+\cdots+a_n=0$,可以是一般的方程式,也可以是具体的数字方程式,同以前一样这方程式的根 $\alpha_1,\alpha_2,\cdots,\alpha_n$ 假定没有两个是相同的. 以下诸定理中出现的群均为 $f(x)=0$ 的伽罗瓦群 G_f 的子群(当然也可与其重合).

定理 1.5.1　设根的有理函数 $\varphi(\alpha_1,\alpha_2,\cdots,\alpha_n)$ 在数值上(形式上)属于群 G 的一个子群 H,而 H 对于 G 的指数为 v,则 φ 在 G 下有 v 个值(v 种形式);换言之,即将 G 中一切置换施于 φ 时,可得 v 个不同的值(v 种不同的形式).

证明　将 G 按子群 $H=\{h_1,h_2,\cdots,h_m\}$ 进行分解:

$$G=Hg_1\bigcup Hg_2\bigcup\cdots\bigcup Hg_v, \tag{1}$$

这里 $Hg_i=\{h_1g_i,h_2g_i,\cdots,h_mg_i\},i=1,2,\cdots,v.$

既然 φ 在数值上（形式上）属于子群 H，则 H 中的任一置换施之于 φ，所得的值（形式）均相同；又

$$\varphi_{h_i g_j} = (\varphi_{h_i})_{g_j} = (\varphi)_{g_j} = \varphi_{g_j}$$

故按分解式（1）知将 G 中一切置换施于 φ 时，至多可得 v 个不同的值（v 种不同的形式）.

现在，我们来证明在数值上（形式上）不属于同一 Hg_i 的两置换，施之于 φ，所得的值（形式）必不相同. 若不然，如

$$\varphi_{g_i} = \varphi_{g_j},$$

则

$$\varphi_{g_i g_j^{-1}} = \varphi,$$

即 $g_i g_j^{-1}$ 为 H 中的置换，而这与分解式（1）矛盾. 于是 G 中 n 个置换施于 φ 时，至少可得 v 个不同的值（v 种不同的形式）.

综上所述，定理成立.

若取 G 为对称群 S_n，则得拉格朗日定理：一 n 元有理函数，受 $n!$ 个置换的作用后，所得不同值的数目，必为 $n!$ 的约数.

定义 1.5.1　$\varphi, \varphi_{g_2}, \varphi_{g_3}, \cdots, \varphi_{g_v}$ 这 v 个不同值（v 种不同的形式），称为 φ 在群 G 下的共轭值（共轭式）.

利用共轭值（共轭式）的概念，可以证明：

定理 1.5.2　设 $\psi(\alpha_1, \alpha_2, \cdots, \alpha_n)$ 是方程 $f(x) = 0$ 诸根的一个有理函数，系数在基域内. 如果 $f(x) = 0$ 的伽罗瓦群中使另一有理函数 $\varphi(\alpha_1, \alpha_2, \cdots, \alpha_n)$ 数值（形式）不变的置换，亦使 $\psi(\alpha_1, \alpha_2, \cdots, \alpha_n)$ 的数值（形式）不变，则 ψ 必可有理地用 φ 及 $f(x) = 0$ 的系数表示出来.

证明　设 $\varphi(\alpha_1, \alpha_2, \cdots, \alpha_n)$ 在数值上（形式上）的特征不变群为

$$H = \{h_1 = I, h_2, \cdots, h_m\},$$

并且 H 对于 $f(x) = 0$ 的伽罗瓦群 G_f 的指数为 v. 将 G_f 依 H 分解为如下：

$$HI = \{h_1 = I, h_2, \cdots, h_m\}, \varphi_I = \varphi_1, \psi_I = \psi_1;$$

$$Hg_2 = \{g_2, h_2 g_2, \cdots, h_m g_2\}, \varphi_{g_2} = \varphi_2, \psi_{g_2} = \psi_2;$$

$$\cdots\cdots$$

$$Hg_v = \{g_v, h_2 g_v, \cdots, h_m g_v\}, \varphi_{g_v} = \varphi_v, \psi_{g_v} = \psi_v;$$

按定理 1.5.1，知 $\varphi_1, \varphi_2, \cdots, \varphi_v$ 的值（形式）均不相同，但 $\psi_1, \psi_2, \cdots, \psi_v$ 的值（形式）则未必，因为 ψ 可能在数值上（形式上）属于一包含 H 的群 G. 又伽罗瓦群 G_0 中置换变 φ_i 为 φ_j 者，必变 ψ_i 为 ψ_j，因若置换 a 变 φ_1 为 φ_i，变 ψ_1 为 ψ_i，又置换 b 变 φ_1 为 φ_j，变 ψ_1 为 ψ_j，则置换 $s = a^{-1}b$ 变 φ_i 为 φ_j，同时变 ψ_i 为 ψ_j.

我们所要证明的,乃是 ψ 等于一有理函数 $R(\varphi,a_1,a_2,\cdots,a_n)$. 若以群 G_f 中的置换施于 R,则 $a_1,a_2,\cdots,a_n$(作为根的有理函数)的值(形式)均不变,而 φ 的相应值(形式)依次为 $\varphi_1=\varphi,\varphi_2,\cdots,\varphi_v$. 因此我们需求一有理函数 $R(t)$,当 $t=\varphi_i(i=1,2,\cdots,v)$ 时,有 $R(t)=\psi_i(i=1,2,\cdots,v)$. 为此依拉格朗日插值公式,令

$$R(t)=\sum_{i=1}^{v}\frac{\psi_i(t-\varphi_1)\cdots(t-\varphi_{i-1})(t-\varphi_{i+1})\cdots(t-\varphi_v)}{(\varphi_i-\varphi_1)\cdots(\varphi_i-\varphi_{i-1})(\varphi_i-\varphi_{i+1})\cdots(\varphi_i-\varphi_v)},$$

则 $R(t)$ 为 t 的 $v-1$ 次多项式,并且满足 $t=\varphi_i$ 时,有 $R(t)=\psi_i$.

若令 $g(t)=(t-\varphi_1)(t-\varphi_2)\cdots(t-\varphi_v)$,则 $R(t)$ 可写成下面的形式

$$R(t)=g(t)\sum_{i=1}^{v}\frac{\psi_i}{g'(\varphi_i)(t-\varphi_i)},$$

这里 $g'(t)$ 表示 $g(t)$ 的导数.

由这表达式可以看出,$R(t)$ 施以各置换 s 均不变化,故其系数为 $a_1,a_2,\cdots,a_n$ 的对称函数,亦即 $a_1,a_2,\cdots,a_n$ 的有理函数. 现以 $\varphi_1=\varphi$ 替代 $R(t)$ 中的 t,即得

$$\psi=\psi_1=R(\varphi).$$

这样,我们就完成了本定理的证明.

这个定理常用符号表示如下:

若

特征不变群	特征不变式
G	$\varphi=\varphi(\alpha_1,\cdots,\alpha_n)$
$\cup$	
H	$\psi=\psi(\alpha_1,\cdots,\alpha_n)$

则 $\psi=R(\varphi,a_1,a_2,\cdots,a_n)$,这里 R 表示有理函数.

若取 H 为群 G 自身,则得:

推论 1　如果两个有理函数在数值上(形式上)属于同一个群,则其中任一有理函数为另一有理函数与 $a_1,a_2,\cdots,a_n$ 的有理函数.

若取一 $n!$－值函数,则其所属群只含单位置换,而为任何群的子群,故又得一推论如下.

推论 2　任一关于 $a_1,a_2,\cdots,a_n$ 的有理函数必为任一 $n!$－值函数与 $a_1,a_2,\cdots,a_n$ 的有理函数.

这个推理的最简单的情形,即基本方程式的根 $\alpha_i(i=1,2,\cdots,n)$ 本身,均可用 $n!$－值函数及系数 $a_1,a_2,\cdots,a_n$ 的有理函数表示出来.

定理 1.5.2 表明了属于 G 的特征不变值(特征不变式)对于子群 H 的特征

不变值(特征不变式)有怎样的关系,反过来我们可以证明:

定理 1.5.3(定理 1.5.2 逆定理)　设有理函数 $\varphi(\alpha_1,\alpha_2,\cdots,\alpha_n)$ 在数值上(形式上)属于群 G,如果另一有理函数 $\psi(\alpha_1,\alpha_2,\cdots,\alpha_n)$ 在数值上(形式上)属于 G 的子群 H,且指数 $[G:H]=v$,则 ψ 必为一 v 次方程式的根,且此方程式的系数为 φ 及 $a_1,a_2,\cdots,a_n$ 的有理函数.

证明　取 ψ 在 G 下的 v 个共轭值(共轭式):

$$\psi_1,\psi_{g_2},\cdots,\psi_{g_v}. \tag{1}$$

若以 G 中任一置换施于(1),则(1)中诸函数除排列次序可能有变化外,其余并无变化,于是(1)中诸函数的一个对称函数,必不为 G 中的置换所变(无论是数值上还是形式上).按定理 1.5.2,这对称函数可由 φ 及 $a_1,a_2,\cdots,a_n$ 的有理函数表示出来.定理第二部分成立.

今取方程式

$$F(y)=(y-\psi_1)(y-\psi_{g_2})\cdots(y-\psi_{g_v})=0,$$

则此方程式以 ψ_1 为根,并且其系数为诸函数 ψ_i 的对称函数.由此定理第一部分成立.

定理 1.5.3 中所取的 v 次方程式,称为在 G 下确定的 ψ 的预解方程式.现在我们来证明它的两个性质:

$1°$ 唯一性:假若 ψ 适合另一 v 次方程式,其系数为 φ 及 $a_1,a_2,\cdots,a_n$ 的有理函数,则此方程式与

$$F(y)=(y-\psi_1)(y-\psi_{g_2})\cdots(y-\psi_{g_v})=0,$$

仅仅相差一个常数因子.

设 ψ 所适合的另一 v 次方程式为

$$f(y)=y^v+r_1(\varphi,a_1,a_2,\cdots,a_n)y^{v-1}+\cdots+r_v(\varphi,a_1,a_2,\cdots,a_n)=0,$$

其中诸 r 表示有理函数.则

$$f(\psi)=\psi^v+r_1(\varphi,a_1,a_2,\cdots,a_n)\psi^{v-1}+\cdots+r_v(\varphi,a_1,a_2,\cdots,a_n)=0,$$

可以看作根 $\alpha_1,\alpha_2,\cdots,\alpha_n$ 的等式.既然 $\varphi(\alpha_1,\alpha_2,\cdots,\alpha_n)$ 属于群 G,故对于 G 中的各置换,不变 φ 的形式,而变 ψ 为 $\psi_{g_i}(i=1,2,\cdots,v)$.现在施之于 $f(\psi)$,则得

$$\psi_{g_i}^v+r_1(\varphi,a_1,a_2,\cdots,a_n)\psi_{g_i}^{v-1}+\cdots+r_v(\varphi,a_1,a_2,\cdots,a_n)=0,$$

这表示 ψ_{g_i} 亦为 $f(y)=0$ 的根,于是 $f(y)=kF(y)$.

$2°$ 不可约性:G 下确定 ψ 的预解方程式在基域内不可约.

事实上,如果 $F(y)$ 可以分解为二因子 $h(y)$ 和 $g(y)$,系数为 $a_1,a_2,\cdots,a_n$ 的有理函数,并设 $\psi_1,\psi_2,\cdots,\psi_q$ 为 $h(y)$ 的根,则这些根的基本对称函数应该也是 $a_1,a_2,\cdots,a_n$ 的有理函数,故对于 G 的一切置换均不变.但存在 G 中的一个置

换使 ψ_1 变为 $\psi_1,\psi_2,\cdots,\psi_q$ 以外的根 $\psi_i(i=q+1,\cdots,v)$,于是 ψ_i 亦将为 $h(x)$ 的根. 因而 $h(y)$ 必有 $F(y)$ 的所有根,即 $F(y)$ 不可分解.

1.6 伽罗瓦群的缩减

按照定理 1.5.2,凡对于一子群 H 的置换在数值上不变的函数,属于一个数域 P',它是由添加 H 的特征不变值于 P 而得到的. 反之,凡是域 P' 中的数,对于 H 的置换显然不变. 按定义,H 是基本方程式在扩大域 P' 上的伽罗瓦群. 因此,我们有

定理 1.6.1 假若将伽罗瓦群 G_f 的子群 H 的特征不变值 φ 添入基域 P 内,则基本方程式的群即缩减为其子群 H.

从伽罗瓦群的预解方程式的角度来看,P 中不可分解的方程式 $F_0(y)=0$ 在数域 $P(\varphi)$ 中将变为可分解. 今设 $F_0(y)=0$ 有一根为 V. 对其施行 H 中的置换 s_i,每次一个,则得

$$V_1=V,V_2,V_3,\cdots,V_m \tag{1}$$

诸值,其中 V_i 为由 s_i 施置换于 V 而得.

若施以群 H 内的任一置换,则(1)内诸 V_i 仅仅排列次序上可能发生改变,故

$$F_0(y,\varphi)=(y-V_1)(y-V_2)\cdots(y-V_m) \tag{2}$$

不为 H 中的任何置换所变,按伽罗瓦群的性质 Ⅱ,(2)内 y 的系数为 $P(\varphi)$ 之数. 这里的记法 $F_0(y,\varphi)$ 意指 y 的函数,其中 y 的系数属于 $P(\varphi)$. 于是,$F_0(y,\varphi)$ 是 $P(\varphi)$ 内 $F_0(y)$ 的因子.

今若对(2)施以伽罗瓦群 G_f 中而不在 H 中的置换 g,则得

$$F_0(y,\varphi_g)=(y-V_{1g})(y-V_{2g})\cdots(y-V_{mg}) \tag{3}$$

$V_{1g},V_{2g},\cdots,V_{mg}$ 诸值亦为 $F_0(y)=0$ 的根,故(3)亦为 $F_0(y)$ 的因子.

由两个不同的置换 g 所得两组根集 $\{V_{1g},V_{2g},\cdots,V_{mg}\}$ 或者完全相同,或者完全不同(不相交). 所以两个不同的函数 $F_0(y,\varphi_g)$ 没有公共因子,于是得到预解方程式 $F_0(y)=0$ 的分解式

$$F_0(y)=F_0(y,\varphi)F_0(y,\varphi_2)\cdots F_0(y,\varphi_v).$$

要注意的是,这里诸因子 $F_0(y,\varphi_i)$ 的系数未必属于同一数域,而分别属于 $P(\varphi),P(\varphi_2),\cdots,P(\varphi_v)$.

有时,无需添加方程式根的有理函数,伽罗瓦群亦能缩减. 这时,成立下面的定理.

定理 1.6.2 若在数域 P 内添入代数数 λ 后,伽罗瓦群由 G_f 缩减为其子群

H，则 H 的特征不变值 $\varphi(\alpha_1, \alpha_2, \cdots, \alpha_n)$ 可表示为 P 内 λ 的有理函数.

证明 设 $H = \{s_1 = I, s_2, s_3, \cdots, s_m\}$，且它在 G_f 下的指数为 v. 按定理 1.2.3，预解方程式 $F_0(y) = 0$ 在 $P(\lambda)$ 内的不可约因子全部根可设为

$$V_1, V_2, V_3, \cdots, V_m.$$

这里 V_i 为由 V 施置换 s_i 而得. 于是

$$(y - V_1)(y - V_2) \cdots (y - V_m) \tag{4}$$

不为 H 中的置换所变，故其系数属于 $P(\lambda)$，我们记这多项式为 $F_1(y, \lambda)$. 但 φ 属于群 H，按定理 1.5.2，(4) 又可表示为 P 内 y 与 φ 的函数，记其为 $F_0(y, \varphi)$. 于是

$$F_0(y, \varphi) = F_1(y, \lambda). \tag{5}$$

按照定理 1.5.3，φ 是 P 内 v 次不可约方程式

$$g(z) = 0 \tag{6}$$

的根. 设其他诸根为 $\varphi_2, \varphi_3, \cdots, \varphi_v$. 按照前面的讨论，$P$ 内的预解方程式 $F_0(y)$ 可分解为

$$F_0(y) = F_0(y, \varphi) F_0(y, \varphi_2) \cdots F_0(y, \varphi_v). \tag{7}$$

若式(5)左端中的 φ 用其他共轭值来代替，则等式不再成立. 若不然，则 $F_0(y, \varphi)$ 等于式(7)右端其他诸因子之一，而这与 $F_0(y)$ 不能有重根的事实矛盾（$F_0(y)$ 在 P 内不可约）. 所以可赋予 y 以如此的值（P 内之数），使得关于 z 的方程

$$F_0(y, z) - F_1(y, \lambda) = 0$$

与方程式(6)仅有一个相同的根，即 $z = \varphi$.

所以式(6)与式(7)的最大公因式为一个关于 z 的一次二项式. 因为式(6)与式(7)内 z 的系数皆为 $P(\lambda)$ 的数，且求最大公因式（辗转相除法）仅用到减法、乘法、除法运算，即不可能产生不属于 $P(\lambda)$ 内的数. 于是最大公因式 $z - \varphi$ 为 $P(\lambda)$ 内的多项式. 换句话说，φ 为 P 内 λ 的有理函数.

推论 1 v 次扩域 $P(\varphi)$ 为扩域 $P(\lambda)$ 的子域.

因为 $P(\varphi)$ 内各数均为 P 内 λ 的有理函数.

推论 2 如果数 λ 的极小多项式为 $p(x)$，则 $p(x)$ 的次数为方程式(6)的次数 v 的倍数.

1.7 伽罗瓦群的实际决定法

一般情况下，按照定义（或者性质 I 和 II）来找方程式的群是一件困难的事情，因为它涉及诸根的一切有理函数，其个数可能有无穷多个. 所以特殊方程

172

式的群的确定,须用其他的方法.下面的定理,只涉及一个有理函数,最便于实际应用.

定理 1.7.1 设 $r(\alpha_1,\alpha_2,\cdots,\alpha_n)$ 是值在数域 P 中的有理函数,如果它满足:

(1) 对于置换群 H 中的一切置换,它的形式不变,但 H 之外的置换则改变它的形式;

(2) $r(\alpha_1,\alpha_2,\cdots,\alpha_n)$ 在 S_n 下的共轭值,数值皆异于 $r(\alpha_1,\alpha_2,\cdots,\alpha_n)$.

则已知方程式对于 P 的群,必为 H 的子群.

证明 只需证明 H 具有性质 Ⅱ:任何有理函数 $\varphi(\alpha_1,\alpha_2,\cdots,\alpha_n)$ 如数值不为 H 中一切置换所改变,则必为 P 中的数.设 H 的阶数为 m,而 $\varphi=\varphi_1,\varphi_2,\cdots,$ φ_m 是 φ 在 H 的 m 个置换下的共轭值.显然 $\varphi_1,\varphi_2,\cdots,\varphi_m$ 在数值上相等,但形式上则未必.今作有理函数

$$\frac{1}{m}(\varphi_1+\varphi_2+\cdots+\varphi_m),$$

这函数的值与 φ 的值相同(但形式上与 φ 不同).φ 改成这种形式后,对于 H 中的任何置换,形式上亦不会变化,于是按照定理 1.5.2[①],φ 必为 H 的(形式上的)特征不变式 r 的有理函数,既然 $r(\alpha_1,\alpha_2,\cdots,\alpha_n)$ 的值在 P 中,因而 $\varphi(\alpha_1,\alpha_2,\cdots,\alpha_n)$ 亦为 P 中的数.

例 1 就有理数域而言,试求方程式 $x^3-1=0$ 的群.

这个方程式的三个根为

$$\alpha_1=1,\alpha_2=\frac{1}{2}(-1+\sqrt{-3}),\alpha_3=\frac{1}{2}(-1-\sqrt{-3}).$$

令有理函数 $r(\alpha_1,\alpha_2,\alpha_3)=\alpha_1$.由定理 1.7.1 知方程式的群 G 为 $H=\{I,(\alpha_2\alpha_3)\}$ 的子群.因 α_2 不属于 Q,故 G 必非单位群(性质 Ⅱ).于是,$G=H$.

例 2 在有理数域上,求方程式 $y^3-7y+7=0$ 的群 G.

关于一般三次方程式 $y^3+py+q=0$ 的判别式为

$$D=(y_1-y_2)^2(y_2-y_3)^2(y_3-y_1)^2=-27q^2-4p^3.$$

令 $p=-7,q=7$,得 $D=7^2$.于是,函数

$$r(\alpha_1,\alpha_2,\alpha_3)=(\alpha_1-\alpha_2)(\alpha_2-\alpha_3)(\alpha_3-\alpha_1)$$

的值为 ±7,属于有理数域 Q 内的数.又在对称群 S_6 下,r 的共轭值为 r 与 $-r$,二者不同,故由定理 1.7.1,知 G 必为交错群 A_3[②] 的子群,即 G 必为 A_3 自身,或为单位群.但,若方程式的群为单位群,则其根应该在 Q 内.但是整数系数的方

---

① 定理 1.5.2 的成立需要定理 1.7.1 的第二个条件.

② 参阅下一节 2.4.

程式 $y^3 - 7y + 7 = 0$ 不能以有理数为其根. 于是, 所设方程式的群 G 必为 A_3.

例 3 试求方程式 $x^4 + 1 = 0$ 关于有理数域 Q 的群 G.

这方程式的 4 个根为 $\alpha_1 = \varepsilon, \alpha_2 = i\varepsilon, \alpha_3 = -\varepsilon, \alpha_4 = -i\varepsilon$, 这里 $\varepsilon^2 = i$. 我们先求一个含根 $\alpha_1, \alpha_2, \alpha_3, \alpha_4$ 的有理函数, 而其值等于有理数. 试取函数 $y_1 = \alpha_1\alpha_2 + \alpha_3\alpha_4$. 它在对称群 S_{24} 下的共轭值为 $y_1 = -2, y_2 = 0, y_3 = 2$.

于是, y_1 等于有理数, 而它在 S_{24} 下的共轭值 y_1, y_2, y_3 各不相同, 故 G 必为 G_8 (即施于 $\alpha_1\alpha_2 + \alpha_3\alpha_4$ 而能保持其形式不变的群)

$$G_8 = \{ I, (12), (34), (12)(34), (13)(24), (14)(23), (1324), (1423) \}.$$

的子群. 同样, 考虑 y_1 的共轭式 $y_2 = \alpha_1\alpha_3 + \alpha_2\alpha_4, y_3 = \alpha_1\alpha_4 + \alpha_2\alpha_3$, 我们知道 G 应为 y_2 的形式上的不变群 G_8' 及 y_3 的形式上的不变群 G_8'' 的子群, 这里

$$G_8' = \{ I, (13), (24), (13)(24), (12)(34), (14)(32), (1234), (1432) \},$$
$$G_8'' = \{ I, (14), (32), (14)(32), (13)(42), (12)(43), (1342), (1243) \}.$$

所以 G 必为 G_8, G_8' 以及 G_8'' 三群的公共置换构成的群

$$G_4 = \{ I, (12)(34), (13)(24), (14)(23) \}$$

的子群. 于是, G 必为 G_4, 或单位群, 或

$$G_2 = \{ I, (\alpha_1\alpha_2)(\alpha_3\alpha_4) \}; G_2' = \{ I, (\alpha_1\alpha_3)(\alpha_2\alpha_4) \}; G_2'' = \{ I, (\alpha_1\alpha_4)(\alpha_2\alpha_3) \}$$

中之一.

但 G 不能是单位群, 因方程式 $x^4 + 1 = 0$ 的根均不是有理数.

为了检验 G_2, 我们来考虑它的 (形式上) 特征不变式 $t_1 = \alpha_1 + \alpha_2 - \alpha_3 - \alpha_4$, 这时计算可知 $t_1 = \sqrt{-8}$ 不为有理数, 故 $G \neq G_2$[①].

对于 G_2'', 它的特征不变式 $t_3 = \alpha_1 + \alpha_4 - \alpha_2 - \alpha_3 = \sqrt{8}$ 不为有理数, 故 $G \neq G_2''$.

最后, G_2', 取特征不变式 $\varphi = \alpha_1\alpha_3 - \alpha_2\alpha_4$, 但 $\varphi = \pm 2i$, 故 $G \neq G_2'$.

于是, 就有理数域而言, 方程式 $x^4 + 1 = 0$ 的群为 G_4.

§2 预解方程式与代数方程式的解法

2.1 利用预解方程式解代数方程

假设基本方程式 $f(x) = 0$ 关于基域 P 的伽罗瓦群为 G, 而 H 是 G 的一个

---

① 这里 t_1 不必形式上属于群 G_2, 此处是利用伽罗瓦群的性质 Ⅱ 来检验 G_2.

指数为 a 的子群,那么属于群 H 的任一有理函数 $\beta=\beta(\alpha_1,\alpha_2,\cdots,\alpha_n)$ 将满足一个 a 次的预解方程式

$$\beta^a+r_1(a_1,\cdots,a_n)\beta^{a-1}+\cdots=0, \tag{1}$$

这里 $r_1(a_1,\cdots,a_n)$ 表示 $a_1,\cdots,a_n$ 的有理函数,亦即这方程的系数是基域中的一组数.

假设我们能根式解预解方程式(1),则其根之一 β_i 必属于子群 H. 既知 β_i,即可将此数添加到基域 P 上. 就此扩大的数域 P_1 而言,基本方程式 $f(x)=0$ 的群缩减为 H.

设 $\gamma=\gamma(\alpha_1,\alpha_2,\cdots,\alpha_n)$ 是一个属于群 H 的子群 H_1 的有理函数,其系数在 P_1 内. 进一步我们假设能将含 γ 为一根的预解方程式解出,则我们又可取 γ 添加到数域 P_1,就这个更大的数域 $P_2=P(\beta_i,\gamma)$ 来说,$f(x)=0$ 的群为 H_1.

如此继续下去,最后将得到一个数域 P_m,而 $f(x)=0$ 对它的群为单位群 $\{e\}$. 如果我们能够解出属于 $\{e\}$ 的有理函数 $\zeta=\zeta(\alpha_1,\alpha_2,\cdots,\alpha_n)$ 所满足的预解方程式,则对群 $\{e\}$ 不变的每个根 $\alpha_i(i=1,2,\cdots,n)$(作为根 $\alpha_1,\alpha_2,\cdots,\alpha_n$ 的函数)将含在数域 P_m 中(伽罗瓦群的性质 Ⅱ),并且可以有理地用 ζ 及基本方程式的系数表示出来.

由上述讨论可知,如果各预解方程式均能根式解出,则基本方程式 $f(x)=0$ 亦可根式求解. 求解各预解方程式时,第一步乃是求其对于相应数域的群.

利用预解方程式解代数方程式的过程可以用群的观点示意如下:

伽罗瓦群	不变式	预解方程式
G	$a_1,\cdots,a_n$	
$_a\bigcup$		
H	$\beta=\beta(\alpha_1,\cdots,\alpha_n)$	$\beta^a+r_1(a_1,\cdots,a_n)\beta^{a-1}+\cdots=0$
$_b\bigcup$		
H_1	$\gamma=\gamma(\alpha_1,\cdots,\alpha_n)$	$\gamma^b+r_2(\beta,a_1,\cdots,a_n)\gamma^{b-1}+\cdots=0$
$_c\bigcup$		
$\vdots$	$\vdots$	$\vdots$
$_d\bigcup$		
H_{m-1}	$\delta=\delta(\alpha_1,\cdots,\alpha_n)$	$\delta^d+\cdots=0$
$_e\bigcup$		
H_m	$\xi=\xi(\alpha_1,\cdots,\alpha_n)$	$\xi^e+r(\delta,a_1,\cdots,a_n)\xi^{e-1}+\cdots=0$

按照上节的定理 1.4.2 和定理 1.5.3,这些不变式和预解方程式必定存在.

以前方程式的各种解法都可以归结为上述过程. 例如 $y^3 + py + q = 0$ 的韦达解法可表示为

伽罗瓦群	不变式	预解方程式
S_3	p, q	

$$_2\bigcup$$

$$\{I, (123)(132)\} \quad \Delta = \frac{\sqrt{-3}}{18}(y_1 - y_2) \cdot \quad \Delta^2 - \left(\frac{q^2}{4} + \frac{p^3}{27}\right) = 0$$

$$(y_2 - y_3)(y_3 - y_1)$$

$$_3\bigcup$$

$$\{I\} \quad z = \frac{1}{3}(y_1 + \varepsilon y_2 + \varepsilon^2 y_3) \quad z^3 - \Delta = 0$$

最后得出 $y_1 = z - \dfrac{p}{3z}, y_2 = \omega z - \dfrac{\omega^2 p}{3z}, y_3 = \omega^2 z - \dfrac{\omega p}{3z}$.

第 3 章中拉格朗日关于四次方程式的解法示意如下:

伽罗瓦群	不变式	预解方程式
S_4	a, b, c, d	

$$_3\bigcup$$

$$A_4 \quad \Delta = (x_1 + x_2 - x_3 - x_4)^2$$
$$\Delta^3 + (3a^2 - 8b)\Delta^2 - (3a^4 - 16\,a^2 b +$$
$$16b^2 + 16ac - 64b)\Delta -$$
$$[8c - a(a^2 - 4b)]^2 = 0$$

$$_2\bigcup$$

$$B_4 \quad V = x_1 + x_2 - x_3 - x_4 \qquad V^2 - \Delta = 0$$

$$_4\bigcup$$

$$\{I\} \qquad x_1 \qquad x_1 = (V_1 + V_3 + V_5 - a)$$

这里 $A_4 = \{\, I, (12), (34), (12)(34), (13)(24), (14)(23), (1324), (1423)\}$,
$B_4 = \{\, I, (12)(34), (13)(24), (14)(23)\}$.

2.2 预解方程式均为二项方程式的情形

利用上节的方法来解代数方程式, 如果出现的预解方程式都是二项方程式, 则每个预解式均可由原方程式的系数通过有理运算和开方求得, 因此所给方程式诸根 $\alpha_1, \alpha_2, \cdots, \alpha_n$ 亦然, 即原方程式可以根式求解.

于是我们来讨论预解方程式为二项方程式的条件. 首先指出, 只需要讨论次数为素数的二项方程式即可. 若二项方程式的次数不为素数, 则将其分解为

素因数的乘积. 设

$$z^n = A, \text{而 } n = pq$$

式中 p 与 q 为素数,可相等或不等. 假定其一根 z_1 属于群 H,故为诸根 α_1, $\alpha_2, \cdots, \alpha_n$ 的有理函数,因之 $z_1{}^q$ 亦然. 这样就得到两个二项方程式

$$z^q = A, u^p = A.$$

后一方程式有一根 $u_1 = z_1{}^q$,并且它是 $\alpha_1, \alpha_2, \cdots, \alpha_n$ 诸根的有理函数,故 u_1 必属于群 H_1,但 u_1 是 $u^p - A = 0$ 的根,而 A 属于群 G,故 H_1 必是 G 的子群. 因此有

伽罗瓦群	不变式	预解方程式
G	A	
$_{p_1}\bigcup$		
H_1	u_1	$u^p - A = 0$
$_{q_1}\bigcup$		
H	z_1	$z^q - u = 0$

设 H_1 对 G 的指数为 p_1,H 对 H_1 的指数为 q_1,因为 H 对 G 的指数为 $n = pq$,所以 $p_1 q_1 = pq$. 现在按照上一节定理 1.5.3 的方法,作 u 的预解方程式 $f(u) = 0$,这是 p_1 次方程式. 既然 $f(u)$ 与 $u^p - A = 0$ 有一公共根 u_1,则 $f(u) = 0$ 与 $u^p - A = 0$ 必有一非常数的最高公因式,其系数为 A 的有理函数,但 $u^p - A$ 不能分解成这样的因式,因此这个最高公因式必为 $u^p - A$,由此 $p_1 \geqslant p$. 同理 $q_1 \geqslant q$. 但 $pq = p_1 q_1$,故必有 $p_1 = p, q_1 = q$. 由此即可知

群	不变式	预解方程式
G	A	
$_{p_1 q}\bigcup$		
H	z_1	$z^q - A = 0$

可由

伽罗瓦群	不变式	预解方程式
G	A	
$_p\bigcup$		
H_1	u_1	$u^p - A = 0$
$_q\bigcup$		
H	z_1	$z^q - u = 0$

替代.

对于次数可分解为若干素因数乘积的情形,则可由一系列素数次数的二项

177

方程式替代.

现在我们讨论下面的问题：若

$$G \qquad \beta = \beta(\alpha_1, \cdots, \alpha_n)$$

$$\underset{\scriptscriptstyle p}{\bigcup}$$

$$H \qquad \gamma = \gamma(\alpha_1, \cdots, \alpha_n)$$

问怎样才能使 γ 的预解方程式成为如下形式：$y^p = r(\beta, a_1, a_2, \cdots, a_n)$. 这里 r 表示有理函数，且 p 为素数. 从群的观点说，就是原群和伴随着开方运算形成的子群应满足怎样的关系？

既然 p 为素数，则必存在 1 的 p 次本原根 ε. 而方程式

$$y^p = r(\beta, a_1, a_2, \cdots, a_n)$$

的 p 个根可表示为

$$\gamma, \varepsilon\gamma, \varepsilon^2\gamma, \cdots, \varepsilon^{p-1}\gamma. \tag{1}$$

令 $\gamma_1 = \gamma$，与 $\gamma_2, \gamma_3, \cdots, \gamma_p$ 为 γ 在群 G 之下的 p 个共轭值，则 γ 的预解方程式为

$$(y - \gamma_1)(y - \gamma_2) \cdots (y - \gamma_p) = 0.$$

但有理函数的预解方程式是唯一确定的（§5），故可断言 $\gamma_1, \gamma_2, \cdots, \gamma_p$ 诸根必与（1）相同，而为 γ_1 的共轭值.

按题设，γ_1 属于群 H，令 γ_2 属于群 H_2，γ_3 属于群 H_3，$\cdots$，γ_p 属于群 H_p. 但（1）诸根只相差一常数因子，而应属于同一群 H，故得所提问题的必要条件：$H = H_2 = H_3 = \cdots = H_p$.

2.3　正规子群·方程式解为根式的必要条件

设 $\gamma = \gamma(\alpha_1, \alpha_2, \cdots, \alpha_n)$ 属于群

$$H = \{h_1 = I, h_2, \cdots, h_p\},$$

而 H 施以置换 s 后则变为 γ_s，现在我们来求函数 γ_s 所属的群.

为此设置换 σ 使 γ_s 不变，即 $\gamma_{s\sigma} = \gamma_s$，于是

$$\gamma_{s\sigma s^{-1}} = \gamma_{ss^{-1}} = \gamma.$$

令 $s\sigma s^{-1} = h$，而 h 表示群 H 内的某一置换，则得

$$\sigma = s^{-1}hs.$$

反之，凡是形式如 $s^{-1}hs$ 的置换，均使 γ_s 不变，故 γ_s 属于群

$$\{s^{-1}h_1 s = I, s^{-1}h_2 s, \cdots, s^{-1}h_p s\},$$

这群我们用记号 $s^{-1}Hs$ 表示.

178

这样我们就得到了下述定理：

定理 2.3.1　设 γ 属于群 G 的子群 H，而 H 在群 G 下的指数为 v，则 γ 在 G 下的共轭值

$$\gamma,\gamma_{g_2},\cdots,\gamma_{g_v}$$

分别属于群 $H,g_2^{-1}Hg_2,\cdots,g_v^{-1}Hg_v$.

定义 2.3.1　群 $H,g_2^{-1}Hg_2,\cdots,g_v^{-1}Hg_v$ 称为 G 的共轭子群组. 若 $H=g_2^{-1}Hg_2=\cdots=g_v^{-1}Hg_v$，则称 H 为 G 的正规子群，或称为 G 的不变子群.

例1　因 $g^{-1}Ig=I$，故 $G_1=\{I\}$ 是任何群的不变子群.

借助定理 2.3.1 和定义 2.3.1，可以将上一目的结论总结为一个定理如下：

定理 2.3.2　设 γ 属于群 G 的子群 H，则 γ 的预解方程式为二项方程式的必要条件是 H 为 G 的不变子群.

例2　设 G 为对称群 S_3，H 为其子群 $A_3:\{I,(123),(132)\}$，而置换 $h_2=(23)$ 不在 H 内，那么函数

$$\varphi=(x_1+\varepsilon x_2+\varepsilon^2 x_3)^3,\varphi_{g_2}^3=(x_1+\varepsilon x_3+\varepsilon^2 x_2)^3$$

为 G 下的共轭值，二者同属于 A_3，故 A_3 为 S_3 的不变子群.

通过观察

$$(23)^{-1}(123)(23)=(132),(23)^{-1}(132)(23)=(123),$$

亦可知

$$g_2^{-1}A_3g_2=A_3.$$

由此例可知，定理 2.3.2 中的条件并不充分，因即使预解方程式诸根所属的共轭群为同一群，但未必可断言诸根间只相差一常数因子. 刚才的例子就是这样的情形：φ 与在 S_3 下的共轭值为 φ_{g_2} 同属于 A_3，但并不相差一常数因子. 退一步说，即使差一常数因子，亦未必刚好就是 1 的 n 次本原根.

转而来讨论本段的第二个问题. 设数域 P 上的方程式 $f(x)=0$ 可以解为根式 $\rho_1,\rho_2,\cdots,\rho_k$，那么按照第 4 章 §1 定理 1.1.1，存在一系列根式扩张

$$P\subseteq P(\rho_1)\subseteq P(\rho_1,\rho_2)\subseteq\cdots\subseteq P(\rho_1,\rho_2,\cdots,\rho_k),$$

这里 $\rho_1=\sqrt[n_1]{A_1},\rho_2=\sqrt[n_2]{A_2},\cdots,\rho_k=\sqrt[n_k]{A_k}$，而 A_1 属于 P,A_2 属于 $P(\rho_1),\cdots,A_k$ 属于 $P(\rho_1,\rho_2,\cdots,\rho_{k-1})$.

现在假设基域 P 包含 1 的 p_1 次原根 ε_1，p_2 次原根 $\varepsilon_2,\cdots,p_k$ 次原根 ε_k[①]. 那

---

①　在下一节，我们将证明任意次单位根均可以表示为根式. 因此，这个假设并不影响对方程式根式解的讨论.

么按照第 4 章 §2 预备定理 4,诸根式 $\rho_i(i=1,2,\cdots,k)$ 可表示为方程式诸根的有理函数. 于是可设 ρ_1 属于群 H_1,ρ_2 属于群 H_2,$\cdots$,ρ_k 属于群 H_k,按上一节定理 1.6.1,这里 H_{i+1} 是 H_i 的子群$(i=1,2,\cdots,k)$

$$H_1 \supseteq H_2 \supseteq \cdots \supseteq H_k.$$

按照预解方程式的理论,我们可写:

伽罗瓦群	不变式	预解方程式
G	$a_1,\cdots,a_n$	
$\rho_1 \bigcup$		
H_1	$\rho_1 = \rho_1(\alpha_1,\cdots,\alpha_n)$	$\rho_1^{p_1} + A_1 = 0$
$\rho_2 \bigcup$		
H_2	$\rho_2 = \rho_2(\alpha_1,\cdots,\alpha_n)$	$\rho_2^{p_2} + A_2 = 0$
$\rho_3 \bigcup$		
$\vdots$	$\vdots$	$\vdots$
$\rho_{k-1} \bigcup$		
H_{k-1}	$\rho_{k-1} = \rho_{k-1}(\alpha_1,\cdots,\alpha_n)$	$\rho_{k-1}^{p_{k-1}} + A_{k-1} = 0$
$\rho_k \bigcup$		
H_k	$\rho_k = \rho_k(\alpha_1,\cdots,\alpha_n)$	$\rho_k^{p_k} + A_k = 0$

其中 G 是原方程式关于基域 P 的伽罗瓦群,于是得到下面的定理:

定理 2.3.3 凡根式可解的代数方程式,必定可借助于一系列均为二项方程的预解方程式来求解.

结合定理 2.3.2,就得到了下面属于伽罗瓦的著名结果的第一部分:

定理 2.3.4 设基域 P 包含任意次单位根[①],那么 P 上的一个代数方程式代数可解的必要条件是其伽罗瓦群 G 和单位群$\{I\}$ 之间存在一个子群系列

$$G = G_0 \supset G_1 \supset G_2 \supset \cdots \supset G_s = \{I\},$$

这里任一群均为其前一群的不变子群,且指数为素数.

就目前而言,定理 2.3.4 中的条件仅是必要的,以后我们将进一步证明它也是充分的.

2.4 可解群·交错群与对称群的结构

在上一目,我们得出了一类特殊的子群 —— 正规子群,它在伽罗瓦理论中

[①] 基域包含单位根的令人不愉快的假设是可以去掉的,参阅下一章相关内容.

也有着重要的地位. 我们将引入它的另一个定义, 为此先来讲变形的概念.

设有一群, h 与 g 为它的两个元素, 用 h 右乘 g, 再用 h 的逆左乘, 这个过程称为用 h 将 g 作变形. 即利用 h 将 g 变为 $h^{-1}gh$, 例如在三次对称群 S_3 中取

$$g=\begin{pmatrix}1&2&3\\2&1&3\end{pmatrix}, h=\begin{pmatrix}1&2&3\\2&3&1\end{pmatrix},$$

则

$$h^{-1}=\begin{pmatrix}1&2&3\\3&1&2\end{pmatrix},$$

$$h^{-1}gh=\begin{pmatrix}1&2&3\\3&1&2\end{pmatrix}\begin{pmatrix}1&2&3\\2&1&3\end{pmatrix}\begin{pmatrix}1&2&3\\2&3&1\end{pmatrix}=\begin{pmatrix}1&2&3\\1&3&2\end{pmatrix}.$$

所以 $\begin{pmatrix}1&2&3\\2&1&3\end{pmatrix}$ 用 $\begin{pmatrix}1&2&3\\2&3&1\end{pmatrix}$ 变形的结果为 $\begin{pmatrix}1&2&3\\1&3&2\end{pmatrix}$.

容易看出等式 $hg=gh$ 和 $h^{-1}gh=g$ 是同一回事. 因为群中元素的乘法一般不满足交换律, 所以通常 $h^{-1}gh\neq g$, 即一个元素经过变形之后通常不等于原来的元素. 但对于交换群则恒有 $h^{-1}gh=h^{-1}hg=g$, 这时变形之后仍变成自身. 因此变形的概念就没有什么意义了.

现在导入到不变子群的等价定义.

定义 2.4.1 设 H 是群 G 的子群, 若 H 中任一元素用 G 中任一元素加以变形, 所得结果仍为 H 中的元素, 则称 H 是 G 的正规子群.

由定义, 若 G 是交换群, 则它的任意子群必是正规子群.

例 1 置换群 $H=\{I,t_1,t_2\}$ 是三次对称群 $s_3=\{I,t_1,t_2,s_1,s_2,s_3\}$ 的正规子群, 这里

$$I=\begin{pmatrix}1&2&3\\1&2&3\end{pmatrix}, t_1=\begin{pmatrix}1&2&3\\3&1&2\end{pmatrix}, t_2=\begin{pmatrix}1&2&3\\2&3&1\end{pmatrix},$$

$$s_1=\begin{pmatrix}1&2&3\\2&1&3\end{pmatrix}, s_2=\begin{pmatrix}1&2&3\\1&3&2\end{pmatrix}, s_3=\begin{pmatrix}1&2&3\\3&2&1\end{pmatrix}.$$

这可以具体加以验证, 例如, 用 s_3 中的置换 s_1 将 H 中的 t_1 加以变形

$$s_1^{-1}t_1s_1=\begin{pmatrix}1&2&3\\2&1&3\end{pmatrix}^{-1}\begin{pmatrix}1&2&3\\3&1&2\end{pmatrix}\begin{pmatrix}1&2&3\\2&1&3\end{pmatrix}=\begin{pmatrix}1&2&3\\2&1&3\end{pmatrix}\begin{pmatrix}1&2&3\\3&1&2\end{pmatrix}\begin{pmatrix}1&2&3\\2&1&3\end{pmatrix}$$

$$=\begin{pmatrix}1&2&3\\1&3&2\end{pmatrix}\begin{pmatrix}1&2&3\\2&1&3\end{pmatrix}=\begin{pmatrix}1&2&3\\2&3&1\end{pmatrix}=t_2,$$

仍属于 H, 类似的有 $s_2^{-1}t_1s_2=t_2$, $s_3^{-1}t_1s_3=t_2$, $s_1^{-1}t_2s_1=t_1$, $s_2^{-1}t_2s_2=t_1$, $s_3^{-1}t_2s_3=t_1$.

G 本身以及 $\{I\}$ 当然也是 G 的正规子群,这两个子群称为 G 的平凡正规子群.

例 2 群 $H=\{I,t\}$ 是置换群 $G=\{I,t,s_1,s_2,s_3,s_4,s_5,s_6,s_7,s_8,s_9,s_{10}\}$ 的子群,这里

$$I=\begin{pmatrix}1&2&3&4\\1&2&3&4\end{pmatrix},t=\begin{pmatrix}1&2&3&4\\2&1&4&3\end{pmatrix},s_1=\begin{pmatrix}1&2&3&4\\3&4&1&2\end{pmatrix},s_2=\begin{pmatrix}1&2&3&4\\4&3&2&1\end{pmatrix},$$

$$s_3=\begin{pmatrix}1&2&3&4\\2&3&1&4\end{pmatrix},s_4=\begin{pmatrix}1&2&3&4\\2&4&3&1\end{pmatrix},s_5=\begin{pmatrix}1&2&3&4\\3&2&1&4\end{pmatrix},s_6=\begin{pmatrix}1&2&3&4\\1&3&4&2\end{pmatrix},$$

$$s_7=\begin{pmatrix}1&2&3&4\\3&1&2&4\end{pmatrix},s_8=\begin{pmatrix}1&2&3&4\\4&1&3&2\end{pmatrix},s_9=\begin{pmatrix}1&2&3&4\\4&2&1&3\end{pmatrix},s_{10}=\begin{pmatrix}1&2&3&4\\1&4&2&3\end{pmatrix}.$$

但是因为

$$\begin{aligned}s_3{}^{-1}ts_3&=\begin{pmatrix}1&2&3&4\\2&3&1&4\end{pmatrix}^{-1}\begin{pmatrix}1&2&3&4\\2&1&4&3\end{pmatrix}\begin{pmatrix}1&2&3&4\\2&3&1&4\end{pmatrix}\\&=\begin{pmatrix}1&2&3&4\\3&1&2&4\end{pmatrix}\begin{pmatrix}1&2&3&4\\2&1&4&3\end{pmatrix}\begin{pmatrix}1&2&3&4\\2&3&1&4\end{pmatrix}\\&=\begin{pmatrix}1&2&3&4\\4&3&2&1\end{pmatrix}\end{aligned}$$

已经不在 H 中了,所以 H 不是 G 的正规子群.

很多时候,作变形运算是很麻烦的,下面的定理可以简化这一过程.

定理 2.4.1 乘积 $h^{-1}\cdot g\cdot h$ 可由置换 g 中诸轮换施行置换 h 而得到.

证明 设 $g=(abc\cdots)(a'b'c'\cdots)$ 及 $h=\begin{pmatrix}a&b&c&\cdots&a'&b'&c'&\cdots\\\alpha&\beta&\gamma&\cdots&\alpha'&\beta'&\gamma'&\cdots\end{pmatrix}$.

今取 $\alpha,\beta,\gamma,\cdots,\alpha',\beta',\gamma',\cdots$ 诸元素中的任意一个,例如 β,由 h^{-1},β 变为 b;由 g,b 变为 c;最后,由 h,c 变为 γ;所以,经置换 $h^{-1}\cdot g\cdot h$,β 将变为 γ.

而在 g 的诸轮换中,由 h,b 变为 β,c 变为 γ,于是在 g 内排列 bc 变为排列 $\beta\gamma$.而这就是 β 变为 γ,而与前面的结果相同.

例如,我们来计算例 2 中的 $s_3{}^{-1}ts_3$.把 t 写成轮换的形式 $t=(12)(34)$,然后对它施行置换 s_3,我们得到 $(23)(14)$,与结果 $s_3{}^{-1}ts_3$ 相同.

回到不变子群.我们已经知道,任意置换均可表示成若干对换的乘积.一个置换称为是偶的,如果它可以分解为偶数个对换的乘积;不然的话,称为奇置换.

不难证明:全体 n 次偶置换构成一个群,这个群称为交错群[①],记为 A_n.它是 n 次对称群 S_n 的一个子群,为了确定其阶数,设 $A_n = \{s_1, s_2, \cdots, s_m\}$.任取 S_n 中的对换 σ,则 $A_ns = \{s_1\sigma, s_2\sigma, \cdots, s_m\sigma\}$ 的元素均为奇置换,并且两两不同:$s_i\sigma = s_j\sigma$,则得 $s_i = s_j$.现在证明 A_ns 包含了所有的奇置换:对任一奇置换 t,因为 σt 为偶置换,必在 A_n 中,设其为 s_k,则 $t = s_k\sigma^{-1} = s_k\sigma$(注意到 $\sigma^2 = I$)含在 A_ns 中.因此 S_n 中偶置换的个数与奇置换的个数相等,它们都等于全体置换个数($n!$)的一半,所以 A_n 的阶数为 $\dfrac{n!}{2}$.

进一步,交错群 A_n 必为对称群 S_n 的正规子群.这是因为,若 t 是一偶置换($t \in A_n$),s 为 S_n 中一任意置换,则 sts^{-1} 仍是偶置换(即 sts^{-1} 仍属于 A_n).同时

$$\frac{|S_n|}{|A_n|} = 2.$$

定义 2.4.2 群 G 称为可解群,如果 G 存在一个子群列

$$G = G_0 \supset G_1 \supset G_2 \supset \cdots \supset G_s = \{I\},$$

其中 G_i 是 G_{i-1} 的正规子群,并且 $[G_{i-1} : G_i]$ 是素数[②].

我们知道,每一个代数方程式都有一个置换群与它对应,以后我们将会证明当且仅当这个群可解时,方程式才能根式求解.特别地说,一般的 n 次代数方程式是否可根式解的关键在于其伽罗瓦群——对称群 S_n 是否可解.

于是我们来讨论对称群 S_n 的可解情况.

i. $n = 2$:$S_2 = \{I, (12)\}$,$A_2 = \{I\}$,S_2 是可解群.

ii. $n = 3$:S_3 是 6 阶群;A_3 的阶数为素数 3,所以是循环群(第 3 章 §3 定理 3.3.1,推论 2),因而是 S_3 的正规子群.又 A_3 的可解性是显然的,所以 S_3 是可解群.

iii. $n = 4$ 的情形.

首先,交错群 A_4 是 12 阶的,它包含了下列偶置换

$$I, t_1 = (12)(34), t_2 = (13)(24), t_3 = (14)(23),$$

---

① 交错群是在研究方程式的判别式时产生的.若 $f(x) = (x - \alpha_1)(x - \alpha_2)(x - \alpha_n)$,则当我们置换它的根时,判别式的(算术)平方根 $\sqrt{D} = a_0^{n-1} \cdot \prod\limits_{1 \leqslant i < j \leqslant n} (\alpha_i - \alpha_j)$ 会改变符号;若 s 是根集 $\{\alpha_1, \alpha_2, \cdots, \alpha_n\}$ 上的一个置换,则容易看出 $a_0^{n-1} \cdot \prod\limits_{1 \leqslant i < j \leqslant n} [(\alpha_i)_s - (\alpha_j)_s] = \pm\sqrt{D}$.因此,当不同的置换作用因子时,乘积的符号交替变化.若 s 是交错群中的元素时,则符号不变.

② 在群论中,可解群是这样定义的:一个群称为可解的,如果 G 存在一个正规子群列 $G_0 \supset G_1 \supset G_2 \supset \cdots \supset G_s = \{I\}$,且商群 G_i/G_{i+1} 是一个交换群.

在群 G 有限的情况下,我们的定义(定义 2.4.2)与这定义等价.

$$s_1 = (123), s_2 = (124), s_3 = (132), s_4 = (134),$$
$$s_5 = (142), s_6 = (143), s_7 = (234), s_8 = (243).$$

容易验证

$$t_1{}^2 = t_2{}^2 = t_3{}^2 = I, t_1 t_2 = t_2 t_1 = t_3, t_1 t_3 = t_3 t_1 = t_2, t_2 t_3 = t_3 t_2 = t_1,$$

所以 $B_4 = \{I, t_1, t_2, t_3\}$ 构成 A_4 的一个子群,它是 4 阶交换群,因而是 A_4 的正规子群,并且 $\left|\dfrac{A_4}{B_4}\right| = 3$. 又 $C_2 = \{I, t_1\}$ 是交换群 B_4 的正规子群而 $\left|\dfrac{B_4}{C_2}\right| = 2$. 于是我们得到一个正规子群系列

$$A_4 \supset B_4 \supset C_2 \supset \{I\},$$

这就是说,A_4 是可解群.

通过上面的讨论,我们得到结论:当 $n \leqslant 4$ 时,对称群 S_n 是可解的. 但是 $n = 5$ 的时候,情况就发生了变化. 我们分 2 个定理来完成这个结论的证明:

定理 2.4.2 当 $n \geqslant 5$ 时,交错群 A_n 均不可解.

证明 既然 $n \geqslant 5$,于是 A_n 中的任意非单位置换 t 分解为不相交的轮换乘积后,共有 4 种可能的情形如下:

i. t 有一长度 $\geqslant 4$ 的轮换 $t = (t_0 t_1 t_2 t_3 \cdots)(\cdots)$;

ii. t 有一长度等于 3 的轮换和其他轮换:$t = (t_0 t_1 t_2)(t_3 t_4 \cdots)(\cdots)$;

iii. t 是一个长度等于 3 的轮换:$t = (t_0 t_1 t_2)$;

iv. t 是一个若干长度等于 2 的轮换(即对换)的乘积:$t = (t_0 t_1)(t_2 t_3)(\cdots)$.

现在假设 A_n 除了 $\{I\}$ 之外尚有正规子群 $T \neq \{I\}$,则 T 必含有 I 以外的置换,设 r 为这样的置换,于是 r 的轮换表示式有如上 4 种可能情形. 既然 T 是 A_n 的正规子群,于是对于任何(偶)置换 $s \in A_n$ 有 $srs^{-1} \in T$. 又 T 是一个群,于是

$$srs^{-1}r^{-1} \in T.$$

针对前面所讲的 4 种情况,分别选择 s 为下列形式的偶置换

$$s = (t_1 t_2 t_3); s = (t_1 t_2 t_4); s = (t_1 t_2 t_3); s = (t_1 t_2 t_3)$$

则对于前面 4 种情形的 t,置换 $h = srs^{-1}r^{-1}$ 有下列形式

i′. $h = (t_0 t_2 t_3)$;

ii′. $h = (t_0 t_3 t_1 t_2 t_4)$;

iii′. $h = (t_0 t_3)(t_1 t_2)$;

iv′. $h = (t_0 t_2)(t_1 t_3)$.

因此,如果 A_n 中有类型 i 的元素,则可以转化为类型 i′ 也就是类型 iii 的元素,而这又可转化成类型 iii′ 即 iv 的元素;如果 A_n 有类型 ii 的元素,则可转化成类型 ii′ 即 i 的元素,然后再转化成类型 iii′ 即 iv 的元素;如果 A_n 中有元素 iii,则

可以转化成 iii' 即类型 iv 的元素. 所以 A_n 中任何元素都可以转化成类型 iv' 的元素. 但置换 $h = srs^{-1}r^{-1} \in T$, 这说明: 正规子群 T 包含所有 A_n 中形式为 iv' 的元素以及它们的乘积.

但是这样一来, T 就包含 A_n 中全部元素了. 因为任一长度为 3 的轮换均可以表示成偶数个对换的乘积

$$(s_1 s_2 s_3) = (s_1 s_2)(s_1 s_3) = (s_1 s_2)(t_1 t_2) \cdot (t_2 t_1)(s_1 s_3) \in T,$$

于是 $T = A_n$.

这就证明了, A_n 除 $\{I\}$ 之外不能有其他正规子群, 但 $\dfrac{|A_n|}{|\{I\}|} = \dfrac{n!}{2}$ 在 $n \geqslant 5$ 时不是素数, 于是交错群 $A_n (n \geqslant 5)$ 不可解.

下面是所需的第二个定理:

定理 2.4.3 可解群的子群可解.

为了证明这个定理, 我们先来证明一个有用的乘法公式:

乘积公式 如果 H 和 K 是有限群 G 的子群, 则 $|HK| \, |H \cap K| = |H| \, |K|$, 这里 HK 表示集合 $\{hk \mid h \in H, k \in K\}$[①].

证明 为了证明我们的公式, 先构造一个集合

$$H \times K = \{(h,k) \mid h \in H, k \in K\},$$

换句话说, 集合 $H \times K$ 是由那样的序偶所组成: 它的第一个元素取自 H, 第二个元素取自 K.

再建立集合 $H \times K$ 到 HK 的一个对应

$$f((h,k)) = hk,$$

显然 f 是一个满射. 现在用记号 $f^{-1}(x)$ 表示 $H \times K$ 中这样元素的集合: 它在映射 f 下与 HK 中的 x 对应.

现在证明对于每个 $x \in HK$, 均有 $|f^{-1}(x)| = |H \cap K|$. 为此我们断言, 如果 $x = hk$, 则

$$f^{-1}(x) = \{(hd, d^{-1}k) \mid d \in H \cap K\}.$$

因为 $f((hd, d^{-1}k)) = hdd^{-1}k = hk = x$, 所以每个 $(hd, d^{-1}k) \in f^{-1}(x)$. 关于反包含, 设 $(h', k') \in f^{-1}(x)$, 于是 $h'k' = hk$, 从而 $h^{-1}h' = kk'^{-1} \in H \cap K$, 把这个元素记作 d, 则 $h' = hd$, $k' = d^{-1}k$, 因此 (h', k') 位于左端的集合中. 因为 $d \rightarrow (hd, d^{-1}k)$ 是一一映射, 所以

---

① 要注意的是, 集合 HK 未必是 G 的子群, 但是如果 H 和 K 中有一个是 G 的正规子群, 则 HK 是子群.

$$|f^{-1}(x)|=|\{(hd,d^{-1}k)\mid d\in H\cap K\}|=|H\cap K|.$$

注意到，集合 $H\times K$ 可以表示为一系列不相交的集合的并：$\bigcup\limits_{x\in HK}f^{-1}(x).$ 于是

$$|H||K|=|H\times K|=\left|\bigcup\limits_{x\in HK}f^{-1}(x)\right|$$
$$=\sum\limits_{x\in HK}|f^{-1}(x)|=|HK||H\cap K|.$$

转而来完成定理 2.4.3 的证明. 设群 G 可解，于是 G 存在一个正规子群列

$$G=G_0\supset G_1\supset\cdots\supset G_{s-1}\supset G_s=\{I\}, \tag{1}$$

且 $[G_i:G_{i+1}]=p_i$ 是素数.

任取 G 的一个子群，如果它正好等于子群列(1)中的某个 $G_k(0\leqslant k\leqslant s)$，则它显然是可解的. 现在对于 G 的任一不重合于序列(1)中任何群的子群 H，我们考虑下面的子群列

$$H=H_0\supset H_1\supset\cdots\supset H_{s-1}\supset H_s=\{I\}, \tag{2}$$

这里 $H_i=G_i\cap H,i=0,1,\cdots,s.$

容易验证，子群列(2)中 H_i 是 H_{i-1} 的正规子群，$i=1,\cdots,s.$

利用刚才的乘积公式，有

$$\frac{|HG_k|}{|HG_{k+1}|}\cdot\frac{|H_k|}{|H_{k+1}|}=\frac{|HG_k|}{|HG_{k+1}|}\cdot\frac{|H\cap G_k|}{|H\cap G_{k+1}|}=\frac{|HG_k||H\cap G_k|}{|HG_{k+1}||H\cap G_{k+1}|}$$
$$=\frac{|H||G_k|}{|H||G_{k+1}|}=\frac{|G_k|}{|G_{k+1}|}=p_k,$$

我们已经知道 $\dfrac{|H_k|}{|H_{k+1}|}$ 是一个整数(H_{k+1} 是 H_k 的子群)，于是 $\dfrac{|H_k|}{|H_{k+1}|}$ 是素数 p_k 的一个因子，就是说

$$\frac{|H_k|}{|H_{k+1}|}=p_k \text{ 或者 } \frac{|H_k|}{|H_{k+1}|}=1,$$

后面那种情况意味着 $H_{k+1}=H_k$，在子群列(2)中可以除去这些重复. 总之我们就得到了 H 的正规子群列，并且相邻两个群的阶数比是素数，即 H 可解.

由于定理 2.4.2 以及定理 2.4.3 这两个定理，我们得出：当 $n\geqslant 5$ 时，对称群 S_n 是不可解的.

2.5 预解方程式的群

设已知方程式 $f(x)=0$ 对于基域 P 的伽罗瓦群为 G. 取系数在 P 内的诸根 $\alpha_1,\alpha_2,\cdots,\alpha_n$ 的有理函数 $\varphi(\alpha_1,\alpha_2,\cdots,\alpha_n)$，并设其数值上(形式上)的特征不变群为 H. 若 H 在 G 下的指数为 v. 将 G 依 H 分解如下

$$HI = \{h_1 = I, h_2, \cdots, h_m\}, \varphi_1 = \varphi_I;$$

$$Hg_2 = \{g_2, h_2 g_2, \cdots, h_m g_2\}, \varphi_2 = \varphi_{g_2};$$

$$\cdots\cdots$$

$$Hg_v = \{g_v, h_2 g_v, \cdots, h_m g_v\}, \varphi_v = \varphi_{g_v};$$

依上一节定理 1.5.1,诸共轭值(共轭式)均不相同.

今以 G 内任一置换 g 施于上述的 v 个共轭值(共轭式)

$$\varphi_1, \varphi_2, \cdots, \varphi_v, \tag{1}$$

得到

$$\varphi_g, \varphi_{g_2 g}, \varphi_{g_3 g}, \cdots, \varphi_{g_v g}. \tag{2}$$

则如上一节定理 1.5.2 所示,(2)不过为(1)中诸函数的另一种排列,于是对于群 G 中任何置换 g,均有一个确定的置换

$$\lambda = \begin{pmatrix} \varphi_1 & \varphi_{g_2} & \cdots & \varphi_{g_v} \\ \varphi_g & \varphi_{g_2 g} & \cdots & \varphi_{g_v g} \end{pmatrix} = \begin{pmatrix} \varphi_{g_i} \\ \varphi_{g_i g} \end{pmatrix}$$

与之对应. 因此我们得到一组置换(其中抑或有相同者),重要的是:

定理 2.5.1 由诸置换 λ 构成的集合 Λ 对于置换的乘法构成一个群.

证明 设 Λ 中与 G 中置换 g, g', gg' 对应的置换为

$$\lambda = \begin{pmatrix} \varphi_{g_i} \\ \varphi_{g_i g} \end{pmatrix}, \lambda' = \begin{pmatrix} \varphi_{g_i} \\ \varphi_{g_i g'} \end{pmatrix}, \lambda'' = \begin{pmatrix} \varphi_{g_i} \\ \varphi_{g_i gg'} \end{pmatrix},$$

我们来证明 $\lambda' = \lambda''$. 事实上,为了计算 λ',可将 λ' 中第一行元素的次序作一适宜的排列,得

$$\lambda' = \begin{pmatrix} \varphi_{g_i g} \\ \varphi_{g_i gg'} \end{pmatrix},$$

于是

$$\lambda \lambda' = \begin{pmatrix} \varphi_{g_i} \\ \varphi_{g_i gg'} \end{pmatrix}$$

而与 λ'' 相等.

置换群 Λ 中既然含有变 φ_i 为 $\varphi_{g_i g}$ 的置换,而 $i = 1, 2, \cdots, v$. 故 Λ 是一个可迁群[①].

定义在共轭函数组 $\{\varphi_1, \varphi_2, \cdots, \varphi_v\}$ 上的置换群 Λ,对于研究系数在 P 内的

---

① 关于可迁群的概念参见本章 §4.

预解方程式

$$g(y) = (y - \varphi_1)(y - \varphi_2) \cdots (y - \varphi_v) = 0 \qquad (3)$$

来说是很重要的,因为可以证明下面的定理:

定理 2.5.2 预解方程式(3)对于数域 P 的伽罗瓦群为 Λ.

证明 我们来证明群 Λ 满足伽罗瓦群的条件 Ⅰ,Ⅱ.

任取系数在 P 内的 $\varphi_1, \varphi_2, \cdots, \varphi_v$ 的有理函数 $R(\varphi_1, \varphi_2, \cdots, \varphi_v)$,则因 φ_1 是原方程式诸根 $\alpha_1, \alpha_2, \cdots, \alpha_n$ 的有理函数,故其共轭函数 $\varphi_2, \cdots, \varphi_v$ 亦然.如此可得一有理关系

$$R(\varphi_1, \varphi_2, \cdots, \varphi_v) = r(\alpha_1, \alpha_2, \cdots, \alpha_n). \qquad (4)$$

按定义,伽罗瓦群 G 中的任一置换 g 不变这个有理关系.但 g 与 Λ 中置换 λ 对应,故置换后的关系式为

$$R_\lambda(\varphi_1, \varphi_2, \cdots, \varphi_v) = r_g(\alpha_1, \alpha_2, \cdots, \alpha_n). \qquad (5)$$

Λ 有性质 Ⅰ.设 $R(\varphi_1, \varphi_2, \cdots, \varphi_v)$ 在域 P 内,由式(4),知 r 亦在 P 内.故按伽罗瓦群 G 的性质 Ⅰ,知 $r_g = r$ 对于 G 中所有置换 g 均成立.就式(4)与式(5),即可知 $R_\lambda = R$.这就是说 R 不为 Λ 中任一置换所变.

Λ 有性质 Ⅱ.设 $R(\varphi_1, \varphi_2, \cdots, \varphi_v)$ 不因 Λ 中任意置换而变值,即对于 Λ 中任一置换 λ,均有 $R_\lambda = R$.由式(4)与式(5)知对于 G 内任一置换 g,均有 $r_g = r$.按照伽罗瓦群 G 的性质 Ⅱ,r 应在域 P 内,因此 R 也是这样.

推论 因为群 Λ 可迁,所以预解方程式(3)在 P 内不可约[①].

这个推论我们曾在上一节 §1,1.5 中得到过.

2.6 商群

转而确定群 Λ 的阶数,为此我们来找 Λ 中两置换 λ, λ' 相等的条件.采用定理 2.5.1 的记号,即求

$$\varphi_{g_i g} = \varphi_{g_i g'} (i = 1, 2, \cdots, v)$$

的条件.等式中 $g_1 = I$.以置换 $g^{-1} g_i^{-1}$ 施于这个等式,我们有

$$\varphi_1 = \varphi_{g_i g' g^{-1} g_i^{-1}}.$$

于是 $h = g_i g' g^{-1} g_i^{-1}$ 为不变 φ_1 的置换,故应在群 H 内.因此

$$g' g^{-1} = g_i^{-1} h g_i (i = 1, 2, \cdots, v).$$

但 $g_i^{-1} h g_i$ 属于 $g_i^{-1} H g_i$,这是 φ_{g_i} 所属的群(§3).于是 $g' g^{-1}$ 这一置换必同时属

---

① 伽罗瓦群可迁的方程式必不可约,详见本章 §4.

于

$$g_1^{-1} H g_1, g_2^{-1} H g_2, \cdots, g_v^{-1} H g_v,$$

换句话说，$g'g^{-1}$ 属于上述各共轭子群的交集群①J.

反之，J 中任何置换 σ，使 $\varphi_1, \varphi_2, \cdots, \varphi_v$ 诸函数均不变，而与 Λ 中的单位置换相对应. 所以如果 g 与 $g' = \sigma g$ 对应的元素，分别为 λ 与 λ'，则 λ 与 λ' 相同.

这样就得到了下面的结论.

定理 2.6.1 如果 G 的阶为 m，而 $g_1^{-1} H g_1, g_2^{-1} H g_2, \cdots, g_v^{-1} H g_v$ 诸共轭子群的交集群 J 的阶为 j，则 Λ 的阶数为 m/j.

在 H 为 G 的不变子群时，即

$$g_1^{-1} H g_1 = g_2^{-1} H g_2 = \cdots = g_v^{-1} H g_v$$

这一情形时特别重要. 在此时 $J = H$，而 Λ 的阶数 m/j 即与 H 在 G 下的指数 v 相等. 亦即 Λ 中置换的数目与相关函数 φ_1 的共轭值个数相等.

定义 2.6.1 设 H 是 G 的不变子群，则群 Λ 称为 G 对于 H 的商群，而以记号 G/H 表示.

记号 G/H 以及商群这一名称蕴含 G/H 的阶数等于两群阶之商 $\left| \dfrac{G}{H} \right|$ 的含义.

定理 2.6.2 如果 G 的不变子群 H，在 G 下的指数 v 为素数，则商群 G/H 为一 v 阶循环群.

证明 按定理 2.6.1，G/H 的阶为 v，但素数阶群必为循环群，故得本定理.

2.7 群的同态

将原方程式 $f(x) = 0$ 的群 G 与预解方程式的群 Λ 之间的那种关系推广到任意两个群上去，便得到群同态的概念.

设某一个群 G 单值地反映到一个群 $\overline{G}$ 上，并且这种映射也可以不是双方单值的. 如果在这种映射之下群 G 的任何两个元素的乘积对应于群 $\overline{G}$ 的相应元素的乘积，则这种映射称为是同态的. 把群 G 反映为群 $\overline{G}$ 的这种同态映像，写成这样的形式：$G \sim \overline{G}$.

由于同态，第一群 G 的性质常常可以转移到第二群 $\overline{G}$ 上去.

定理 2.7.1 交换群的同态像是交换群.

---

① 容易证明，这交集对置换的乘法形成一个群.

证明　设 $G \sim \overline{G}$，则对于任意的 $g_1{}', g_2{}'$ 属于 $\overline{G}$，有 G 中的 g_1, g_2 分别与之对应，并且乘积 $g_1 g_2$ 对应于乘积 $g_1{}' g_2{}'$，由 G 的交换性：$g_1 g_2 = g_2 g_1$. 所以 $g_2 g_1$ 亦与 $g_1{}' g_2{}'$ 对应. 但 $g_2 g_1$ 唯一地对应着 $g_2{}' g_1{}'$，所以最后 $g_1{}' g_2{}' = g_2{}' g_1{}'$，就是说 $\overline{G}$ 是交换群.

定理 2.7.2　循环群的同态像是循环群.

证明　设 $G \sim \overline{G}$，并且 σ 是循环群 G 的生成元，令 $\overline{G}$ 中的 σ' 与之对应. 对于 $\overline{G}$ 中的任一元素 g'，令 G 中的 g 与它对应. 因为可写 $g = \sigma^m$，这里 m 是某个自然数，又与 σ^m 成为对应的是 σ'^m，所以 $g' = \sigma'^m$，$\overline{G}$ 为循环群.

比较难证明的是下面的定理.

定理 2.7.3　可解群的同态像是可解群.

证明　我们分 4 个步骤来完成定理的证明.

i. 假设 G 与 $\overline{G}$ 是两个群，并且 G 与 $\overline{G}$ 同态，那么在这个同态满射之下，G 的一个子群 H 的像 $\overline{H}$ 是 $\overline{G}$ 的一个子群.

我们用 ϕ 来表示给定的同态满射. 假定 $\overline{h_1}, \overline{h_2}$ 是 $\overline{H}$ 的两个任意元，并且在 ϕ 之下，即

$$h_1 \to \overline{h_1}, \quad h_2 \to \overline{h_2} \, (h_1, h_2 \in H).$$

这样就有

$$h_1 h_2^{-1} \to \overline{h_1}\,\overline{h_2^{-1}},$$

但由于 H 是子群，$h_1 h_2^{-1} \in H$，因此由于 $\overline{H}$ 是 H 的在 ϕ 之下的像，$\overline{h_1}\,\overline{h_2^{-1}} \in \overline{H}$. 由 $\overline{h_1}, \overline{h_2}$ 的任意性知 $\overline{H}$ 是 $\overline{G}$ 的子群.

进一步，如果

ii. H 是 G 的正规子群，则 $\overline{H}$ 是 $\overline{G}$ 的正规子群.

假设 $\overline{g}$ 是 $\overline{G}$ 的任意元，$\overline{h}$ 是 $\overline{H}$ 的任意元，而且在 ϕ 之下，

$$g \to \overline{g}, \quad h \to \overline{h} \, (g \in G, h \in H).$$

那么在 ϕ 之下将有

$$ghg^{-1} \to \overline{g}\,\overline{h}\,\overline{g}^{-1}.$$

既然 H 是 G 的正规子群：$ghg^{-1} \in G$. 因此由于 $\overline{H}$ 是 H 在 ϕ 之下的像应该有 $\overline{g}\,\overline{h}\,\overline{g}^{-1} \in \overline{G}$. 如此只要 $\overline{g} \in \overline{G}, \overline{h} \in \overline{H}$ 就有 $\overline{g}\,\overline{h}\,\overline{g}^{-1} \in \overline{G}$，即是说 $\overline{H}$ 是 $\overline{G}$ 的正规子群.

第三步，我们来证明

iii. $[\overline{G} : \overline{H}] = [G : H]$.

设子群 H 有 m 个不同的元素，记为

190

$$h_1, h_2, \cdots, h_m.$$

将 G 的元素按子群 H 分解成 r 个不同的集合

$$H = \{h_1, h_2, \cdots, h_m\},$$

$$Hg_1 = \{h_1 g_1, h_2 g_1, \cdots, h_m g_1\},$$

$$\cdots\cdots$$

$$Hg_{r-1} = \{h_1 g_{r-1}, h_2 g_{r-1}, \cdots, h_m g_{r-1}\}.$$

这里 $g_i \in G$，但 $g_i \notin H$，$r = [G:H]$。

设在同态 ϕ 之下，

$$g_i \to \overline{g_i}, h_j \to \overline{h_j}, i = 1, 2, \cdots, r-1; j = 1, 2, \cdots, m.$$

则在 ϕ 之下，所有 $\overline{h_j}$ 构成 $\overline{G}$ 的子群 $\overline{H} = \{\overline{h_1}, \overline{h_2}, \cdots, \overline{h_q}\}$，这里 $q \leqslant m$。同时 $\overline{g_i} \in \overline{G}$，但 $\overline{g_i} \notin \overline{H}$（若不然，则将有 $g_i \in H$）。

现在我们证明 $\overline{g_i}(i=1,2,\cdots,r-1)$ 两两不同。如若不然，例如 $\overline{g_1} = \overline{g_2}$，考虑乘积 $\overline{g_2 g_1^{-1}}$ 在 ϕ 下的像：

$$g_2 g_1^{-1} \to \overline{g_2}\ \overline{g_1^{-1}} = \overline{g_1}\ \overline{g_1^{-1}} = \overline{e},$$

这里 $\overline{e}$ 表示 $\overline{G}$ 的单位元。换句话说，$g_2 g_1^{-1}$ 的像落在子群 $\overline{H}$ 之中，如此，元素 $g_2 g_1^{-1}$ 应该在 $\overline{H}$ 的逆像 H 之中，即 $g_2 g_1^{-1} = h \in H$，或 $g_2 = h g_1$，这样就有 $Hg_2 = H(hg_1) = (Hh)g_1 = Hg_1$（因为 $h \in H$ 而 H 是群，所以集合 Hh 与 H 重合），就是说集合 Hg_2 和 Hg_1 重合，这与这种集合的构造矛盾。

这样一来，群 $\overline{G}$ 的所有元素亦可划分成 r 个集合：

$$\overline{H} = \{\overline{h_1}, \overline{h_2}, \cdots, \overline{h_q}\},$$

$$\overline{H}\ \overline{g_1} = \{\overline{h_1}\ \overline{g_1}, \overline{h_2}\ \overline{g_1}, \cdots, \overline{h_q}\ \overline{g_1}\},$$

$$\cdots\cdots$$

$$\overline{H}\ \overline{g_{r-1}} = \{\overline{h_1}\ \overline{g_{r-1}}, \overline{h_2}\ \overline{g_{r-1}}, \cdots, \overline{h_q}\ \overline{g_{r-1}}\}.$$

这些集合是两两不相交的：若有 $\overline{h_i}\ \overline{g_s} = \overline{h_j}\ \overline{g_t}(s \neq t)$，或 $\overline{g_s}\ \overline{g_t^{-1}} = \overline{h_i^{-1}}\ \overline{h_j}$，则 $g_s g_t^{-1} = h_j h_i^{-1} \in H$（这里 $g_s \to \overline{g_s}, g_t \to \overline{g_t}, h_i \to \overline{h_i}, h_j \to \overline{h_j}$），可是如前所述这将得出 $Hg_s = Hg_t$ 的矛盾。如此 $\overline{G}$ 被分成了 r 个不同的集合，从而 $[\overline{G} : \overline{H}] = r$。

所以，最终 $[\overline{G} : \overline{H}] = [G : H]$。

最后，我们证明

iv. 若 G 可解，则 $\overline{G}$ 亦可解。

既然 G 可解，于是存在子群列

$$G = G_0 \supset G_1 \supset \cdots \supset G_r = \{e\},$$

其中 G_{i+1} 是 G_i 的正规子群,且 $[G_i:G_{i+1}]=p_i(p_i$ 为素数$)$.

对于群 $\overline{G}$,则集合列

$$\overline{G}=\overline{G_0}\supset\overline{G_1}\supset\cdots\supset\overline{G_r}=\{\bar{e}\}$$

是 $\overline{G}$ 的正规子群列,$[\overline{G_i}:\overline{G_{i+1}}]=[G_i:G_{i+1}]=p_i$,这里 $\overline{G_i}$ 表示 G_i 在同态 ϕ 之下的像.

§3 分圆方程式的根式解

3.1 分圆方程式的概念

二项方程式

$$x^n-1=0 \tag{1}$$

的根,即 n 次单位根,在复平面上可以几何地用点来表示.这些点将单位圆由 $x=1$ 出发分成 n 等分.因此,方程式(1)亦称为分圆方程式,它的根(我们已经知道)可以超越的(非代数的)表示为

$$1,\cos\frac{2\pi}{n}+\mathrm{i}\sin\frac{2\pi}{n},\cos\frac{4\pi}{n}+\mathrm{i}\sin\frac{4\pi}{n},\cdots,\cos\frac{2(n-1)\pi}{n}+\mathrm{i}\sin\frac{2(n-1)\pi}{n}.$$

但在本节,我们的兴趣在于方程式(1)的根能否表示为根式.容易明白,如果 $\cos\dfrac{2\pi}{n}+\mathrm{i}\sin\dfrac{2\pi}{n}$ 可以表示为根式(用有理数做加、减、乘、除以及开方运算表示出来),则方程式(1)有根式解:因为 $\left(\cos\dfrac{2\pi}{n}+\mathrm{i}\sin\dfrac{2\pi}{n}\right),\left(\cos\dfrac{2\pi}{n}+\mathrm{i}\sin\dfrac{2\pi}{n}\right)^2,$ $\left(\cos\dfrac{2\pi}{n}+\mathrm{i}\sin\dfrac{2\pi}{n}\right)^3,\cdots,\left(\cos\dfrac{2\pi}{n}+\mathrm{i}\sin\dfrac{2\pi}{n}\right)^{n-1},\left(\cos\dfrac{2\pi}{n}+\mathrm{i}\sin\dfrac{2\pi}{n}\right)^n=1$ 是其所有的根.

为了以后的需要,先来讨论方程式(1)及其根的一些基本性质.

性质 1 方程式 $x^n-1=0$ 无重根.

设 $f(x)=x^n-1$,则其导数 $f'(x)=nx^{n-1}$.而 $f(x)$ 与 $f'(x)$ 不含 x 的公因子.

性质 2 若 α 为方程式 $x^n-1=0$ 的一个根,则 α^k 亦为其一根,k 为任意整数.

性质 3 如果 m 与 n 互素,则方程式 $x^m-1=0$ 与 $x^n-1=0$ 不能有除 1 外的共同根.

这个性质的证明需要数论上的结论:若 m 与 n 互为素数,则必定存在整数 u,v 使得 $vm-un=\pm1$.

设 α 为 $x^m-1=0$ 与 $x^n-1=0$ 的共同根,则 $\alpha^m=1,\alpha^n=1$. 又 $\alpha^{vm}=1$, $\alpha^{un}=1$,这里 u 与 v 是适合关系式 $vm-un=\pm1$ 的整数. 故 $\alpha^{vm-un}=1$,即 $\alpha^{\pm1}=1$,亦即 $\alpha=1$.

性质 4 如果 h 为 m 与 n 的最大公约数,则方程式 $x^h-1=0$ 的根为 $x^m-1=0$ 与 $x^n-1=0$ 的共同根.

设 $m=m'h,n=n'h$,则 m' 与 n' 互为素数,故可求得整数 u,v 使 $vm'-un'=\pm1$. 以 h 乘之,则得 $vm-un=\pm h$. 若 α 为 $x^m-1=0$ 与 $x^n-1=0$ 的共同根,则 $\alpha^m=1,\alpha^n=1,\alpha^{vm-un}=1$ 或 $\alpha^{\pm h}=1$. 这就是说 α 为 $x^h-1=0$ 的根.

性质 5 若 n 为因数 $p,q,\cdots,r$ 之积,则 $x^p-1=0,x^q-1=0,\cdots,x^r-1=0$ 的诸根皆适合方程式 $x^n-1=0$.

因为若 α 为 $x^p-1=0$ 的根,则 $\alpha^p=1$ 而 $(\alpha^p)^{q\cdots r}=1$,即 α 为 $x^{pq\cdots r}-1=0$ 的根.

性质 6 若 n 为素因数 $p,q,\cdots,r$ 之积,α 为 $x^p-1=0$ 的根,β 为 $x^q-1=0$ 的根,$\cdots$,γ 为 $x^r-1=0$ 的根,则方程式 $x^n-1=0$ 的根均可表示为 $\alpha^i\beta^j\cdots\gamma^k$,这里 $0\leqslant i\leqslant p-1,0\leqslant j\leqslant q-1,\cdots,0\leqslant k\leqslant r-1$.

为方便起见,我们就三个素因数 p,q,r 的情形来证明. 因 $\alpha^n=1,\beta^n=1,\gamma^n=1$. 不论 i,j,k 为任何整数,均有 $\alpha^{ni}=1,\beta^{nj}=1,\gamma^{nk}=1$. 因而 $(\alpha^i\beta^j\gamma^k)^n=1$,即 $\alpha^i\beta^j\gamma^k$ 为 $x^n-1=0$ 的根.

为了完成定理的证明. 我们来证明在 $0\leqslant i\leqslant p-1,0\leqslant j\leqslant q-1,0\leqslant k\leqslant r-1$ 时,n 个根 $\alpha^i\beta^j\gamma^k$ 两两互异. 如若 $\alpha^i\beta^j\gamma^k=\alpha^{i'}\beta^{j'}\gamma^{k'}$,则 $\alpha^{i-i'}=\beta^{j'-j}\gamma^{k-k'}=1$. 这个等式的左端是方程式 $x^p-1=0$ 的根,右端是方程式 $x^{qr}-1=0$ 的根. 于是 $x^p-1=0$ 与 $x^{qr}-1=0$ 有共同根. 但 p 与 qr 互素,故这方程式不能有除 1 外的共同根,即 $\alpha^{i-i'}=1$ 而 $i=i'$. 类似地可得出 $j=j',k=k'$. n 个根两两互异遂得证.

性质 7 若 $n=p^a q^b\cdots r^c$,其中 $p,q,\cdots,r$ 均为素数. 则方程式 $x^n-1=0$ 的根均可表示为 $\alpha\beta\cdots\gamma$,这里 α 为 $x^{p^a}-1=0$ 的根,β 为 $x^{q^b}-1=0$ 的根,$\cdots$,γ 为 $x^{r^c}-1=0$ 的根.

首先,因为 $\alpha^{p^a}=1,\beta^{q^b}=1,\cdots,\gamma^{r^c}=1$,故 $\alpha^n=1,\beta^n=1,\gamma^n=1$. 从而 $(\alpha\beta\cdots\gamma)^n=1$,即 $\alpha\beta\cdots\gamma$ 均是 $x^n-1=0$ 的根.

现在证明 n 个可能的乘积 $\alpha\beta\cdots\gamma$ 两两不等. 今假设 $\alpha\beta\cdots\gamma=\alpha'\beta'\cdots\gamma'$,而左右两端相应之诸根不能相等. 两端自乘 $q^b\cdots r^c$ 次得

$$(\alpha\beta\cdots\gamma)^{q^b\cdots r^c} = (\alpha'\beta'\cdots\gamma')^{q^b\cdots r^c}.$$

既然 β 为 $x^{q^b}-1=0$ 的根,$\cdots$,γ 为 $x^{r^c}-1=0$ 的根,所以

$$(\beta\cdots\gamma)^{q^b\cdots r^c} = (\beta'\cdots\gamma')^{q^b\cdots r^c}.$$

对比上面两个等式,我们得到

$$\alpha^{q^b\cdots r^c} = \alpha'^{q^b\cdots r^c}.$$

因为 α 与 α' 为 $x^{p^a}-1=0$ 的相异之根,故等于同一 p^a 次单位本原根 η 的不同幂,而可写为

$$\alpha = \eta^{k+k'}, \alpha' = \eta^{k'},$$

其中 $k+k'$ 与 k' 均小于 p^a,故得

$$\eta^{(k+k')q^b\cdots r^c} = \eta^{k'q^b\cdots r^c}$$

或 $\eta^{kq^b\cdots r^c} = 1$.

因为 η 为方程式 $x^{p^a}-1=0$ 与 $x^{kq^b\cdots r^c}-1=0$ 的共同根,故亦为 $x^s-1=0$ 的根,此处 s 为 p^a 与 $kq^b\cdots r^c$ 的最大公约数.但 $s\leqslant k$,故 $s<p^a$.按 η 的本原性,这是不可能的.故原假设的等式 $\alpha\beta\cdots\gamma=\alpha'\beta'\cdots\gamma'$ 不能成立.

性质 8 若 p 为素数,则方程式 $x^{p^a}-1=0$ 的根可由形如 $x^p-A=0$ 的方程式的根来表示.

令 ω_1 为 $x^p-1=0$ 的任一根,ω_2 为 $x^p-\omega_1=0$ 的任一根,ω_3 为 $x^p-\omega_2=0$ 的任一根,由此类推,最后 ω_a 为 $x^p-\omega_{a-1}=0$ 的任一根,则由乘积 $\alpha = \omega_1\omega_2\cdots\omega_a$ 就可得出 $x^{p^a}-1=0$ 的 p^a 个不同的根.

因 $\omega_1{}^p=1,\omega_2{}^p=\omega_1,\omega_3{}^p=\omega_2,\omega_a{}^p=\omega_{a-1}$,故依次得以下诸关系

$$\alpha^p = \omega_1{}^p\omega_2{}^p\cdots\omega_a{}^p = 1\cdot\omega_1\omega_2\cdots\omega_{a-1},$$

$$\alpha^{p^2} = \omega_1{}^p\omega_2{}^p\cdots\omega_{a-1}{}^p = 1\cdot\omega_1\omega_2\cdots\omega_{a-2},$$

$$\cdots\cdots$$

$$\alpha^{p^{a-1}} = \omega_1,$$

$$\alpha^{p^a} = 1.$$

由性质 7 和性质 8,得

性质 9 当 n 为任何非素数,则方程式 $x^n-1=0$ 的解法,可化为若干素数次二项方程式的求解.

将根因子 $x-1$ 析出后,由方程(1)得出以下的 $n-1$ 次方程式

$$x^{n-1}+x^{n-2}+\cdots+x+1=0,$$

这个方程式的根为 $\left(\cos\dfrac{2\pi}{n}+\mathrm{i}\sin\dfrac{2\pi}{n}\right),\left(\cos\dfrac{2\pi}{n}+\mathrm{i}\sin\dfrac{2\pi}{n}\right)^2,\cdots,\left(\cos\dfrac{2\pi}{n}+\mathrm{i}\sin\dfrac{2\pi}{n}\right)^{n-1}.$

通过以上分析,要讨论分圆方程式(1) 的根式解问题,只要讨论

$$x^{p-1}+x^{p-2}+\cdots+x+1=0 \tag{2}$$

就够了,这里 p 为素数.

方程式(2) 称为真正意义上的分圆方程式.

现在我们来证明,在有理数域内,分圆方程式(2) 是不可以分解的. 事实上,设其根为

$$\varepsilon,\varepsilon^2,\cdots,\varepsilon^{p-1}. \tag{3}$$

同时令

$$x^{p-1}+x^{p-2}+\cdots+x+1=g(x)\cdot h(x),$$

这里 $g(x)$ 及 $h(x)$ 均为低于 $p-1$ 次的多项式,而其系数均为整数[①]. 令 $x=1$,则得

$$p=g(1)\cdot h(1).$$

既然 p 是素数,故其整数因子之一,例如 $g(1)$,必为 ± 1. 但因 $g(x)=0$ 至少含有方程式(1) 的一根,即必有一 $\varepsilon^i(1\leqslant i\leqslant p-1)$ 使得 $g(\varepsilon^i)$ 等于零. 于是

$$g(\varepsilon)\cdot g(\varepsilon^2)\cdot\cdots\cdot g(\varepsilon^{p-1})=0 \tag{4}$$

对于比 p 小的任意正整数 k 而言,数组

$$\varepsilon^k,\varepsilon^{2k},\cdots,\varepsilon^{(p-1)k}. \tag{5}$$

将与数组(3) 重合(次序可能不同). 这是因为数组(5) 的 $p-1$ 个数两两不等. 不然,设

$$\varepsilon^{ik}=\varepsilon^{jk}(1\leqslant i\leqslant p-1,1\leqslant j\leqslant p-1),$$

则

$$\varepsilon^{(i-j)k}=l.$$

而 $(i-j)k$ 即能被 p 除尽,既然 $0<i,j,k<p$,这只有在 $i-j=0$ 时才有可能.

所以当 ε 换为 ε^k 时,等式(4) 仍然成立. 故方程式

$$g(x)\cdot g(x^2)\cdot\cdots\cdot g(x^{p-1})=0$$

的根包括数组(3) 中的每个数. 由此这个方程式的左端可以被 $x^{p-1}+x^{p-2}+\cdots+x+1$ 整除,即

$$g(x)\cdot g(x^2)\cdot\cdots\cdot g(x^{p-1})=q(x)\cdot(x^{p-1}+x^{p-2}+\cdots+x+1),$$

这里 $q(x)$ 为一整系数多项式. 令 $x=1$,得

$$[g(1)]^{p-1}=(\pm 1)^{p-1}=p\cdot q(1),$$

---

① 系数可假设为整数,是因为可以证明:如果一个整系数多项式在有理数域内可约,那么它就能分解成为两个较低次的整系数多项式的乘积(参阅《多项式理论》卷).

遂产生矛盾：± 1 能被 p 除尽.

3.2　十一次以下的分圆方程式

分圆方程式

$$x^{n-1} + x^{n-2} + \cdots + x + 1 = 0 \tag{1}$$

($n-1$ 为一偶数)，为倒数方程：若 α 为其一根，则 $\dfrac{1}{\alpha}$ 亦为其根. 我们已经证明（第 1 章，§3），这种类型的方程，可归结为一个二次方程和一个次数减半的方程. 对于分圆方程式的任一根 ε 来说，有

$$\varepsilon^{n-1} = \frac{1}{\varepsilon},\ \varepsilon^{n-2} = \frac{1}{\varepsilon^2},\cdots,\varepsilon^{\frac{n+1}{2}} = \frac{1}{\varepsilon^{\frac{n-1}{2}}}.$$

设 $\dfrac{n-1}{2} = v$，则可知方程（1）与下面的方程等同

$$\left(x^v + \frac{1}{x^v}\right) + \left(x^{v-1} + \frac{1}{x^{v-1}}\right) + \cdots + \left(x + \frac{1}{x}\right) = 0. \tag{2}$$

今设

$$x + \frac{1}{x} = z, \tag{3}$$

则不难知

$$x^2 + \frac{1}{x^2} = z^2 - 2,\ x^3 + \frac{1}{x^3} = z^3 - 3z,\ x^4 + \frac{1}{x^4} = z^4 - 4z^3 + 2,\cdots \tag{4}$$

一般地说，$x^k + \dfrac{1}{x^k}$ 可表示为 z 的 k 次多项式的形式，而方程（2）可成为 z 的 $\dfrac{n-1}{2}$ 次的方程. 此方程的解为

$$\varepsilon + \frac{1}{\varepsilon},\ \varepsilon^2 + \frac{1}{\varepsilon^2},\cdots,\varepsilon^v + \frac{1}{\varepsilon^v}$$

或

$$2\cos\frac{2\pi}{n},\ 2\cos\frac{4\pi}{n},\cdots,2\cos\frac{(n-1)\pi}{n}. \tag{5}$$

如果（5）中的每项可由 z 的方程式代数解出，则 n 次单位根可由二次方程（2）代数解出.

这种方法对于很多分圆方程式是可行的. 特别是 $n = 11$ 次以下的情形.

于 $n = 5$ 时，方程（2）为

$$\left(x^2 + \frac{1}{x^2}\right) + \left(x + \frac{1}{x}\right) + 1 = 0.$$

196

设 $z = x + \dfrac{1}{x}$ 得

$$z^2 + z - 1 = 0,$$

它的解为

$$z_1 = \frac{-1 + \sqrt{5}}{2} = 2\cos\frac{2\pi}{5}, z_2 = \frac{-1 - \sqrt{5}}{2} = 2\cos\frac{4\pi}{5}.$$

最后求出

$$x_{1,2,3,4} = \frac{\sqrt{5} - 1 \pm \sqrt{-2\sqrt{5} - 10}}{4}, \frac{\sqrt{5} - 1 \pm \sqrt{2\sqrt{5} - 10}}{4}.$$

于 $n = 7$ 时,有方程为

$$\left(x^3 + \frac{1}{x^3}\right) + \left(x^2 + \frac{1}{x^2}\right) + \left(x + \frac{1}{x}\right) + 1 = 0.$$

设 $z = x + \dfrac{1}{x}$ 时,有

$$z^3 + z^2 - 2z - 1 = 0,$$

其根为

$$z_1 = \frac{-2 + \sqrt[3]{28 + 84\sqrt{-3}} + \sqrt[3]{28 - 84\sqrt{-3}}}{6},$$

$$z_2 = \frac{-2 + \sqrt[3]{28 + 84\sqrt{-3}}\,\varepsilon + \sqrt[3]{28 - 84\sqrt{-3}}\,\varepsilon^2}{6},$$

$$z_3 = \frac{-2 + \sqrt[3]{28 + 84\sqrt{-3}}\,\varepsilon^2 + \sqrt[3]{28 - 84\sqrt{-3}}\,\varepsilon}{6},$$

然后由 $x^2 - zx + 1 = 0$(即 $z = x + \dfrac{1}{x}$)即可得到相应的 x 值

$$x_{1,2,3,4,5,6} = \frac{z_1 \pm \sqrt{z_1^2 - 4}}{2}, \frac{z_2 \pm \sqrt{z_2^2 - 4}}{2}, \frac{z_3 \pm \sqrt{z_3^2 - 4}}{2}.$$

在 $n = 11$ 的时候,同上面一样,作替换 $z = x + \dfrac{1}{x}$,则得五次方程如下

$$z^5 + z^4 - 4z^3 - 3z^2 + 3z + 1 = 0.$$

范德蒙在 1771 年用根式解出了这个五次方程,于是原方程有根式解.

3.3 分圆方程式的根式可解性

在本目和下一目,我们将讲述高斯①关于分圆方程式根式解的研究. 设分圆方程式

$$x^{p-1} + x^{p-2} + \cdots + x + 1 = 0 (p \text{ 为素数}) \tag{1}$$

的 p 个根为

$$\varepsilon, \varepsilon^2, \cdots, \varepsilon^{p-1}. \tag{2}$$

高斯求解方程式(1)的首要步骤在于将(2)中的解以某种特定的次序来排列.

数论上可以证明,对任意的素数 p,存在一个整数 g 使得 $g^1, g^2, \cdots, g^{p-1}$ 关于模 p 是两两不同余的,并且 $g^{p-1} \equiv 1(\bmod p)$. 于是(2)中的所有解,改变它们的次序后,亦可以如下列出:

$$\varepsilon, \varepsilon^g, \varepsilon^{g^2}, \varepsilon^{g^3}, \cdots, \varepsilon^{g^{p-2}} \tag{3}$$

按照这个次序,每一解均为其前一解的 g 次方,而最后一个解的 g 次方,则因 $g^{p-1} \equiv 1(\bmod p)$ 而与第一个解重合,如此,我们将诸根排成一个环列.

数组(3)中的 g^i,亦可用其最小(正或负)余数$(\bmod p)$来代替. 为简单起见,今采用下面的记法

$$g^i \equiv [i](\bmod p), \tag{4}$$

则(3)中的解可写作下面的形式:

$$\varepsilon^{[0]}, \varepsilon^{[1]}, \varepsilon^{[2]}, \cdots, \varepsilon^{[p-2]}. \tag{5}$$

关于符号$[i]$,容易验证它适合以下规律:

i. 只有在 $i \equiv j(\bmod p)$ 时,才满足$[i] = [j]$;

ii. $[i][j] = [i+j]$;

iii. $[p-1] = [0] \equiv 1(\bmod p)$.

注意到方程式(1),按照韦达定理,我们知道(5)中所有根的和应为 -1

$$\varepsilon^{[0]} + \varepsilon^{[1]} + \varepsilon^{[2]} + \cdots + \varepsilon^{[p-2]} = -1. \tag{6}$$

为了证明分圆方程式的可解性,高斯首先给出一个定理:

引理 令 p 是一个素数,ε 是一个 p 次单位本原根,而 ω 是一个 $p-1$ 次单位本原根. 如果 $P_1(\omega), P_2(\omega), \cdots, P_{p-1}(\omega)$ 是系数在 Q 内关于 ω 的多项式,并且

---

① 《算术研究》的第七章从 Article359 开始是文章的第二部分,主要致力于讨论分圆方程的根式可解性. 在原文中高斯只给出了证明的梗概,他所主要依赖的工具实际上就是拉格朗日预解式. 这里我们用现代数学符号重新整理和解释高斯的做法.

$$P_1(\omega)\varepsilon + P_2(\omega)\varepsilon^2 + \cdots + P_{p-1}(\omega)\varepsilon^{p-1} = 0,$$

则有 $P_1(\omega) = P_2(\omega) = \cdots = P_{p-1}(\omega) = 0$.

证明 按照阿贝尔不可约性定理的推论 Ⅰ,只要证明 $x^{p-1} + x^{p-2} + \cdots + x + 1$ 在域 $Q(\omega)$ 不可约就行了. 设以 ω 为根的有理数域上的不可约多项式的次数为 q,于是 q 是 $p-1$ 的因子. 因为 $x^{p-1} + x^{p-2} + \cdots + x + 1$ 在 Q 上不可约,如果它在扩域 $Q(\omega)$ 可约,按阿贝尔引理,p 必须整除 q,而这是不可能的,所以 $x^{p-1} + x^{p-2} + \cdots + x + 1$ 在域 $Q(\omega)$ 不可约.

定理 3.3.1 设 p 是素数,则分圆方程式 $x^{p-1} + x^{p-2} + \cdots + x + 1 = 0$ 存在根式解.

证明 对素数 p 的大小作归纳. 当 $p=2$ 时显然 $+1$ 和 -1 是两个 2 次单位根,此时方程式可解为根式.

假设对于小于 p 的素数,定理均成立. 现在把偶数 $p-1$ 分解为素因子的方幂之积:$p-1 = p_1^{k_1} p_2^{k_2} \cdots p_s^{k_s}$,这里每个 p_i 都是小于 p 的素数. 根据假设 $p_1, p_2, \cdots, p_s$ 次单位根 $\omega_{p_1}, \omega_{p_2}, \cdots, \omega_{p_s}$ 都有根式解. 由 §1 性质 2,$p_1^{k_1}, p_2^{k_2}, \cdots, p_s^{k_s}$ 次单位根 $\omega_{p_1^{k_1}}, \omega_{p_2^{k_2}}, \cdots, \omega_{p_s^{k_s}}$ 都有根式解. 再由 §1 性质 7,$p-1(= p_1^{k_1} p_2^{k_2} \cdots p_s^{k_s})$ 次本原根 ω 也有根式解.

在这些讨论的基础上,我们来证明 p 次单位根有根式解. 为此取预解式

$$u_1 = \varepsilon_1 + \omega\varepsilon_2 + \omega^2\varepsilon_3 + \cdots + \omega^{p-2}\varepsilon_{p-1} = \varepsilon^{[0]} + \omega\varepsilon^{[1]} + \omega^2\varepsilon^{[2]} + \cdots + \omega^{p-2}\varepsilon^{[p-2]},$$

这里 $\varepsilon_1 = \varepsilon, \varepsilon_2, \cdots, \varepsilon_{p-1}$ 为方程式 $x^{p-1} + x^{p-2} + \cdots + x + 1 = 0$ 的 $p-1$ 个根,并且 ε 还是本原的.

将 ω 换为 ω^i,设对应的 u_1 变为 $u_i (i = 2, 3, \cdots, p-1)$,于是连同原来的 u_1,成立下面的 $p-1$ 个线性方程组:

$$\left.\begin{array}{l} u_1 = \varepsilon^{[0]} + \omega\varepsilon^{[1]} + \omega^2\varepsilon^{[2]} + \cdots + \omega^{p-2}\varepsilon^{[p-2]}, \\ u_2 = \varepsilon^{[0]} + \omega^2\varepsilon^{[1]} + \omega^4\varepsilon^{[2]} + \cdots + \omega^{2(p-2)}\varepsilon^{[p-2]}, \\ \cdots\cdots \\ u_{p-2} = \varepsilon^{[0]} + \omega^{p-2}\varepsilon^{[1]} + \omega^{2(p-2)}\varepsilon^{[2]} + \cdots + \omega^{(p-2)^2}\varepsilon^{[p-2]}, \\ u_{p-1} = \varepsilon^{[0]} + \varepsilon^{[1]} + \varepsilon^{[2]} + \cdots + \varepsilon^{[p-1]}, \end{array}\right\} \qquad (7)$$

由于 ω 是 $p-1$ 次单位本原根,故对于 $i \not\equiv 0 \pmod{p-1}$ 可以得到

$$1 + \omega^i + \omega^{2i} + \cdots + \omega^{(p-2)i} = 0.$$

所以解上面的方程组可得

$$\varepsilon_1 = \varepsilon^{[0]} = \frac{1}{p-1}(u_1 + u_2 + \cdots + u_{p-1}).$$

为了证明 ε_1 有根式解,我们采用这样的方式:首先证明 u_1^{p-1} 可以表示为 ω 的有

199

理函数(如此，u_1 在 $Q(\omega)$ 上可以表示为根式)；其次再证明每个 $u_i(i=2,3,\cdots,p-1)$ 均可表示为 u_1 与 ω 的根式函数.

为了证明第一点，我们将置换

$$s=(\varepsilon,\varepsilon^{[1]})=\begin{pmatrix} 1 & 2 & 3 & \cdots & p-2 & p-1 \\ 2 & 3 & 4 & \cdots & p-1 & 1 \end{pmatrix}$$

作用于方程组(7)的任何一个方程式

$$u_k=\varepsilon^{[0]}+\omega^k\varepsilon^{[1]}+\omega^{2k}\varepsilon^{[2]}+\cdots+\omega^{(p-2)k}\varepsilon^{[p-2]}.$$

这使我们得到

$$(u_k)_s=\varepsilon^{[1]}+\omega^k\varepsilon^{[2]}+\omega^{2k}\varepsilon^{[3]}+\cdots+\omega^{(p-2)k}\varepsilon^{[p-1]}$$
$$=\varepsilon^{[1]}+\omega^k\varepsilon^{[2]}+\omega^{2k}\varepsilon^{[3]}+\cdots+\omega^{(p-2)k}\varepsilon^{[0]},$$

注意到这式子的最左端乘以 ω^k 便得出 u_k：

$$(\varepsilon^{[1]}+\omega^k\varepsilon^{[2]}+\omega^{2k}\varepsilon^{[3]}+\cdots+\omega^{(p-2)k}\varepsilon^{[0]})\omega^k$$
$$=\varepsilon^{[0]}+\omega^k\varepsilon^{[1]}+\omega^{2k}\varepsilon^{[2]}+\cdots+\omega^{(p-2)k}\varepsilon^{[p-2]}=u_k.$$

于是可以写

$$(u_k)_s=\omega^{-k}\cdot u_k, \tag{8}$$

进一步有

$$(u_k^{p-1})_s=[(u_k)_s]^{p-1}=[\omega^{-k}\cdot u_k]^{p-1}=u_k^{p-1}. \tag{9}$$

这就是说，在置换 s 下，u_k^{p-1}(作为 $\varepsilon_1,\varepsilon_2,\cdots,\varepsilon_{p-1}$ 的有理函数)的函数值保持不变.特别地，$(u_1^{p-1})_s=u_1^{p-1}$.

将 $u_1=\varepsilon^{[0]}+\omega\varepsilon^{[1]}+\omega^2\varepsilon^{[2]}+\cdots+\omega^{p-2}\varepsilon^{[p-2]}$ 自乘 $p-1$ 次得到

$$u_1^{p-1}=P_0(\omega)+P_1(\omega)\varepsilon^{[0]}+P_2(\omega)\varepsilon^{[1]}+\cdots+P_{p-1}(\omega)\varepsilon^{[p-2]},$$

而

$$(u_1^{p-1})_s=P_0(\omega)+P_1(\omega)\varepsilon^{[1]}+P_2(\omega)\varepsilon^{[2]}+\cdots+P_{p-2}(\omega)\varepsilon^{[p-2]}+P_{p-1}(\omega)\varepsilon^{[p-1]}$$

注意到 $\varepsilon^{[p-1]}=\varepsilon^{[0]}$，以及 $(u_1^{p-1})_s=u_1^{p-1}$(按照等式(9))，我们有

$$P_0(\omega)+P_{p-1}(\omega)\varepsilon^{[0]}+P_1(\omega)\varepsilon^{[1]}+P_2(\omega)\varepsilon^{[2]}+\cdots+P_{p-2}(\omega)\varepsilon^{[p-2]}$$
$$=P_0(\omega)+P_1(\omega)\varepsilon^{[0]}+P_2(\omega)\varepsilon^{[1]}+\cdots+P_{p-1}(\omega)\varepsilon^{[p-2]},$$

或者

$$[P_1(\omega)-P_{p-1}(\omega)]\varepsilon^{[0]}+[P_2(\omega)-P_1(\omega)]\varepsilon^{[1]}+\cdots+$$
$$[P_{p-1}(\omega)-P_{p-2}(\omega)]\varepsilon^{[p-2]}=0.$$

由前面的引理知

$$P_1(\omega)=P_2(\omega)=\cdots=P_{p-1}(\omega).$$

因此

$$u_1{}^{p-1} = P_0(\omega) + P_1(\omega)\varepsilon^{[0]} + P_2(\omega)\varepsilon^{[1]} + \cdots + P_{p-1}(\omega)\varepsilon^{[p-2]}$$
$$= P_0(\omega) + P_1(\omega)\big[\varepsilon^{[0]} + \varepsilon^{[1]} + \cdots + \varepsilon^{[p-2]}\big]$$
$$= P_0(\omega) - P_1(\omega).$$

如此我们就把 $u_1{}^{p-1}$ 表示成了 ω 的有理函数.

再来证明第二点. 我们利用前面的式子(8): $(u_k)_s = \omega^{-k} \cdot u_k$. 下面的等式表明, $u_k \cdot u_1{}^{-k}$ 不为置换 s 所改变

$$(u_k \cdot u_1{}^{-k})_s = (u_k)_s \cdot \big[(u_1)_s\big]^{-k} = (\omega^{-k} \cdot u_k) \cdot (\omega^{-1} \cdot u_1)^{-k} = u_k \cdot u_1{}^{-k},$$

类似于前面对于 $u_1{}^{p-1}$ 的处理, 可以得到

$$u_k \cdot u_1{}^{-k} = P_0(\omega)$$

或者

$$u_k = u_1{}^k \cdot P_0(\omega) = f(u_1, \omega),$$

也就是说我们已经把 u_k 表示成了 u_1, ω 的函数.

ε 的根式可解性由此得证.

3.4　高斯解法的理论基础

在 3.1 目, 我们已经指出分圆方程式

$$x^{p-1} + x^{p-2} + \cdots + x + 1 = 0 \tag{1}$$

在有理数域内是不可约的. 现在我们来找它在有理数域上的群. 采用上节的符号, 方程式(1)的根为

$$\varepsilon^{[0]}, \varepsilon^{[1]}, \varepsilon^{[2]}, \cdots, \varepsilon^{[p-2]}. \tag{2}$$

首先来证明下面这个定理:

定理 3.4.1　凡是系数为有理数的 ε 的有理整函数, 如果施以置换 $(\varepsilon, \varepsilon^{[1]})$ 后值不变, 则它的值必为有理数[①].

证明　设 $f(\varepsilon)$ 是任一系数为有理数的 ε 的多项式. 注意到 $\varepsilon^p = 1$, $f(\varepsilon)$ 的次数不能超过 p 次

$$f(\varepsilon) = a_0 + a_1\varepsilon + a_2\varepsilon^2 + \cdots + a_{p-1}\varepsilon^{p-1}.$$

又 $\varepsilon^{p-1} + \varepsilon^{p-2} + \cdots + \varepsilon + 1 = 0$, 或 $a_0 = -a_0(\varepsilon^{p-1} + \varepsilon^{p-2} + \cdots + \varepsilon)$, 故上面那个多项式可以设为(常数项系数为零)

$$f(\varepsilon) = b_1\varepsilon + b_2\varepsilon^2 + \cdots + b_{p-1}\varepsilon^{p-1}. \tag{3}$$

除次序以外, 每一幂 ε^i 与某一 $\varepsilon^{[j]}$ 相同, 故 $f(\varepsilon)$ 可用幂 $\varepsilon^{[j]}$ 表示为

---

① 如果 $f(\varepsilon)$ 的系数为整数, 则它的值亦为整数.

$$f(\varepsilon) = c_0 \varepsilon^{[0]} + c_1 \varepsilon^{[1]} + \cdots + c_{p-2} \varepsilon^{[p-2]},$$

这里 $c_0, c_1, \cdots, c_{p-2}$ 均为有理数. 今将 $\varepsilon^{[0]} = \varepsilon$ 变为 $\varepsilon^{[1]}$, 则按照条件 $f(\varepsilon)$ 的值不变

$$f(\varepsilon) = c_0 \varepsilon^{[1]} + c_1 \varepsilon^{[2]} + \cdots + c_{p-2} \varepsilon^{[0]}.$$

因而

$$(c_{p-2} - c_0) \varepsilon^{[0]} + (c_0 - c_1) \varepsilon^{[1]} + (c_1 - c_2) \varepsilon^{[2]} + \cdots + (c_{p-3} - c_2) \varepsilon^{[p-2]} = 0.$$

若用 ε 来除这个等式的两端, 则右端将是一个 ε 的 $p-2$ 次的多项式, 即 ε 满足一个有理系数的次数为 $p-2$ 次的方程. 这只有在方程式的所有系数都为 0 时才有可能, 因为分圆方程式在有理数域上是不可约的. 于是

$$c_0 = c_1 = \cdots = c_{p-2},$$

而 $f(\varepsilon)$ 的值为有理数

$$f(\varepsilon) = c_0 (\varepsilon^{[0]} + c_1 \varepsilon^{[1]} + \cdots + c_{p-2} \varepsilon^{[p-2]}) = -c_0.$$

经置换 $(\varepsilon, \varepsilon^{[1]})$ 后, 排列 $\varepsilon^{[0]}, \varepsilon^{[1]}, \cdots, \varepsilon^{[p-2]}$ 变为 $\varepsilon^{[1]}, \varepsilon^{[2]}, \cdots, \varepsilon^{[0]}$, 就此而言, $(\varepsilon^{[0]}, \varepsilon^{[1]})$ 与循环置换

$$s = (1, 2, 3, \cdots, p-1)$$

效果相同. 由 s 可生成一个 $p-1$ 阶循环置换群

$$H = \{ s^{p-1} = I, s, s^2, \cdots, s^{p-2} \}.$$

反过来, 可以证明

定理 3.4.2 凡系数为有理数的单位根 ε 的有理整函数, 如果它的值是有理数, 则函数值必不为循环置换群 H 的置换所改变.

这是因为这样的函数, 均可以表示为 (3) 的形式, 如果它的值是有理数, 则因分圆方程式在有理数域上的不可约性可知

$$b_1 = b_2 = \cdots = b_{p-1} = -c,$$

因而函数的形式为

$$-c(\varepsilon + \varepsilon^2 + \cdots + \varepsilon^{p-1}) = -c(\varepsilon^{[0]} + c_1 \varepsilon^{[1]} + \cdots + c_{p-2} \varepsilon^{[p-2]}),$$

它对任何循环置换不变.

由这两个定理, 我们可以说

定理 3.4.3 循环置换群 H 是分圆方程式的伽罗瓦群.

现在我们按照群论的观点来求解分圆方程式. H 的阶数 $p-1$ 恒为偶数, 故为非素数. 今设

$$p - 1 = ef, \tag{4}$$

则

$$H_e = \{ s^{p-1} = I, s^e, s^{2e}, \cdots, s^{(f-1)e} \}$$

为 H 的 f 阶循环子群,并且还是不变子群.与置换 s^e 相当者,为置换 $(\varepsilon,\varepsilon^{[e]})$.

按照分解式(4),我们将(2)中的解分为 e 个类并分别作和(每和 f 个解):

$$\left.\begin{aligned}
\eta_0 &= \varepsilon^{[0]} + \varepsilon^{[e]} + \varepsilon^{[2e]} + \cdots + \varepsilon^{[(f-1)e]}, \\
\eta_1 &= \varepsilon^{[1]} + \varepsilon^{[e+1]} + \varepsilon^{[2e+1]} + \cdots + \varepsilon^{[(f-1)e+1]}, \\
&\cdots\cdots \\
\eta_{e-1} &= \varepsilon^{[e-1]} + \varepsilon^{[2e-1]} + \varepsilon^{[3e-1]} + \cdots + \varepsilon^{[p-2]}.
\end{aligned}\right\} \tag{5}$$

由(5)定义的数 $\eta_0,\eta_1,\cdots,\eta_{e-1}$ 被高斯称为分圆方程(1)的 f 项周期.这些周期两两不等,并且它们构成子群 H_e 的 e 个共轭值(本章 §1 中 1.5,定义 1.5.1).

定理 3.4.4 设 $p-1=ef=gh$,且 f 整除 g,则任意的项数为 f 的周期是次数为 g/f 的方程的根,并且该方程的系数是项数为 g 的周期的有理表达式.

证明 f 项周期的不变群为 $H_e=\{s^{p-1}=I,s^e,s^{2e},\cdots,s^{(f-1)e}\}$,$g$ 项周期的不变群为 $H_h=\{s^{p-1}=I,s^h,s^{2h},\cdots,s^{(f-1)h}\}$.因为 f 整除 g,所以可设 $g=fk$,k 是整数.又 $p-1=ef=gh$,所以 $ef=(fk)h$,得 $e=kh$.如此,H_e 为 H_h 的指数为 k 的子群.由本章 §1 中 1.5,定理 1.5.3 立得本定理.

由上面的定义和定理,就可以把方程(1)的解一步一步地求出来.令 $f_0=p-1,f_1,\cdots,f_{r-1},f_r=1$,其中 f_{i-1} 整除 f_i,$i=1,\cdots,r$.令 v_i 是项数为 f_i 的周期,其中 $i=0,1,\cdots,r$.则 v_0 是项数为 $p-1$ 的周期等于 -1,v_i 可由一个次数为 f_{i-1}/f_i 的方程的根确定,且该方程的系数由 v_{i-1} 有理表达.由于 v_r 是项数为 1 的周期,则方程的根可得出.

为了简单,通常要使预解方程式的次数尽可能的小,于是选 $f_0,f_1,\cdots,f_r$ 时,需使 f_{i-1}/f_i 是素数且整除 $p-1$.比如说 $p=37$ 时,$p-1=36=2\times2\times3\times3$,则按定理 3.4.4 只需解两个二次方程和两个三次方程就可得出 $x^{36}+x^{35}+\cdots+x+1=0$ 的根.又如 $p=71$ 时,$p-1=2\times5\times7$,要解方程 $x^{70}+x^{69}+\cdots+x+1=0$,则不可避免要解一个五次方程和一个七次方程.这时如 3.3 中定理 3.3.1 所表明的那样(既然 ε 可根式求解,所以作为 ε 的有理整函数的 f_i 项周期自然可以根式求解),高斯证明了这些次数为 f_{i-1}/f_i 的方程都是根式可解的.

3.5 分圆方程式的高斯解法·十七次的分圆方程式

高斯关于方程式

$$x^{p-1}+x^{p-2}+\cdots+x+1=0$$

的解法实际上是拉格朗日解方程程序的一个应用:首先找出拉格朗日解预解式

u，然后再找一个关于 u 的函数 φ，关于 φ 的函数 ψ，…. 根据 $u,\varphi,\psi,\cdots$，可以得到一个子群序列. 然后根据该子群序列，解一系列关于 $u,\varphi,\psi,\cdots$ 的预解方程，从而得到 u.

具体地说：设 $p-1=2k_1=2r_1k_2=2r_1r_2k_3=\cdots=2r_1r_2r_3\cdots k_m$. 为了简单，可以取预解式 $u=\varepsilon_1=\varepsilon$. 然后再找一些函数 $\varphi,\psi,\mu,\cdots,\eta$ 如下

$$u=\varepsilon_1,(u)_{s^{j-1}}=u_j,j=1,2,\cdots,p-1.$$

$$\varphi=u_1+u_{1+k_1},(\varphi)_{s^{j-1}}=\varphi_j,j=1,2,\cdots,k_1.$$

$$\psi=\varphi_1+\varphi_{1+k_2}+\varphi_{1+2k_2}+\cdots+\varphi_{1+(2r_1-1)k_2},(\psi)_{s^{j-1}}=\varphi_j,j=1,2,\cdots,k_2.$$

$$\mu=\psi_1+\psi_{1+k_3}+\psi_{1+2k_3}+\cdots+\psi_{1+(2r_1r_2-1)k_3},(\mu)_{s^{j-1}}=\mu_j,j=1,2,\cdots,k_3.$$

$$\cdots\cdots$$

次令 $H(f)$ 为函数 f 的特征不变群，可以得到一个子群序列：

伽罗瓦群	不变式	群的阶数
$H(u)=\{I\}$	u	$|H(u)|=1$
$\overset{2}{\bigcap}$		
$H(\varphi)=\{I,s^{k_1}\}$	φ	$|H(\varphi)|=2$
$\overset{r_1}{\bigcap}$		
$H(\psi)=\{I,s^{k_2},s^{2k_2},\cdots,s^{(2r_1-1)k_2}\}$	ψ	$|H(\psi)|=2r_1$
$\overset{r_2}{\bigcap}$		
$H(\mu)=\{I,s^{k_3},s^{2k_3},\cdots,s^{(2r_1r_2-1)k_3}\}$	μ	$|H(\mu)|=2r_2$
$\bigcap$		
$\vdots$	$\vdots$	$\vdots$
$\bigcap$		
$H=\{I,s,s^2,\cdots,s^{p-2}\}$	η	$|H|=2r_1r_2\cdots k_m$

其中 $u,\varphi,\psi,\mu,\cdots,\eta$ 都是 ε_i 的有理函数，它们的选择顺序是

$$u\to\varphi\to\psi\to\mu\to\cdots\to\eta.$$

我们目的是求 u 的值，于是解方程的顺序如下

$$\eta\to\cdots\to\mu_i\to\psi_i\to\varphi_i\to u_i.$$

既然 η 在 H 的所有置换下取 k_m 个不同的值，则 η 是一个次数为 k_m 的方程的根，又该方程的系数是有理数，于是可求出 η_i；…；ψ 在 $H(\mu)$ 的所有置换下取 r_2 个不同的值——ψ 是 r_2 次的方程的根，并且这方程的系数可由前一函数 μ_i 有理地表达，即可求出 ψ_i. 同样的，可以得到 φ_i,u_i 的值. 因此，只需要解一些次数为 $2,r_1,r_2,r_3,\cdots,k_m$ 的方程，就可得到原分圆方程式的根.

204

让我们举出 $p=17$ 时的著名例子[①]. 此时 $\varepsilon=\cos\dfrac{2\pi}{17}+\mathrm{i}\sin\dfrac{2\pi}{17}$ 为 17 次单位本原根. 取 $g=3$, 从 $g^0=1$ 开始, 在 $g^1=3^1=3, g^2=9$ 之后可以得到 $g^3=3^3=27\equiv10(\bmod\ 17)$. 类似的, 可以算出所有的 g^i 关于 17 的最小正余数

$$3^0\equiv1(\bmod\ 17), 3^1\equiv3(\bmod\ 17), 3^2\equiv9(\bmod\ 17), 3^3\equiv10(\bmod\ 17),$$
$$3^4\equiv13(\bmod\ 17), 3^{10}\equiv8(\bmod\ 17),$$

$$3^5\equiv5(\bmod\ 17), 3^6\equiv15(\bmod\ 17), 3^7\equiv11(\bmod\ 17), 3^8\equiv16(\bmod\ 17),$$
$$3^9\equiv14(\bmod\ 17), 3^{11}\equiv7(\bmod\ 17),$$

$$3^{12}\equiv4(\bmod\ 17), 3^{13}\equiv12(\bmod\ 17), 3^{14}\equiv2(\bmod\ 17), 3^{15}\equiv6(\bmod\ 17).$$

如令 $\varepsilon_i=\varepsilon^{g^{i-1}}$, 于是 $x^{16}+x^{15}+\cdots+x+1=0$ 的 16 个根排列如下: $\varepsilon_1=\varepsilon$, $\varepsilon_2=\varepsilon^3, \varepsilon_3=\varepsilon^9, \varepsilon_4=\varepsilon^{10}, \varepsilon_5=\varepsilon^{13}, \varepsilon_6=\varepsilon^5, \varepsilon_7=\varepsilon^{15}, \varepsilon_8=\varepsilon^{11}, \varepsilon_9=\varepsilon^{16}, \varepsilon_{10}=\varepsilon^{14}, \varepsilon_{11}=\varepsilon^8, \varepsilon_{12}=\varepsilon^7, \varepsilon_{13}=\varepsilon^4, \varepsilon_{14}=\varepsilon^{12}, \varepsilon_{15}=\varepsilon^2, \varepsilon_{16}=\varepsilon^6$.

既然 $p-1=16=2\times2\times2\times2$, 我们有

伽罗瓦群	不变式
$H(u)=\{I\}$	$u=\varepsilon_1$
$_2\cap$	
$H(\varphi)=\{I, s^8\}$	$\varphi=\varepsilon_1+\varepsilon_9$
$_2\cap$	
$H(\psi)=\{I, s^4, s^8, s^{12}\}$	$\psi=\varepsilon_1+\varepsilon_5+\varepsilon_9+\varepsilon_{13}$
$_2\cap$	
$H(\mu)=\{I, s, s^2, \cdots, s^{p-2}\}$	$\mu=\varepsilon_1+\varepsilon_3+\varepsilon_5+\cdots+\varepsilon_{15}$
$_2\cap$	
$H(\eta)=H=\{I, s, s^2, \cdots, s^{p-2}\}$	$\eta=\varepsilon_1+\varepsilon_2+\varepsilon_3+\cdots+\varepsilon_{16}$

i. μ 在 H 的所有置换下取 2 个不同的值, 即

$$\mu_1=\mu_I=\varepsilon_1+\varepsilon_3+\varepsilon_5+\cdots+\varepsilon_{15}, \mu_2=\mu_s=\varepsilon_2+\varepsilon_4+\varepsilon_6+\cdots+\varepsilon_{16}.$$

由

$$\mu_1+\mu_2=-1, \mu_1\cdot\mu_2=-4$$

知道 μ 是方程 $y^2+y-4=0$ 的根, 注意到

$$\mu_2=\varepsilon_1+\varepsilon_3+\varepsilon_5+\cdots+\varepsilon_{15}=(\varepsilon^3+\varepsilon^{14})+(\varepsilon^5+\varepsilon^{12})+(\varepsilon^6+\varepsilon^{11})+(\varepsilon^7+\varepsilon^{10})$$

---

① 这个例子包含着正十七边形可以用尺规作出来. 高斯在大学二年级(1796 年, 时年 19 岁)即得出正十七边形尺规作图的可能性(随后又给出了可用尺规作图的正多边形的条件), 解决了两千年来悬而未决的难题.

$$= 2\cos\frac{6\pi}{17} + 2\cos\frac{10\pi}{17} + 2\cos\frac{12\pi}{17} + 2\cos\frac{14\pi}{17}$$

$$= 2\cos\frac{6\pi}{17} - 2\cos\frac{7\pi}{17} - 2\cos\frac{5\pi}{17} - 2\cos\frac{3\pi}{17}$$

$$= 2\left(\cos\frac{6\pi}{17} - \cos\frac{3\pi}{17}\right) - 2\cos\frac{7\pi}{17} - 2\cos\frac{5\pi}{17}$$

$$< 0,$$

所以

$$\mu_1 = \frac{-1+\sqrt{17}}{2}, \mu_2 = \frac{-1-\sqrt{17}}{2}.$$

ii. ψ 在 $H(\mu)$ 的所有置换下取 2 个不同的值,即

$$\psi_1 = \psi_I = \varepsilon_1 + \varepsilon_5 + \varepsilon_7 + \varepsilon_9, \psi_2 = (\psi)_{s^2} = \varepsilon_3 + \varepsilon_5 + \varepsilon_7 + \varepsilon_9.$$

$\psi_1 + \psi_2 = -\mu_1, \psi_1 \cdot \psi_2 = -1$ 表明 ψ 是方程 $y^2 - \mu_1 - 1 = 0$ 的根,同时

$$\psi_1 = \varepsilon_1 + \varepsilon_5 + \varepsilon_7 + \varepsilon_9 = (\varepsilon + \varepsilon^{16}) + (\varepsilon^4 + \varepsilon^{13}) = 2\cos\frac{2\pi}{17} + 2\cos\frac{8\pi}{17} > 0,$$

于是

$$\psi_1 = \frac{-\mu_1 + \sqrt{\mu_1^2 + 4}}{2} = \frac{-1 + \sqrt{17} + \sqrt{34 - 2\sqrt{17}}}{4},$$

$$\psi_2 = \frac{-\mu_1 - \sqrt{\mu_1^2 + 4}}{2} = \frac{-1 + \sqrt{17} - \sqrt{34 - 2\sqrt{17}}}{4}.$$

iii. φ 在 $H(\psi)$ 的所有置换下取 2 个不同的值,则

$$\varphi_1 = \varphi_I = \varepsilon_1 + \varepsilon_9, \varphi_2 = (\psi)_{s^4} = \varepsilon_5 + \varepsilon_{13}.$$

$\varphi_1 + \varphi_2 = \psi_1, \varphi_1 \cdot \varphi_2 = \frac{1}{2}(\psi_1^2 + \psi_1 - \mu_1 - 1), \varphi$ 是方程 $y^2 - \psi_1 y + \frac{1}{2}(\psi_1^2 + \psi_1 - \mu_1 - 1) = 0$ 的根

$$\varphi_{1,2} = \frac{\psi_1 \pm \sqrt{\psi_1^2 - 2(\psi_1^2 + \psi_1 - \mu_1 - 4)}}{2} = \frac{\psi_1 \pm \sqrt{-\psi_1 + 3}}{2}.$$

但 $\varphi_1 = \varepsilon_1 + \varepsilon_9 = \varepsilon + \varepsilon^{16} = 2\cos\frac{2\pi}{17} > \varphi_2 = \varepsilon_5 + \varepsilon_{13} = \varepsilon^{13} + \varepsilon^4 = 2\cos\frac{8\pi}{17}$,所以

$$\varphi_1 = \frac{\psi_1 + \sqrt{-\psi_1 + 3}}{2} = \frac{-1 + \sqrt{17} + \sqrt{34 - 2\sqrt{17}}}{8} + $$

$$\frac{\sqrt{17+3\sqrt{17}-2\sqrt{34+2\sqrt{17}}-\sqrt{34-2\sqrt{17}}}}{4}①.$$

iv. u 在 $H(\varphi)$ 的所有置换下取 2 个不同的值

$$u_1=u_I=\varepsilon_1,u_2=(u)_{s^8}=\varepsilon_9.$$

$u_1+u_2=\varphi_1,u_1 \cdot u_2=1.u$ 是方程 $y^2-\varphi_1 y+1=0$ 的根,即

$$u_{1,2}=\frac{\varphi_1 \pm \sqrt{\varphi_1^2-4}}{2}.$$

这样就可以求出 u 的值,即可得出 17 次分圆方程的根.

3.6 用根式来表示单位根

我们已经证明了分圆方程式的代数可解性.现在进一步证明下面的定理:

定理 3.6.1 无论 m 为素数或非素数,一切 m 次的单位根可以用低于 m 次的根式来表示.

对于 $m=1$ 及 $m=2$ 时,此定理显而易见.于 $m=3$ 时,有

$$\varepsilon_1=1,\varepsilon_2=\frac{-1+\sqrt{-3}}{2},\varepsilon_3=\frac{-1-\sqrt{-3}}{2}$$

故可由二项方程式 $x^2+3=0$ 取得.四次的单位根 $+i,-i$,则可由二项方程式 $x^2+1=0$ 得之.

今将用完全归纳法证明这个定理.假设这定理对于次数小于 m 的一切单位根均能成立.现就 m 为素数和非素数两种情况来证明我们的定理.

设 m 为非素数,而

$$m=pm_1,$$

于此,p 为 m 的素数因子,$m_1>1$ 且 $m_1<m,p<m$.

如果 r 为 m 次的单位根,则 $r^p=a$ 为 m_1 次的单位根,故按所设,可用低于 m_1 的根式来表示.因为,r 为二项方程式 $x^p-a=0$ 的根,如果 a 不是某个有理数的 p 次方,按阿贝尔定理,x^p-a 在有理数域内不可约.从而 r 为有理数域内不可分解的根式 $\sqrt[p]{a}$,而可用低于 m 次的根式表示.

但如 $a=b^p$ 为有理数域内一数的 p 次方,ε 为 p 次单位根,则 $r=\varepsilon b$,因 $p<$

---

① 尽管高斯由于给出了 $\cos\dfrac{2\pi}{17}$ 的这个根式表达式而证明了正十七边形是可尺规作图的(由于平方根总是可以作图的,相应的作图方法就暗含在这个公式给出的数字中),但他并没有描述它是如何构成的.第一个明确的作图是由乌尔里希·冯·休格利恩(Ulrich von Huguenin)1803 年完成的,1893 年,理奇蒙德(Herbert William Richmond)发现了一种更简单的作图法.

m, 故 ε 亦可用低于 m 次的根式表示.

尚需证明 $m=p$ 为素数的情形. 设 ε 为 p 次的单位本原根, 如此 p 次的单位根除 1 外, 可表示为

$$\varepsilon^{[0]}, \varepsilon^{[1]}, \varepsilon^{[2]}, \cdots, \varepsilon^{[p-2]}.$$

并设 ω 为 $p-1$ 次单位根, 则因 $p-1 < m$ 而可用低于 $p-1$ 次的根式表示.

像 3.3 目一样, 在数域 $Q(\omega)$ 内考虑 ε 的有理函数

$$\varphi(\varepsilon) = \varepsilon^{[0]} + \omega \varepsilon^{[1]} + \omega^2 \varepsilon^{[2]} + \cdots + \omega^{p-2} \varepsilon^{[p-2]}.$$

如果以 $\varepsilon^{[1]}$ 来替换 ε, 则 $\varphi(\varepsilon)$ 变为

$$\varphi(\varepsilon^{[1]}) = \varepsilon^{[1]} + \omega \varepsilon^{[2]} + \omega^2 \varepsilon^{[3]} + \cdots + \omega^{p-2} \varepsilon^{[0]}.$$

因 $\omega^{p-1} = 1$, 故有

$$\varphi(\varepsilon) = \omega \varphi(\varepsilon^{[1]}),$$

以及

$$\varphi(\varepsilon^{[1]}) = \omega \varphi(\varepsilon^{[2]}), \varphi(\varepsilon^{[2]}) = \omega \varphi(\varepsilon^{[3]}), \cdots.$$

由这些等式我们得出

$$\varphi(\varepsilon)^{p-1} = \varphi(\varepsilon^{[1]})^{p-1} = \varphi(\varepsilon^{[2]})^{p-1} = \cdots = \varphi(\varepsilon^{[p-2]})^{p-1},$$

所以

$$\varphi(\varepsilon)^{p-1} = \frac{1}{p-1} \big[\varphi(\varepsilon)^{p-1} + \varphi(\varepsilon^{[1]})^{p-1} + \cdots + \varphi(\varepsilon^{[p-2]})^{p-1} \big].$$

这个等式的右端是 $\varepsilon^{[0]}, \varepsilon^{[1]}, \varepsilon^{[2]}, \cdots, \varepsilon^{[p-2]}$ 的对称函数, 故可以用 $Q(\omega)$ 内的数有理地表示. 设

$$\varphi(\varepsilon)^{p-1} = A,$$

这里 $A \in Q(\omega)$, 则 $\varphi(\varepsilon)$ 的求法可归结为若干根式, 其次数为 $p-1$ 的素数因子 q. 如果这里获得的二项方程式 $x^q - a = 0$ 在 $Q(\omega)$ 内可约, 即 $a = b^q$, 则按前面 m 为非素数的情形, 有一 q 次的单位根来代替 $\sqrt[q]{a} = b$, 如此, 数 $\varphi(\varepsilon)$ 可以用低于 $p-1$ 次的根式来表示.

对于 $p-1$ 个单位根 $\omega_1 = \omega, \omega_2, \cdots, \omega_{p-1}$, 成立下面的等式

$$\sum_{i=1}^{p-1} \omega_i = 0, \sum_{i=1}^{p-1} \omega_i^2 = 0, \cdots, \sum_{i=1}^{p-1} \omega_i^{p-1} = 0. \tag{1}$$

将 $\omega_i (i = 1, 2, \cdots, p-1)$ 代替下面的 ω

$$\varphi(\varepsilon, \omega) = \varepsilon^{[0]} + \omega \varepsilon^{[1]} + \omega^2 \varepsilon^{[2]} + \cdots + \omega^{p-2} \varepsilon^{[p-2]}.$$

得到 $p-1$ 个等式, 将这些式子左右两端分别相加并且注意到式(1), 我们得出

$$(p-1)\varphi(\varepsilon) = \sum_{i=1}^{p-1} \varphi(\varepsilon, \omega_i)$$

或

$$\varphi(\varepsilon) = \frac{1}{p-1} \sum_{i=1}^{p-1} \varphi(\varepsilon, \omega_i).$$

这等式表明 ε 亦可用低于 $p-1$ 次的根式表示.

§4 循环型方程式·阿贝尔型方程式

4.1 可迁群

为了讨论一些特殊类型的代数可解方程式,我们来研究一种重要的群.试观察下面的置换群

$$H = \{I, (12)(34), (13)(24), (14)(23)\}.$$

这个群内,第二个置换将1换为2,第三个置换将1换为3,第四个置换将1换为4.同样的这个群中的置换可将数字 2,3 或 4 变为其他任何数字.这种群称为可迁群[①].

一般地,一个 n 次置换群 G 称为可迁的,如果对于 $\{1, 2, \cdots, n\}$ 中任何两个数 i 和 j,总存在 G 中的一个置换把 i 变成 j.

与上面的例子 H 同构[②]的群 $\{(1), (12), (34), (12)(34)\}$ 却不是可迁的,因为其中没有变1为3的置换,也没有变1为4的置换. S_3 也不是 S_4 的可迁子群.

由于 $(1j)(1i)$ 能使 i 变为 j,于此不难证明 G 是可迁的,当且仅当对任意 $k \in \{1, 2, \cdots, n\}$,有 $s \in G$,它变1为 k.

可迁群在代数方程式论中的地位可由下面的定理看出:

定理 4.1.1 n 次方程式

$$f(x) = x^n + a_1 x^{n-1} + \cdots + a_{n-1} x + a_n = 0 (a_i \text{ 是复数})$$

在数域 P 内不可约,当且仅当这个方程式关于 P 的伽罗瓦群可迁.

证明 必要性.设 $f(x) = 0$ 在 P 内不可约,则 $f(x) = 0$ 对于 P 的群 G 必可迁.如若不然,G 为不可迁,则适当地设置 $f(x)$ 诸根的排列,可使 G 中的置换,有变 α_1 为 α_2 者,变 α_1 为 α_3 者,$\cdots$,以至变 α_1 为 α_m 者,但没有变 α_1 为 α_{m+1},为 $\alpha_{m+2}, \cdots$,为 α_n 者.所以 G 中的置换,使部分根 $\alpha_1, \alpha_2, \cdots, \alpha_m$ 之间彼此互换,而

---

① 这里所讲的群均指置换群.可迁置换群又称为传递置换群.

② 关于同构的概念见第6章 §1.

不改变其对称函数. 按伽罗瓦群的性质 Ⅱ, 知
$$g(x) = (x - \alpha_1)(x - \alpha_2) \cdots (x - \alpha_m)$$
的系数在数域 P 内, 所以 $g(x)$ 是 $f(x)$ 的一个因子, 遂生矛盾.

充分性. 若 $f(x) = 0$ 在数域 P 内可约, 则群 G 必不可迁. 设
$$g(x) = (x - \alpha_1)(x - \alpha_2) \cdots (x - \alpha_m)$$
为 $f(x)$ 的一个系数在 P 内的因子, 而 $m < n$. 既然有理关系 $g(\alpha_1) = 0$ 不因 G 中的置换而变. 如果 G 可迁, 则其中有变 α_1 为 $\alpha_{m+1}, \alpha_{m+2}, \cdots, \alpha_n$ 的置换, 取此等置换施于 $g(\alpha_1) = 0$ 得
$$g(\alpha_{m+1}) = 0, g(\alpha_{m+2}) = 0, \cdots, g(\alpha_n) = 0,$$
这与 $g(x)$ 的定义矛盾.

下面是可迁群的一个重要性质.

定理 4.1.2 可迁群的阶, 必整除其次数.

证明 设 n 次置换群 G 定义在 $\{x_1, x_2, \cdots, x_n\}$ 中, 则不变 x_1 的诸置换
$$H = \{I, h_1, \cdots, h_r\}$$
必成一子群: 因这样的两个置换的乘积亦不变 x_1.

今令 g_2 为 G 中变 x_1 为 x_2 的置换, g_3 为变 x_1 为 x_3 的置换, $\cdots\cdots, g_n$ 为变 x_1 为 x_n 的置换, 这样的置换是一定存在的, 因为 G 可迁. 作集合
$$Hg_2, Hg_3, \cdots Hg_n;$$
则集合 $Hg_i (i = 2, 3, \cdots, n)$ 中的置换, 均变 x_1 为 x_i. 且 Hg_i 包含了 G 中所有这样的置换: 若有 s 变 x_1 为 x_i, 则 $h_j g_i s^{-1}$ 必定不变 x_1 而应该含在 H 内, 即
$$h_j g_i s^{-1} = h_k,$$
所以
$$s = h_k^{-1} h_j g_i = h_p g_i,$$
故 s 必在 Hg_i 内. 因而 Hg_i 与 $Hg_j (i \neq j)$ 没有相同的元素, 于是
$$G = H \bigcup Hg_2 \bigcup Hg_3 \bigcup \cdots \bigcup Hg_n,$$
从这个等式看出 G 的阶数为 $r \cdot n$ 而整除 n.

这个定理的逆是不正确的, 即如果阶数为次数整数倍的群, 未必可迁. 例如前面的例子 $\{(1), (12), (34), (12)(34)\}$ 就是这样的 (非可迁) 群.

由这个定理, 知道若 n 次置换群的阶数小于 n, 则不能为可迁群.

下面讨论交换的可迁群的若干性质, 它是研究循环型方程式与阿贝尔型方程式的根式解的基础.

定理 4.1.3 若定义在集合 M 上的可迁群 G 是可交换的, 则 M 的任一元素, 施行 G 的非单位置换后, 均变为其他元素.

证明 设群 G 定义在 $M=\{x_1,x_2,\cdots,x_n\}$ 上,则因可迁性,G 含有变 x_1 至任何元素 x_i 的置换 s_i. 于是 G 包含元素 $I,s_2,s_3,\cdots,s_n$.

令 s 为 G 中使 x_1 不变的任一置换(这样的置换是存在的,例如单位置换).于是因 s_i^{-1} 变 x_i 为 x_1,而有

$$s_i \cdot s \cdot s_i^{-1}(x_i) = s_i \cdot s(x_1) = s_i(x_1) = x_i,$$

这就是说,$s_i \cdot s \cdot s_i^{-1}$ 不变 x_i. 但因 G 为交换群,故

$$s_i \cdot s \cdot s_i^{-1} = s_i \cdot s_i^{-1} \cdot s = s.$$

因此 s 使 M 的任何元素都不改变,这只有在 s 为单位置换时才能成立.所以 G 内各置换,除单位 I 以外,其余所有置换均使 x_1 变为其他的元素.

应用同样的推理到其他元素 $x_j(j=2,3,\cdots,n)$ 上去,则可知群 G 内各置换,除单位 I 外,所有置换均使每个 x_j 变为其他的元素.

定理 4.1.4 可迁的交换群 G 的任一置换 s 可以分解成若干长度相等的轮换 σ_i 之积

$$s = \sigma_1\sigma_2\cdots\sigma_m,$$

并且

$$n = km,$$

这里 n 是 G 的次数,k 是诸轮换的长度.

证明 设 G 定义在集合 M 上.任取 G 中的非单位置换 s 并设它分解成了 m 个不相交轮换的乘积:$s = \sigma_1\sigma_2\cdots\sigma_m$. 令 r 为诸轮换中的最小长度,不失去一般性可设 σ_1 的长度为 r. 如此则 $\sigma_1^r = I$,今施置换 ρ^r 于 σ_1 中的某个元素 x_k,则由于 $\sigma_2,\sigma_3,\cdots,\sigma_m$ 中不含元素 x_k 且 $s^r = \sigma_1^r\sigma_2^r\cdots\sigma_r^m$,于是 s^r 使元素 x_k 不变.由定理 4.1.3,G 中除单位置换外,没有使一元素不变的置换,故 s^r 为单位置换.这只有当其他轮换的长度皆为 r 时才可能.

既然 s 变 M 的每个元素的值,所以 $s=\sigma_1\sigma_2\cdots\sigma_m$ 包含了 M 的所有元素,定理成立.

定理 4.1.5 可迁的交换群的阶数等于它的次数.

这个定理的证明可以完全参照定理 4.1.2 的证明来进行.只要注意在当前的条件下(注意定理 4.1.3 的结论),$H=\{I\}$,由此最后 r 取得了数 1,从而所考虑的群 G 的阶数为 n.

定理 4.1.6 由轮换 $\sigma=(x_1x_2\cdots x_n)$ 所生成的循环群 $G=\{I,\sigma^1,\cdots,\sigma^{n-1}\}$ 是可迁群;反之,如果一个循环群可迁,则其生成元素 σ 必为轮换.

证明 因 $\sigma^{k-i+1} = (x_1x_2\cdots x_n)^{k-i+1} = (x_{i+1}x_{i+2}\cdots x_k\cdots x_{i-1})^{k-i+1} =$

$$\begin{pmatrix} x_i & \cdots \\ x_k & \cdots \end{pmatrix},$$ G 中置换 σ^{k-i+1} 变 x_i 为 x_k，故 G 为可迁群.

反过来，设 G 可迁而 $\sigma=(x_1x_2\cdots x_j)(x_{j+1}x_{j+2}\cdots x_k)\cdots$ 为其生成元素. 则 σ 的任何次幂仅能变 x_1 为 x_2，或 x_3，$\cdots$，或 x_j，这与 G 的可迁性矛盾.

4.2 循环方程式

在高斯的分圆方程式之后，阿贝尔研究了更为广泛的特殊类型的代数可解方程式. 这就是这一目和下一目所要讲述的.

一个方程式称为循环的，如果它的各根 $\alpha_1,\alpha_2,\cdots,\alpha_n$ 满足循环关系式

$$\alpha_2=\varphi(\alpha_1),\alpha_3=\varphi(\alpha_2),\cdots,\alpha_n=\varphi(\alpha_{n-1}),\alpha_1=\varphi(\alpha_n), \tag{1}$$

其中 φ 是系数属于基域的有理函数.

分圆方程式

$$x^{p-1}+x^{p-2}+\cdots+x+1=0(p \text{ 为素数})$$

在有理数域上是循环的：采用第 5 章 §3(3.3) 的记法，并令

$$\alpha_1=\varepsilon,\alpha_2=\varepsilon^g,\alpha_3=\varepsilon^{g^2},\cdots,\alpha_{p-1}=\varepsilon^{g^{p-2}},$$

则有

$$\alpha_2=\alpha_1^g,\alpha_3=\alpha_2^g,\cdots,\alpha_{p-1}=\alpha_{p-2}^g,\alpha_1=\alpha_{p-1}^g,$$

这里的有理函数是 $\varphi(x)=x^g$.

定理 4.2.1 不可约循环型方程式的伽罗瓦群是循环的.

证明 设

$$s=\begin{pmatrix} \alpha_1 & \alpha_2 & \alpha_3 & \cdots & \alpha_n \\ \alpha_{i_1} & \alpha_{i_2} & \alpha_{i_3} & \cdots & \alpha_{i_n} \end{pmatrix}$$

是所考虑的伽罗瓦群 G 的任一置换. 今将此置换施于式(1) 中的诸有理关系，得

$$\alpha_{i_2}=\varphi(\alpha_{i_1}),\alpha_{i_3}=\varphi(\alpha_{i_2}),\cdots,\alpha_{i_1}=\varphi(\alpha_{i_n}).$$

令对于任意的 $j(1\leqslant j\leqslant n)$：$\alpha_j=\alpha_{j+n}=\alpha_{j+2n}=\cdots$，则由关系式(1)，$\varphi(\alpha_{i_1})=\alpha_{i_1+1}$，即在 $i_1=n$ 时，仍然成立. 于是

$$\alpha_{i_2}=\alpha_{i_1+1},\alpha_{i_3}=\alpha_{i_2+1},\cdots,\alpha_{i_1}=\alpha_{i_n+1}.$$

因为所设方程式是不可约的，其根两两不同，故除去 n 的倍数外，

$$i_2=i_1+1,i_3=i_2+1=i_1+2,i_4=i_3+1=i_1+3,\cdots$$

所以

$$s=\begin{pmatrix} \alpha_1 & \alpha_2 & \alpha_3 & \cdots & \alpha_n \\ \alpha_{i_1} & \alpha_{i_1+1} & \alpha_{i_1+2} & \cdots & \alpha_{i_1+(n-1)} \end{pmatrix}.$$

因为 s 将 α_j 变为 α_{j+i_1-1}，故等于将 α_j 变为 α_{j+1} 的置换 $t=(\alpha_1\alpha_2\cdots\alpha_n)$ 的 i_1-1 次幂. 所以 G 为 $G'=\{I,t,t^2,\cdots,t^{n-1}\}$ 的子群. 但因方程式不可约，故 G 为可迁群，而 $G=G'$.

一个代数方程式循环与否，亦可由其伽罗瓦群决定：

定理 4.2.2 如果不可约循环型方程式的伽罗瓦群是循环的，那么这个方程式是循环的.

证明 设 $f(x)=0$ 关于数域 P 的伽罗瓦群 G 循环. 既然 $f(x)$ 不可约，按定理 4.1.2 及定理 4.1.3，群 G 的生成元素必为一轮换，并且这轮换包括 $f(x)$ 的所有根，即是说 G 的生成元为一个 n 项轮换. 考虑关于 x 的 $n-1$ 次函数

$$F(x)=f(x)\cdot\left(\frac{\alpha_2}{x-\alpha_1}+\frac{\alpha_3}{x-\alpha_2}+\cdots+\frac{\alpha_1}{x-\alpha_n}\right).$$

明显地，这函数不为群 G 的任何置换所变，故其系数在域 P 内. 若记 $g(x)=\dfrac{F(x)}{f'(x)}$，这里 $f'(x)$ 表示 $f(x)$ 的导数，则 $g(x)$ 亦是 P 上的有理函数. 并且我们可写

$$\alpha_2=g(\alpha_1),\alpha_3=g(\alpha_2),\cdots,\alpha_n=g(\alpha_{n-1}),\alpha_1=g(\alpha_n).$$

这就得到了所要的结论.

如果 $f(x)$ 可约，但若它没有重根，则定理 4.2.2 仍然成立.

根据这个定理，二次的方程式即为循环方程式，因其伽罗瓦群 —— 对称群 S_2 循环. 一般的三次方程式 $x^3+ax^2+bx+c=0$，在其有理域 $\Delta=Q(a,b,c)$ 上是不循环的：它的群 S_3 非循环. 但若添入

$$\sqrt{D}=(x_0-x_1)(x_0-x_2)(x_1-x_2)=\sqrt{a^2b^2+18abc-4a^3c-4b^3-27c^2},$$

其伽罗瓦群即缩减为 $\{I,(123),(132)\}$，而此群循环. 故一般三次方程式对于域 $\Delta(\sqrt{D})$ 来说是循环方程式.

定理 4.2.3 不可约循环型方程式可根式求解.

证明 设循环型方程式 $f(x)=0$ 对其基域 P 的群为 $G=\{\sigma^0,\sigma^1,\cdots,\sigma^{n-1}\}$，而 $\sigma=(12\cdots n)$.

令 $f(x)$ 的 n 个根为 $\alpha_1=\alpha,\alpha_2,\cdots,\alpha_n,\varepsilon$ 是一个 n 次本原单位根，考察下面的方程组

$$\begin{cases}\alpha_1+\alpha_2+\alpha_3+\cdots+\alpha_n=Y_0,\\ \alpha_1+\varepsilon\alpha_2+\varepsilon^2\alpha_3+\cdots+\varepsilon^{n-1}\alpha_n=Y_1,\\ \alpha_1+\varepsilon^2\alpha_2+\varepsilon^4\alpha_3+\cdots+\varepsilon^{2(n-1)}\alpha_n=Y_2,\\ \cdots\cdots\\ \alpha_1+\varepsilon^{n-1}\alpha_2+\varepsilon^{2(n-1)}\alpha_3+\cdots+\varepsilon^{(n-1)^2}\alpha_n=Y_{n-1}.\end{cases}\qquad(2)$$

（视 $\alpha_1,\alpha_2,\cdots,\alpha_n$ 为数域 P 上的未知数）任取方程组（2）中的一个方程来看

$$\alpha_1+\varepsilon^k\alpha_2+\varepsilon^{2k}\alpha_3+\cdots+\varepsilon^{(n-1)k}\alpha_n=Y_k,$$

将置换

$$\sigma=\begin{pmatrix}1 & 2 & 3 & \cdots & n-1 & n\\ 2 & 3 & 4 & \cdots & n & 1\end{pmatrix}$$

作用到上述方程的左端，就变成

$$\alpha_2+\varepsilon^k\alpha_3+\varepsilon^{2k}\alpha_4+\cdots+\varepsilon^{(n-2)k}\alpha_n+\varepsilon^{(n-1)k}\alpha_1.$$

这和用数 ε^{-k} 乘方程的左端的结果是一样的（因为 $\varepsilon^n=1$，所以 $\varepsilon^{-k}=\varepsilon^{nk}\varepsilon^{-k}=\varepsilon^{nk-k}=\varepsilon^{(n-1)k}$），所以

$$\alpha_2+\varepsilon^k\alpha_3+\varepsilon^{2k}\alpha_4+\cdots+\varepsilon^{(n-2)k}\alpha_n+\varepsilon^{(n-1)k}\alpha_1=Y_k\varepsilon^{-k}.$$

因此置换

$$\sigma=\begin{pmatrix}1 & 2 & 3 & \cdots & n-1 & n\\ 2 & 3 & 4 & \cdots & n & 1\end{pmatrix}$$

将 Y_k 变为 $Y_k\varepsilon^{-k}$，而 $(Y_k)^n=(Y_k\varepsilon^{-k})^n$，所以置换 σ 不改变 $(Y_k)^n$ 的值。由于 G 中的置换均是 σ 的乘幂，所以群 G 中的所有置换都不变（根 $\alpha_1,\alpha_2,\cdots,\alpha_n$ 的）有理函数 $(Y_k)^n$ 的值。因而 $(Y_k)^n$ 必为基域 P 中的数。记 $(Y_k)^n=a_k$，则 a_k 属于 P，即 $Y_k=\sqrt[n]{a_k}$，$k=1,2,\cdots,n-1$。另外，由书达公式知 $Y_0\in P$，为一致起见，记 $a_0=Y_0$。所以方程组（2）可写为

$$\begin{cases}\alpha_1+\alpha_2+\alpha_3+\cdots+\alpha_n=a_0,\\ \alpha_1+\varepsilon\alpha_2+\varepsilon^2\alpha_3+\cdots+\varepsilon^{n-1}\alpha_n=\sqrt[n]{a_1},\\ \alpha_1+\varepsilon^2\alpha_2+\varepsilon^4\alpha_3+\cdots+\varepsilon^{2(n-1)}\alpha_n=\sqrt[n]{a_2},\\ \cdots\cdots\\ \alpha_1+\varepsilon^{n-1}\alpha_2+\varepsilon^{2(n-1)}\alpha_3+\cdots+\varepsilon^{(n-1)^2}\alpha_n=\sqrt[n]{a_{n-1}}.\end{cases}\quad(3)$$

（这里 $a_1,a_2,\cdots,a_{n-1}$ 均为 P 中的数）。

因为方程组（3）是 $\alpha_1,\alpha_2,\cdots,\alpha_n$ 的线性方程组，并且它的系数行列式不为零[①]，从而由克莱姆法则，可以用 ε 以及 $Y_0,Y_1,\cdots,Y_{n-1}$ 由加、减、乘、除四则运算将 $\alpha_1,\alpha_2,\cdots,\alpha_n$ 表示出来。

实际上还可以用下面的方法具体地来计算诸根。以

$$1,\varepsilon^{-i+1},\varepsilon^{-2(i-1)},\cdots,\varepsilon^{-(n-1)(i-1)}$$

依次分别乘方程组（3）中的各式，则得 α_k 的系数为

---

① 实际上，方程组（3）的系数行列式为一范德蒙行列式，显然非零。

$$c_k = 1 + \varepsilon^{k-(i-1)} + \varepsilon^{2(k-i+1)} + \cdots + \varepsilon^{(n-1)(k-i+1)}.$$

如果 $k \neq i$,令 $k-i+1=j$,则系数

$$c_k = 1 + \varepsilon^j + \varepsilon^{2j} + \cdots + \varepsilon^{(n-1)j}$$

于 $j = 1, 2, \cdots, n$ 时均为 0,则 α_i 的系数为 $c_i = n$,故得

$$\alpha_i = \frac{1}{n}(a_0 + \varepsilon^{-i+1} \sqrt[n]{a_1} + \cdots + \varepsilon^{-(p-1)(i-1)} \sqrt[n]{a_{n-1}}). \tag{4}$$

作为定理 4.2.3 的补充,我们有:

定理 4.2.4 任何不可约循环方程式的求解,均可转化为素数次循环型方程式的求解.

证明 设 $f(x)$ 是不可约的 n 次循环方程式.由于 $f(x)$ 的既约性,知其伽罗瓦群 G 是可迁的.因此 G 的生成元素 s 是一个轮换,用适宜的次序来排 $f(x)$ 的诸根,则可写

$$s = (\alpha_1 \alpha_2 \cdots \alpha_n) = (12 \cdots n).$$

若 p 为 n 的一个素因子且

$$n = mp.$$

于是集合

$$G_1 = \{I, s^p, s^{2p}, \cdots, s^{(m-1)p}\}$$

形成一个群并且是 G 的正规子群.此时我们可构造一个预解方程式

$$g_1(y) = 0,$$

其次数为 p,并且添入其一根 β 于基域 P 后,$f(x)$ 的群化为 G_1.

若 q 为 m 的一个素因子且

$$m = hq.$$

则群

$$G_2 = \{I, s^{pq}, s^{2pq}, \cdots, s^{(m-1)pq}\}$$

是 G_1 的正规子群.我们又可构造一个预解方程式

$$g_2(y) = 0,$$

其次数为 q,而系数在 $P(\beta)$ 内.并且 $f(x)$ 的群在更大的扩域 $P(\beta)(\gamma)$ 内化为 G_2,其中 γ 是 $g_2(y) = 0$ 的根.

依此类推,于是,若有 $n = p^a q^b \cdots r^c$,其中 $p, q, \cdots, r$ 为互异素数,则方程式

$$f(x) = 0$$

的解法,可从 $a+b+\cdots+c$ 个预解方程式中求得:其中 a 个次数为 p,b 个次数为 q,$\cdots$,c 个次数为 r.

现在进一步指出,所有这些预解方程式均为循环型方程式.事实上,因为 G

循环,所以预解方程式 $g_1(y)=0$ 的群 $\Lambda_1=G/G_1$（按 §2 中 1.7,定理 1.7.2）是循环的（因为 $G\sim\Lambda_1$）. 类似地,$g_2(y)=0$ 的群 $\Lambda_2=G_1/G_2$ 因 G_1 循环而循环,对其余的预解方程式也可做这样的讨论. 于是,每个预解方程式的群都是循环的.

4.3 阿贝尔型方程式

设 $f(x)$ 的 n 个根为 $\alpha_1,\alpha_2,\cdots,\alpha_n$,若其各根均能表示成基域 P 内某根 α 的有理函数

$$\alpha_1=\varphi_1(\alpha),\alpha_2=\varphi_2(\alpha),\alpha_3=\varphi_3(\alpha),\cdots,\alpha_n=\varphi_n(\alpha),$$

且这些有理函数中的任何两个均成立交换关系

$$\varphi_i[\varphi_j(\alpha)]=\varphi_j[\varphi_i(\alpha)],$$

则称这种方程式为阿贝尔型方程式.

有理数域 Q 上的方程式 $x^4-1=0$ 为阿贝尔型方程式,因其根为 $\pm1,\pm i$. 故得 $-1=i^2,-i=i^3,1=i^4,(i^2)^3=(i^3)^2$ 等等.

按定义,循环型方程式为阿贝尔型方程式的特殊情形.

定理 4.3.1 阿贝尔型方程式对其基域的伽罗瓦群是可交换的.

证明 设 $f(x)=0$ 为阿贝尔型方程式,则其 n 个根可设为

$$\alpha_1,\alpha_2=\varphi_2(\alpha_1),\alpha_3=\varphi_3(\alpha_1),\cdots,\alpha_n=\varphi_n(\alpha_1),\tag{1}$$

这里 $\varphi_2,\varphi_3,\cdots,\varphi_n$ 的系数均在基域 P 内.

由 $\varphi_i[\varphi_j(\alpha_1)]=\varphi_j[\varphi_i(\alpha_1)]$ 以及(1),得出

$$\varphi_i(\alpha_j)=\varphi_j(\alpha_i).$$

设 s_i 是诸根 $\alpha_1,\alpha_2,\cdots,\alpha_n$ 间的变 α_1 为 α_i 的任一置换,于是

$$s_i(\alpha_1)=\alpha_i=\varphi_i(\alpha_1),s_j(\alpha_1)=\alpha_j=\varphi_j(\alpha_1).$$

因此得到

$$s_j[s_i(\alpha_1)]=\varphi_i(\alpha_j),s_i[s_j(\alpha_1)]=\varphi_j(\alpha_i),$$

于是有

$$s_j[s_i(\alpha_1)]=s_i[s_j(\alpha_1)].$$

刚才的推理中可将 α_1 换为其他根 $\alpha_k(k=2,3,\cdots,n)$,于是得恒等式

$$s_js_i=s_is_j,$$

即诸根间的任意置换相乘满足交换性,由此方程式的伽罗瓦群为交换群.

相反的,可以证明:

定理 4.3.2 以交换群为伽罗瓦群的不可约方程式是阿贝尔型方程式.

证明 设 $\alpha_1,\alpha_2,\cdots,\alpha_n$ 为 $g(x)$ 的根,而 G 是它的伽罗瓦群. 因为 $f(x)$ 是不可约的,所以 G 是可迁的,于是按照定理 4.1.3,除 I 外,G 内不存在使任何一

216

根不变的置换. 但按定理 4.1.5, G 的阶应该等于 n. 于是

$$G = \{I, s_2, s_3, \cdots, s_n\},$$

其中 s_i 为变 α_1 为 α_i 的置换.

现在添加 α_1 到基域 P 上, 因为群 G 内, 除单位 I 之外, 不存在使 α_1 不变的置换. 按照伽罗瓦群的性质 Ⅰ, $g(x)$ 对于数域 $P(\alpha_1)$ 的伽罗瓦群只能是单位群 $\{I\}$. 既然 $\alpha_k (k = 2, 3, \cdots, n)$ 都不为单位群 $\{I\}$ 的置换所变, 故 α_k 可表示为域 P 上 α_1 的有理函数(§1 中定理 1.5.2 推论 1), 这就证明了 $P(\alpha_1)$ 是方程式 $g(x) = 0$ 的正规域. 于是

$$\alpha_2 = \varphi_2(\alpha_1), \alpha_3 = \varphi_3(\alpha_1), \cdots, \alpha_n = \varphi_n(\alpha_1).$$

这些等式均可看作是 P 上诸根间的一个有理关系. 于是由等式

$$\alpha_i = \varphi_i(\alpha_1), \alpha_j = \varphi_j(\alpha_1),$$

而推得

$$s_j(\alpha_i) = \varphi_i(\alpha_j), s_i(\alpha_j) = \varphi_j(\alpha_i).$$

但

$$s_j(\alpha_i) = s_j[s_i(\alpha_1)] = s_i[s_j(\alpha_1)] = s_i(\alpha_j),$$

这式子的第二个等号用到了群 G 的交换性. 于是

$$\varphi_i(\alpha_j) = \varphi_j(\alpha_i),$$

此即

$$\varphi_j[\varphi_i(\alpha_1)] = \varphi_i[\varphi_j(\alpha_1)]^{①}.$$

最后, 我们来指出阿贝尔关于他的方程式的著名结果:

定理 4.3.3　阿贝尔型方程式的求解可化为一系列循环方程式的求解.

证明　设 G 为不可约阿贝尔型方程式 $f(x) = 0$ 的群, 而 s 为 G 中除单位置换外的任意置换. 今设 s 以轮换的形式表出如下 $s = \sigma_1 \sigma_2 \cdots \sigma_m$, 按定理 4.1.4, 这些轮换都以 $f(x) = 0$ 的 r 个根为元素(r 为轮换的长度), 所以可写

$$\sigma_1 = (\alpha_1 \alpha_2 \cdots \alpha_r), \sigma_2 = (\beta_1 \beta_2 \cdots \beta_r), \cdots, \sigma_m = (\gamma_1 \gamma_2 \cdots \gamma_r),$$

其中 $\alpha, \beta, \cdots, \gamma$ 均为 $f(x) = 0$ 的根.

今以 G 内任一置换 s_1 对 s 作变形, 由 G 的交换性知

$$s_1^{-1} \cdot s \cdot s_1 = s_1^{-1} \cdot s_1 \cdot s = s.$$

另一方面, 乘积 $s_1^{-1} \cdot s \cdot s_1$ 为施置换 s_1 于 s 中各轮换而得(§2 中定理 2.4.1).

---

①　如果引用伽罗瓦群的置换到这个等式上, 则得到 $\varphi_j[\varphi_i(\alpha_k)] = \varphi_i[\varphi_j(\alpha_k)], i, j, k = 1, 2, \cdots, n$. 其中 $\varphi_i(\alpha_k) = \alpha_k$. 进一步, 有理函数 $\varphi_j[\varphi_i(\alpha_k)] - \varphi_i[\varphi_j(\alpha_k)]$ 如果不等于零, 则其分子必可被 $f(x)$ 所整除.

既然经此运算后，s 不变，所以，s_1 仅能改变 s 中诸轮换的次序而不变诸轮换中的元素[①].

令 G_1 表示 G 中不改变轮换 σ_1 的那些置换构成的集合，则 G_1 是群 G 的一个子群，因为 G_1 中任两置换的乘积亦不变轮换 σ_1.

取数值上（形式上）属于 r 次循环群 $\Sigma = \{\sigma_1{}^0, \sigma_1{}^1, \cdots, \sigma_1{}^{r-1}\}$ 的任一有理函数 $\varphi(x_1, x_2, \cdots, x_r)$，并在 n 次置换群 G 中来考虑函数（作为根 $\alpha_1, \cdots, \alpha_r, \beta_1, \cdots, \beta_r, \cdots, \gamma_1, \cdots, \gamma_r$ 的函数）

$$\rho_1 = \varphi(\alpha_1, \alpha_2, \cdots, \alpha_r).$$

容易明白，ρ_1 的值（形式）不为 G_1 中的置换所变，而且 G_1 包含了所有这种性质的置换. 如此，G_1 是 ρ_1 的数值上（形式上）的特征不变群. 于是若将 ρ_1 添入基域 P，则 $f(x) = 0$ 的群即化为 G_1. 因为没有能变 α_k 为不在轮换 σ_1 的根的置换，所以 G_1 为非可迁群，从而方程式 $f(x) = 0$ 在数域 $P(\rho_1)$ 内可约.

引入函数 $f(x, \rho_1) = (x - \alpha_1)(x - \alpha_2) \cdots (x - \alpha_r)$，我们来证明这函数的系数在 $P(\rho_1)$ 内. 既然 G_1 不变 σ_1，即是说其置换仅能使 $\alpha_1, \alpha_2, \cdots, \alpha_r$ 重新排列，所以 $f(x, \rho_1)$ 的系数不为 G_1 的任何置换所变，按伽罗瓦群的性质 II，$f(x, \rho_1)$ 的系数在 $P(\rho_1)$ 内.

如前所述，既然 G 的置换，仅能变 s 中某些轮换为其中另一些轮换. 所以将 G 的所有置换施行于函数 $\rho_1 = \varphi(\alpha_1, \alpha_2, \cdots, \alpha_r)$ 后，则得到 m 个共轭值（共轭式）

$$\rho_1 = \varphi(\alpha_1, \alpha_2, \cdots, \alpha_r), \rho_2 = \varphi(\beta_1, \beta_2, \cdots, \beta_r), \cdots, \rho_m = \varphi(\gamma_1, \gamma_2, \cdots, \gamma_r).$$

作与前面 $f(x, \rho_1)$ 同样的证明，可以知道函数

$$f(x, \rho_2) = (x - \beta_1)(x - \beta_2) \cdots (x - \beta_r), \cdots,$$
$$f(x, \rho_m) = (x - \gamma_1)(x - \gamma_2) \cdots (x - \gamma_r)$$

的各系数在 $P(\rho_2), \cdots, P(\rho_m)$ 内. 于是在 $P(\rho_1, \rho_2, \cdots, \rho_m)$ 内，$f(x)$ 可分解为诸因子

$$f(x) = f(x, \rho_1) f(x, \rho_2) \cdots f(x, \rho_m).$$

现在来找 $f(x, \rho_1)$ 的群，任取诸根 $\alpha_1, \alpha_2, \cdots, \alpha_r$ 的系数在 $P(\rho_1)$ 内的有理函数 $\phi(\alpha_1, \alpha_2, \cdots, \alpha_r)$，假设 $\phi(\alpha_1, \alpha_2, \cdots, \alpha_r)$ 的值（形式）在循环群 Σ 的所有置换下都不变，则 ϕ 可用 ρ_1 以及 $f(x, \rho_1)$ 的系数有理地表示出来（§1 中定理 1.5. 2)，换句话说，$\phi(\alpha_1, \alpha_2, \cdots, \alpha_r)$ 的值含在数域 $P(\rho_1)$ 内. 按伽罗瓦群的性质 II，

---

① 这句话的意思是 s_1 不能将诸轮换中的元素变到另一轮换的元素. 还要注意的是 s 中诸轮换的乘积满足交换性.

$f(x,\rho_1)=0$ 对于 $P(\rho_1)$ 的群为 Σ 或为其一子群,但循环群不能有可迁子群[①],所以不可约方程式 $f(x,\rho_1)=0$ 为循环型方程式. 同样的原因, $f(x,\rho_2)=(x-\beta_1)(x-\beta_2)\cdots(x-\beta_r),\cdots,f(x,\rho_m)=(x-\gamma_1)(x-\gamma_2)\cdots(x-\gamma_r)$ 均为循环型方程式.

由 §1 中定理 1.5.3,诸值 $\rho_1,\rho_2,\cdots,\rho_m$ 为 P 内 r 次不可约方程式 $F(y)=0$ 的根. 并且由原方程式伽罗瓦群 G 的交换性知道预解方程式 $F(y)=0$ 对于 P 的群亦是交换的,就是说 $F(y)=0$ 为阿贝尔型方程式.

以上我们证明了阿贝尔型方程式的求解,可以转化为一些循环方程式以及一个较低次的阿贝尔型方程式的求解,对于后面出现的阿贝尔型方程式亦可以采用同样的方法. 由于最低次的阿贝尔型方程式(二次方程式)是循环的,根据归纳法最后 $f(x)=0$ 的求解可以化为一系列循环方程式的求解.

为了说明化阿贝尔型方程式为循环方程式的过程,我们来考虑方程式有理数域上的 $x^4+1=0$,它的群为

$$G_4=\{\ I,(12)(34),(13)(24),(14)(23)\}(参见\ §1\ 中\ 1.7),$$

而其根为 $\alpha_1=\dfrac{1}{2}\sqrt{2}(1+\mathrm{i}),\alpha_2=-\dfrac{1}{2}\sqrt{2}(1-\mathrm{i}),\alpha_3=-\alpha_1,\alpha_4=-\alpha_2$. 令 $s=(\alpha_1\alpha_2)(\alpha_3\alpha_4),\sigma_1=(\alpha_1\alpha_2),\sigma_2=(\alpha_3\alpha_4)$. $\rho_1=\alpha_1\alpha_2^{\ 2}+\alpha_2\alpha_1^{\ 2},\rho_2=\alpha_3\alpha_2^{\ 2}+\alpha_2\alpha_3^{\ 2}$, $G_1=\{I,(\alpha_1\alpha_2)(\alpha_3\alpha_4)\}$. 这里 ρ_1 与 ρ_2 为 $y^2+2=0$ 之根,即 $\rho_1=\sqrt{2}\mathrm{i},\rho_2=-\sqrt{2}\mathrm{i}$.

则 $f(x,\mathrm{i})=x^2+\mathrm{i}=0,f(x,-\mathrm{i})=x^2-\mathrm{i}=0$ 二者均为循环方程式.

由定理 4.3.3,阿贝尔给出了方程式根式可解的一个充分(非必要的)条件. 这个充分条件导致了一个数学词汇的出现 —— 阿贝尔群,也就是通常所说的"交换群". 但实际上阿贝尔走得更远. 在去世前几个月,他给友人克列尔[②]写过一封信. 在这封信中,阿贝尔给出了方程根式可解的另一个条件[③],这个条件

[①] 设 H 为循环群,若 H 本身可迁,则按定理 4.1.5,它的阶应等于它的次数(循环群必为交换群),于是它任一真子群小于其次数而不能为可迁群;若 H 非可迁,则其子群更加不能为可迁群.

[②] 克列尔(August Leopold Crelle,1780—1855),德国数学家,纯数学和应用数学杂志(Journal für die reine und angewandte Mathematik) 的创立者.

[③] 他在 1828 年 10 月 18 日的一封信中这样写道:

"对于一个素数次的不可约方程式而言,如果它的任意三个根是彼此这样联系着的,以至于其中的一个可以用另 2 个通过有理式表达出来的话,那么该方程一定是根式可解的."

阿贝尔在信中没有提及他是如何得到这一结果的.

和后来伽罗瓦在他著名的备忘录中给出的几乎一模一样①.

4.4 循环方程式与不变子群·方程式解为根式的充分条件

我们来证明:

定理 4.4.1 若数域 P 上的方程式 $f(x)=0$ 的群 G 有一不变子群 H,其指数为素数 p,则存在一 p 次循环方程式,使 P 添入其一根后,伽罗瓦群 G 缩减为 H.

证明 设群 G 有一指数为素数 p 的不变子群 H. 今取 H 的特征不变值 φ, 并设其在 G 下的共轭值为 $\varphi_2,\varphi_3,\cdots,\varphi_p$. 按 §2 中定理 2.5.2, P 上的预解方程式

$$g(y)=(y-\varphi)(y-\varphi_2)\cdots(y-\varphi_p)=0 \tag{1}$$

的群为 G 对不变子群 H 的商群 G/H, 其阶为 p. 但素数阶的群是循环的, 于是方程式(1)是循环的. 这就找到了我们需要的方程式.

以上定理的逆叙述,其实也是正确的. 即:

定理 4.4.2 若数域 P 上的方程式 $f(x)=0$ 的群 G, 经素数 p 次循环方程式的一根添加而缩减为 H,则 H 是群 G 的不变子群,其指数为素数 p.

证明 设 $f(x)=0$ 没有重根(可约与否可不论). 令 $h(x)=0$ 为 P 上的循环方程式,而次数为素数 p. 假定添加 $h(x)=0$ 的一个根 β, 化群 G 为其子群 H(指数为 v). 并设 $h(x)=0$ 的 p 个根为 $\beta_1=\beta,\beta_2,\cdots,\beta_p$.

依 §1 中定理 1.6.2 的推论 2, $h(x)=0$ 的次数 p 为指数 v 的倍数. 因 p 是素数,且 v 大于 1, 故得 $v=p$.

设 φ 属于子群 H,则 φ 为 P 内 β 的函数(第 5 章定理 1.6.2),并且域 $P(\varphi)$ 为域 $P(\beta)$ 的子域. 按照次数定理(第 4 章定理 1.3.2), 次数 $(P(\varphi):P)$ 为 $(P(\beta):P)$ 的因子, 但次数 $(P(\beta):P)$ 为素数, 故 $P(\varphi)$ 与 $P(\beta)$ 重合: $P(\varphi)=P(\beta)$. 这就是说,不仅 φ 为 P 上 β 的函数, β 亦为 P 上 φ 的函数, 于是 β 是方程式 $f(x)=0$ 诸根的函数, 既然, $f(x)=0$ 在 $P(\beta)$ 上的伽罗瓦群为 H, 所以 β 与 φ 一样,属于群 H.

施 G 之诸置换于函数 β, 得次之互异诸值: $\beta,\beta_2{}',\cdots,\beta_p{}'$(注意到 $v=p$). 由

---

① 伽罗瓦的结果用现代的术语来表述是这样说的:

设 P 是域, $f(x)$ 是 P 上的一个素数 p 次的不可约多项式, $\theta_1,\theta_2,\cdots,\theta_p$ 是它的根,那么 $f(x)=0$ 是根式可解的当且仅当对于其中的任意 3 个根 $\theta_i,\theta_j,\theta_m$,存在 Q 上的有理函数 $g(x_1,x_2)$,使得 $\theta_m=g(\theta_i,\theta_j)$.

§1 中定理 1.5.3,这些值为一不可约方程式的根. 这个方程式与不可约方程式 $h(x)=0$ 相同(可能相差一个常数因子),因为它们有公共根 β. 于是根集 $\{\beta, \beta_2', \cdots, \beta_p'\}$ 与 $\{\beta, \beta_2, \cdots, \beta_p\}$ 相同.

令 s_i 为 G 内变 β 为 β_i 的置换,则 $\beta_2, \beta_3, \cdots, \beta_p$ 的特征不变群分别为(§2 中定理 2.3.1)

$$s_2^{-1} H s_2, s_3^{-1} H s_3, \cdots, s_p^{-1} H s_p.$$

但 $\beta, \beta_2, \cdots, \beta_p$ 为同一循环方程式的根,按定理 4.2.1 可写

$$\beta_2 = g(\beta_1), \beta_3 = g(\beta_2), \cdots, \beta_p = g(\beta_{p-1}), \beta_1 = g(\beta_p),$$

这里 $g(x)$ 是系数在 P 内的某一有理函数. 于是不变 β_1 的置换亦不变 β_2,从而

$$s_2^{-1} H s_2 \supseteq H.$$

同样的可以得到

$$s_3^{-1} H s_3 \supseteq s_2^{-1} H s_2, \cdots, s_p^{-1} H s_p \supseteq s_{p-1}^{-1} H s_{p-1}, H \supseteq s_p^{-1} H s_p.$$

所以,最后我们得出

$$H = s_2^{-1} H s_2 = \cdots = s_p^{-1} H s_p,$$

这些等式表明了 H 是 G 的不变子群.

现在我们来证明 §2 中 2.3 目定理 2.3.3 中的条件亦是充分的. 设方程式 $f(x)=0$ 关于基域 P 的伽罗瓦群 G 可解

$$G = G_0 \supset G_1 \supset G_2 \supset \cdots \supset G_k = \{I\},$$

这里 G_i 是 G_{i-1} 的正规子群,并且 $[G_{i-1}:G_i]=p_i$ 均是素数. 于是可写

伽罗瓦群	不变式	预解方程式
G	$a_1, \cdots, a_n$	
$_{p_1}\bigcup$		
G_1	$\beta = \beta(a_1, \cdots, a_n)$	$\beta^{p_1} + r_1(a_1, \cdots, a_n)\beta^{p_1-1} + \cdots = 0$
$_{p_2}\bigcup$		
G_2	$\gamma = \gamma(a_1, \cdots, a_n)$	$\gamma^{p_2} + r_2(\beta, a_1, \cdots, a_n)\gamma^{p_2-1} + \cdots = 0$
$_{p_3}\bigcup$		
$\vdots$	$\vdots$	$\vdots$
$_{p_{k-1}}\bigcup$		
G_{k-1}	$\delta = \delta(a_1, \cdots, a_n)$	$\delta^{p_{k-1}} + \cdots = 0$
$_{p_k}\bigcup$		
G_k	$\xi = \xi(a_1, \cdots, a_n)$	$\xi^{p_k} + r_k(\delta, a_1, \cdots, a_n)\xi^{p_k-1} + \cdots = 0$

按照定理 4.4.1 的证明过程,上面的诸预解方程式均为循环型方程式(它们的

群 $G/G_1,G_1/G_2,\cdots,G_{k-1}/G_k$ 均循环). 按定理 4.2.3, 这些方程式是可以根式求
解的. 如此, 原方程式 $f(x)=0$ 亦可根式求解.

这得到了伽罗瓦的著名定理的另一部分(这里并不要求基域包含本原单位
根):

定理 4.4.3 一个代数方程式可根式求解的充分条件是它的伽罗瓦群 G
可解.

§5 论代数方程式解成二次根式的可能性问题

5.1 问题的起源

在几何作图中, 特别重要的是用圆规和直尺作图(所谓尺规作图):

(1) 只用不带刻度的直尺及圆规作为作图工具;

(2) 通过有限步作出所要求的图形;

(3) 要求的作图问题能够化为平面作图问题.

因此, 尺规作图能且只能够完成以下作图工作:通过两个已知点作直线;以
已知点为圆心、已知长度为半径作圆;求两条相交直线的交点;求直线与圆的交
点;求两个圆的交点.

利用初等几何学定理, 容易知道:在确定单位长度线段之后, 尺规作图法能
求出任何整数;已知线段 a 与 b, 则通过尺规作图能求出 $a\cdot b,a/b$①, 因此尺规作
图能求出任何有理数. 若能作出线段 x,y, 则尺规作图能作出 $x\pm y,x\cdot y,x/y$.
因此尺规作图只要能作出一个量 u, 就能作出有理数域 Q 的扩域 $Q(u)$. 古希腊
柏拉图时代留下的尺规作图三大难题 —— 三等分角问题, 倍立方问题以及化
圆为方问题 —— 曾经困惑数学界 2 000 多年之久. 事实上, 这些问题仅靠几何

① 作法如下:在第一个图中, 如果 $EG\ /\!/\ DF$, 则 $x=a\cdot b$;第二个图则展示了 a/b 的作法;第三个图
则是平方根的作图:以 LM 为直径作圆, 而 $NP\perp LM$(P 是垂线与半圆的交点), 于是 $x=\sqrt{a}$.

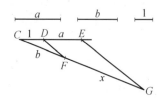 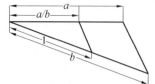 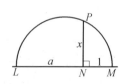

学来解决是困难的,只是在产生解析几何之后,它们才得以转化成代数问题而终获解决.

现在让我们利用解析几何学上熟知的观念来阐述几何作图的代数含义:如果把两个已知点之间的线段长与一个实数对应,把直线上的点看成一个线性方程的根,圆上的点看成一个二次方程的根,而几何图形(直线、圆)的交点看成一次或二次方程组的根,则我们可以说一个几何量可以用尺规作图法得到,

当且仅当这个几何量作为几何图形(直线与圆)的交点之间线段长所对应的代数量可以通过有限次尺规作图法而求出.

每个作图题都提出一些已知元素 $a,b,c,\cdots$,并要求我们求出另一些元素 $x,y,z,\cdots$. 问题的各个条件能使我们建立一个或者一些方程式,使其系数是域 $Q(a,b,c,\cdots)$——在有理数域 Q 上依次添加已知元素 $a,b,c,\cdots$ 而得到的扩域. 方程式的解容许我们用已知元素表示未知元素. 例如,有名的二倍立方体的问题:求要作一个立方体,使体积等于边长为 a 的已知立方体体积的 2 倍. 在代数上,我们把这个问题用下列方程表示

$$x^3 = 2a^3,$$

这里 x 就是要作的立方体的边长. 当然另一些问题将得出较高次的方程.

综合上面所说的,我们可以知道每一个几何作图的问题都可以用纯代数的方法去求解,详细地说,都可以化为某一个代数方程式 $f(x)=0$ 的求根问题.

现在我们研究在怎样的条件下,一个以域 Δ 中元素为系数的代数方程式

$$f(x) = 0 \tag{1}$$

的根才可能用圆规和直尺作图.

为了回答这个问题,先证明下述定理:

定理 5.1.1　一个代数量可用圆规和直尺作图的充分必要条件是这个代数量仅能是一些次数不高于 2 的方程式求解的结果.

证明　设所取的代数量 u 可由圆规和直尺作图. 我们证明 u 可由次数不高于 2 的方程式求解得出. 在平面上取直角坐标系 xOy. 凡能用圆规和直尺作图的代数量,都可由引直线、画圆和求这些曲线的交点得出.

要求两个直线的交点,可解下述的方程组

$$\begin{cases} A_1 x + B_1 x + C_1 = 0 \\ A_2 x + B_2 x + C_2 = 0 \end{cases} \tag{2}$$

这样所得的结果是一个关于 x(或 y)的一次方程式.

为了求直线

$$Ax + Bx + C = 0 \tag{3}$$

和圆

$$(x-a)^2 + (y-b)^2 = r^2 \qquad (4)$$

的交点,必须联立方程式(3)和(4).这样得到的结果是一个关于 x(或 y)的二次方程式.

最后,要求两个圆

$$\begin{cases} (x-a_1)^2 + (y-b_1)^2 = r_1{}^2 \\ (x-a_2)^2 + (y-b_2)^2 = r_2{}^2 \end{cases} \qquad (5)$$

的交点,必须联立方程组(5).我们不难证明,消去一个未知量后,另一个未知量 x(或 y)所满足的方程式也是一个二次方程式.

综合上面所说的,我们证明了 u 可由次数不高于 2 的方程式的解得出.

反之,这个定理仍然成立.解一个系数已知且次数不高于 2 的代数方程式不外乎对于复数施行以下的运算:加法,减法,乘法,除法和开方.

使两个复数 $z_1 = a_1 + b_1 \mathrm{i}$ 和 $z_2 = a_2 + b_2 \mathrm{i}$ 相加或相减等于使这两个复数的实数部分和虚数部分分别相加或相减:$z_1 \pm z_2 = (a_1 \pm a_2) + (b_1 \pm b_2)\mathrm{i}$.我们已经知道,代数量 $a_1 \pm a_2$ 和 $b_1 \pm b_2$ 是可用圆规和直尺作图的.

其次再看乘法.要求复数 $z_1 = r_1(\cos\theta_1 + \mathrm{i}\sin\theta_1)$ 和 $z_2 = r_2(\cos\theta_2 + \mathrm{i}\sin\theta_2)$ 的乘积,等于求这两个复数的辐角的和与这两个复数的模的积:

$$z_1 \cdot z_2 = r_1 r_2 [\cos(\theta_1 + \theta_2) + \mathrm{i}\sin(\theta_1 + \theta_2)].$$

但是,代数量 $\theta_1 + \theta_2$ 和代数量 $r_1 r_2$ 是可以用圆规和直尺作图的.

同样,两个复数的商等于

$$\frac{z_1}{z_2} = \frac{r_1}{r_2}[\cos(\theta_1 - \theta_2) + \mathrm{i}\sin(\theta_1 - \theta_2)].$$

$\dfrac{r_1}{r_2}$ 和 $\theta_1 - \theta_2$ 自然是可以用圆规和直尺作图的.

最后,我们再讨论复数 $z = r(\cos\theta + \mathrm{i}\sin\theta)$ 的开方根

$$\sqrt{r(\cos\theta + \mathrm{i}\sin\theta)},$$

要求这个数等于把辐角 θ 等分和求 r 的平方根.但是,代数式 $\dfrac{\theta}{2}$ 和 $\sqrt{r}$ 是可用圆规和直尺作图的.

综合上述,就证明了所要的定理.

根据上面的证明,代数方程式(1)的根可用圆规和直尺作图的充分必要条件是这个方程式可以还原为一些次数不高于 2 的方程.

由于这个定理,我们便知道,例如

224

$$\alpha = \sqrt[4]{1+\sqrt{2}}$$

这式子能用圆规与直尺来作图,因为它是解一系列不高于 2 次的方程式的结果中得出的. 即 $\alpha_1 = \sqrt{2}$ 是二次方程式 $x^2 - 2 = 0$ 的根,并且我们能用圆规与直尺来作 $\sqrt{2}$ 的图. 其次, $\alpha_2 = 1+\sqrt{2}$ 是一次方程式 $x - (1+\alpha_1) = 0$ 的根,并且我们能用圆规与直尺来作 $1+\sqrt{2}$ 的图,只要把相应于 1 与 $\sqrt{2}$ 的线段加起来就行了. 然后 $\alpha_3 = \sqrt{\alpha_2}$ 是二次方程式 $x^2 - \alpha_2 = 0$ 的根,而 α_2 已经预先作了图,故这个根我们不难用圆规与直尺来作图. 最后, $\alpha = \sqrt{\alpha_3}$ 是二次方程式 $x^2 - \alpha_3 = 0$ 的根, 而 α_3 已经作了图,故我们亦能用圆规与直尺来作图.

现在的问题是:是否有一个判别法则存在,由它就可确定一个已知的方程式是否可以还原成一系列次数不高于 2 的方程式.

5.2 方程式用平方根可解的条件

现在我们来回答在本节第一目的末尾所提出的问题.

预备定理 1 设 Ω 是域 Δ 的二次有限扩张,则 Ω 是由添加一个以 Δ 的元素为系数的二次方程式的根而得的结果.

证明 在域 Ω 内任取一个不含 Δ 的元素 α. 由次数的性质 $3°$(参阅第 4 章, §1,1.3)α 必须是方程式

$$F(x) = a_0 x^2 + a_1 x + a_2 = 0 (a_i \text{ 是 } \Delta \text{ 的元素}).$$

的根. 但是 α 不能是一个一次方程式的根,因为 α 不含于 Δ 内. 根据上述得 $a_0 \neq 0$,同时多项式 $F(x)$ 是既约的(在 Δ 内). 不仅如此,我们还可以断定元素 1 和 α 关于 Δ 线性无关. 设 u 代表 Ω 的任意一个元素,由次数的性质 $2°$(第 4 章, §1,1.3),元素 $1,\alpha,u$ 应线性相关

$$c_0 u + c_1 \alpha + c_2 = 0 (c_i \text{ 代表 } \Delta \text{ 的元素}).$$

因为 1 和 α 线性无关,所以系数 c_0 不能等于零,由此得出

$$u = b_0 \alpha + b_1,$$

式中的 b_i 表示 Δ 的元素: $b_0 = -\dfrac{c_1}{c_0}, b_1 = -\dfrac{c_2}{c_0}$. 根据上述,我们已经完全证明了所要的预备定理.

预备定理 2 设 $f(x)$ 是在 Δ 上的多项式, Ω 是 $f(x)$ 的正规域, $p(x)$ 是在 Δ 上的既约多项式且可以整除 $f(x)$. 由此多项式 $p(x)$ 的次数可以整除 $(\Omega : \Delta)$.

证明 因为 $P(x)$ 可以整除 $f(x)$,所以多项式 $p(x)$ 的根必须含于 Ω 内.

设 α 是 $p(x)$ 的一个根，根据上述，代数扩张 $\Delta(\alpha)$ 是域 Ω 的一个子域，因而 $(\Delta(\alpha):\Delta)$ 必须整除 $(\Omega:\Delta)$（参考第 4 章 §1，定理 1.3.2）. 但是，我们已经知道 $(\Delta(\alpha):\Delta)$ 等于既约多项式 $p(x)$ 的次数，所以多项式 $p(x)$ 的次数必须整除 $(\Omega:\Delta)$.

预备定理 3　设 $f(x)$ 是在 Δ 上的多项式，Ω 是 $f(x)$ 的正规域. 假若 $(\Omega:\Delta)=2^m(m>1)$，则在 Δ 和 Ω 之间关于 Δ 的次数是 2 次的有限扩张 Δ_1 存在：$\Delta \subset \Delta_1 \subset \Omega,(\Delta_1:\Delta)=2$.

证明　我们不妨假设多项式 $f(x)$ 的根不含于 Δ 内，这样的假设并不失证明的普遍性，因为在相反情形下，我们可以除去和这些根相对应的一次因式.

设 $p(x)$ 是在域 Δ 上次数最低且可以整除 $f(x)$ 的既约多项式. 由预备定理 2，多项式 $p(x)$ 的次数 n 必须整除 2^m，换句话说 $n=2^k$ 而 $1 \leqslant k \leqslant m$[①]. 设用 α_i $(i=1,2,\cdots,n)$ 代表多项式 $p(x)$ 的根. 在此仅有下述的两种可能性：$k=1$ 或 $k>1$. 在第一个情形下，我们的预备定理直接可以证明，因为只要把二次（$n=2^1=2$）既约多项式 $p(x)$ 的任何一个根 α 添加于 Δ 就得出所求的域 $\Delta_1=\Delta(\alpha)$.

第二个情形比较复杂一些. 为此先构造如下的一个辅助多项式

$$g(x)=\prod_k (x-\beta_k),$$

式中 $\beta_k=\alpha_i\alpha_j+c(\alpha_i+\alpha_j),c$ 代表域 Δ 的元素. 首先证明，我们可以选择 c 而使得所有的代数式 $\alpha_i\alpha_j+c(\alpha_i+\alpha_j)$ 都不含于 Δ 内. 事实上，假若选择这样的 c 不可能，就必然有两个值 c_1 和 c_2 存在，而使

$$\alpha_i\alpha_j+c_1(\alpha_i+\alpha_j) \text{ 和 } \alpha_i\alpha_j+c_2(\alpha_i+\alpha_j),$$

是 Δ 的元素，由此 α_i 和 α_j 是一个以 Δ 的元素为系数的二次方程式的根. 最后这个结果显然是不可能的，因为 α_i 和 α_j 都是高于 2 次的既约多项式 $p(x)$ 的根[②].

现在假设我们已经选定了 c 而使辅助方程式 $g(x)$ 的根不含于域 Δ 内. 由于 β_k 的个数等于

$$C_n^2=\frac{n(n-1)}{2}=\frac{2^k \cdot q(2^k \cdot q-1)}{2}=2^{k-1}Q,$$

因此 $g(x)$ 的次数等于 $2^{k-1}Q$，而 $Q(=q(2^kq-1))$ 是一个奇数.

如果对换任意一对 α_i 和 α_j，β_k 并不变化；由于任意置换均可表示为若干对换的乘积，因此这就表示多项式 $g(x)$ 在诸根 $\alpha_i(i=1,2,\cdots,n)$ 的任意置换下都

---

①　$k \neq 0$，因为根据所给的假设，$f(x)$ 的根不含于域 Δ 内.

②　假设 α_i 和 α_j 是 $p(x)$ 的根，同时又是在域 Δ 上二次多项式 $h(x)$ 的根，则有 $p(x)=h(x)k(x)$，式中的 $k(x)$ 代表在域 Δ 上高于零次的多项式. 这样就得出如下的矛盾：多项式 $p(x)$ 是可约的.

不变,也就是说它是一个对称多项式.按对称多项式的基本定理,$g(x)$的每一系数都是诸根α_i的基本对称多项式,也就是$p(x)$的系数的多项式,如此我们得到结论:多项式$g(x)$的系数不但含于Δ内而且它的次数等于$2^{k-1}Q$,Q代表一个奇数.

其次再以$g(x)$代替多项式$f(x)$.设$p_1(x)$是在域Δ上次数最低且可以整除$g(x)$的既约多项.我们不难证明多项式$p_1(x)$的次数必须等于2^{k_1},式中的k_1既不小于1,也不超过$k-1$①.假若$k_1=1$,所给的预备定理已经证明,因为可令$\Delta_1=\Delta(\beta)$,式中的$\beta=\alpha_i\alpha_j+c(\alpha_i+\alpha_j)$代表$p_1(x)$的一个根,假若$k_1>1$,和上面的方法同样,我们可以构造一个次数辅助多项式$g_1(x)$,同样可得一个次数等于$2^{k_2}(1\leqslant k_2\leqslant k-2)$的既约多项式$p_2(x)$.其余可以依此类推.

继续上述的方法构造辅助多项式,最后可得一个既约多项式$p_s(x)$.添加这个多项式的任何一个根于Δ,我们就得出所求的域Δ_1.

现在我们证明方程式可用平方根求解的判别法则,为了叙述简单先引入如下的概念:

设$f(x)$是在Δ上的多项式.假若方程式$f(x)=0$的根可由以下诸方程式
$$f_1(x)=0,f_2(x)=0,\cdots,f_s(x)=0$$
的根的有理式表示出来,我们就说这个方程式可以还原成一串次数不高于2的方程式,式中的$f_1(x)$代表一个在域Δ上的一次或既约二次多项式,$f_2(x)$代表一个在域$\Delta(\alpha)$上的一次或既约二次多项式,$\Delta(\alpha)$是添加$f_1(x)$的根α于Δ所得的结果.$F_3(x)$代表一个在域$\Delta(\alpha)(\beta)$上的一次或既约二次多项式,$\Delta(\alpha)(\beta)$是添加$f_2(x)$的根β于$\Delta(\alpha)$所得的结果.其余依此类推.

现在可以证明下述的定理.

定理 5.2.1 设$f(x)$是在Δ上的多项式,并设Ω是它的正规域.方程式$f(x)=0$可以还原成一串次数不高于2的方程式的充分必要条件是$(\Omega:\Delta)=2^m$.

证明 设所给的方程式$f(x)=0$可以还原成一串次数不高于2的方程式
$$f_1(x)=0,f_2(x)=0,\cdots,f_s(x)=0. \tag{1}$$
现在我们依次把方程式(1)的根添加于域Δ.假若方程式(1)的所有方程式都是1次的,经过这样的添加后Δ将保持不变,所以在这个情形下有$\Omega=\Delta$和$(\Omega:\Delta)=$

---

① 假设k_1超过$k-1$,$g(x)$就可以分解为次数等于2^{s_i}的既约因式($s_i>k-1$,由此多项式$g(x)$的次数等于$2^tQ_1(t>k-1)$,而不是$2^{k-1}Q$.

$1=2^0$. 假若方程式(1)所有的方程式并非都是一次,由第 4 章 §1,定理 1.2.1 可以得出关于域 Δ 的 2^n 次有限扩张 P. 域 P 显然含有多项式 $f(x)$ 的正规域 Δ, 因之根据第 4 章 §1, 定理 1.3.2 $(\Omega:\Delta)$ 必须整除 $(P:\Delta)=2^n$, 由此 $(\Omega:\Delta)=2^m$.

反之,设 $(\Omega:\Delta)=2^m$. 在此可分为以下几个情况讨论:(1)$m=0$,(2)$m=1$, (3)$m>1$.

在第一个情形下 $\Omega=\Delta$, 也就是说方程式 $f(x)=0$ 所有的根都含于域 Δ 内. 这就是说明方程式 $f(x)=0$ 可以还原成一串一次方程式.

在第二个情形下 $(\Omega:\Delta)=2$, 由预备定理 1 可知 Ω 是由添加一个以 Δ 的元素为系数的二次方程式的根于 Δ 所得的结果,因之在 $(\Omega:\Delta)=2$ 的情形,方程式 $f(x)=0$ 可以还原成一串次数不高于 2 的方程式是很显然的.

在第三个情形下可做如下讨论:假若 $(\Omega:\Delta)=2^m$, $m>1$. 根据预备定理 3, 介于 Ω 和 Δ 之间关于 Δ 是二次的有限扩张 Δ_1 存在,在此有 $(\Omega:\Delta_1)=2^{m-1}$. 以 Δ_1 代替 Δ, 再根据预备定理 3, 知道介于 Ω 和 Δ_1 之间关于 Δ_1 的二次有限扩张 Δ_2 一定存在,正规域 Ω 关于 Δ_2 的次数降低为 $(\Omega:\Delta_2)=2^{m-2}$, 其余类推. 综合起来可得出一系列的有限扩张如下:

$$\Delta \subset \Delta_1 \subset \Delta_2 \subset \cdots \subset \Delta_{m-1} \subset \Delta_m = \Omega.$$

后面的每一个扩张关于相邻前一个都是二次. 由预备定理 1, Δ_{i+1} 是由添加一个以 Δ_i 的元素为系数的二次方程式的根于 Δ_i 所得的结果. 根据上述,方程式 $f(x)=0$ 可以还原成一串次数不高于 2 的方程式是很显然的.

可是方程式 $f(x)=0$ 即使不能解成二次根式,并不是就不容许方程式的某些根完全能以二次根式表出. 但如果多项式 $f(x)$ 在它的有理域 Δ 内不可约,则有下面这定理:

定理 5.2.2　如果一个 $n \geqslant 2$ 次的多项式 $f(x)$ 在其有理域 Δ 中不可约并且它的某一个根以二次根式表示出来,则这多项式的其他根也都能以二次根式表示出来.

在证明这个定理之前,我们必须用到正规域(参考第 3 章 §1)的一个性质, 这个性质本身也是很有趣的(它的证明参阅第 6 章).

正规域的基本性质　设 Ω 是多项式 $f(x)$ 关于 P 的正规域,则每一个在 P 内既约多项式 $p(x)$ 的根或全不含于 Ω 内,或 $p(x)$ 在 Ω 内完全可分解为一次因式.

现在我们来证明定理 5.2.2.

证明 设多项式 $f(x)$ 的根 α 能以二次根式 $\rho_1 = \sqrt{A_1}$, $\rho_2 = \sqrt{A_2}$, $\cdots$, $\rho_k = \sqrt{A_k}$ 表出,这里 A_1 是 Δ 的元素,A_2 是 $\Delta(\rho_1)$ 的元素,$\cdots$,A_k 是 $\Delta(\rho_1, \rho_2, \cdots, \rho_{k-1})$ 的元素.

第一个根式可以看作是 Δ 上多项式

$$\varphi_1(x) = x^2 - A_1 = 0$$

的根.这多项式 $\varphi_1(x)$,除 ρ_1 外,有一个二次根 $\rho_1' = -\rho_1$.

既然 A_2 是域 $\Delta(\rho_1)$ 的元素,则 $A_2 = a + b\rho_1$,这里 a,b 是 Δ 的元素.由此推知第二个根式 ρ_2 可以看作是 Δ 上的多项式

$$\varphi_2(x) = (x^2 - a - b\rho_1)(x^2 - a + b\rho_1) = x^4 - 2ax^2 + (a^2 + b^2 A_1) = 0$$

的根.这多项式,除 ρ_2 外,有二次根 $\rho_2' = -\rho_2$, $\rho_2'' = \sqrt{a - b\rho_1}$, $\rho_2''' = -\rho_2''$ 为其根.

最后,既然 A_2 是域 $\Delta(\rho_1, \rho_2)$ 的元素,则 $A_3 = c + d\rho_1$,并且 c 与 d 是 $\Delta(\rho_1)$ 的元素,即 $c = m + n\rho_1$ 并且 $d = m_1 + n_1\rho_1$,这里 m,n,m_1 与 n_1 是 Δ 的元素.因此根式 ρ_3 可以看作是 Δ 上的多项式

$$\varphi_3(x) = (x^2 - c - d\rho_2)(x^2 - c + d\rho_2)(x^2 - \bar{c} - \bar{d}\bar{\rho}_2)(x^2 - \bar{c} + \bar{d}\bar{\rho}_2) = 0$$

的根.这里

$$\bar{c} = m - n\rho_1, \bar{d} = m_1 - n_1\rho_1, \bar{\rho}_2 = \sqrt{a - b\rho_1}.$$

多项式 $\varphi_3(x)$,除 ρ_3 外,将也有别的二次根式为其根.

同样可以证明,ρ_4 将是 Δ 上多项式 $\varphi_4(x)$ 的根,除 ρ_4 外,$\varphi_4(x)$ 还有别的二次根式为其根,依此类推.

现在我们来在 Δ 上作一个多项式

$$F(x) = \varphi_1(x)\varphi_2(x)\cdots\varphi_k(x).$$

把多项式 $F(x)$ 的根添加到 Δ 上去,我们得到 $F(x)$ 的正规域 Ω.属于这域的显然也有所给这多项式 $f(x)$ 的根 α.既然多项式 $f(x)$ 在 Δ 中不可约,则按正规域 Ω 的基本性质,$f(x)$ 的所有根应该都在 Ω 内.因此多项式 $f(x)$ 的所有根能以 $F(x)$ 的根表出,也即能以二次根式表示出来,这就是所要证明的.

5.3 论三次及四次方程式解成二次根式的可能性

在几何作图理论所处理的问题大多数可归结为不高于四次的方程式.既然二次方程式的根式显然能表为二次根式,则剩下只要考虑三次及四次方程式就行了.

关于三次方程式我们有这定理:

定理 5.3.1 要三次方程式

$$f(x) = a_0 x^3 + a_1 x^2 + a_2 x + a_3 = 0 \qquad (1)$$

能解成二次根式,则其必要且充分的条件是要多项式 $f(x) = a_0 x^3 + a_1 x^2 + a_2 x + a_3$ 在其有理域 Δ 中可约.

证明 设多项式 $f(x)$ 在 Δ 中不可约.于是,在 Δ 上添加方程式(1)的任何根 θ,我们得到对 Δ 而言的三次有限扩张 $\Sigma = \Delta(\theta)$.这 Σ 显然将被包含在多项式 $f(x)$ 的正规域 Ω 中.按第 4 章 §1,定理 1.3.2 次数 $(\Omega:\Delta)$ 应该能被 $(\Sigma:\Delta) = 3$ 除尽.所以次数 $(\Omega:\Delta)$ 不能等于 2^m,因此方程式(1)不能解为二次根式.

反之,如果多项式 $f(x)$ 在 Δ 中可约,则

$$f(x) = a_0(x-a)(x^2 + px + q),$$

其中 a, p 与 q 是 Δ 中的数.由此可见,方程式(1)可分解为一次的及二次的方程式并且因此可分解成二次根式.

根据定理 5.2.2,我们可以断言,如果三次多项式 $f(x) = a_0 x^3 + a_1 x^2 + a_2 x + a_3$ 在其有理域中不可约,则它的根不能表为二次根式.

我们来指出一个定理 5.3.1 的推论.

推论 要一个带有理系数的三次方程式能解为二次根式,则其必要而充分条件是要它至少有一个有理根.

事实上,在这场合 $f(x) = a_0 x^3 + a_1 x^2 + a_2 x + a_3$ 将与有理数域重合.然后,我们知道,要一个带有理系数的多项式在有理数域中不可约,则其必要而充分条件是要这多项式没有有理根,由此这推论就成明显的了.

可是这推论也可以不依凭定理 5.3.1 来证明.我们在此做适当的证明如下:

证明 不影响结论的一般性我们可以假设带有理系数的三次方程式的最高系数等于 1

$$f(x) = x^3 + ax^2 + bx + c = 0. \qquad (1')$$

如果方程式 $(1')$ 有有理根,则它显然可以解成二次根式.反之,设方程式 $(1')$ 可以解成二次根式.我们假设在此方程式 $(1')$ 没有有理根.于是取该方程式的任何一个根 x_1,设 x_1 能以二次根式表出: $\rho_1 = \sqrt{A_1}, \rho_2 = \sqrt{A_2}, \cdots, \rho_k = \sqrt{A_k}$,这里 $k \geqslant 1$,A_1 是有理域 Δ 的元素,A_2 是域 $\Delta(\rho_1)$ 的元素,如此等等.我们可以假设根式 ρ_k 不在 $\Delta(\rho_1, \rho_2, \cdots, \rho_{k-1})$ 里;如其不然,则它将是多余的.如此,我们可以写

$$x_1 = p + q\rho_k,$$

230

其中 p,q 是域 $\Delta(\rho_1,\rho_2,\cdots,\rho_{k-1})$ 的元素并且 $q \neq 0$.

由简单的计算可证明 $x_2 = p - q\rho_k$ 也是多项式 $f(x)$ 的根. 即把 x_1 的值代入方程式(1),经明显的变形后我们得到

$$f(x_1) = P + Q\rho_k = 0,$$

其中 $P = p^3 + 3pq^2 A_k + ap^2 A_k + ap^2 + bp + c, Q = 3p^2 q + A_k q^3 + 2apq + bp$,显然 P 与 Q 是域 $\Delta(\rho_1,\rho_2,\cdots,\rho_{k-1})$ 的元素.

现在,如果假设 $Q \neq 0$,则 $\rho_k = -\dfrac{P}{Q}$ 并且根式将在 $\Delta(\rho_1,\rho_2,\cdots,\rho_{k-1})$ 中,这是不可能的. 所以 $Q = 0$,并且因此 $P = 0$.

在多项式 $f(x)$ 中以 $x_2 = p - q\rho_k$ 这数替代 x 并经类似地变形得

$$f(x_2) = P - Q\rho_k = 0,$$

但 $P = Q = 0$. 这就是说,$f(x_2) = 0$,亦即 x_2 也是多项式 $f(x)$ 的根. 我们指出,$x_2 \neq x_1$,因为 $q \neq 0$.

其次,我们以 x_3 表示多项式 $f(x)$ 的第三个根. 于是按照韦达公式有

$$x_1 + x_2 + x_3 = -a,$$

由此得

$$x_3 = -a - x_1 - x_2,$$

将 x_1, x_2 的值代入得

$$x_3 = -a - 2p,$$

由此可见,x_3 在域 $\Delta(\rho_1,\rho_2,\cdots,\rho_{k-1})$ 中,因为 a 与 p 在 $\Delta(\rho_1,\rho_2,\cdots,\rho_{k-1})$ 中[①].

我们来对 x_3 重复对 x_1 同样的论证. 既然 x_3 能以根式 $\rho_1,\rho_2,\cdots,\rho_{k-1}$ 表出,则我们将有 x_1 与 x_2 在 $\Delta(\rho_1,\rho_2,\cdots,\rho_{k-1})$ 中,但这是不可能的,因为 x_1 已经不在 $\Delta(\rho_1,\rho_2,\cdots,\rho_{k-1})$ 中了.

对于四次方程式而言我们有下面的定理.

定理 5.3.2 设

$$f(x) = x^4 + ax^3 + bx^2 + cx + d = 0 \tag{2}$$

是一个四次的方程式. 如果这方程式的三次预解式在 Δ 中至少有一个根,则方程式(2)的根能以二次根式表出. 反之,如果方程式(2)能以二次根式表出,则预解式在 Δ 中至少有一个根.

---

① 应用类似的证明到带任意系数(不一定是有理系数)的三次方程式上去,我们亦可得到定理 5.3.1 的另一证明.

231

证明　设方程式(2)的三次预解式在 Δ 中有一个根 y_0，于是根据熟悉的变形(参阅第 1 章 §2)我们得

$$f(x) = (x^2 + \frac{ax}{2} + y_0)^2 - (Ax + B)^2,$$

其中

$$A^2 = \frac{a^2}{4} - b + 2y_0, B^2 = y_0{}^2 - d, 2AB = ay_0{}^2 - c.$$

如此，方程式(2)的根能以二次根式表出之，这些二次根式是在解二次方程

$$x^2 + (\frac{a}{2} + A)x + (y_0 + B) = 0 \tag{3}$$

$$x^2 + (\frac{a}{2} - A)x + (y_0 - B) = 0 \tag{4}$$

产生的.

反之，设方程式(2)的根能以二次根式表出，于是以 x_1, x_2 表示方程式(3)的根且以 x_3, x_4 表示方程式(4)的根，我们得

$$x_1 x_2 = y_0 + B, x_3 x_4 = y_0 - B.$$

由此我们得到

$$y_0 = \frac{1}{2}(x_1 x_2 + x_3 x_4).$$

但方程式(2)的根全都能以二次根式表出. 所以，y_0 亦能以二次根式表出. 如此，如果

$$y^3 + ay^2 + bx + c = 0 \tag{5}$$

是方程式(2)的三次预解式，则由于 y_0 是任意的，故它的根都能以二次根式表示出来.

于是三次预解式(5)都能解成二次方根，所以它按定理 5.3.1 应该至少有一根在 Δ 中.

推论　一个带有理系数的四次方程式在它的三次预解式至少有一个有理根的时候，也只有在这个时候，才可以解为二次方根.

定理 5.3.2 可以用下面的命题来补充.

定理 5.3.3　如果四次多项式

$$f(x) = x^4 + ax^3 + bx^2 + cx + d = 0$$

在其有理域 Δ 中没有根，并且多项式 $f(x)$ 的根有一个能以二次根式表出，则该多项式的其他各根也都能以二次根式表出.

证明　如果多项式 $f(x)$ 在其有理域 Δ 中可约，则它应该可以分解为两个

系数属于 Δ 的二次因子的乘积

$$f(x) = (x^2 + px + q)(x^2 + p_1 x + q_1),$$

因为按定理的条件 $f(x)$ 在 Δ 中没有根. 如此, $f(x)$ 的根能由二次方程式

$$x^2 + px + q = 0, x^2 + p_1 x + q_1 = 0,$$

找出, 亦即以二次根式表出.

如果多项式 $f(x)$ 在其有理域中不可约, 则按定理 5.2.2 它的所有根都应该能以二次根式表出.

例 通过平面 P 上一点 $A(2,1)$, 在这平面上引一条直线 g, 使平面 P 上直角坐标系 Oxy 的轴 Ox 及 Oy 由直线 g 上截下一线段, 其长度等于 5 个所选的度量单位.

所求直线的方程式可写成下面的形式

$$\frac{x}{u+2} + \frac{y}{v} = 1.$$

既然直线 g 通过点 $A(2,1)$, 则

$$\frac{2}{u+2} + \frac{1}{v} = 1.$$

由此有

$$v = \frac{u+2}{u}.$$

如此, 把这 v 的式子代入方程式

$$(u+2)^2 + v^2 = 25,$$

经一些变化后我们得到

$$u^4 + 4u^3 - 20u^2 + 4u + 4 = 0 \tag{6}$$

方程式 (6) 没有有理根; 所以, 按定理 5.3.3 可能的只有这二者之一: 或者方程式 (6) 所有的根都能以二次根式表出, 或者该方程式没有一个根能以二次根式表出.

方程式 (6) 的预解式是

$$y^3 + 10y^2 - 50 = 0.$$

不难证明, 这预解式没有有理根. 注意定理 5.3.2, 则我们由此可断言方程式 (6) 的根没有一个能以二次根式表出. 所以, 所求的直线 g 不能用圆规和直尺来作图.

§6   方程式解成二次根式可能性理论的应用

6.1   二倍立方体的问题·三等分角问题

我们已经知道二倍立方体的问题和方程式

$$f(x) = x^3 - 2 = 0 \tag{1}$$

求解是相联系的. 现在试考察这个方程式是否可以还原成一串次数不高于 2 的方程式. 首先我们应当注意多项式 $f(x) = x^3 - 2$ 在有理数域 Q 内是不可约的. 事实上, 假若三次多项式 $f(x)$ 在域 Q 内可以分解为两个非常数的因式的乘积, 在这两个因式中至少有一个是一次因式, 也就是说, 至少有一个形如 $ax + b$ 的因式, 式中的 a 和 b 都代表有理数. 由此多项式 $f(x)$ 有有理根 $-\dfrac{b}{a}$. 这个结果显然不可能, 因为这个方程式是不可能有有理根的.

现在我们容易证明多项式 $f(x)$ 不满足定理 5.2.1 中所设的条件. 因为在这个情形下, Δ 可以看作 Q, 由第 4 章 §1, 定理 1.3.2, 次数 $(\Omega : Q)$ 必须被 $(Q(\alpha) : Q)$ 整除, α 代表方程式 (1) 的根. 由于 $(Q(\alpha) : Q) = 3$, 所以 $(\Omega : Q)$ 必须是 3 的倍数, 换句话说不可能为 2 的乘幂.

根据上述, 二倍立方体的问题不能用圆规和直尺作图求解.

其次我们再讨论三等分角的问题. 设想给定了一个角 α, 我们要求的是把这个角三等分. 用 φ 代表所求的角, 则有 $\alpha = 3\varphi$. 由已知的三角恒等式得

$$\cos \alpha = \cos 3\varphi = 4\cos^3 \varphi - 3\cos \varphi \tag{2}$$

因为 α 已知, 所以它的余弦也可以看作已知. 令 $\cos \alpha = \dfrac{b}{2}$, 再令看作未知量的 $\cos \varphi$ 等于 $\dfrac{x}{2}$. 经过这样的代数方程式 (2) 可以写成如下的形式

$$\frac{b}{2} = 4\left(\frac{x}{2}\right)^3 - 3\,\frac{x}{2},$$

或

$$f(x) = x^3 - 3x - b = 0 \tag{3}$$

我们不难证明, 对于无限多的有理数值 b, 三次多项式 $f(x) = x^3 - 3x - b = 0$ 在有理数域 Q 内是既约的.

例如,$b=1$ 的时候(在这情形下 $\alpha=\dfrac{\pi}{3}$)方程式(3)就没有有理根,因之在 $b=1$ 的情形下多项式 $f(x)$ 在 Q 内是既约的.由此定理 5.2.1 所设的条件不能满足:$(\Omega:Q)$ 是 3 的倍数.综合上述我们证明了 $\dfrac{\pi}{3}$ 不可能用圆规和直尺分为相等的三部分.根据同样的理由我们还可以证明已知角 $\alpha=\arccos\dfrac{1}{2p}$($p$ 代表一个自然质数)不可能用圆规和直尺三等分.事实上,我们不难证明方程式

$$f(x)=x^3-3x-\frac{1}{p}=0$$

没有有理根,因此多项式 $f(x)=x^3-3x-\dfrac{1}{p}$ 在 Q 内是既约的.这就证明了三等分角的问题一般是不能用圆规和直尺作图求解的.

6.2 割圆问题

最后我们再来讨论分割圆周为 n 等分的问题,这个问题是和二项方程式 $x^n-1=0$ 相联系的.首先可以证明下面的定理.

定理 6.2.1 设 $n=n_1n_2$,n_1 和 n_2 代表互素自然数.利用圆规和直尺可以分割圆周为 n 个相等的部分的充分必要条件是利用这些工具可以把圆周分割为 n_1 个相等的部分和 n_2 个相等的部分.

证明 设圆周可以利用圆规和直尺分割圆周为 n_1 个相等的部分和 n_2 个相等的部分,由所设的条件,n_1 和 n_2 互素,因而可以选择整数 a 和 b 满足等式

$$n_1a+n_2b=n.$$

以 $n=n_1n_2$ 除等式的两端得

$$\frac{b}{n_1}+\frac{a}{n_2}=1, \tag{1}$$

换句话说,只要知道圆周的 $\dfrac{1}{n_1}$ 部分和 $\dfrac{1}{n_2}$ 部分,由等式(1)就可以求圆周的 $\dfrac{1}{n}$ 部分.

反之,假若利用圆规和直尺可以分割圆周为 n 个相等的部分,当然我们也可以把圆周分割为 n_1 个相等的部分和 n_2 个相等的部分,事实上,假若要构造圆周的 $\dfrac{1}{n_1}$(或 $\dfrac{1}{n_2}$)部分,只需把它的 $\dfrac{1}{n}$ 部分重复 n_2(或 n_1)次就够了.

除了二项方程式 $x^n-1=0$ 之外,我们还可以讨论分割圆周为 n 个相等部分的割圆方程式

$$\Phi_n(x)=(x-\xi_1)(x-\xi_2)\cdots(x-\xi_s) \tag{2}$$

式中的 ξ_i 代表 n 次单位本原根，s 代表所有这样的本原根的个数，我们已经知道 s 等于欧拉函数 $\varphi(n)$（参考第 1 章 §1）.

例如，$n=1$ 时，$\varphi(1)=1$，本原根 $\xi_1=\cos\dfrac{2\pi}{1}+\mathrm{isin}\dfrac{2\pi}{1}=-1$ 而 $\Phi_1(x)=$ $x-\xi_1=x-1$;

$n=2$ 时，$\varphi(2)=1$，本原根 $\xi_1=\cos\dfrac{2\pi}{2}+\mathrm{isin}\dfrac{2\pi}{2}=-1$ 而 $\Phi_2(x)=x-\xi_1=$ $x-1$;

$n=3$ 时，$\varphi(3)=2$，本原根 $\xi_1=\cos\dfrac{2\pi}{2}+\mathrm{isin}\dfrac{2\pi}{2}=-1,\xi_2=\cos\dfrac{4\pi}{3}+\mathrm{isin}\dfrac{4\pi}{3}=$ $\dfrac{-1-\sqrt{-3}}{2}$，而 $\Phi_2(x)=(x-\xi_1)(x-\xi_2)=x-1$，故

$$\Phi_3(x)=(x-\xi)(x-\xi^2)=(x-\frac{-1+\sqrt{-3}}{2})(x-\frac{-1-\sqrt{-3}}{2})=x^2+x+1;$$

$n=4$ 时，$\varphi(4)=2$，本原根 $\xi_1=\cos\dfrac{2\pi}{4}+\mathrm{isin}\dfrac{2\pi}{4}=\mathrm{i},\xi_2=-\mathrm{i}$，而 $\Phi_4(x)=$ $(x-\mathrm{i})(x+\mathrm{i})=x^2+1$.

对于割圆方程式，我们首先有下列公式：

定理 6.2.2

$$x^n-1=\prod_{d\mid n}\Phi_d(x). \tag{3}$$

这个等式的右边表示让 d 经过 n 的所有正因数而取所有这些 $\Phi_d(x)$ 的乘积.

证明 设

$$\varepsilon_1,\varepsilon_2,\cdots,\varepsilon_n \tag{4}$$

是所有 n 次单位根，于是

$$x^n-1=(x-\varepsilon_1)(x-\varepsilon_2)\cdots(x-\varepsilon_n) \tag{5}$$

现任取 n 的一个正因数 d，同时设 ε 是一个 d 次单位本原根. 于是，$\varepsilon^d=1$，因而 $\varepsilon^n=1$，可见 ε 必出现在(4)中. 这就是说，所有 $\varphi(d)$ 个本原 d 次单位根都出现在(4)中，它们在(5)中所对应的一次式之积便是 $\Phi_d(x)$. 因之，

$$\Phi_d(x)\mid x^n-1.$$

若 d 和 d' 不同，则 $\Phi_d(x)$ 和 $\Phi_{d'}(x)$ 没有公共一次式. 因为，前者的根是本原 d 次单位根，后者的根是本原 d' 次单位根，由此可见

$$\prod_{d\mid n}\Phi_d(x)\mid x^n-1.$$

236

但(4)中的任一 ε 必定属于某个指数 d ,亦即正整数 d 是满足 $\varepsilon^d = 1$ 的最小的一个自然数. 根据定义,我们 ε 是 d 次单位本原根. 另外由于 $\varepsilon^n = 1$,故必有 $d \mid n$ (第1章 §1定理1.2.2). 这样一来,式(5)中的任意一次式必出现在某个 $\Phi_d(x)$ 之内,其中 $d \mid n$,所以 $x^n - 1$ 比 $\prod\limits_{d \mid n} \Phi_d(x)$ 多不出什么,因而式(3)成立.

这个定理表明为了求得多项式 $\Phi_n(x)$,我们并不需要实际求出它的一次因式 $x - \xi_i$ 的乘积,而可简单地由二项式 $x^n - 1$ 中陆续除去含于二项式 $x^d - 1$ 中的因式,这里的 d 代表是自然数 n 所有可能的因子.

下面利用该定理重新计算前面讨论过的 $\Phi_1(x), \Phi_2(x), \Phi_3(x), \Phi_4(x)$.

因为 $x - 1 = \prod\limits_{d \mid 1} \Phi_d(x) = \Phi_1(x)$,所以, $\Phi_1(x) = x - 1$;

因为 $x^2 - 1 = \prod\limits_{d \mid 2} \Phi_d(x) = \Phi_2(x)\Phi_1(x)$,所以

$$\Phi_2(x) = \frac{x^2 - 1}{\Phi_1(x)} = \frac{x^2 - 1}{x - 1} = x + 1;$$

因为 $x^3 - 1 = \prod\limits_{d \mid 3} \Phi_d(x) = \Phi_3(x)\Phi_1(x)$,所以

$$\Phi_3(x) = \frac{x^3 - 1}{\Phi_1(x)} = \frac{x^3 - 1}{x - 1} = x^2 + x + 1;$$

因为 $x^4 - 1 = \prod\limits_{d \mid 4} \Phi_d(x) = \Phi_4(x)\Phi_2(x)\Phi_1(x)$,所以

$$\Phi_4(x) = \frac{x^4 - 1}{\Phi_2(x)\Phi_1(x)} = \frac{x^4 - 1}{(x + 1)(x - 1)} = x^2 + 1.$$

现在我们对 $n = p^\alpha$ (p 代表素数)构造分圆方程式.

根据定理6.2.2,有

$$\Phi_{p^\alpha}(x) = \frac{x^{p^\alpha} - 1}{x^{p^{\alpha-1}} - 1} = x^{p^{\alpha-1}(p-1)} + x^{p^{\alpha-1}(p-2)} + \cdots + 1 = 0.$$

事实上,二项式 $x^{p^\alpha} - 1 = 0$ 的非本原根显然也是二项方程式 $x^{p^{\alpha-1}} - 1 = 0$ 的根,因此以 $x^{p^{\alpha-1}} - 1$ 除 $x^{p^\alpha} - 1$ 就可以把所有的非本原根消去,根据定义,这样就可以得出割圆方程式的左端.

接下去要证明的是:

定理 6.2.3[①]　多项式 $\Phi_{p^\alpha}(x)$ 在有理数域上不可约.

证明　设 $x = y + 1$,由此得到

---

① 　一般地,可以证明: $\Phi_n(x)$ 是整系数多项式,并且在有理数域上不可约. 参阅《抽象代数基础》卷.

$$F(y) = \Phi_{p^\alpha}(y+1) = \frac{(y+1)^{p^\alpha} - 1}{(y+1)^{p^{\alpha-1}} - 1} = \frac{y^{p^\alpha - 1} + C_{p^\alpha}^1 y^{p^\alpha - 2} + \cdots + C_{p^\alpha}^1}{y^{p^{\alpha-1} - 1} + C_{p^{\alpha-1}}^1 y^{p^{\alpha-1} - 2} + \cdots + C_{p^{\alpha-1}}^1}.$$

$$(6)$$

写在分子上的多项式的所有系数除去最高项外都可以被 p 整除,至于分母上的多项式也是同样的情形.由实际的除法运算,不难知道以分母除分子所得的商的所有系数除去最高项外都可以被 p 整除.为了求得这个商的常数项,可以将 $y=0$ 代入分式(6)

$$F(0) = \frac{C_{p^\alpha}^1}{C_{p^{\alpha-1}}^1} = \frac{p^\alpha}{p^{\alpha-1}} = p.$$

常数项既然等于 p,所以不能被 p^2 整除.根据既约性的判别法[①]可知多项式 $F(y)$ 在 Q 内是既约的,由此 $\Phi_{p^\alpha}(x)$ 在有理数域 Q 内也是不可约的.

我们可以证明下述定理,这个定理的结果主要是由于高斯的贡献.

定理 6.2.4 可以利用圆规和直尺把圆周分割为 n 个相等部分的充分必要条件是

$$n = 2^m q_1 q_2 \cdots q_s,$$

式中的 m 代表非负整数,q_i 代表互不相同的,形式如 $2^k + 1$ 的奇质数.

证明 先把 n 写成质数因子分解的形式

$$n = p_1^{\alpha_1} p_2^{\alpha_2} \cdots p_r^{\alpha_r}.$$

根据定理 6.2.1 我们只需讨论 $n = p^\alpha$(p 代表质数)这一特殊情形就够了.

现在试先求割圆多项式 $\Phi_{p^\alpha}(x)$ 的正规域,在这个情形下有 $\Delta = Q$,再根据定理 6.2.3 可知多项式 $\Phi_{p^\alpha}(x)$ 在域 Q 内是既约的.假若把多项式 $\Phi_{p^\alpha}(x)$ 的任意一个根 ξ 添加于 Q,我们不难证明 $Q(\xi)$ 就是 $\Phi_{p^\alpha}(x)$ 的正规域,事实上,因为 $\Phi_{p^\alpha}(x)$ 的每一个根,特别是 ξ 都是 p^α 次单位本原根,所以 $\Phi_{p^\alpha}(x)$ 的根都是 ξ 的乘幂,这就是说 $\Phi_{p^\alpha}(x)$ 所有的根都含于 $Q(\xi)$ 内.

因为既约多项式 $\Phi_{p^\alpha}(x)$ 的次数是 $p^{\alpha-1}(p-1)$(参阅定理 6.2.3 的证明),所以有

$$(Q(\alpha) : Q) = p^{\alpha-1}(p-1).$$

割圆方程式

$$\Phi_{p^\alpha}(x) = 0$$

---

① 例如,艾森斯坦判别法:对于任何整系数多项式 $f(x) = a_n x^n + a_{n-1} x^{n-1} + \cdots + a_0$.如果存在素数 p,使得 p 不整除 a_n,但整除其他 $a_i(i = 0, 1, \cdots, n-1)$,并且 p^2 不整除 a_0,那么 $f(x)$ 在有理数域上是不可约的.详见《多项式理论》卷.

可以还原成一串次数不高于 2 的方程式的充分必要条件是多项式 $\Phi_{p^a}(x)$ 的正规域关于 Q 的次数应当等于 2^m(参考定理 5.2.1),换句话说

$$(Q(\alpha):Q)=p^{a-1}(p-1)=2^m.$$

最后这个等式只有在下述情形下可能:(1)$p=2$;(2)$\alpha=1$ 的时候,p 等于一个形式如 2^k+1 的奇质数.

综合起来我们已完全证明了所要的定理.

6.3 既约情形的讨论

在结束本章之前,我们还要把本节中所讲述的理论应用到另外一个重要的方面.我们已经知道在 $\dfrac{q^2}{4}+\dfrac{p^3}{27}$ 是负数的情况下,不可能在卡丹解三次方程式

$$x^3+px+q=0$$

的公式中把它的虚数性去掉.现在我们证明这一事实的出现不仅对于三次方程式是这样,就是对另外一些高次方程式也是同样的情形.

定理 6.3.1 设 Δ 是实数域的某一个子域,$f(x)=0$ 是在 Δ 内的一个既约 n 次方程.假若 n 可被某个奇质数 p 整除而且这个方程式的根都是实根,则这个方程式的根不可能用实数根式表示.

证明 设 Ω 是多项式 $f(x)$ 关于 Δ 的正规域.$f(x)=0$ 的根我们用 $\alpha_1,\alpha_2,\cdots,$ α_n 代表.$(\Omega:\Delta)=m$ 显然可以被方程式 $f(x)=0$ 的次数 n 整除,由此 m 也可以被奇质数 p 整除.

假设这个方程式的根 α_i 可以用实数根式表示:$\lambda_k=\sqrt[p_k]{a_k}\ (k=1,2,\cdots,r)$,式中的 p_k 代表质数,a_k 代表有添加根式 $\lambda_1,\lambda_2,\cdots,\lambda_{k-1}$ 于 Δ 所得的域 $\Delta(\lambda_1,$ $\lambda_2,\cdots,\lambda_{k-1})$ 内的一个元素(特别地,a_1 是含于 Δ 内的).因此,添加所有的这些根式于 Δ 则得出一个含 Ω 的实数域

$$\Sigma=\Delta(\lambda_1,\lambda_2,\cdots,\lambda_r).$$

有一些根指数可能等于 2,我们不妨设 $p_{i_1}=p_{i_2}=\cdots=p_{i_t}=2$,其余的 p_i 不等于 2,由此有

$$(\Sigma:\Delta)=2^h q_{h+1}q_{h+2}\cdots q_r \tag{1}$$

式中的 q_i 代表不等于 2 的质数 p_i.

现在假设这些根式 λ 是添加于 Ω 而不是添加于 Δ.设根式 λ_k 的根指数等于 2.假若 λ_k 在 $\Omega(\lambda_1,\lambda_2,\cdots,\lambda_{k-1})$ 内可约,根据第 4 章 §2 中的预备定理 1,a_k 必然等于 $\Omega(\lambda_1,\lambda_2,\cdots,\lambda_{k-1})$ 内某元素的完全 p_i 次幂,也就是说,是一个二次幂,由此 λ_k 也就含于 $\Omega(\lambda_1,\lambda_2,\cdots,\lambda_{k-1})$ 内.因而在这个情形下,添加 λ_k 于 $\Omega(\lambda_1,$

$\lambda_2,\cdots,\lambda_{k-1}$) 实际上没有得出任何的扩张. 假若 λ_k 在 $\Omega(\lambda_1,\lambda_2,\cdots,\lambda_{k-1})$ 内是既约的, 则得出关于 $\Omega(\lambda_1,\lambda_2,\cdots,\lambda_{k-1})$ 的二次扩张.

再设根式 λ_k 的根指数 p_k 不等于 2, 换句话说等于 q_s. 我们考察在这情形下 λ_k 在 $\Omega(\lambda_1,\lambda_2,\cdots,\lambda_{k-1})$ 内是否可约. 假若 λ_k 可约, 由第 4 章 §2 中的预备定理 1, λ_k 应含于 $\Omega(\lambda_1,\lambda_2,\cdots,\lambda_{k-1})$ 内. 但是

$$\Omega(\lambda_1,\lambda_2,\cdots,\lambda_{k-1})=\overline{\Delta}(\alpha_1,\alpha_2,\cdots,\alpha_n).$$

式中的 $\overline{\Delta}=\Delta(\lambda_1,\lambda_2,\cdots,\lambda_{k-1})$, 也就是说它是多项式 $f(x)$ 关于域 $\overline{\Delta}=\Delta(\lambda_1,\lambda_2,\cdots,\lambda_{k-1})$ 的正规域, 所以根据正规域的基本性质, 在 $\Omega(\lambda_1,\lambda_2,\cdots,\lambda_{k-1})$ 内不仅含有方程式 $x^{p^k}-a_k=0$ 的一个根 λ_k, 而且含有这个方程式所有的根. 但是, $p_k\neq 2$ 时, 这个方程式除去一个根以外其余的都是虚根, 由此就得出不合理的结论: 实数域 $\Omega(\lambda_1,\lambda_2,\cdots,\lambda_{k-1})$ 内含有虚数. 由这个矛盾就证明了 λ_k 在 $\Omega(\lambda_1,\lambda_2,\cdots,\lambda_{k-1})$ 内必须是既约的.

综合上述可知 $\Sigma=\Delta(\lambda_1,\lambda_2,\cdots,\lambda_r)$ 关于 Ω 的次数等于 $2^t q_{h+1}q_{h+2}\cdots q_r$, 式中 $t\leqslant h$, 即

$$(\Sigma:\Delta)=2^t q_{h+1}q_{h+2}\cdots q_r.$$

由此

$$(\Sigma:\Delta)=(\Sigma:\Omega)(\Omega:\Delta)=2^t q_{h+1}q_{h+2}\cdots q_r m. \qquad (2)$$

比较 (1)(2) 两式得

$$m=2^{t-1},$$

这个结果显然不可能, 因为 m 可被奇质数 p 整除.

抽象的观点・伽罗瓦理论

第
6
章

§1　代数方程式的群

1.1　同构及其延拓

以抽象的观点叙述方程式根式解问题时,需要同构这个很重要的概念.设已知两个集合 M 和 M',每一个集合里面都定义了一个代数运算.我们将把这两个集合里的运算都叫作乘法.假如存在着一个 M 到 M' 的一一映射,而且在这个映射之下,M 中任意元素的积与 M' 中的相应元素的积相对应.说得明白些,如果与 M 中的元素 a,b 相对应的 M' 中的元素是 a',b',且

$$ab = c, a'b' = c',$$

则在这个映射下,与集合 M 中的元素 c 相对应的,不是 M' 中任何其他元素而恰是元素 c'.在这样的情形下,我们就说集合 M 和 M' 关于这个乘法同构,简称 M 和 M' 同构.这样一个映射,我们称作集合 M 和 M' 之间的同构映射.集合 M 和 M' 同构这个事实,我们用记号 $M \cong M'$ 来表示.

转移到数域的同构及其延拓,它们在研究方程式群的进一步性质中是不可少的.

设 P 与 $\overline{P}$ 是两个数域,如果对于数的加法和乘法来说,集合 P 与 $\overline{P}$ 均同构,则我们说数域 P 与 $\overline{P}$ 同构,记为 $P \cong \overline{P}$.同样的,称多项式集合 $P[x]$ 与 $\overline{P}[x]$ 同构,如果对于多项式的加法和乘法来说,集合 $P[x]$ 与 $\overline{P}[x]$ 均同构.

241

如果域 P 的每个在同构 $P \cong \overline{P}$ 之下反映为 $\overline{a}$ 的元素在同构 $P[x] \cong \overline{P}[x]$ 之下仍反映为 $\overline{a}$，则我们称同构 $P[x] \cong \overline{P}[x]$ 为同构 $P \cong \overline{P}$ 的延拓.

我们指出下面这同构延拓的性质：

定理 1.1.1　如果 P 与 $\overline{P}$ 是同构的域，则多项式集合 $P[x]$ 可以同构反映为多项式集合 $\overline{P}[x]$，使同构 $P[x] \cong \overline{P}[x]$ 成为同构 $P \cong \overline{P}$ 的延拓.

证明　设在同构 $P \cong \overline{P}$ 之下域 P 的元素 a 反映为域 $\overline{P}$ 的元素 $\overline{a} : a \to \overline{a}$. 于是可以令 $P[x]$ 中的任意一多项式 $f(x) = a_0 + a_1 x + \cdots + a_m x^m$ 与 $\overline{P}[x]$ 中的多项式 $\overline{f}(x) = \overline{a_0} + \overline{a_1} x + \cdots + \overline{a_m} x^m$ 对应

$$f(x) = a_0 + a_1 x + \cdots + a_m x^m \to \overline{f}(x) = \overline{a_0} + \overline{a_1} x + \cdots + \overline{a_m} x^m. \qquad (1)$$

读者不难验证，(1) 是 $P[x]$ 与 $\overline{P}[x]$ 间的一一映射. 我们来证明 (1) 是集合 $P[x]$ 与 $\overline{P}[x]$ 的一个同构.

事实上，如果 $g(x) = b_0 + b_1 x + \cdots + b_h x^h$ 是 $P[x]$ 中又一个任意的多项式，则

$$g(x) = b_0 + b_1 x + \cdots + b_h x^h \to \overline{g}(x) = \overline{b_0} + \overline{b_1} x + \cdots + \overline{b_h} x^h.$$

设，例如说，$h \leqslant m$. 于是

$$f(x) + g(x) - c_0 + c_1 x + \cdots + c_m x^m,$$

这里 $c_i = a_i + b_i$，并且在 $h < m$ 的时候需令 $b_{h+1} = \cdots = b_m = 0$. 由此有

$$f(x) + g(x) \to \overline{c_0} + \overline{c_1} x + \cdots + \overline{c_m} x^m = \overline{f}(x) + \overline{g}(x).$$

同样可以证明，$f(x) g(x) \to \overline{f}(x) \overline{g}(x)$.

剩下只要证明，$P[x] \cong \overline{P}[x]$ 是同构 $P \cong \overline{P}$ 的延拓. 我们来考察多项式 $f(x) = a$，这里 a 是 P 的元素. 对它对应 (1) 取 $a \to \overline{a}$ 的形式，可见在同构 $P[x] \cong \overline{P}[x]$ 之下 P 的元素 a 仍反映为域 $\overline{P}$ 的元素 $\overline{a}$.

现在来看同构的延拓的第二种性质，我们指出，如果 $f(x)$ 是域 P 上的一个多项式，则 $\overline{f}(x)$ 我们总是理解为同构域 $\overline{P}$ 上这样的多项式，它是定理 1.1.1 中所说的同构 $P[x] \cong \overline{P}[x]$ 之下 $f(x)$ 的映像.

我们还指明，如果 $p(x)$ 是 P 上的一个不可约多项式，则按定理 1.1.1，多项式 $\overline{p}(x)$ 在 $\overline{P}$ 上亦不可约.

定理 1.1.2　如果 P 与 $\overline{P}$ 是同构的域，θ 是 P 上不可约的多项式 $p(x)$ 的根，而 $\overline{\theta}$ 是多项式 $\overline{p}(x)$ 的根，则同构 $P \cong \overline{P}$ 可以延拓为同构 $P(\theta) \cong \overline{P}(\overline{\theta})$，并且在这同构之下 θ 将映射为 $\overline{\theta}$.

证明　设多项式 $p(x)$ 的次数等于 k. 于是代数扩张 $P(\theta)$ 中的任意一个元素 γ 将以唯一的方式表为

$$\gamma = a_0 + a_1\theta + \cdots + a_{k-1}\theta^{k-1}\ (a_i\ \text{是}\ P\ \text{中的元素})$$

的形式(参阅简单代数扩域结构定理). 设在同构 $P \cong \overline{P}$ 之下元素 a_i 映射为 $\overline{a_i}$. 我们令元素 γ 与域 $\overline{P}$ 的元素 $\overline{\gamma} = \overline{a_0} + \overline{a_1}\ \overline{\theta} + \cdots + \overline{a_{k-1}}(\overline{\theta})^{k-1}$ 对应

$$\gamma = a_0 + a_1\theta + \cdots + a_{k-1}\theta^{k-1} \rightarrow \overline{\gamma} = \overline{a_0} + \overline{a_1}\ \overline{\theta} + \cdots + \overline{a_{k-1}}(\overline{\theta})^{k-1} \tag{2}$$

我们来证明对应(2)是一个同构 $P(\theta) \cong \overline{P}(\overline{\theta})$.

设扩张 $P(\theta)$ 的任何元素 δ 与 γ 映射为同一个元素:$\delta \rightarrow \overline{\gamma}$. 于是,如果 $\delta = b_0 + b_1\theta + \cdots + b_{k-1}\theta^{k-1}$,则

$$\delta \rightarrow \overline{b_0} + \overline{b_1}\overline{\theta} + \cdots + \overline{b_{k-1}}(\overline{\theta})^{k-1} = \overline{\gamma} = \overline{a_0} + \overline{a_1}\ \overline{\theta} + \cdots + \overline{a_{k-1}}(\overline{\theta})^{k-1}.$$

但多项式 $\overline{p}(x)$ 在 $\overline{P}$ 上不可约,所以,$\overline{\gamma}$ 应该以唯一方式表为 $\overline{\theta}$ 的多项式的形式,而这多项式次数不超过 $k-1$,并且系数属于 $\overline{P}$. 因此,$\overline{a_0} = \overline{b_0}, \overline{a_1} = \overline{b_1}, \cdots, \overline{a_{k-1}} = \overline{b_{k-1}}$,即 $\delta = \gamma$.

显然,对 $\overline{P}(\overline{\theta})$ 中任何元素,可以在 $P(\theta)$ 中指出这样一个元素 γ,这元素就是 $\overline{\gamma}$ 与之成对应的.

所有这些综合起来,就表示对应(2)是 $P(\theta)$ 与 $\overline{P}(\overline{\theta})$ 间的一种双方单值的对应.

现在我们由扩张 $P(\theta)$ 中取两个任意的元素

$$\gamma_1 = a_0 + a_1\theta + \cdots + a_{k-1}\theta^{k-1}\ \text{及}\ \gamma_2 = b_0 + b_1\theta + \cdots + b_{k-1}\theta^{k-1}.$$

这些元素将有代数扩张 $\overline{P}(\overline{\theta})$ 中的元素

$$\overline{\gamma_1} = \overline{a_0} + \overline{a_1}\ \overline{\theta} + \cdots + \overline{a_{k-1}}(\overline{\theta})^{k-1}, \overline{\gamma_2} = \overline{b_0} + \overline{b_1}\ \overline{\theta} + \cdots + \overline{b_{k-1}}(\overline{\theta})^{k-1}$$

与之对应,因此

$$\gamma_1 + \gamma_2 = (a_0 + b_0) + (a_1 + b_1)\theta + \cdots + (a_{k-1} + b_{k-1})\theta^{k-1}.$$

将与

$$(\overline{a_0 + b_0}) + (\overline{a_1 + b_1})\overline{\theta} + \cdots + (\overline{a_{k-1} + b_{k-1}})\ (\overline{\theta})^{k-1} = \overline{\gamma_1} + \overline{\gamma_2}$$

对应.

同样我们可证明,乘积 $\gamma_1\gamma_2$ 应该与乘积 $\overline{\gamma_1}\ \overline{\gamma_2}$ 对应. 可见对应(2)是一个同构 $P(\theta) \cong \overline{P}(\overline{\theta})$.

我们来证明,同构 $P(\theta) \cong \overline{P}(\overline{\theta})$ 是同构 $P \cong \overline{P}$ 的延拓. 事实上,如果 γ 是域 P 的元素,则 $\gamma = a_0$,并且对这些元素 a_0 而言对应(2)取 $a \rightarrow \overline{a}$ 的形式. 如此,在同构 $P(\theta) \cong \overline{P}(\overline{\theta})$ 之下域 P 的元素的映射如同在同构 $P \cong \overline{P}$ 之下的元素.

最后,对应(2)显然把元素 θ 变为 $\overline{\theta}$.

1.2 以同构的观点论伽罗瓦群

方程式的伽罗瓦群这个概念还可以由稍微不同的观点来讲它.

设 $f(x)=0$ 是数域 P 上的一个 n 次代数方程式，$\alpha_1,\alpha_2,\cdots,\alpha_n$ 是它的 n 个两两不同的复根，而 Ω 是 $f(x)=0$ 的正规域.

正规域 Ω 到它自身上的一个一一映射，叫作方程式 $f(x)=0$ 对 P 而言的正规域 Ω 的一个自同构：假如对于正规域的每一对元素，它们的和映射到和，积映射到积，并且域 P 的每一个元素映射到它自身. 我们通常以小写拉丁字母 h,g 等来表示自同构，以与置换区别. 在此如果自同构 h 把 Ω 的元素 ω 映射为 ω'，则我们把这情况写成等式的形式如下

$$\omega h = \omega'.$$

如此，上面所说自同构的性质可以写成公式

$$(\omega_1+\omega_2)h=\omega_1 h+\omega_2 h,(\omega_1\cdot\omega_2)h=\omega_1 h\cdot\omega_2 h,$$
$$ah=a,(\omega_1,\omega_2\in\Omega,a\in P),$$

这里 $\omega_1 h$ 是在映射 h 下的元素所对应的元素.

现在我们来讲述 Ω 的自同构的乘法概念. 设 h_1 与 h_2 是域 Ω 的两个任意的自同构，并设

$$\omega h_1=\omega',\omega' h_2=\omega''.$$

于是 $\omega\to\omega''$ 这对应关系是一一对应的，并且在这里有 $\omega_1+\omega_2\to\omega_1''+\omega_2''$，$\omega_1\omega_2\to\omega_1''\omega_2''$，而 P 中的元素不变，换句话说，这对应关系称为域 Ω 的一个自同构；我们将表之以 $h_1 h_2$，并称之为自同构 h_1 与 h_2 的乘积.

我们来证明：

定理 1.2.1   正规域 Ω 的自同构的集合 H 对于刚才所说的这种乘法运算而言形成一个群，这群在同构的观点下与方程式 $f(x)=0$ 的群重合.

证明   我们取方程式 $f(x)=0$ 的根之间的在 P 上的任一有理关系 $r(\alpha_1,\alpha_2,\cdots,\alpha_n)=0$ 并且来考察在正规域 Ω 的自同构 h 之下这个关系如何. 既然自同构 h 保持域 Ω 的代数运算并且不变动域 P 的元素，则自同构 h 把关系 $r(\alpha_1,\alpha_2,\cdots,\alpha_n)=0$ 变为关系 $r(\alpha_1 h,\alpha_2 h,\cdots,\alpha_n h)=0$. 其次，因为 α_i 是方程式 $f(x)=0$ 的根，即 $f(\alpha_i)=0$. 于是，自同构 h 把等式 $f(\alpha_i)=0$ 变为 $f(\alpha_i h)=0$. 可见 $\alpha_i h$ 亦是方程式 $f(x)=0$ 的根，即 $\alpha_i h=\alpha_{j_i}$. 此时如果 $i\neq k$，则 $\alpha_i h\neq\alpha_k h$，因为 h 是一一对应的，如此，自同构 h 引起方程式 $f(x)=0$ 的根的一个置换

$$s=\begin{pmatrix} 1 & 2 & \cdots & n \\ i_1 & i_2 & \cdots & i_n \end{pmatrix},$$

244

它使关系 $r(\alpha_1,\alpha_2,\cdots,\alpha_n)=0$ 变为关系 $r(\alpha_{i_1},\alpha_{i_2},\cdots,\alpha_{i_n})=0$. 换句话说, 自同构 h 引起方程式 $f(x)=0$ 的群 G 的一个置换 s. 我们令这置换 s 与 h 成对应

$$h \rightarrow s. \tag{1}$$

于是来证明, 对应关系(1)是集合 H 与 G 之间的同构.

设 g 是 Ω 到自身的又一个同构且设 g 与自同构 h 同时对应于置换 $s:g \rightarrow s$. Ω 中任何元素是 P 上 $\alpha_1,\alpha_2,\cdots,\alpha_n$ 的多项式

$$\omega = f(\alpha_1,\alpha_2,\cdots,\alpha_n).$$

所以

$$\omega h = f(\alpha_1 h,\alpha_2 h,\cdots,\alpha_n h)=f(\alpha_{i_1},\alpha_{i_2},\cdots,\alpha_{i_n})$$
$$=f(\alpha_1 g,\alpha_2 g,\cdots,\alpha_n g)=\omega g,$$

既然 ω 是任意的, 则由此有 $h=g$.

其次, 容易证明, 对 G 中任一置换 s 可以指出正规域 Ω 的一个这样的自同构 h, 使得 $h \rightarrow s$. 事实上, 如果

$$s = \begin{pmatrix} 1 & 2 & \cdots & n \\ i_1 & i_2 & \cdots & i_n \end{pmatrix},$$

则置换 s 把 Ω 中一个任意的元素 $\omega = f(\alpha_1,\alpha_2,\cdots,\alpha_n)$ 变为 $\omega' = f(\alpha_{i_1},\alpha_{i_2},\cdots,\alpha_{i_n})$. 在元素 ω 以方程式 $f(x)=0$ 的根的另一个式子 $\omega = g(\alpha_1,\alpha_2,\cdots,\alpha_n)$ 表出时, 置换 s 变 ω 为同一个元素 ω'. 这是因为方程式 $f(x)=0$ 的根之间的关系

$$f(\alpha_1,\alpha_2,\cdots,\alpha_n)=g(\alpha_1,\alpha_2,\cdots,\alpha_n)$$

不应该因群 G 的置换 s 而被破坏. 如此, 置换 s 引起

$$\omega \rightarrow \omega' \tag{2}$$

这对应关系, 它与 ω 的以方程式 $f(x)=0$ 的根来表出的方法无关, 并且显然如果 a 是 P 的一个元素, 则 $a \rightarrow a$. 现在我们取出 Ω 的另一个元素 θ. 如果 $\theta \rightarrow \omega'$, 则逆置换 s^{-1} 将变同一个元素 ω' 为不同的元素 ω 与 θ, 这是不可能的, 因为我们刚才证明了, 群 G 的每个置换应该变 ω' 为同一个元素, 与 ω' 以方程式 $f(x)=0$ 的根表出的方法无关, 故在特例 s^{-1} 亦应该如此. 所以, 对应(2)不仅是单值的, 而且是双方单值的. 最后, 对任意一个 ω', 可以指出这样一个 ω, 使 $\omega \rightarrow \omega'$. 即, 这样的元素将是由 ω' 施以逆置换 s^{-1} 的结果所得的元素, 如此, 我们证明了对应关系(2)无非就是一个域 Ω 在其本身上的双方单值的映射, 它保持域 P 的元素不变.

我们来证明, 对应关系(2)就是所求的自同构 h. 事实上, 如果 $\omega \rightarrow \omega'$ 并且 $\theta \rightarrow \theta'$, 则置换 s 变和 $\omega+\theta = f(\alpha_1,\alpha_2,\cdots,\alpha_n)+g(\alpha_1,\alpha_2,\cdots,\alpha_n)$ 为

$$f(\alpha_{i_1}, \alpha_{i_2}, \cdots, \alpha_{i_n}) + g(\alpha_{i_1}, \alpha_{i_2}, \cdots, \alpha_{i_n}) = \omega' + \theta',$$

因此 $\omega + \theta \to \omega' + \theta'$. 同样可证, $\omega\theta \to \omega'\theta'$. 所有这些论证都指明对应关系(1)是集合 H 与 G 间的一种双方单值的对应关系.

剩下只要证明, 对应关系(1)是否满足同构的条件. 设

$$h \to s = \begin{pmatrix} 1 & 2 & \cdots & n \\ i_1 & i_2 & \cdots & i_n \end{pmatrix}; g \to t = \begin{pmatrix} i_1 & i_2 & \cdots & i_n \\ j_1 & j_2 & \cdots & j_n \end{pmatrix}.$$

于是对 Ω 中任意一元素 $\omega = f(\alpha_1, \alpha_2, \cdots, \alpha_n)$, 我们得

$$\omega(hg) = (\omega h)g = f(\alpha_{i_1}, \alpha_{i_2}, \cdots, \alpha_{i_n})g$$
$$= f(\alpha_{j_1}, \alpha_{j_2}, \cdots, \alpha_{j_n}) = \omega'.$$

由此可见, 元素 ω' 可由元素 ω 经置换

$$\begin{pmatrix} 1 & 2 & \cdots & n \\ j_1 & j_2 & \cdots & j_n \end{pmatrix} = st$$

而得, 所以, $hg \to st$.

这样, H 与 G 已证明是同构的. 由于这种情况我们对 G 与 H 可以不加区别并且在必要时把方程式 $f(x) = 0$ 的群理解为它的正规域 Ω 关于域 P 的自同构群[①]. 既然自同构群 H 只与域 Ω 以及域 P 有关, 则我们有时将称 G(及 H)为正规域 Ω 关于 P 的群.

1.3　正规域的性质·正规扩域

在进行方程式群的进一步研究之前, 我们指出正规域 Ω 及代数扩张的一些性质.

定理 1.3.1　正规域 Ω 的任意一个元素 ω 是某一个在 P 上不可约多项式的根.

证明　既然 ω 是域 Ω 的一个元素, 它可以用 P 上基本方程式 $f(x) = 0$ 的根的多项式的形式表出之

$$\omega = F(\alpha_1, \alpha_2, \cdots, \alpha_n).$$

在 $F(\alpha_1, \alpha_2, \cdots, \alpha_n)$ 上施以对称群 S_n 的所有可能的置换, 我们得到域 Ω 的 $n!$ 个

---

① 伽罗瓦本人是将方程式 $f(x) = 0$ 的群定义为保持 $f(x)$ 的根 $\alpha_1, \alpha_2, \cdots, \alpha_n$ 之间的全部有理关系的、根集 $\{\alpha_1, \alpha_2, \cdots, \alpha_n\}$ 上的所有置换构成的群; 将方程式 $f(x) = 0$ 的群定义为正规域 Ω 关于域 P 的自同构群是戴德金的贡献. 这种现代形式的定义使得伽罗瓦群的计算更具有可操作性; 因为从计算的角度看, 要确定"$f(x)$ 的根 $\alpha_1, \alpha_2, \cdots, \alpha_n$ 之间的全部有理关系"是困难的. 当然, 将伽罗瓦的原始思想理解清楚的也恰好是我们今天普遍使用的戴德金的定义.

元素

$$\theta_1 = \omega, \theta_2, \cdots, \theta_{n!} .$$

于是我们来做成辅助方程式

$$g(x) = (x - \theta_1)(x - \theta_2)\cdots(x - \theta_{n!}) = 0.$$

根据对称多项式的基本定理不难证明 $g(x)$ 是 P 上的多项式. 同时 $g(x)$ 有 ω 为其根之一. 显然, ω 亦是多项式 $g(x)$ 的(在 P 中)不可约因子之一的根, 如此这定理就证明了.

定理 1.3.2 如果在 P 中不可约的多项式 $p(x)$ 的某根 ω 在正规域 Ω 内, 则 $p(x)$ 的所有根都在 Ω 内.

证明 像上面一样, 我们在 P 上作一个辅助多项式 $g(x)$, 使其一个根为 ω. 一方面, 多项式 $g(x)$ 的所有根都在域 Ω 内. 另一方面, $g(x)$ 与 $p(x)$ 有公共根 ω, 所以由 $p(x)$ 的不可约性知 $g(x)$ 应能被 $p(x)$ 除尽. 但在这时候 $p(x)$ 的根应该属于 $g(x)$ 的根之集合. 由此推知, $p(x)$ 的根应该在 Ω 内.

定理 1.3.2 表明, 正规域作为扩域具有某种特殊性质, 现在给予满足这种性质的扩域一个特殊名称.

定义 1.3.1 设 K 是 P 的有限扩域. 如果每一个在 P 上不可约多项式 $p(x)$ 的根或全不含在 K 内, 或全含于 K 内, 则称 K 为 P 的正规扩域.

一个域的扩张并不一定是正规扩张. 例如 $-\sqrt[4]{2}\mathrm{i}$ 是方程式 $x^4 - 2 = 0$ 的根, 但这个多项式的四个根 $\sqrt[4]{2}, \sqrt[4]{2}\mathrm{i}, -\sqrt[4]{2}, -\sqrt[4]{2}\mathrm{i}$ 中, $\sqrt[4]{2}\mathrm{i}$ 和 $-\sqrt[4]{2}\mathrm{i}$ 都不在 $Q(\sqrt[4]{2})$ 中, 就是说 Q 的根式扩域 $Q(\sqrt[4]{2})$ 不是正规扩域. 但更大的扩域 $Q(\sqrt[4]{2}, \sqrt[4]{2}\mathrm{i})$ 是 Q 的正规扩域.

由这个定义, 我们可以说, P 上不可约多项式 $f(x)$ 的正规域 Ω 是域 P 的正规扩域. 有趣的是, 这句话的反面也是正确的, 于是有如下定理:

定理 1.3.3 K 是域 P 的正规扩域当且仅当 K 是 P 上某个多项式的正规域.

证明 条件的充分性前面已经指出. 现在来证明必要性:

事实上, 既然 K 是 P 的正规扩域, 则它首先是 P 的有限扩域, 于是可设 $K = P(\alpha_1, \alpha_2, \cdots, \alpha_n)$, 而 $\alpha_1, \alpha_2, \cdots, \alpha_n$ 是域 P 的代数数. 就是说, 每个 $\alpha_i (i = 1, 2, \cdots, n)$ 均是域 P 上某个多项式 $f_i(x)$ 的根. 我们以 $p_i(x)$ 表示多项式 $f_i(x)$ 的那个有 α_i 为其根的在 P 上不可约的因子. 现在来考虑多项式

$$f(x) = p_1(x)p_2(x)\cdots p_n(x).$$

由于 K 是 P 的正规扩域而 $p_i(x)(i = 1, 2, \cdots, n)$ 在 K 中有根 α_i, 所以 $p_i(x)$ 的

所有根均在 K 中,这表明,域 K 包含我们所考虑的多项式 $f(x)$ 在 P 上的正规域 Ω. 另一方面,因为 $\Omega \supseteq P$,且 Ω 含有 $\alpha_1, \alpha_2, \cdots, \alpha_n$,所以 $\Omega \supseteq P(\alpha_1, \alpha_2, \cdots, \alpha_n) = K$. 故有 $K = \Omega$,K 是 $f(x)$ 在 P 上的正规域.

定理 1.3.4 如果正规域 Ω 以同构的方式映射在某一个中间域 $\Delta(P \subseteq \Delta \subseteq \Omega)$ 上,使 P 的元素保持不变,则 $\Delta = \Omega$.

证明 首先正规域 Ω 以及中间域 Δ 都是 P 的有限扩张[①]. 如此 Ω 将亦是 Δ 的有限扩张,因为 Ω 的一组元素在 P 上的线性组合亦可看作是 Δ 上的线性组合. 按照第四章定理 1.3.4,我们可写 $\Delta = P(\alpha)$,$\Omega = \Delta(\beta)$,其中 α 为 P 上某个不可约多项式的根,β 为 Δ 上某个不可约多项式的根.

另外,$\Delta = P(\alpha)$ 的任意元素可表示为

$$a_0 + a_1\alpha + \cdots + a_{n-1}\alpha^{n-1},$$

$\Omega = \Delta(\beta)$ 的任意元素可表示为

$$b_0 + b_1\beta + \cdots + b_{m-1}\beta^{m-1}, \tag{1}$$

这里 $a_0, a_1, \cdots, a_{n-1}$ 是 P 的元素,$b_0, b_1, \cdots, b_{m-1}$ 是 Δ 的元素,而 $n = (\Delta : P)$,$m = (\Omega : \Delta)$.

既然 $\Delta = P(\alpha)$,于是式子(1)的系数可以分为两个情况:

i. 所有 b_i 均不含 α,即它们均是 P 的元素;

ii. 某些 b_i 含有 α,即某些系数在 Δ 中而不在 P 中.

现在用反证法来证明我们的定理. 假设 Ω 与 Δ 不重合,则 $\beta \notin \Delta$. 按照定理的条件,设 g 是 Δ 与 Ω 间的任一同构,则 $P(\alpha)$ 的任一元素在 g 下的映像为

$$(a_0 + a_1\alpha + \cdots + a_{n-1}\alpha^{n-1})g = [(a_0)g] + [(a_1)g][(\alpha)g] + \cdots + $$
$$[(a_{n-1})g][(\alpha)g]^{n-1}, \tag{2}$$

这个等式利用到了同构的一般性质:即和映射到和,积映射到积.

既然 g 使 P 的元素保持不变,于是我们可以把式(2)写为

$$(a_0 + a_1\alpha + \cdots + a_{n-1}\alpha^{n-1})g = a_0 + a_1(\alpha g) + \cdots + (a_{n-1})(\alpha g)^{n-1}, \tag{3}$$

又,α 在同构 g 下的映像 αg 亦属于 Ω. 注意到(1)并且 αg 是 Δ 中确定的元素,于是

$$\alpha g = b_0 + b_1\beta + \cdots + b_{m-1}\beta^{m-1},$$

这里 $b_0, b_1, \cdots, b_{m-1}$ 是 Δ 中确定的元素,于是可写式(3)为

$$(a_0 + a_1\alpha + \cdots + a_{n-1}\alpha^{n-1})g = a_0 + a_1(b_0 + b_1\beta + \cdots + b_{m-1}\beta^{m-1}) + \cdots + $$

[①] 参看第 4 章定理 1.3.2.

$$a_{n-1}(b_0 + b_1\beta + \cdots + b_{m-1}\beta^{m-1})^{n-1}. \qquad (4)$$

现在产生了矛盾:如果式(4)中所有的 b_i 都不含 α,则 Ω 中类型(ⅱ)的元素不存在 Δ 的元素与之对应;如果式(4)中某些 b_i 含 α,则 Ω 中类型(ⅰ)的元素不存在 Δ 的元素与之对应.

这个矛盾表明 Δ 不能是 Ω 的真子域,故 $\Delta = \Omega$.

利用同构延拓的性质可以证明下面这定理,它指出了多项式的正规域在同构的意义上是唯一决定的.

定理 1.3.5 设 P 与 $\overline{P}$ 是同构的域,Ω 为域 P 上多项式 $f(x)$ 的正规域,而 $\overline{\Omega}$ 为域 $\overline{P}$ 上多项式 $\overline{f}(x)$ 的正规域,那么同构 $P \cong \overline{P}$ 可延拓为 Ω 与 $\overline{\Omega}$ 间的同构.

证明 设 $f(x) = a(x - \alpha_1)(x - \alpha_2)\cdots(x - \alpha_n)$ 为 $f(x)$ 在 Ω 的分解. 如果所有的 α_i 都属于 P,则 $\Omega = P$,因此把同构 $P \cong \overline{P}$ 直接作用于此分解即得到 $\overline{f}(x)$ 在 $\overline{\Omega}$ 中的分解. 于是 $\overline{\Omega} = \overline{P}$. 从而定理在这种情况下成立.

现在对不在 P 中的 n 个 α_i 来做归纳. 因此可设 $n > 1$,而且假设定理对不在 P 中的根的个数小于 n 者已证明了. 设 α_1 不在 P 中,以 α_1 为其根的 P 中不可约多项式设为 $p(x)$. 既然 $p(\alpha_1) = 0$,就有分解式 $f(x) = p(x)g(x)$,由此得 $\overline{f}(x) = \overline{p}(x)\overline{g}(x)$. 设 $\overline{f}(x) = \overline{a}(x - \beta_1)(x - \beta_2)\cdots(x - \beta_s)$ 为 $\overline{\Omega}$ 中 $\overline{f}(x)$ 的分解式. $\overline{p}(x)$ 在 $\overline{\Omega}$ 的扩域中有根 γ,从而 $\overline{f}(\gamma) = 0$;因此 $\overline{a}(\gamma - \beta_1)(\gamma - \beta_2)\cdots(\gamma - \beta_s) = 0$. 由此得 β_i 之一(为便利起见设为 β_1)就是 $\overline{p}(x)$ 的根 γ. 由定理 1.1.2,同构 $P \cong \overline{P}$ 可延拓为同构 $P(\alpha_1) \cong \overline{P}(\beta_1)$. 把 $f(x)$ 看作 $P(\alpha_1)$ 上的多项式,$\overline{f}(x)$($f(x)$ 的映像)看成 $\overline{P}(\beta_1)$ 上的多项式. Ω 就是 $f(x)$ 在 $P(\alpha_1)$ 上的正规域,而且 $\overline{\Omega}$ 就是 $\overline{f}(x)$ 在 $\overline{P}(\beta_1)$ 上的正规域. $f(x)$ 在 $P(\alpha_1)$ 中的根的个数至少比 $f(x)$ 在 P 中的根数多一个. 于是不在 $P(\alpha_1)$ 中的根的个数就小于 n. 由归纳假设 $P \cong \overline{P}$ 可延拓为映 Ω 成 $\overline{\Omega}$ 的同构.

推论 如果 $f(x)$ 是域 P 上的多项式,那么 $f(x)$ 的两个任意的正规域相互同构.

取 $\overline{P} = P$ 并且把 $P \cong \overline{P}$ 取为恒等映射,由定理 1.3.5 得到本推论.

根据这个推论,简用"$f(x)$ 的正规域"这个术语是正当的,因为 $f(x)$ 的两个任意的正规域同构. 如果 $f(x)$ 在其一个正规域内有重根,那么在另一个正规域中亦然."$f(x)$ 有重根"这个术语因此与正规域无关.

1.4 代数方程式的群的性质·伽罗瓦基本定理

现在回到方程式 $f(x) = 0$ 的群上去. 我们打算来考虑方程式群的下面这些

性质.

我们知道,正规域 Ω 的任何一个元素 ω 都是某一个在 P 上不可约的多项式 $p(x)$ 的根(参阅定理 1.3.1).域 Ω 的两个元素 ω 与 ω',如果它们是同一个在域上不可约的多项式 $p(x)$ 的根,则称它们是共轭的.于是有这样的一个定理:

定理 1.4.1 方程式 $f(x)=0$ 的群的每个置换(自同构)把正规域 Ω 的元素 ω 变为共轭元素 ω'.反之,如果 ω' 是 ω 的共轭元素,则在方程式的群中至少有一个变 ω 为 ω' 的置换(自同构)存在.

证明 设 ω 是 P 上不可约多项式 $p(x)$ 的根,并且 s 是方程式 $f(x)=0$ 的群中的任意一个置换.等式 $p(\omega)=0$ 是方程式 $f(x)=0$ 的根 $\alpha_1,\alpha_2,\cdots,\alpha_n$ 之间的一个有理关系,因为 ω 可以用 $\alpha_1,\alpha_2,\cdots,\alpha_n$ 的有理函数表出.所以,施置换 s 到这个关系式上,我们根据方程式群的定义得到 $p(\omega s)=0$.如此,$\omega'=\omega s$ 是同一多项式 $p(x)$ 的根,即元素 ω 与 ω' 共轭.

反之,设 ω' 是某一个与 ω 共轭的元素.这就是说,ω' 与 ω 是同一在 P 上不可约多项式 $p(x)$ 的根.现在我们利用定理 1.1.2:取该域 P 本身作 $\overline{P}$,而把对应 $a \to a$ 看作同构 $P \cong \overline{P}$,它保持域 P 的元素 a 不变[①].于是根据定理 1.1.2,这个同构 $P \cong \overline{P}$ 可以延拓成同构 $P(\omega) \cong \Gamma(\omega')$,它把 ω 变为 ω'.如果 $P(\omega)=\Omega$,则由定理 1.3.4,扩张 $P(\omega')$ 亦应该与 Ω 重合,并且我们有域 Ω 的一个把 ω 变为 ω' 的自同构.

如果 $P(\omega)$ 不与 Ω 重合,而只是 Ω 的一部分,则我们做推论如下.由 Ω 中取一个不属于域 $P(\omega)$ 的元素 θ.以 $p_1(x)$ 表示一个在 P 上不可约而有 θ 为其根的多项式.在域 $P(\omega)$ 上多项式 $p_1(x)$ 可以是可约的.设 $p_1(x)$ 在域 $P(\omega)$ 上分解为不可约因子的乘积如下

$$p_1(x)=q_1(x)q_2(x)\cdots q_r(x) \tag{1}$$

(因子 $q_i(x)$ 是高于一次的).为确定起见我们假设 θ 是 $q_1(x)$ 的根.根据定理 1.3.5,分解式(1) 将与在域 $P(\omega')$ 上把 $p_1(x)$ 分解为 $P(\omega')$ 中不可约因子 $\overline{q_i}(x)$ 的分解式

$$p_1(x)=\overline{q_1}(x)\,\overline{q_2}(x)\cdots\overline{q_r}(x)$$

对应.按定理 1.3.2,多项式 $p_1(x)$ 的所有根都应该在正规域 Ω 内,因此多项式 $\overline{q_1}(x)$ 的所有根亦应该在 Ω 内.设 θ' 是 $q_1(x)$ 的根之一.于是按定理 1.1.2,有

$$P(\omega,\theta) \cong P(\omega',\theta') \tag{2}$$

---

① 称为域 P 与其自身的恒等同构.

250

并且同构（2）是同构 $P(\omega)\cong P(\omega')$ 的延拓. 如果 $P(\omega,\theta)=\Omega$，则按定理 1.3.4 将亦有 $P(\omega',\theta')=\Omega$；因此同构（2）就是正规域 Ω 的那所求的自同构，它把 ω 变为 ω'. 如果 $P(\omega,\theta)$ 不与 Ω 重合，而只是 Ω 的一部分，则继续这种操作，最后显然我们终可得到域 Ω 的那所求的自同构①.

我们以后这样说：正规域 Ω 的一个元素 ω，如果它在群的任何置换之下不变，则说它容忍域 Ω 的群的置换（自同构）. 于是由定理 1.4.1 产生一个重要的推论.

推论 正规域 Ω 的元素 ω 在它属于域 P 的时候，也只有在这时候，才容忍域 Ω 的群 G 的置换.

事实上，设 ω 在域 P 内. 于是显然 ω 在群的任何置换下都不变.

反之，如果 ω 在群 G 的任何置换下不变，则按刚才所证明的定理 1.4.1，所有与 ω 共轭的元素应该与 ω 合一. 但这只有当 ω 是一次多项式 $p(x)$ 的根的时候才可能：$p(x)=x-a$，这里 a 是 P 的元素.

这样，$\omega-a=0$ 或 $\omega=a$，可见 ω 是域 P 的元素.

定理 1.4.2 设 Ω 是域 P 的正规扩域而 P' 是它们的中间域：$P\subseteq P'\subseteq\Omega$，则 Ω 亦是域 P' 的正规扩域②.

证明 由于 Ω 是 P 的正规扩域，所以 Ω 是 P 的有限扩域. 又 P' 是中间域：$P\subseteq P'\subseteq\Omega$，从而 Ω 是 P' 的有限扩域. 设 $g(x)$ 是 P' 上的任一个不可约多项式，并且它有一根 α 属于域 Ω. 由 $\alpha\in\Omega$ 知，α 是 P 上某一个不可约多项式 $h(x)$ 的根，即 $h(\alpha)=0$，由于 Ω 是 P 的正规扩域，所以 $h(x)$ 的所有根均在 Ω 中. 但是，$h(x)$ 亦可以看作是 P' 上的多项式，又 $g(x)$ 在 P' 上不可约，由 $g(\alpha)=h(\alpha)=0$ 得，$g(x)$ 整除 $h(x)$（阿贝尔不可约定理）. 因此，$g(x)$ 的所有根均在 Ω 中. 于是 Ω 亦是域 P' 的正规扩域.

由于这个定理，我们可以定义正规域 Ω 对于任何中间域 P' 的伽罗瓦群.

下面的三个定理将对我们以后要讲的东西起重要的作用：

定理 1.4.3（伽罗瓦第一基本定理） 设 Ω 是一个正规域而 G 是 P 上方程式 $f(x)=0$ 的群，于是对每一个中间域 $P'(P\subseteq P'\subseteq\Omega)$ 有一群 G 的子群 G' 与之对应，这子群也是方程式 $f(x)=0$ 的群，但已经是在域 P' 上的了，即 G' 是 G

---

① 这种操作的有止境可由下面这想法推知. 每个扩张 $P(\omega),P(\omega,\theta),\cdots$ 可以看作是有限维空间 Ω 的子空间. 但在向量空间的理论中证明，有限维空间的子空间系列，其中每一子空间都包含在其次一子空间里，这种系列不能是无穷的（这与子空间维度的有限联系着）.

② 但扩域 P' 对于 P 而言未必是正规的，参阅下面的定理 1.4.4.

中使 P' 的任何元素保持不变的置换的总体. 在此域 P' 唯一地被子群 G' 所决定: P' 是 Ω 的所有"容忍" G' 中的置换的元素的总体, 亦即在这些置换之下保持不变的总体.

反过来, 对于 G 的每一个子群 G' 都有一个域 P' 与之对应, 它与 G' 有上述关系.

证明 P' 上方程式 $f(x)=0$ 的群 G' 显然是方程式的根 $\alpha_1, \alpha_2, \cdots, \alpha_n$ 的这样的置换的总体: 这些置换不破坏任何一个在 P' 上 $\alpha_1, \alpha_2, \cdots, \alpha_n$ 之间的有理关系并且保持 P' 的元素不变. 因此 G' 中的置换 s 将尤其不破坏 P 上 $\alpha_1, \alpha_2, \cdots, \alpha_n$ 之间的有理关系, 因为这些关系也可以看作是扩域 P' 上 $\alpha_1, \alpha_2, \cdots, \alpha_n$ 之间的关系. 所以, s 是群 G 的元素, 由此知道 G' 是 G 的子群(也可能与 G 重合).

现在我们来证明, G' 是由群 G 中所有那些使 P' 的元素保持不变的置换所组成的. 我们以 G'' 表示这些置换的总体, 显然, 群 G' 将被包含在 G'' 中: $G' \subseteq G''$. 此外, 容易看出, G'' 亦是一个群, 因为两个保持域 P' 的元素不变的置换之乘积亦保持 P' 的元素不变.

现在设 t 是 G'' 中的某一置换. 这置换不破坏 P 上 $\alpha_1, \alpha_2, \cdots, \alpha_n$ 之间任何一个有理关系, 因为 t 属于方程式 $f(x)=0$ 的群 G. 我们来考虑 P' 上某一有理关系 $r(\alpha_1, \alpha_2, \cdots, \alpha_n)=0$. 由另一方面看, 这个关系不会被置换 t 所破坏, 因为把这关系的系数以方程式 $f(x)=0$ 的根表出之, 我们就得到 P 上 $\alpha_1, \alpha_2, \cdots, \alpha_n$ 之间的一个关系. 另一方面, $r(\alpha_1, \alpha_2, \cdots, \alpha_n)=0$ 这个关系的系数不因置换 t 而改变. 所以, t 含在 G' 内, 由此有 $G'' \subseteq G'$. 比较 $G' \subseteq G''$ 与 $G'' \subseteq G'$, 可见 $G''=G'$.

要完成定理第一部分的证明, 剩下只要证明由子群 G' 所决定的域 P' 是唯一的.

设 ω 是 Ω 的某一个容忍 G' 中的置换的元素, 于是按定理 1.4.1 推知 ω 是 P' 的元素.

现在来证明第二部分. 设 $\Omega=P(\theta)$, 这里 θ 是 P 上某个不可约多项式 $p(x)$ 的根; 而 G' 是 P 上域 Ω 的群 G 的一个子群. 我们用 P' 表示 Ω 中被 G' 的所有置换 s 保持不变的元素的全体, 因为如果 α 与 β 不被置换 s 所变, 那么 $\alpha+\beta, \alpha-\beta$, $\alpha \cdot \beta$ 以及在 $\beta \neq 0$ 时 $\frac{\alpha}{\beta}$ 也具有这个性质. 于是 P' 是中间域: $P \subseteq P' \subseteq \Omega$. 另外, Ω 对于 P' 的伽罗瓦群包含群 G', 因为 G' 的置换就有保持 P' 的元素不变的性质. 假如 Ω 对于 P' 的伽罗瓦群包含群比群 G' 有更多的元素, 则扩张次数$(K: P')$ 就要比 G' 的阶来得大(参看伽罗瓦第三基本定理). 次数$(K: P')$ 等于元素 θ 在 P' 中的极小多项式的次数, 因为 $\Omega=P(\theta)$. 如果 $s_1, s_2, \cdots, s_m$ 是 G' 的全部元

252

代数学教程

(第四卷 · 代数方程式论)

素,那么 θ 是 m 次方程式

$$(x-\theta s_1)(x-\theta s_2)\cdots(x-\theta s_m)=0$$

的根,它的系数是被群 G' 保持不变的,因而属于 P'. 因此 θ 在 P' 中的极小多项式的次数不能大于 G' 的阶. 剩下唯一的可能性就是,G' 恰好是 Ω 对于 P' 的伽罗瓦群.

这定理表明了一个重要的事实:介于 P 与 Ω 之间的所有的域恰与 G 的所有子群成一对一的对应. 并且如果 P' 是 P 的某个扩张域,那么原来方程式对 P' 的群 G' 将是对于 P 的群 G 的子群. 进一步如果 P' 与 P 的取法更好的话,那么 G' 与 G 的关系还会更清楚,那就是:

定理 1.4.4(伽罗瓦第二基本定理)　设 Ω 是 P 的正规扩域,P' 是中间域 $(P\subseteq P'\subseteq\Omega)$,则 P' 是 P 的正规扩域当且仅当 P' 上域 Ω 的群 G' 是 P 上域 Ω 的群 G 的正规子群.

证明　必要性. 首先,可设 $P'=P(\alpha)$,这里 α 是 P 上某个不可约多项式 $p(x)$ 的根. 这是因为 P' 是 P 的正规扩域因而必是有限扩域. 按定理 1.4.1,对于 G 中的任一置换 g,αg 亦是 $p(x)$ 的根. 再由扩域 P' 的正规性知 $p(x)$ 的所有根应该在 P' 中,这就是说 αg 亦是 P' 的元素,于是它应该容忍 P' 上群 G' 的任意置换 h,即 $(\alpha g)h=\alpha g$,从而

$$\alpha(ghg^{-1})=(\alpha g)(hg^{-1})=(\alpha g)h(g^{-1})=(\alpha g)(g^{-1})$$
$$=\alpha(gg^{-1})=\alpha.$$

既然 $P'=P(\alpha)$ 的元素均能表示为 P 上 α 的多项式的形式,于是置换 ghg^{-1} 保持 P' 的所有元素不变. 因此,$ghg^{-1}\in G'$,即 G' 是 G 的正规子群.

反过来证明充分性. 如上所述,$P'=P(\alpha)$,α 是 P 上不可约多项式 $p(x)$ 的根. 现在我们来证明 $p(x)$ 的所有根都属于 P'. 由定理 1.4.1,α 在 P 上的共轭元素可以写为 αg 的形式(这里 $g\in G$). 既然 G' 是 G 的正规子群,所以,对于任意 $g\in G$,任意 $h\in G'$,都有 $ghg^{-1}\in G'$,又 G' 是 Ω 关于 P' 的群,如此有

$$\alpha(ghg^{-1})=\alpha,$$

两边右乘置换 g,我们得到 $\alpha(gh)=\alpha g$ 或 $(\alpha g)h=\alpha g$,就是说 αg 在 h 之下不变,按照定理 1.4.1 的推论,这只在 $\alpha g\in P'$ 时才有可能,这样我们就证明了 P' 是 $p(x)$ 的正规域,从而,依定理 1.3.3 知,P' 是 P 的正规扩域.

最后我们来指出,一个方程式的群应该具有怎样的阶数.

定理 1.4.5(伽罗瓦第三基本定理)　设 K 是域 P 的正规扩域,则 K 对于域 P 的群 G 的阶数等于正规扩张的次数 $(K:P)$.

证明　由于 K 是域 P 的正规扩域,则必是有限扩域,于是按照第 4 章定理

1.3.4，存在 $\theta \in K$，使得 $K=P(\theta)$. 今设 θ 的极小多项式为 $g(x)$ 且扩张次数 $(K:P)=m$，按照简单代数扩域结构定理(第4章定理1.2.1)，$g(x)$ 应为 m 次不可约多项式. 既然 $g(x)$ 是不可约的，因而一定没有重根(因 $(g(x),g'(x))=1$). 设它的 m 个彼此互异的根为 $\theta_1=\theta,\theta_1,\cdots,\theta_m$. 按照定理 1.1.2 有 $P(\theta_1) \cong P(\theta_i)(i=1,2,\cdots,m)$，并且这一同构是恒等同构 $P \cong P$(即保持域 P 的元素不变的同构)的延拓而变 θ_1 为 θ_i. 既然 $P \subseteq P(\theta_i) \subseteq P(\theta_1)$，则由定理 1.3.4 得 $P(\theta_i)=P(\theta_1)$. 由此可见，$P(\theta_1) \cong P(\theta_i)$ 是 P 上正规域 $P(\theta_1)$ 的自同构，亦即 P 上方程式 $f(x)=0$ 的群 G 的元素之一. 如此，群 G 含有 m 个不同的置换 $s_1=I,s_2,\cdots,s_m$：

$$\theta_1 s_1=\theta_1,\theta_1 s_2=\theta_2,\cdots,\theta_1 s_m=\theta_m.$$

所以 $|G| \geqslant m$. 另一方面，任取 $s \in G$，则 s 不变 P 的元素且把 $g(x)$ 的根 θ_1 变为某个根 θ_j，所以 s 必与上述置换 s_j 重合. 于是 $G=\{s_1,s_2,\cdots,s_m\}$，故 $|G|=m$. 而我们的定理也得到了证明.

§2　代数方程式可根式解的充分必要条件

2.1　具有循环群的正规扩域[①]·二项方程式与正规子群

现在可以来叙述方程式根式求解问题了，我们从最简单的二项方程式开始. 为了这件事，我们先来证明两个预备定理，它们本身也是有趣的.

预备定理 1　设 P 是一个数域，且 P 含 n 次本原单位根，则

i. P 上二项方程式 $x^n-a=0(a \neq 0)$ 的群是循环群，且它的阶是 n 的因子；

ii. 反过来，如果 P' 是域 P 的这样一个正规扩域，它对于域 P 的群 G 是 n 阶循环群，则存在一个数 $a \in P$，使得二项方程式 $x^n-a=0$ 的正规域是 P'.

证明　i. 记 $\varepsilon \in P$ 是一个 n 次本原单位根，若 α 是 $x^n-a=0$ 的一个根，则 $\alpha,\alpha\varepsilon,\alpha\varepsilon^2,\cdots,\alpha\varepsilon^{n-1}$ 是 $x^n-a=0$ 的全部根，就是说，方程式 $x^n-a=0$ 的所有根都能以 α 的有理式表示出来，于是 $P(\alpha)$ 是方程 $x^n-a=0$ 的正规域. 现在以 $p(x)$ 表示多项式 x^n-a 的那个有 α 为其根的在 P 上不可约的因子. 显然，$P(\alpha)$ 将亦是 $p(x)$ 的正规域，因此 $p(x)$ 的群将与方程式 $x^n-a=0$ 的群合而为一. 设 $\theta_1=\alpha,\theta_2=\alpha\varepsilon^{k_2},\cdots,\theta_m=\alpha\varepsilon^{k_m}$ 是多项式 $p(x)$ 的全部根. 接着类似于伽罗瓦第三

---

① 有时，具有循环群的正规扩域称为循环扩域.

基本定理的证明,我们可以得出群 G 由 m 个不同的置换 $s_1 = I, s_2, \cdots, s_m$ 构成

$$\theta_1 s_1 = \theta_1, \theta_1 s_2 = \theta_2, \cdots, \theta_1 s_m = \theta_m.$$

现在我们来建立集合 G 与集合 $A = \{\varepsilon, \varepsilon^{k_2}, \cdots, \varepsilon^{k_m}\}$ 间的一个同构,作对应

$$\sigma : s_i \rightarrow \varepsilon^{k_i}, s_i \in G.$$

首先容易验证上面的这个对应是双方单值的.其次,设 $s_i, s_j \in G$,则

$$\sigma(s_i)\sigma(s_j) = \varepsilon^{k_i + k_j},$$

另一方面 $\theta_1(s_j s_i) = (\theta_1 s_j)s_i = \theta_j s_i = (\alpha \varepsilon^{k_j})s_i = (\alpha s_i)\varepsilon^{k_j} = (\alpha \varepsilon^{k_i})\varepsilon^{k_j} = \alpha \varepsilon^{k_i + k_j}$,于是 $\sigma(s_i s_j) = \varepsilon^{k_i + k_j}$.就是说,$G$ 中两个元的积对应 A 中元素的积.从而 σ 是 G 与 A 之间的一个同构.又 G 是一个群,于是 A 也应该是一个群并且还是一个循环群,因为它是循环群(n 次单位根乘群)的子群.故 G 是循环群,而阶数是 n(n 次单位根乘群的阶)的因子.

ⅱ. 设 $\varepsilon_1 = \varepsilon, \varepsilon_2 = \varepsilon^2, \cdots, \varepsilon_{n-1} = \varepsilon^{n-1}, \varepsilon_n = \varepsilon^n = 1$ 表示一切 n 次单位根(ε 表示任一 n 次本原根),$G = \{s, s^2, \cdots, s^n = I\}$.$P'$ 是域 P 正规扩域,故可设 $P' = P(\theta)$.引入 P' 中的如下 n 个元素

$$\alpha_i = \theta + \varepsilon_i(\theta s) + \varepsilon_i^2(\theta s^2) + \cdots + \varepsilon_i^{n-1}(\theta s^{n-1}), i = 1, 2, \cdots, n.$$

于是将上面 n 个等式左右分别相加,并注意到恒等式

$$\varepsilon_1^k + \varepsilon_2^k + \cdots + \varepsilon_n^k = 0, k = 1, 2, \cdots, n-1. \quad ①$$

我们得到

$$\sum_{i=1}^n \alpha_i = n\theta$$

或

$$\theta = \frac{\sum_{i=1}^n \alpha_i}{n},$$

从这个式子看出其中至少有某个元素 $\alpha_j \notin P$,否则会引发 θ 是 P 的元素的矛盾.将置换 s 施行于这个元素得

$$\alpha_j s = \theta s + \varepsilon_j(\theta s^2) + \varepsilon_j^2(\theta s^3) + \cdots + \varepsilon_j^{n-2}(\theta s^{n-1}) + \varepsilon_j^{n-1}(\theta s^n),$$

注意到 $s^n = I$,即 $\theta s^n = \theta$,我们得到

$$\alpha_j s = \varepsilon_j^{n-1}\theta + \theta s + \varepsilon_j(\theta s^2) + \varepsilon_j^2(\theta s^3) + \cdots + \varepsilon_j^{n-2}(\theta s^{n-1}),$$

---

① $\varepsilon_1^k + \varepsilon_2^k + \cdots + \varepsilon_n^k = \varepsilon^k + (\varepsilon^k)^2 + \cdots + (\varepsilon^k)^n = \varepsilon_k + \varepsilon_k^2 + \cdots + \varepsilon_k^n = \dfrac{\varepsilon_k(1 - \varepsilon_k^n)}{1 - \varepsilon_k} = 0$(其中 $\varepsilon_k = \varepsilon^k \neq 1$).

在这个等式两端乘以 ε_j 并考虑到 $\varepsilon_j^n=1$，得

$$\varepsilon_j(\alpha_j s)=\theta+\varepsilon_j(\theta s)+\varepsilon_j^2(\theta s^2)+\varepsilon_j^3(\theta s^3)+\cdots+\varepsilon_j^{n-1}(\theta s^{n-1}),$$

到此，读者也看到，$\varepsilon_j(\alpha_j s)=\alpha_j$，即是说

$$\alpha_j s=\varepsilon_j^{-1}\alpha_j$$

又 $(\alpha_j^n)s=(\alpha_j s)^n=(\varepsilon_j^{-1}\alpha_j)^n=\alpha_j^n$，故 α_{jn} 在群 G 的任何置换下均不变，所以 $\alpha_j^n\in P$。

最后来证明 $P(\theta)=P(\alpha_j)$。首先由 $\alpha_j\in P'$ 和 $P\subseteq P'$ 知，$P(\alpha_j)\subseteq P(\theta)=P'$。另一方面，$\alpha_j s=\varepsilon_j^{-1}\alpha_j$ 及 $\alpha_j\in P$ 知 s 把 $P(\alpha_j)$ 的元素仍变为 $P(\alpha_j)$ 中的元素，所以 s 限制[①]在 $P(\alpha_j)$ 中就是 G 中的元素，于是，$\{s,s^2,\cdots,s^n=I\}$ 的所有置换限制在 $P(\alpha_j)$ 中都是 G 的元素。其次，由于 $\alpha_j s^i=\varepsilon_j^{-i}\alpha_j$ $(i=1,2,\cdots,n)$ 互相不相同，因此 G 中 n 个不同的元素限制在 $P(\alpha_j)$ 中仍是 n 个不同的元素，所以

$$(P(\alpha_j):P)=|G|\geqslant n=(P(\theta):P),$$

（第一个等式是由于 $P(\alpha_j)$ 也是 P 的正规扩域的缘故）。再根据 $P\subseteq P(\alpha_j)\subseteq P(\theta)$ 得，$P(\alpha_j)=P(\theta)$。

预备定理 2 如果 1 的素数 p 次本原根不属于域 P，则 P 上二项方程式

$$f(x)=x^p-1=0 \tag{1}$$

的群是循环群，阶是 $p-1$ 的因子。

证明 设 ε 是方程式(1)的一个本原根。于是 $P(\varepsilon)$ 是方程式(1)的正规域，因为方程式(1)的所有根都能以 ε 的有理式表示出来，亦即都是 ε 的方幂。我们以 $p(x)$ 表示多项式 $f(x)$ 的那个有 ε 为其根的在 P 上不可约的因子。显然，$P(\varepsilon)$ 将亦是 $p(x)$ 的正规域，因此 $p(x)$ 的群将与方程式(1)的群合而为一。设 $\theta_1=\varepsilon,\theta_2=\varepsilon^{k_2},\cdots,\theta_m=\varepsilon^{k_m}$ 是多项式 $p(x)$ 的全部根。接着类似于伽罗瓦第三基本定理的证明，我们可以得出群 G 由 m 个不同的置换 $s_1=I,s_2,\cdots,s_m$ 构成

$$s_1(\theta_1)=\theta_1,s_2(\theta_1)=\theta_2,\cdots,s_m(\theta_1)=\theta_m.$$

数论上已经证明，对任意的素数 p，存在一个整数 g 使得 $g^1,g^2,\cdots,g^{p-1}$ 关于模 p 是两两不同余的，并且 $g^{p-1}\equiv 1(\bmod\ p)$。于是集合 $\{\varepsilon,\varepsilon^g,\varepsilon^{g^2},\varepsilon^{g^3},\cdots,\varepsilon^{g^{p-2}}\}$ 与 $\{\varepsilon,\varepsilon^2,\cdots,\varepsilon^{p-1}\}$ 重合。

今取置换 $s:s(\varepsilon)=\varepsilon^g$，则 $s^i(\varepsilon)=\varepsilon^{g^i}$ $(i=1,2,\cdots,p-1)$。按照上面的说明，$p-1$ 个本原单位根的置换都能通过 s 的方幂表出，且有 $s^{p-1}=I$，此时容易验证 $G'=\{s,s^2,\cdots,s^{p-1}=I\}$ 是一个阶为 $p-1$ 的循环群。于是 G 作为 G' 的子群亦是

---

① s 本来是 $P(\theta)$ 上的同构，这里指的是将 s 看作是子域 $P(\alpha_j)$ 上的同构。

循环群,并且阶是 $p-1$ 的因子.

定理 2.1.1 设 p 是素数,则方程式 $x^p-1=0$ 存在根式解,就是说可在有理数域中逐次添加有限个根式而得到方程的正规域[①].

证明 我们用 ε_n 表示 n 次本原单位根.由预备定理 2,方程式 $x^p-1=0$ 的伽罗瓦群循环,而它的阶是 $p-1$:因为 x^p-1 在有理数域上的有 ε_p 为根不可约因子是 $p(x)=x^{p-1}+x^{p-2}+\cdots+x+1$,于是按照预备定理 2 的证明知此时群的阶数为 $p-1$.

现在用数学归纳来证明我们的定理.当 $p=2$ 时定理的结论是显然的.今假设对于小于 p 的素数,定理的结论均成立.

把偶数 $p-1$ 分解为素因子的方幂之积:$p-1=p_1^{k_1}p_2^{k_2}\cdots p_s^{k_s}$,这里每个 p_i 是小于 p 的素数.在有理数域 Q 中逐次添加 $p_1,p_2,\cdots,p_s$ 次单位根得到域 $Q(\varepsilon_{p_1},\varepsilon_{p_2},\cdots,\varepsilon_{p_s})$,由归纳假设,每次添加都可以通过添加根式得到.

今在域 $P_1=Q(\varepsilon_{p_1},\varepsilon_{p_2},\cdots,\varepsilon_{p_s})$ 上考虑方程式

$$x^{p_i^2}-1=(x^{p_i})^{p_i}-1=0, \tag{2}$$

注意到 ε_{p_i} 是方程式 $x^{p_i}-1=0$ 的原根,于是上面式(2)的 p_i^2 个根可按根式表示为

$$1,\varepsilon_{p_i},\varepsilon_{p_i}^2,\cdots,\varepsilon_{p_i}^{p_i-1}(即\ x^{p_i}=1\ 的\ p_i\ 个根)$$

$$\sqrt[p_i]{\varepsilon_{p_i}},\varepsilon_{p_i}\sqrt[p_i]{\varepsilon_{p_i}},\varepsilon_{p_i}^2\sqrt[p_i]{\varepsilon_{p_i}},\cdots,\varepsilon_{p_i}^{p_i-1}\sqrt[p_i]{\varepsilon_{p_i}}(即\ x^{p_i}=\varepsilon_{p_i}\ 的\ p_i\ 个根)$$

$$\cdots\cdots$$

$$\sqrt[p_i]{\varepsilon_{p_i}^{p_i-1}},\varepsilon_{p_i}\sqrt[p_i]{\varepsilon_{p_i}^{p_i-1}},\varepsilon_{p_i}^2\sqrt[p_i]{\varepsilon_{p_i}^{p_i-1}},\cdots,\varepsilon_{p_i}^{p_i-1}\sqrt[p_i]{\varepsilon_{p_i}^{p_i-1}};(即\ x^{p_i}=\varepsilon_{p_i}^{p_i-1}\ 的\ p_i\ 个根).$$

这就是说,方程式(2)的正规域 Ω_1 可以通过在域 P_1 中添加根式 $\sqrt[p_i]{\varepsilon_{p_i}}$ 而得到

$$P_1\subseteq P_1(\sqrt[p_i]{\varepsilon_{p_i}})=\Omega_1.$$

依此类推,最终可以通过这样的添加而得到方程式 $x^{p_i^{k_i}}-1=(x^{p_i^{k_i-1}})^{p_i}-1=0$ 的正规域.如此,可以通过根式扩张得到域 Ω_2,而 Ω_2 中包含 $p_1^{k_1},p_2^{k_2},\cdots,p_s^{k_s}$ 次

[①] 这个定理确定了素数次分圆方程式的根式可解性,由此可以断定任意(正整数)次分圆方程式 $x^n-1=0$ 的根式可解性.事实上,假设次数小于 n 的分圆方程根式可解.设 $n=pq$,这里 p 是一个素数而 q 是大于 1 的正整数.由此原方程可被写作:$(x^q)^p-1=0$.由于定理 2.1.1,素数次方程

$$y^p-1=0 \tag{1}$$

是根式可解的.同时依归纳假设次数小于 n 次的方程式

$$y^q-1=0(q<n) \tag{2}$$

亦是根式可解的,于是通过对以上(1)及(2)两个方程根式求解便可得到原方程的根式解.

本原根.

设 $n_1 = p_1^{k_1}, n_2 = p_2^{k_2}$，则

$$\varepsilon_{n_1} \cdot \varepsilon_{n_2} = \left(\cos \frac{2\pi}{n_1} + \mathrm{i} \sin \frac{2\pi}{n_1}\right) \cdot \left(\cos \frac{2\pi}{n_2} + \mathrm{i} \sin \frac{2\pi}{n_2}\right)$$

$$= \cos \frac{2(n_1 + n_2)\pi}{n_1 n_2} + \mathrm{i} \sin \frac{2(n_1 + n_2)\pi}{n_1 n_2},$$

既然 n_1 与 n_2 互素，于是 $n_1 n_2$ 与 $(n_1 + n_2)$ 亦是互素的，按第 1 章定理 1.2.3，$\varepsilon_{n_1} \cdot \varepsilon_{n_2}$ 是一 $n_1 n_2 (= p_1^{k_1} p_2^{k_2})$ 次本原根. 如此，Ω_2 中应该包含 $p-1 = p_1^{k_1} p_2^{k_2} \cdots p_s^{k_s}$ 次本原根，就是说，Ω_2 包含着方程式 $x^{p-1} - 1 = 0$ 的正规域.

转而来考察下面的扩张

$$Q \subset Q(\varepsilon_{p-1}) \subset Q(\varepsilon_{p-1}, \varepsilon_p),$$

既然 $Q(\varepsilon_{p-1}, \varepsilon_p)$ 是 Q 的正规扩域，则 $Q(\varepsilon_{p-1}, \varepsilon_p)$ 亦应该是中间域 $Q(\varepsilon_{p-1})$ 的正规扩域（定理 1.4.2），根据伽罗瓦第二基本定理，$Q(\varepsilon_{p-1}, \varepsilon_p)$ 对于 $Q(\varepsilon_{p-1})$ 的群 G 是 $Q(\varepsilon_{p-1}, \varepsilon_p)$ 对于 Q 的群的子群，于是群 G 亦是循环群，且其阶数 m 整除 $p-1$. 并且 $Q(\varepsilon_{p-1})$ 包含着 m 次本原单位根 ε_m：因为若 $p-1 = mq$（q 为整数），则

$$\varepsilon_m = (\varepsilon_{p-1})^q.$$

于是按照预备定理 1 的第二个结论，$Q(\varepsilon_{p-1}, \varepsilon_p)$ 可以由 $Q(\varepsilon_{p-1})$ 添加某个根式 $\sqrt[m]{a}\,(a \in Q(\varepsilon_{p-1}))$ 而得到.

既然 $Q(\varepsilon_{p-1})$ 是根式扩域 Ω_2 的子集，于是最终 $Q(\varepsilon_{p-1}, \varepsilon_p)$ 可由 Q 通过一系列根式扩张得到，即方程式 $x^p - 1 = 0$ 存在根式解. 根据归纳原理，我们的定理成立.

定理 2.1.2 设 Ω 是域 Δ 的素数 p 次正规扩域，并且基域 Δ 包含 p 次本原单位根，则 Ω 可以由 Δ 经一系列根式扩张得到[①].

证明 设 G 是正规域 Ω 在 Δ 上的群. 由于 $(\Omega : \Delta) = p$，所以，由伽罗瓦第三基本定理知，$|G| = p$. 第 3 章已经证明：素数阶的群一定循环（拉格朗日定理，推论 2），于是按预备定理 2 的第二个结论以及定理 2.1.1，即得所需要的结论.

第 5 章 §4，我们探究了循环方程式与不变子群的关系，现在如果所考虑的基域 P 包含 p 次单位本原根，那么第 5 章定理 4.4.1（以及定理 4.4.2）表述中的"循环型方程式"一词可加强为"二项方程式".

---

① 诚然，这个定理以及定理 2.1.2 的结论，我们在第 5 章就已经得到了：分圆方程式以及循环方程式都可根式求解. 可是在本章，我们原则上不用第 5 章 §3 及以后的所有定理.

定理 2.1.3　若数域 P 上的方程式 $f(x)=0$ 的群 G 有一不变子群 H，其指数为素数 p，并且域 P 包含 p 次单位本原根，那么存在一个数 $u,u^p \in P$[①]，使 H 是方程式 $f(x)=0$ 对于 $P(u)$ 的伽罗瓦群.

证明　设 $f(x)$ 的正规域是 Ω. 既然 H 是 G 的正规子群，于是根据伽罗瓦第一基本定理和第二基本定理，存在域 P 的正规扩域 P'，使得 H 是 Ω 对于 P' 的群，并且 $P \subseteq P' \subseteq \Omega$.

设 $|H|=m$，既然 $[G:H]=p$，于是 $|G|=mp$. 设 H_1 是 P' 在域 P 上的群. 由伽罗瓦第三基本定理，我们可以写三个等式

$$|G|=(\Omega:P),\ |H|=(\Omega:P'),\ |H_1|=(P':P),$$

此外，根据有限扩张次数定理又有

$$(\Omega:P)=(\Omega:P')(P':P),$$

联立这些等式，我们可求得 $|H_1|=p$.

既然阶数 p 是素数，于是群 H_1 循环，根据预备定理 1，我们的定理成立.

定理的逆叙述是下面的：

定理 2.1.4　设域 P 包含 p 次单位本原根，并且 P 上的方程式 $f(x)=0$ 的群 G，经添加素数 p 次二项方程式的一根而缩减为 H，则 $G=H$，或 H 是 G 的正规子群且 $[G:H]=p$.

证明　当 $\theta \in P$ 时，显然 $K=P(\theta)=P$，此时 $G=H$. 我们接下来的证明将这一平凡的情形排除：即在 $\theta \notin P$ 的假定下来完成结论另一方面的证明. 既然

$$\varepsilon = \cos\frac{2\pi}{p}+\mathrm{i}\sin\frac{2\pi}{p} \in P,\theta^p \in P,于是 x^p-\theta^p=0 的 p 个根$$

$$\theta,\varepsilon\theta,\cdots,\varepsilon^{p-1}\theta,$$

均在 $K=P(\theta)$ 中.

今任取置换 $g \in G, h \in H$. 则 $\theta h=\theta$，而按照定理 1.4.1，G 的元素 g 将方程式 $x^p-\theta^p=0$ 的一根变为另一根，设

$$\theta g=\varepsilon^i\theta,0 \leqslant i \leqslant p-1.$$

注意到

$$\theta g g^{-1}=(\theta g)g^{-1}=(\varepsilon^i\theta)g^{-1}=\varepsilon^i(\theta g^{-1})=\theta(gg^{-1})=\theta I=\theta,$$

于是 $\theta g^{-1}=\varepsilon^{kp-i}\theta$，这里 k 是某个整数.

现在再看

$$\theta(ghg^{-1})=(\theta g)(hg^{-1})=(\varepsilon^i\theta)(hg^{-1})=(\varepsilon^i\theta h)(g^{-1})=(\varepsilon^i\theta)(g^{-1})$$

---

①　也就是说，u 是 P 上二项方程式 $x^p-a=0$ 的一个根，这里 $a=u^p$.

$$= \varepsilon^i (\theta g^{-1}) = \varepsilon^i \varepsilon^{kp-i} \theta = \theta,$$

即 ghg^{-1} 保持 θ 不变,于是 $ghg^{-1} \in H$,即 H 是 G 的正规子群. 由伽罗瓦第三基本定理,

$$[G : H] = \frac{|G|}{|H|} = \frac{(\Omega : P)}{(\Omega : K)} = (K : P) = p,$$

因此我们的结论得到证明.

2.2　伽罗瓦大定理

在这一目里,我们将给出代数方程式可根式解的明确判据,这是伽罗瓦的不朽贡献. 我们预先来证明一个辅助定理.

预备定理　如果 P 与正规域 $\Omega (P \subseteq P' \subseteq \Omega)$ 的中间域 P' 也是 P 上某多项式 $g(x)$ 的正规域,则 P 上域 Ω 的群 G 同态反映为 P 上域 P' 的群 $\overline{G}$.

证明　我们以 $\beta_1, \beta_2, \cdots, \beta_m$ 表示 $g(x)$ 的根. G 中每个置换 s 将把根 β_i 变为 β_j. 在此不同的根 β_i 与 β_k 将被置换 s 变为不同的根. 事实上,如其在 $\beta_i \neq \beta_k$ 时 $\beta_i s$ 等于 $\beta_k s$,则把逆置换 s^{-1} 施于等式 $\beta_i s = \beta_k s$,我们将破坏 $\beta_i s = \beta_k s$ 这关系,即将得到 $\beta_i \neq \beta_k$. 如此得到与 s^{-1} 属于 G 这一点相冲突的结果.

这样,置换 s 引起多项式 $g(x)$ 的根的某一个置换

$$\overline{s} = \begin{pmatrix} \beta_1 & \beta_2 & \cdots & \beta_m \\ \beta_{i_1} & \beta_{i_2} & \cdots & \beta_{i_m} \end{pmatrix}.$$

这里显然 $\overline{s}$ 将不破坏 P 上任何一个有理关系 $r(\beta_1, \beta_2, \cdots, \beta_m) = 0$,并且将保持 P 的元素不变,即 $\overline{s}$ 是 P 上 P' 的群 $\overline{G}$ 中的一个置换.

反之,P 上 P' 的群 $\overline{G}$ 中的任何一个置换 $\overline{s}$ 可以借助证明定理 1.1.2 时所采用的方法把它延拓为 P 上域 Ω 的群 G 的一个置换(自同构)s.

现在我们令置换 s 与由 s 引起的置换 $\overline{s}$ 成对应

$$s \to \overline{s}.$$

容易看出,这对应将把乘积 $s_1 s_2$ 反映为乘积 $\overline{s_1} \overline{s_2}$,因此它是群 G 到群 $\overline{G}$ 上的一个同态满射.

现在可以来叙述方程式根式求解问题了,伽罗瓦提出的判据包含在下面的定理中.

定理 2.2.1(伽罗瓦大定理)　设方程式 $f(x) = 0$ 的系数都在域 $\triangle$ 内,并且 $\triangle$ 包含任意次单位本原根. G 是方程式 $f(x) = 0$ 的伽罗瓦群,则 $f(x) = 0$ 可根

式求解的充分必要条件是群 G 可解[①].

证明　我们知道,"一个方程能用代数方法求解"与"它的正规域 Ω 能被包含在这样一个扩域 K 中, K 可由有理域 Δ 经有限次添加根式而生成"这件事是等价的.这样每次添加一个根式所生成的扩域 K_i ,形成一列插在 Δ 与 K 之间的中间域

$$\Delta = K_0 \subseteq K_1 \subseteq K_2 \subseteq \cdots \subseteq K_m = K, \tag{1}$$

这里每一个 K_{i+1} 是由 K_i 添加一个根式 $\sqrt[p_i]{a_i}$ 所生成的扩域(a_i 属于 K_i),即 $K_{i+1} = K_i(\sqrt[p_i]{a_i})$,并且可以假定所有的 p_i 均为素数.

我们知道方程 $x^{p_i} = a_i$ 的根,除 $\sqrt[p_i]{a_i}$ 外,还有 $\varepsilon \sqrt[p_i]{a_i}$, $\varepsilon^2 \sqrt[p_i]{a_i}$, $\cdots$, $\varepsilon^{p_i-1} \sqrt[p_i]{a_i}$,这里 ε 是 1 的 p_i 次本原根.

这些与 $\sqrt[p_i]{a_i}$ 共轭的根显然也都属于 K_{i+1} (因 ε 已经属于 Δ),所以 K_{i+1} 是 K_i 上的方程式 $x^{p_i} - a_i = 0$ 的正规域,因而是正规扩域.所以(1)中一系列扩张域 $K_1, K_2, \cdots, K_m$ 都是正规扩张,而且次数

$$(K_1 : K_0) = p_1, (K_2 : K_1) = p_2, \cdots, (K_m : K_{m-1}) = p_m,$$

都是素数.

现在我们根据正规扩张域序列(1)来分析一下, K 在 Δ 上的群 G_0 的结构.

既然 K_1 是中间域: $K_0 \subseteq K_1 \subseteq K$,按照伽罗瓦第二基本定理, K 在 K_1 上的群 G_1 是 G_0 的子群并且还是正规的;按伽罗瓦第三基本定理和次数定理(第 4 章,定理 1.3.1)有

$$G_0 \text{ 的阶数} = \text{正规扩张的次数}(K : K_0) = (K : K_1)(K_1 : K_0),$$
$$G_1 \text{ 的阶数} = \text{正规扩张的次数}(K : K_1),$$

于是

$$\frac{G_0 \text{ 的阶数}}{G_1 \text{ 的阶数}} = (K_1 : K_0) = p_1.$$

类似地, K 在 K_2 上的群 G_2 是 G_1 的正规子群并且

$$\frac{G_1 \text{ 的阶数}}{G_2 \text{ 的阶数}} = (K_2 : K_1) = p_2;$$

$$\cdots\cdots$$

最后, K 在 K_m 上的群 G_m (单位群 $\{I\}$)是 G_{m-1} 的正规子群并且

---

① 既然已经证明,1 的任意次根均可由有理数经过有限次加、减、乘、除与开方运算求得,所以假设 Δ 包含任意次单位本原根并不影响方程能否用代数方法求解问题的讨论.实际上, Δ 只要包含若干素数次单位本原根就够了,参看本定理的证明.

$$\frac{G_{m-1} \text{ 的阶数}}{G_m \text{ 的阶数}} = (K_m : K_{m-1}) = p_m,$$

这里 G_{m-1} 是 K 在 K_{m-1} 上的群.

因此由上述的正规扩张序列(1)诱导出 G_0 的一列正规子群序列 $G_0 \supset G_1 \supset \cdots \supset G_m = \{I\}$,并且 $[G_{i-1} : G_i]$ 是素数. 这就是说,G_0 是可解群.

现在我们考虑扩域列

$$\Delta \subset \Omega \subset K,$$

既然中间域 Ω 亦是 Δ 的正规域,于是按照预备定理,Δ 上域 K 的群 G_0 同态反映为 Δ 上域 Ω 的群 G. 这时按照可解性的已知性质(第 5 章,定理 2.7.3),由 G_0 的可解性得出 G 的可解性.

现在我们要反过来阐明,若一个方程在其有理域上的伽罗瓦群 G 可解

$$G = G_0' \supset G_1' \supset \cdots \supset G_r' = \{I\}, \tag{2}$$

其中 G_i' 是 G_{i+1}' 的正规子群,且 $[G_i' : G_{i+1}'] = p_i$(p_i 是素数),则此方程必可用代数方法求解.

按照伽罗瓦第二基本定理和第三基本定理以及次数定理,对应于正规子群序列(2),有理域 Δ 和正规域 Ω 之间也有 列正规中间域

$$\Delta = K_0' \subseteq K_1' \subseteq \cdots \subseteq K_r' = \Omega,$$

且 $(K_{i+1}' : K_i') = p_i$.

既然 p_i 是素数,按定理 2.1.2,每一 K_{i+1}' 中的数一定可用 K_i' 中的数经过有限次加、减、乘、除与开方运算表出,因而正规域 Ω 中的数可用有理域 Δ 中的数经过有限次加、减、乘、除和开方运算算出. 这就是说方程 $a_0 x^n + a_1 x^{n-1} + \cdots + a_n = 0$ 可用代数方法求解.

到此我们证明了定理的所有结论.

1827 年,阿贝尔证明:如果多项式 $f(x)$ 的伽罗瓦群是可交换的,则 $f(x)$ 运用根式可解(当然,伽罗瓦群还没有定义). 这个结果立即被 1830 年的伽罗瓦大定理所取代,但这是阿贝尔群名称的由来.

2.3 推广的伽罗瓦大定理·充分性的证明

上目的伽罗瓦大定理中的关于单位根的假设是可以被移除的:

推广的伽罗瓦大定理 数域 Δ 上代数方程式 $f(x) = 0$ 可根式求解的充分必要条件是 $f(x) = 0$ 在域 Δ 上的伽罗瓦群可解.

条件充分性的证明并不复杂. 相反,条件必要性的证明要困难得多,我们将用整一目(2.4 目)来完成它.

预备定理 1　令 $P(\alpha)$ 是 P 的一个正规扩域,而域 $K \supset P$,则 $K(\alpha)$ 是 K 的正规扩域,并且 $K(\alpha)$ 在 K 上的伽罗瓦群 G' 同构于 $P(\alpha)$ 在 P 上的伽罗瓦群 G 的一个子群.

证明　设 $f(x),g(x)$ 分别是 α 在域 P 上和 K 上的极小多项式.既然 K 是 P 的扩域,于是 $g(x)$ 将是 $f(x)$ 的一个因子.由于 $P(\alpha)$ 的正规性,在 $P(\alpha)$ 中, $f(x)$ 将完全分解.又 $K(\alpha) \supset P(\alpha)$,所以,$f(x)$ 在 $K(\alpha)$ 中完全分解,于是作为因子的 $g(x)$ 亦应该在 $K(\alpha)$ 中完全分解,因此 $K(\alpha)$ 是 K 上多项式 $g(x)$ 的正规域.按照定理 1.3.3,$K(\alpha)$ 是 K 的正规扩域.

为了证明定理的主要部分,我们设 $f(x)$ 的全部根为:$\alpha_1 = \alpha,\alpha_2,\cdots,\alpha_n$,不失一般性,设 $g(x)$ 的全部根为:$\alpha_1,\alpha_2,\cdots,\alpha_m.(m \leqslant n$,必要时适当调整根的次序$)$.于是 $K(\alpha) = K(\alpha_1,\alpha_2,\cdots,\alpha_m),P(\alpha) = P(\alpha_1,\alpha_2,\cdots,\alpha_m)$.

对于每个 $g' \in G'$,按定义,可写

$$g' = \begin{pmatrix} \alpha_1 & \alpha_2 & \cdots & \alpha_m \\ \alpha_{i_1} & \alpha_{i_2} & \cdots & \alpha_{i_m} \end{pmatrix},$$

这里 g' 保持 K 的元素不变,同时不破坏 K 上 $\alpha_1,\alpha_2,\cdots,\alpha_m$ 诸根间的任何一个有理关系.既然 P 是 K 的子域,由此置换

$$g = \begin{pmatrix} \alpha_1 & \alpha_2 & \cdots & \alpha_m & \alpha_{m+1} & \cdots & \alpha_n \\ \alpha_{i_1} & \alpha_{i_2} & \cdots & \alpha_{i_m} & \alpha_{m+1} & \cdots & \alpha_n \end{pmatrix} \tag{1}$$

将保持 P 的元素不变且不破坏 P 上 $\alpha_1,\alpha_2,\cdots,\alpha_n$ 间的任何一个有理关系.换句话说,g 是伽罗瓦群 G 的一个元素.

令

$$g' \to g$$

很明显这是 G' 到 G 的一个单射.并且对应的 g 对于 $P(\alpha_1,\alpha_2,\cdots,\alpha_n)$ 来说作用一样,于是

$$g_1' g_2' \to g_1 g_2$$

又,形如(1)的置换总体构成 G 的一个子群,这样就得出了我们所需的结论.

转入条件充分性的证明.

充分性的证明　设 $|G| = n$ 并令 $L = \Delta(\varepsilon),\Sigma = \Omega(\varepsilon)$,这里 Ω 是 $f(x)$ 的正规域而 ε 是 n 次本原单位根.既然 $\Delta(\varepsilon)$ 是 Δ 的正规扩域,并且 Ω 是 Δ 的扩域.按预备定理 1,Σ 是 L 的正规扩域且 Σ 关于 L 的群 G' 同构于 G 的子群.既然群 G 可解,于是 G' 亦可解(第 5 章,定理 2.4.3).设 G' 有正规子群列

$$G' = G_0 \supset G_1 \supset \cdots \supset G_r = \{I\},$$

且 $[G_i : G_{i+1}] = p_i (p_i$ 是素数).

注意到 $|G'| = [G_0 : G_r] = [G_0 : G_1][G_1 : G_2] \cdots [G_{r-1} : G_r] = p_0 p_1 \cdots p_{r-1}$，同时子群的阶数 $|G'|$ 是群阶数 $|G|$ 的因子，于是可写

$$n = p_0 p_1 \cdots p_{r-1} m$$

这里 m 是某个整数. 如此，域 $L = \Delta(\varepsilon)$ 应该包含 $p_0, p_1, \cdots, p_{r-1}$ 次本原单位根. 事实上，例如 p_0 次本原单位根 ε_0 可通过 n 次本原单位根 ε 自乘 $q = p_1 \cdots p_{r-1} m$ 次方得到：$\varepsilon_0 = \varepsilon^q$.

按照伽罗瓦大定理证明知道，这时 Σ 可以由 L 经一系列根式扩张得到

$$L = K_0 \subset K_1 \subset \cdots \subset K_r = \Sigma$$

由于 L 是 Δ 的根式扩域，因此最终 Σ 可由 Δ 逐次添加根式得到. 又 Ω 是 Σ 的子域，这就得到了 $f(x) = 0$ 的根式可解性.

2.4　必要性的证明

必要性的证明需要一些群论中较深入的内容. 引入群的两个同构定理如下（它们的证明见《抽象代数基础》卷）：

第一同构定理　如果群 G 被同态地映射成群 $\bar{G}$，则 $\bar{G}$ 和商群 G/G_e 同构，其中 G_e 是同态的核；反之，群 G 可同态地映射成每个商群 G/H（其中 H 为正规子群）.

第二同构定理　设 $H \lhd^{①} G$ 以及 A 是 G 的正规子群，使得

$$H \lhd A \lhd G$$

那么

$$(G/H)/(A/H) \cong G/A.$$

现在可以来证明我们所需要的第一个预备定理了：

预备定理 2　设 $P \subseteq P' \subseteq \Omega$，其中 Ω 与 P' 都是 P 的正规扩域，而 G_1 是 Ω 在 P 上的群，G_2 是 Ω 在 P' 上的群，而 G_3 是 P' 在 P 上的群，则

$$G_1/G_2 \cong G_3.$$

证明　任取 $\sigma \in G_1$，对于 P' 中的任何元素 a，按定理 1.4.1，$\sigma(a)$ 与 a 共轭，由 P' 的正规性知 $\sigma(a) \in P'$，因此 G_1 的元可诱导出 P' 的一个自同构 $\bar{\sigma}$

$$\bar{\sigma}(a) = \sigma(a), a \in P'.$$

因为对于任意的 $a \in P$，都有 $\sigma(a) = a$，故 $\bar{\sigma}(a) = a$，即 $\bar{\sigma}$ 是 P' 在 P 上的自同构，

---

① 这记号表示 H 是 G 的正规子群.

也就是说，$\bar{\sigma} \in G_3$.

现在作一个 G_1 到 G_3 的对应

$$\phi : \sigma \to \bar{\sigma}$$

容易验证 ϕ 是一个同态满射.

我们来看 ϕ 的核. $\phi : \sigma \to \varepsilon$（恒等自同构）可得对于任意的 $a \in P'$ 都有 $\sigma(a) = a$，即核刚好包含 G_1 中保持 P' 元素不变的那些自同构. 因而 ϕ 的核是 G_2. 按群的第一同构定理

$$G_1 / G_2 \cong G_3$$

所需的第二个预备定理是：

预备定理 3　如果有限群 G 包含正规子群 H，使得 H 与 G/H 都可解，则 G 可解.

证明　假如这些条件满足，我们有正规子群列

$$H = H_0 \supset H_1 \supset \cdots \supset H_r = \{e\}$$

以及

$$G/H = G_0/H \supset G_1/H \supset \cdots \supset G_s/H = H$$

（注意到 G/H 的任一子群可以写成 A/H，以及 H 是 G/H 的单位），由假设，$[H_i : H_{i+1}]$ 与 $[G_j/H : G_{j+1}/H]$（$i = 0, 1, \cdots, r-1; j = 0, 1, \cdots, s-1$）是素数. 特别地，$G_s/H$ 具有素数阶. 因为由第二同构定理

$$G_i/H \big/ G_{i+1}/H \cong G_i/G_{i+1},$$

我们推断

$$G \supset G_1 \supset G_2 \supset \cdots \supset G_s \supset H \supset H_1 \supset \cdots \supset H_r = \{e\}$$

是 G 的一个正规子群列，其中相邻两群的阶数之比都是素数. 因而 G 是可解的.

预备定理 4　有限交换群都是可解的.

证明　设 G 是有限交换群. 假如 $|G| = p$，这里 p 是素数，那么子群列

$$\{e\} \lhd G$$

指明 G 的可解性. 于是我们关于阶数 $|G|$ 应用归纳法，而且假设 G 的阶数是合数. 那么 G 具有真子群 B[①]，B 在 G 中必然是正规的. 因为 B 与 G/B 是阶数较 $|G|$ 小的交换群，归纳假设意味着 B 以及 G/B 是可解的，因而由预备定理 3 得出 G 的可解性.

---

① 事实上，一个阶数为合数 pq 的有限群 G 都有真子群：如果 G 是循环群而 a 是它的生成元，则它存在由 a^q 生成的 p 阶真子群；如果 G 不是循环群而 b 是周期为 k 的元，则循环群 $\{e, b, b^2, \cdots, b^{k-1}\}$ 是它的真子群.

还需引入 2 个预备定理，它们是关于伽罗瓦群和扩域的.

预备定理 5　如果 1 的奇数的 n 次本原根不属于域 P，则 P 上二项方程式

$$f(x) = x^n - 1 = 0$$

的群是可交换的.

证明　设 $p(x)$ 是 $f(x)$ 的这样的一个不可约因式，它的根集中包含 $f(x) = 0$ 的任一本原根 ε. 那么同 2.1 中预备定理 2 的证明一样，可以得出 $p(x)$ 的群与 $f(x)$ 的群重合. 设 $\theta_1 = \varepsilon, \theta_2 = \varepsilon^{k_2}, \cdots, \theta_m = \varepsilon^{k_m}$ 是多项式 $p(x)$ 的全部根. 按定理 1.1.2 有 $P(\theta_1) \cong P(\theta_i)$，并且这一同构是恒等同构 $P \cong P$（即保持域 P 的元素不变的同构）的延拓而变 θ_1 为 θ_i. 显然，既然 $P(\theta_i) \subseteq P(\theta_1)$，则由定理 1.3.4 得 $P(\theta_1) = P(\theta_i)$. 由此可见 $P(\theta_1) \cong P(\theta_i)$ 是 P 上正规域 $P(\theta_1)$ 的自同构，亦即 P 上方程式 $f(x) = 0$ 的群 G 的元素之一. 如此，群 G 应该由 m 个不同的置换 $s_1 = I, s_2, \cdots, s_m$ 所组成

$$\theta_1 s_1 = \theta_1, \theta_1 s_1 = \theta_2, \cdots, \theta_1 s_1 = \theta_m.$$

现在来计算 $\theta_1(s_i s_j)$ 和 $\theta_1(s_j s_i)$：

$$\theta_1(s_i s_j) = \theta_i s_j = (\varepsilon^{k_i}) s_j = (\varepsilon s_j)^{k_i} = (\theta_1 s_j)^{k_i} = \theta_j^{k_i} = \varepsilon^{k_i k_j},$$

同样的

$$\theta_1(s_j s_i) = \varepsilon^{k_j k_i},$$

由此 $s_i s_j = s_j s_i$，即 G 是一个可交换群.

预备定理 6　设 K 是 P 的根式扩域，则必存在 P 的正规根式扩域 K'，使得 $P \subseteq K \subseteq K'$.

证明　设由 P 扩张为 K 的域列为

$$P = P_0 \subseteq P_1 \subseteq \cdots \subseteq P_r = K,$$

其中 $P_{i+1} = P_i(\sqrt[n_i]{A_i}), A_i \in P_i, i = 0, 1, \cdots, r.$

我们对 r 用数学归纳法.

当 $r = 1$ 时，$K = P_1 = P_0(\sqrt[n_0]{A_0}) = P(\sqrt[n_0]{A_0}), A_0 \in P.$ 设 ε_1 是 1 的 n_1 次本原根，令 $K' = P(\varepsilon_1, \sqrt[n_0]{A_0})$，则 $K' \supseteq K \supseteq P$：$K'$ 是 P 的根式扩张. 同时 K' 是 P 的正规扩张：K' 是 P 上方程式 $x^{n_1} - A_1 = 0$ 的正规域.

假设定理对于 r 成立，即是说存在 P 的正规根式扩域 K'，而

$$K' \supseteq K = P_r = P_{r-1}(\rho_{r-1}),$$

这里 $\rho_{r-1} = \sqrt[n_{r-1}]{A_{r-1}}$ 是方程式 $x^{n_{r-1}} - A_{r-1} = 0$ 的根，$A_{r-1} \in P_{r-1} \subseteq K'.$

令 G 是域 K' 在 P 上的群，考虑 P 上的多项式

$$g(x) = \prod_{s \in G} (x^{n_{r-1}} - s(A_{r-1})),$$

在 K' 上作 $g(x)$ 的正规域 K'',因 $K' \supseteq K$,所以 $K'' \supseteq K = P_r$. 按归纳假设,K' 是根式扩域,而 $g(x)$ 的每个根都可用开 n_{r-1} 次根号表示,故 K'' 是 P 的根式扩域.

又

$$K'' = K'(\rho_{r-1}^{(1)}, \rho_{r-1}^{(2)}, \cdots, \rho_{r-1}^{(m)})$$

这里 $\rho_{r-1}^{(1)}, \rho_{r-1}^{(2)}, \cdots, \rho_{r-1}^{(m)}$ 是 $g(x)$ 的全部根,并且某个 $\rho_{r-1}^{(i)} = \rho_{r-1}$,而 K' 又是 P 上某个多项式 $h(x)$ 的正规域. 所以 K'' 是 P 上 $g(x)h(x)$ 的正规域,所以 K'' 是 P 的正规扩域.

因此,我们的定理成立.

必要性的证明　设 $f(x)$ 有根式解,即是说存在 Δ 的根式扩域 K 包含 $f(x)$ 的正规域 Ω 且

$$\Delta = \Delta_0 \subset \Delta_1 \subset \cdots \subset \Delta_r = K,$$

其中 $\Delta_{i+1} = \Delta_i(\rho_i)$,$\rho_i = \sqrt[p_i]{A_i}$,$i = 0, 1, \cdots, r-1$. A_0 属于 Δ_0,A_1 属于 Δ_1,$\cdots$,A_{r-1} 属于 Δ_{r-1}. 与此同时,我们假设 ρ_0 不在 Δ_0 内,ρ_1 不在 Δ_1 内,$\cdots$,ρ_{r-1} 不在 Δ_{r-1} 内. 按预备定理 6 可以假设扩域 K 是正规的.

设根式次数 $p_0, p_1, \cdots, p_k$(这些素数都是奇数)的最小公倍数为 m. 取 m 次本原根 ε 并考虑如下扩张

$$\Delta \subset \Delta(\varepsilon) \subset K(\varepsilon),$$

显然 $\Delta(\varepsilon)$ 是 Δ 的正规扩域. 其次,因为 K 是 Δ 的正规扩域,所以 K 必是 Δ 上某个多项式 $g(x)$ 的正规域. 如此,$K(\varepsilon)$ 可以看作是 Δ 上多项式

$$h(x) = g(x)(x^{m-1} + x^{m-2} + \cdots + x + 1)$$

的正规域. 就是说,$K(\varepsilon)$ 对于 Δ 是正规的. 由此 $K(\varepsilon)$ 对于中间域 $\Delta(\varepsilon)$ 亦是正规的(定理 1.4.2).

今设 $K(\varepsilon)$ 在 Δ 上的群为 G_1,$K(\varepsilon)$ 在 $\Delta(\varepsilon)$ 上的群为 G_2,$\Delta(\varepsilon)$ 在 Δ 上的群为 G_3. 按伽罗瓦第二基本定理,G_2 是 G_1 的正规子群. 按伽罗瓦大定理,G_2 是可解的. 按预备定理 5,群 G_3 可交换因而可解(预备定理 4),依关系 $G_1/G_2 \cong G_3$(预备定理 2)得出 G_1/G_2 是可解的. 这就是说 G_1 的正规子群 G_2 及商群 G_1/G_2 都可解. 按预备定理 3,G_1 可解.

按照 2.2 目的预备定理,$f(x)$ 的群 G,即正规中间域 $\Omega(\Delta \subset \Omega \subset K(\varepsilon))$ 在 Δ 上的群是可解群 G_1 的同态像,于是 G 亦可解.

到此我们证明了定理的所有结论.

根据第 4 章 §1 的讨论,我们把根式解的问题转变成域结构的问题. 由推广

267

的伽罗瓦大定理，我们又把域结构的问题转变成有限群结构的问题. 这就是方程式伽罗瓦理论的精神.

2.5 应用

既然域 P 上的 n 次一般代数方程式的群是对称群 S_n，又由 $n \geqslant 5$ 时对称群 S_n 不可解，我们又得到：

鲁菲尼－阿贝尔定理 高于四次的一般代数方程式不能有一般的公式把该方程式每个根表示成根式.

最后举一个带对称群的 $n \geqslant 5$ 次的方程式的实例. 为此我们需要利用可迁群的这种性质：

引理 次数为素数的可迁群，如果包含一个对换，则重合于整个对称群.

证明 设可迁群 G 是定义在集合 $\{a_1, a_2, \cdots, a_p\}$ 上的置换群，这里 p 是素数. 依定理的条件 G 包含一个对换 $(a_1 a_2)$. 今设 $(a_1 a_2), (a_1 a_3), \cdots, (a_1 a_m)$ 是 G 中所有含有 a_1 的对换，并设 $A = \{a_1, a_2, \cdots, a_m\}$，既然 $(a_1 a_2) \in G$，于是 $m \geqslant 2$.

下面来证明个数 $m = p$. 若 $m < p$，则存在 $b_1 \in \{a_1, a_2, \cdots, a_p\}$，但 $b_1 \notin A$. 因 G 可迁，故存在 G 中的置换 s 变 a_1 为 b_1，设

$$s = \begin{pmatrix} a_1 & a_2 & \cdots & a_m & \cdots \\ b_1 & b_2 & \cdots & b_m & \cdots \end{pmatrix}.$$

设 $B = \{b_1, b_2, \cdots, b_m\}$（$b_1, b_2, \cdots, b_m$ 互异），则 $A \cap B = \varnothing$，这是因为 $b_1 \notin A$，若 $b_i \in A (2 \leqslant i \leqslant m)$ 则 $(a_1 b_i) \in G$，由此有

$$(a_1 b_i) s^{-1} (a_1 a_i) s (a_1 b_i) = (a_1 b_1) \in G,$$

这与假设矛盾.

于是集合 $A \cup B$ 含有 $2m$ 个不同的元素，但它们都在集合 $\{a_1, a_2, \cdots, a_p\}$ 中，所以 $2m \leqslant p$. 但 p 是素数，故等号不能成立而 $2m < p$，即 $(A \cup B) \subset \{a_1, a_2, \cdots, a_p\}$.

任取 $c_1 : c_1 \in \{a_1, a_2, \cdots, a_p\}$，$c_1 \notin (A \cup B)$. 因 G 可迁，故存在 $t \in G$ 使得 a_1 变为 c_1，设

$$t = \begin{pmatrix} a_1 & a_2 & \cdots & a_m & \cdots \\ c_1 & c_2 & \cdots & c_m & \cdots \end{pmatrix}.$$

令 $C = \{c_1, c_2, \cdots, c_m\}$（$c_1, c_2, \cdots, c_m$ 互异），于是与前面作类似的论证，知道 $A \cap C = \varnothing$；并且可以证明. 同时成立 $B \cap C = \varnothing$. 事实上如果有某个 $c_i \in B (2 \leqslant i \leqslant m)$（因为已经知道 $c_1 \notin B$），则可设 $c_i = b_j$，则

$$s^{-1}t(a_i) = s^{-1}(c_i) = s^{-1}(b_j) = a_j,$$

若 $s^{-1}t$ 变 a_1 为不属于 A 的元素,则 $s^{-1}t$ 必然把 a_i 变为不属于 A 的元素(证明与前面第一步类似),矛盾. 所以 $s^{-1}t(a_1) = a_k \in A$,因而 $(s(s^{-1}t))(a_1) = s(a_k) = b_k$;但 $(s(s^{-1}t))(a_1) = t(a_1) = c_1$,于是 $c_1 = b_k \in C$,这与前面 c_1 的取法不合,如此则假设不成立而我们的结论成立.

于是 $A \cup B \cup C$ 含有 $3m$ 个不同的元素,并且有 $3m < p$,如此继续下去,每做一步就增加 m 个元素,由此有 $4m < p, 5m < p, \cdots\cdots$. 但这与 p 是有限的数矛盾,因此,$m = p$.

其次,可以证明 G 含有任一对换. 由 $m = p$ 知 $A = \{a_1, a_2, \cdots, a_p\}$,于是 G 包含对换 $(a_1 a_2), (a_1 a_3), \cdots, (a_1 a_p)$,但是任何对换 $(a_i a_j) = (a_1 a_i)(a_1 a_j)(a_1 a_i)$ 也属于 G.

所以 $G = S_p$,因为对称群 S_p 中任一置换可以表示为若干对换的乘积.

利用可迁群的这种性质,我们马上可以来证明这样一个定理:

定理 2.5.1 任何一个次数为素数 $p \geqslant 5$ 的有理系数方程式,如果在有理数域上不可约并且只有一对纯复根,则它不能解成根式.

证明 按第 5 章定理 4.1.1 这种方程式的群是可迁群. 而且这群的次数是素数(p). 设 $\alpha_1 = a + bi$ 及 $\alpha_2 = a - bi$ 是该方程式的纯复根;其余的根按定理的条件应该是实数.

我们来考虑有理数域上 $\alpha_1, \alpha_2, \cdots, \alpha_p$ 诸根间的任何有理关系

$$r(\alpha_1, \alpha_2, \cdots, \alpha_p) = 0, \tag{1}$$

这关系对 $\alpha_1, \alpha_2, \cdots, \alpha_p$ 而言甚至可以看作是有理整关系. 在等式(1)左边把 α_1 与 α_2 各以 $a + bi$ 及 $a - bi$ 替代之并且将实数项与虚数项各别集合起来,我们得到

$$r(\alpha_1, \alpha_2, \cdots, \alpha_p) = A + iB = 0(A, B \text{ 是实数}),$$

由此有 $A = B = 0$. 现在我们施对换(12)于 $r(\alpha_1, \alpha_2, \cdots, \alpha_p)$. 由于 α_1 与 α_2 是共轭的,这就等于改变 $r(\alpha_1, \alpha_2, \cdots, \alpha_p)$ 这式子的虚数部分的符号

$$r(\alpha_1, \alpha_2, \cdots, \alpha_p) = A - iB = 0,$$

按上面的证明,已经知道 $A = B = 0$,所以

$$r(\alpha_1, \alpha_2, \cdots, \alpha_p) = 0.$$

如此,对换(12)不破坏关系(1). 这就表示对换(12)包含在方程式的群 G 里面. 由此按照引理推知群 G 是对称的:$G = S_p$. 这就是说,按照推广的伽罗瓦大定理方程式不能解成根式.

这样我们又得到了克罗内克定理.

参考文献

[1] 阿廷 E. Galois 理论[M]. 李同孚,译. 哈尔滨:哈尔滨工业大学出版社, 2011.

[2] 李世雄. 代数方程与置换群[M]. 上海:上海教育出版社,1981.

[3] 刘长安. 伽罗瓦理论基础[M]. 北京:科学出版社,1984.

[4] 徐诚浩. 古典数学难题与伽罗瓦理论[M]. 哈尔滨:哈尔滨工业大学出版社,2012.

[5] 梅向明. 用近代数学观点研究初等数学[M]. 北京:人民教育出版社,1989.

[6] 贾柯勃逊. 抽象代数学. 卷 3. 域论及伽罗瓦理论[M]. 李忠傧,俞曙霞,李世余,译. 北京:科学出版社,1987.

[7] 张禾瑞. 近世代数基础[M]. 北京:高等教育出版社,1978.

[8] 谢邦杰. 抽象代数学[M]. 上海:上海科学技术出版社,1982.

[9] 库洛什 А Г. 群论(上册)[M]. 曾肯成,郝鈵新,译. 北京:人民教育出版社,1964.

[10] 余介石,陆子芬. 高等方程式论[M]. 北京:正中书局印行,1944.

[11] 迪克森. 代数方程式论[M]. 黄缘芳,译. 哈尔滨:哈尔滨工业大学出版社,2011.

[12] 伯克霍夫 G,麦克莱恩 S. 近世代数概论[M]. 王连祥,徐广善,译. 北京:人民教育出版社,1979.

[13] 利维奥 马里奥. 无法解出的方程——天才与对称[M]. 王志标,译. 长沙:湖南科学技术出版社,2008.

[14] 亚历山大洛夫 A D. 数学:它的内容,方法和意义·第一卷[M]. 孙小礼,赵孟养,等译. 北京:科学出版社,2008.

[15] 达尔玛 A. 伽罗瓦传[M]. 邵循岱,译. 北京:商务印书馆,1981.

[16] 胡作玄. 近代数学史[M]. 济南:山东教育出版社,2006.

[17] 吴文俊. 世界著名数学家传记[M]. 北京:科学出版社,2003.

[18] 克莱因 M. 古今数学思想[M]. 北大数学系翻译组,译. 上海:上海科学技术出版社,1979—1981.

[19] 罗特曼 J.高等近世代数[M].章亮,译.北京:机械工业出版社,2007.

[20] 章璞.伽罗瓦理论——天才的激情[M].北京:高等教育出版社,2013.

[21] 冯承天.从一元一次方程到伽罗瓦理论[M].上海:华东师范大学出版社,2012.

[22] 聂灵沼,丁石孙.代数学引论[M].北京:高等教育出版社,2003.

[23] 伯恩赛德 W S,班登.方程式论[M].幹仙椿,译.哈尔滨:哈尔滨工业大学出版社,2011.

[24] 冯承天.从求解多项式方程到阿贝尔不可能性定理:细说五次方程无求根公式[M].上海:华东师范大学出版社,2014.

[25] 德里 H.100 个著名初等数学问题——历史和解[M].江苏省技术资料翻译小组,译.上海:上海科学技术出版社,1982.

[26] 乌兹科夫,奥库涅夫.苏俄教育科学院初等数学全书——代数[M].丁寿田,译:北京:商务印书馆,1954.

[27] 钱时惕.重大科学发现个例研究[M].北京:科学出版社,1987.

[28] 莱德曼 W.群论引论[M].彭先愚,译.北京:高等教育出版社,1987.

[29] 祝涛,纪志刚.一元五次方程求解的往事和近闻[C]//上海市科学技术史学会 2010 年学术年会论文集.上海:上海市科学技术史学会 2010 年学术年会,2010.

[30] 王晓斐.阿贝尔关于一般五次方程不可解证明思想的演变[J].西北大学学报(自然科学版),2011,41(3):553-556.

[31] 王宵瑜.Gauss 对解代数方程的贡献[J].西北大学学报(自然科学版),2011,41(3):557-560.

[32] 王宵瑜.代数方程论的研究[D].西安:西北大学,2011.

[33] 吴春梅.代数型的历史研究[D].山东:山东大学,2008.

[34] 王晓斐.阿贝尔对方程论的贡献[D].西安:西北大学,2011.

[35] 王雪峰.《算术研究》中分圆方程理论研究[D].西安:西北大学,2010.

[36] 周畅.Bezout 的代数方程理论之研究[D].西安:西北大学,2010.

[37] 赵增逊.Lagrange 的代数方程求解理论之研究[D].西安:西北大学,2011.

271

刘培杰数学工作室
已出版(即将出版)图书目录——初等数学

书　　名	出版时间	定　价	编号
新编中学数学解题方法全书(高中版)上卷(第2版)	2018—08	58.00	951
新编中学数学解题方法全书(高中版)中卷(第2版)	2018—08	68.00	952
新编中学数学解题方法全书(高中版)下卷(一)(第2版)	2018—08	58.00	953
新编中学数学解题方法全书(高中版)下卷(二)(第2版)	2018—08	58.00	954
新编中学数学解题方法全书(高中版)下卷(三)(第2版)	2018—08	68.00	955
新编中学数学解题方法全书(初中版)上卷	2008—01	28.00	29
新编中学数学解题方法全书(初中版)中卷	2010—07	38.00	75
新编中学数学解题方法全书(高考复习卷)	2010—01	48.00	67
新编中学数学解题方法全书(高考真题卷)	2010—01	38.00	62
新编中学数学解题方法全书(高考精华卷)	2011—03	68.00	118
新编平面解析几何解题方法全书(专题讲座卷)	2010—01	18.00	61
新编中学数学解题方法全书(自主招生卷)	2013—08	88.00	261
数学奥林匹克与数学文化(第一辑)	2006—05	48.00	4
数学奥林匹克与数学文化(第二辑)(竞赛卷)	2008—01	48.00	19
数学奥林匹克与数学文化(第二辑)(文化卷)	2008—07	58.00	36′
数学奥林匹克与数学文化(第三辑)(竞赛卷)	2010—01	48.00	59
数学奥林匹克与数学文化(第四辑)(竞赛卷)	2011—08	58.00	87
数学奥林匹克与数学文化(第五辑)	2015—06	98.00	370
世界著名平面几何经典著作钩沉——几何作图专题卷(共3卷)	2022—01	198.00	1460
世界著名平面几何经典著作钩沉(民国平面几何老课本)	2011—03	38.00	113
世界著名平面几何经典著作钩沉(建国初期平面三角老课本)	2015—08	38.00	507
世界著名解析几何经典著作钩沉——平面解析几何卷	2014—01	38.00	264
世界著名数论经典著作钩沉(算术卷)	2012—01	28.00	125
世界著名数学经典著作钩沉——立体几何卷	2011—02	28.00	88
世界著名三角学经典著作钩沉(平面三角卷Ⅰ)	2010—06	28.00	69
世界著名三角学经典著作钩沉(平面三角卷Ⅱ)	2011—01	38.00	78
世界著名初等数论经典著作钩沉(理论和实用算术卷)	2011—07	38.00	126
世界著名几何经典著作钩沉(解析几何卷)	2022—10	68.00	1564
发展你的空间想象力(第3版)	2021—01	98.00	1464
空间想象力进阶	2019—05	68.00	1062
走向国际数学奥林匹克的平面几何试题诠释.第1卷	2019—07	88.00	1043
走向国际数学奥林匹克的平面几何试题诠释.第2卷	2019—09	78.00	1044
走向国际数学奥林匹克的平面几何试题诠释.第3卷	2019—03	78.00	1045
走向国际数学奥林匹克的平面几何试题诠释.第4卷	2019—09	98.00	1046
平面几何证明方法全书	2007—08	35.00	1
平面几何证明方法全书习题解答(第2版)	2006—12	18.00	10
平面几何天天练上卷·基础篇(直线型)	2013—01	58.00	208
平面几何天天练中卷·基础篇(涉及圆)	2013—01	28.00	234
平面几何天天练下卷·提高篇	2013—01	58.00	237
平面几何专题研究	2013—07	98.00	258
平面几何解题之道.第1卷	2022—05	38.00	1494
几何学习题集	2020—10	48.00	1217
通过解题学习代数几何	2021—04	88.00	1301
圆锥曲线的奥秘	2022—06	88.00	1541

书　名	出版时间	定　价	编号
最新世界各国数学奥林匹克中的平面几何试题	2007—09	38.00	14
数学竞赛平面几何典型题及新颖解	2010—07	48.00	74
初等数学复习及研究(平面几何)	2008—09	68.00	38
初等数学复习及研究(立体几何)	2010—06	38.00	71
初等数学复习及研究(平面几何)习题解答	2009—01	58.00	42
几何学教程(平面几何卷)	2011—03	68.00	90
几何学教程(立体几何卷)	2011—07	68.00	130
几何变换与几何证题	2010—06	88.00	70
计算方法与几何证题	2011—06	28.00	129
立体几何技巧与方法(第2版)	2022—10	168.00	1572
几何瑰宝——平面几何500名题暨1500条定理(上、下)	2021—07	168.00	1358
三角形的解法与应用	2012—07	18.00	183
近代的三角形几何学	2012—07	48.00	184
一般折线几何学	2015—08	48.00	503
三角形的五心	2009—06	28.00	51
三角形的六心及其应用	2015—10	68.00	542
三角形趣谈	2012—08	28.00	212
解三角形	2014—01	28.00	265
探秘三角形:一次数学旅行	2021—10	68.00	1387
三角学专门教程	2014—09	28.00	387
图天下几何新题试卷.初中(第2版)	2017—11	58.00	855
圆锥曲线习题集(上册)	2013—06	68.00	255
圆锥曲线习题集(中册)	2015—01	78.00	434
圆锥曲线习题集(下册·第1卷)	2016—10	78.00	683
圆锥曲线习题集(下册·第2卷)	2018—01	98.00	853
圆锥曲线习题集(下册·第3卷)	2019—10	128.00	1113
圆锥曲线的思想方法	2021—08	48.00	1379
圆锥曲线的八个主要问题	2021—10	48.00	1415
论九点圆	2015—05	88.00	645
近代欧氏几何学	2012—03	48.00	162
罗巴切夫斯基几何学及几何基础概要	2012—07	28.00	188
罗巴切夫斯基几何学初步	2015—06	28.00	474
用三角、解析几何、复数、向量计算解数学竞赛几何题	2015—03	48.00	455
用解析法研究圆锥曲线的几何理论	2022—05	48.00	1495
美国中学几何教程	2015—04	88.00	458
三线坐标与三角形特征点	2015—04	98.00	460
坐标几何学基础.第1卷,笛卡儿坐标	2021—08	48.00	1398
坐标几何学基础.第2卷,三线坐标	2021—09	28.00	1399
平面解析几何方法与研究(第1卷)	2015—05	18.00	471
平面解析几何方法与研究(第2卷)	2015—06	18.00	472
平面解析几何方法与研究(第3卷)	2015—07	18.00	473
解析几何研究	2015—01	38.00	425
解析几何学教程.上	2016—01	38.00	574
解析几何学教程.下	2016—01	38.00	575
几何学基础	2016—01	58.00	581
初等几何研究	2015—02	58.00	444
十九和二十世纪欧氏几何学中的片段	2017—01	58.00	696
平面几何中考.高考.奥数一本通	2017—07	28.00	820
几何学简史	2017—08	28.00	833
四面体	2018—01	48.00	880
平面几何证明方法思路	2018—12	68.00	913
折纸中的几何练习	2022—09	48.00	1559
中学新几何学(英文)	2022—10	98.00	1562
线性代数与几何	2023—04	68.00	1633
四面体几何学引论	2023—06	68.00	1648

书　名	出版时间	定　价	编号
平面几何图形特性新析.上篇	2019—01	68.00	911
平面几何图形特性新析.下篇	2018—06	88.00	912
平面几何范例多解探究.上篇	2018—04	48.00	910
平面几何范例多解探究.下篇	2018—12	68.00	914
从分析解题过程学解题:竞赛中的几何问题研究	2018—07	68.00	946
从分析解题过程学解题:竞赛中的向量几何与不等式研究(全2册)	2019—06	138.00	1090
从分析解题过程学解题:竞赛中的不等式问题	2021—01	48.00	1249
二维、三维欧氏几何的对偶原理	2018—12	38.00	990
星形大观及闭折线论	2019—03	68.00	1020
立体几何的问题和方法	2019—11	58.00	1127
三角代换论	2021—05	58.00	1313
俄罗斯平面几何问题集	2009—08	88.00	55
俄罗斯立体几何问题集	2014—03	58.00	283
俄罗斯几何大师——沙雷金论数学及其他	2014—01	48.00	271
来自俄罗斯的5000道几何习题及解答	2011—03	58.00	89
俄罗斯初等数学问题集	2012—05	38.00	177
俄罗斯函数问题集	2011—03	38.00	103
俄罗斯组合分析问题集	2011—01	48.00	79
俄罗斯初等数学万题选——三角卷	2012—11	38.00	222
俄罗斯初等数学万题选——代数卷	2013—08	68.00	225
俄罗斯初等数学万题选——几何卷	2014—01	68.00	226
俄罗斯《量子》杂志数学征解问题100题选	2018—08	48.00	969
俄罗斯《量子》杂志数学征解问题又100题选	2018—08	48.00	970
俄罗斯《量子》杂志数学征解问题	2020—05	48.00	1138
463个俄罗斯几何老问题	2012—01	28.00	152
《量子》数学短文精粹	2018—09	38.00	972
用三角、解析几何等计算解来自俄罗斯的几何题	2019—11	88.00	1119
基谢廖夫平面几何	2022—01	48.00	1461
基谢廖夫立体几何	2023—04	48.00	1599
数学:代数、数学分析和几何(10—11年级)	2021—01	48.00	1250
直观几何学:5—6年级	2022—04	58.00	1508
几何学:第2版.7—9年级	2023—08	68.00	1684
平面几何:9—11年级	2022—10	48.00	1571
立体几何.10—11年级	2022—01	58.00	1472
谈谈素数	2011—03	18.00	91
平方和	2011—03	18.00	92
整数论	2011—05	38.00	120
从整数谈起	2015—10	28.00	538
数与多项式	2016—01	38.00	558
谈谈不定方程	2011—05	28.00	119
质数漫谈	2022—07	68.00	1529
解析不等式新论	2009—06	68.00	48
建立不等式的方法	2011—03	98.00	104
数学奥林匹克不等式研究(第2版)	2020—07	68.00	1181
不等式研究(第三辑)	2023—08	198.00	1673
不等式的秘密(第一卷)(第2版)	2014—02	38.00	286
不等式的秘密(第二卷)	2014—01	38.00	268
初等不等式的证明方法	2010—06	38.00	123
初等不等式的证明方法(第二版)	2014—11	38.00	407
不等式·理论·方法(基础卷)	2015—07	38.00	496
不等式·理论·方法(经典不等式卷)	2015—07	38.00	497
不等式·理论·方法(特殊类型不等式卷)	2015—07	48.00	498
不等式探究	2016—03	38.00	582
不等式探秘	2017—01	88.00	689
四面体不等式	2017—01	68.00	715
数学奥林匹克中常见重要不等式	2017—09	38.00	845

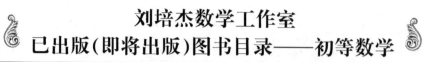

刘培杰数学工作室
已出版(即将出版)图书目录——初等数学

书　名	出版时间	定价	编号
三正弦不等式	2018—09	98.00	974
函数方程与不等式:解法与稳定性结果	2019—04	68.00	1058
数学不等式.第1卷,对称多项式不等式	2022—05	78.00	1455
数学不等式.第2卷,对称有理不等式与对称无理不等式	2022—05	88.00	1456
数学不等式.第3卷,循环不等式与非循环不等式	2022—05	88.00	1457
数学不等式.第4卷,Jensen不等式的扩展与加细	2022—05	88.00	1458
数学不等式.第5卷,创建不等式与解不等式的其他方法	2022—05	88.00	1459
不定方程及其应用.上	2018—12	58.00	992
不定方程及其应用.中	2019—01	78.00	993
不定方程及其应用.下	2019—02	98.00	994
Nesbitt不等式加强式的研究	2022—06	128.00	1527
最值定理与分析不等式	2023—02	78.00	1567
一类积分不等式	2023—02	88.00	1579
邦费罗尼不等式及概率应用	2023—05	58.00	1637
同余理论	2012—05	38.00	163
[x]与{x}	2015—04	48.00	476
极值与最值.上卷	2015—06	28.00	486
极值与最值.中卷	2015—06	38.00	487
极值与最值.下卷	2015—06	28.00	488
整数的性质	2012—11	38.00	192
完全平方数及其应用	2015—08	78.00	506
多项式理论	2015—10	88.00	541
奇数、偶数、奇偶分析法	2018—01	98.00	876
历届美国中学生数学竞赛试题及解答(第一卷)1950—1954	2014—07	18.00	277
历届美国中学生数学竞赛试题及解答(第二卷)1955—1959	2014—04	18.00	278
历届美国中学生数学竞赛试题及解答(第三卷)1960—1964	2014—06	18.00	279
历届美国中学生数学竞赛试题及解答(第四卷)1965—1969	2014—04	28.00	280
历届美国中学生数学竞赛试题及解答(第五卷)1970—1972	2014—06	18.00	281
历届美国中学生数学竞赛试题及解答(第六卷)1973—1980	2017—07	18.00	768
历届美国中学生数学竞赛试题及解答(第七卷)1981—1986	2015—01	18.00	424
历届美国中学生数学竞赛试题及解答(第八卷)1987—1990	2017—05	18.00	769
历届国际数学奥林匹克试题集	2023—09	158.00	1701
历届中国数学奥林匹克试题集(第3版)	2021—10	58.00	1440
历届加拿大数学奥林匹克试题集	2012—08	38.00	215
历届美国数学奥林匹克试题集	2023—08	98.00	1681
历届波兰数学竞赛试题集.第1卷,1949～1963	2015—03	18.00	453
历届波兰数学竞赛试题集.第2卷,1964～1976	2015—03	18.00	454
历届巴尔干数学奥林匹克试题集	2015—05	38.00	466
保加利亚数学奥林匹克	2014—10	38.00	393
圣彼得堡数学奥林匹克试题集	2015—01	38.00	429
匈牙利奥林匹克数学竞赛题解.第1卷	2016—05	28.00	593
匈牙利奥林匹克数学竞赛题解.第2卷	2016—05	28.00	594
历届美国数学邀请赛试题集(第2版)	2017—10	78.00	851
普林斯顿大学数学竞赛	2016—06	38.00	669
亚太地区数学奥林匹克竞赛题	2015—07	18.00	492
日本历届(初级)广中杯数学竞赛试题及解答.第1卷(2000～2007)	2016—05	28.00	641
日本历届(初级)广中杯数学竞赛试题及解答.第2卷(2008～2015)	2016—05	38.00	642
越南数学奥林匹克题选:1962—2009	2021—07	48.00	1370
360个数学竞赛问题	2016—08	58.00	677
奥数最佳实战题.上卷	2017—06	38.00	760
奥数最佳实战题.下卷	2017—06	58.00	761
哈尔滨市早期中学数学竞赛试题汇编	2016—07	28.00	672
全国高中数学联赛试题及解答:1981—2019(第4版)	2020—07	138.00	1176
2022年全国高中数学联合竞赛模拟题集	2022—06	30.00	1521

刘培杰数学工作室
已出版(即将出版)图书目录——初等数学

书　　名	出版时间	定价	编号
20世纪50年代全国部分城市数学竞赛试题汇编	2017-07	28.00	797
国内外数学竞赛题及精解:2018~2019	2020-08	45.00	1192
国内外数学竞赛题及精解:2019~2020	2021-11	58.00	1439
许康华竞赛优学精选集.第一辑	2018-08	68.00	949
天问叶班数学问题征解100题.Ⅰ,2016-2018	2019-05	88.00	1075
天问叶班数学问题征解100题.Ⅱ,2017-2019	2020-07	98.00	1177
美国初中数学竞赛:AMC8准备(共6卷)	2019-07	138.00	1089
美国高中数学竞赛:AMC10准备(共6卷)	2019-08	158.00	1105
王连笑教你怎样学数学:高考选择题解题策略与客观题实用训练	2014-01	48.00	262
王连笑教你怎样学数学:高考数学高层次讲座	2015-02	48.00	432
高考数学的理论与实践	2009-08	38.00	53
高考数学核心题型解题方法与技巧	2010-01	28.00	86
高考思维新平台	2014-03	38.00	259
高考数学压轴题解题诀窍(上)(第2版)	2018-01	58.00	874
高考数学压轴题解题诀窍(下)(第2版)	2018-01	48.00	875
北京市五区文科数学三年高考模拟题详解:2013~2015	2015-08	48.00	500
北京市五区理科数学三年高考模拟题详解:2013~2015	2015-09	68.00	505
向量法巧解数学高考题	2009-08	28.00	54
高中数学课堂教学的实践与反思	2021-11	48.00	791
数学高考参考	2016-01	78.00	589
新课程标准高考数学解答题各种题型解法指导	2020-08	78.00	1196
全国及各省市高考数学试题审题要津与解法研究	2015-02	48.00	450
高中数学章节起始课的教学研究与案例设计	2019-05	28.00	1064
新课标高考数学——五年试题分章详解(2007~2011)(上、下)	2011-10	78.00	140,141
全国中考数学压轴题审题要津与解法研究	2013-04	78.00	248
新编全国及各省市中考数学压轴题审题要津与解法研究	2014-05	58.00	342
全国及各省市5年中考数学压轴题审题要津与解法研究(2015版)	2015-04	58.00	462
中考数学专题总复习	2007-04	28.00	6
中考数学较难题常考题型解题方法与技巧	2016-09	48.00	681
中考数学难题常考题型解题方法与技巧	2016-09	48.00	682
中考数学中档题常考题型解题方法与技巧	2017-08	68.00	835
中考数学选择填空压轴好题妙解365	2024-01	80.00	1698
中考数学:三类重点考题的解法例析与习题	2020-04	48.00	1140
中小学数学的历史文化	2019-11	48.00	1124
初中平面几何百题多思创新解	2020-01	58.00	1125
初中数学中考备考	2020-01	58.00	1126
高考数学之九章演义	2019-08	68.00	1044
高考数学之难题谈笑间	2022-06	68.00	1519
化学可以这样学:高中化学知识方法智慧感悟疑难辨析	2019-07	58.00	1103
如何成为学习高手	2019-09	58.00	1107
高考数学:经典真题分类解析	2020-04	78.00	1134
高考数学解答题破解策略	2020-11	58.00	1221
从分析解题过程学解题:高考压轴题与竞赛题之关系探究	2020-08	88.00	1179
教学新思考:单元整体视角下的初中数学教学设计	2021-03	58.00	1278
思维再拓展:2020年经典几何题的多解探究与思考	即将出版		1279
中考数学小压轴汇编初讲	2017-07	48.00	788
中考数学大压轴专题微言	2017-09	48.00	846
怎么解中考平面几何探索题	2019-06	48.00	1093
北京中考数学压轴题解题方法突破(第9版)	2024-01	78.00	1645
助你高考成功的数学解题智慧:知识是智慧的基础	2016-01	58.00	596
助你高考成功的数学解题智慧:错误是智慧的试金石	2016-04	58.00	643
助你高考成功的数学解题智慧:方法是智慧的推手	2016-04	68.00	657
高考数学奇思妙解	2016-04	38.00	610
高考数学解题策略	2016-05	48.00	670
数学解题泄天机(第2版)	2017-10	48.00	850

刘培杰数学工作室
已出版(即将出版)图书目录——初等数学

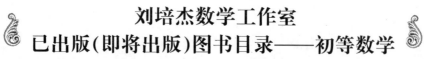

书　名	出版时间	定价	编号
高中物理教学讲义	2018—01	48.00	871
高中物理教学讲义:全模块	2022—03	98.00	1492
高中物理答疑解惑65篇	2021—11	48.00	1462
中学物理基础问题解析	2020—08	48.00	1183
初中数学、高中数学脱节知识补缺教材	2017—06	48.00	766
高考数学客观题解题方法和技巧	2017—10	38.00	847
十年高考数学精品试题审题要津与解法研究	2021—10	98.00	1427
中国历届高考数学试题及解答.1949—1979	2018—01	38.00	877
历届中国高考数学试题及解答.第二卷,1980—1989	2018—10	28.00	975
历届中国高考数学试题及解答.第三卷,1990—1999	2018—10	48.00	976
跟我学解高中数学题	2018—07	58.00	926
中学数学研究的方法及案例	2018—05	58.00	869
高考数学抢分技能	2018—07	68.00	934
高一新生常用数学方法和重要数学思想提升教材	2018—06	38.00	921
高考数学全国卷六道解答题常考题型解题诀窍:理科(全2册)	2019—07	78.00	1101
高考数学全国卷16道选择、填空题常考题型解题诀窍.理科	2018—09	88.00	971
高考数学全国卷16道选择、填空题常考题型解题诀窍.文科	2020—01	88.00	1123
高中数学一题多解	2019—06	58.00	1087
历届中国高考数学试题及解答:1917—1999	2021—08	98.00	1371
2000～2003年全国及各省市高考数学试题及解答	2022—05	88.00	1499
2004年全国及各省市高考数学试题及解答	2023—08	78.00	1500
2005年全国及各省市高考数学试题及解答	2023—08	78.00	1501
2006年全国及各省市高考数学试题及解答	2023—08	88.00	1502
2007年全国及各省市高考数学试题及解答	2023—08	98.00	1503
2008年全国及各省市高考数学试题及解答	2023—08	88.00	1504
2009年全国及各省市高考数学试题及解答	2023—08	88.00	1505
2010年全国及各省市高考数学试题及解答	2023—08	98.00	1506
2011～2017年全国及各省市高考数学试题及解答	2024—01	78.00	1507
突破高原:高中数学解题思维探究	2021—08	48.00	1375
高考数学中的"取值范围"	2021—10	48.00	1429
新课程标准高中数学各种题型解法大全.必修一分册	2021—06	58.00	1315
新课程标准高中数学各种题型解法大全.必修二分册	2022—01	68.00	1471
高中数学各种题型解法大全.选择性必修一分册	2022—06	68.00	1525
高中数学各种题型解法大全.选择性必修二分册	2023—01	58.00	1600
高中数学各种题型解法大全.选择性必修三分册	2023—04	48.00	1643
历届全国初中数学竞赛经典试题详解	2023—04	88.00	1624
孟祥礼高考数学精刷精解	2023—06	98.00	1663

新编640个世界著名数学智力趣题	2014—01	88.00	242
500个最新世界著名数学智力趣题	2008—06	48.00	3
400个最新世界著名数学最值问题	2008—09	48.00	36
500个世界著名数学征解问题	2009—06	48.00	52
400个中国最佳初等数学征解老问题	2010—01	48.00	60
500个俄罗斯数学经典老题	2011—01	28.00	81
1000个国外中学物理好题	2012—04	48.00	174
300个日本高考数学题	2012—05	38.00	142
700个早期日本高考数学试题	2017—02	88.00	752
500个前苏联早期高考数学试题及解答	2012—05	28.00	185
546个早期俄罗斯大学生数学竞赛题	2014—03	38.00	285
548个来自美英的数学好问题	2014—11	28.00	396
20所苏联著名大学早期入学试题	2015—02	18.00	452
161道德国工科大学生必做的微分方程习题	2015—05	28.00	469
500个德国工科大学生必做的高数习题	2015—06	28.00	478
360个数学竞赛问题	2016—08	58.00	677
200个趣味数学故事	2018—02	48.00	857
470个数学奥林匹克中的最值问题	2018—10	88.00	985
德国讲义日本考题.微积分卷	2015—04	48.00	456
德国讲义日本考题.微分方程卷	2015—04	38.00	457
二十世纪中叶中、英、美、日、法、俄高考数学试题精选	2017—06	38.00	783

刘培杰数学工作室
已出版(即将出版)图书目录——初等数学

书　名	出版时间	定　价	编号
中国初等数学研究　2009卷(第1辑)	2009—05	20.00	45
中国初等数学研究　2010卷(第2辑)	2010—05	30.00	68
中国初等数学研究　2011卷(第3辑)	2011—07	60.00	127
中国初等数学研究　2012卷(第4辑)	2012—07	48.00	190
中国初等数学研究　2014卷(第5辑)	2014—02	48.00	288
中国初等数学研究　2015卷(第6辑)	2015—06	68.00	493
中国初等数学研究　2016卷(第7辑)	2016—04	68.00	609
中国初等数学研究　2017卷(第8辑)	2017—01	98.00	712
初等数学研究在中国.第1辑	2019—03	158.00	1024
初等数学研究在中国.第2辑	2019—10	158.00	1116
初等数学研究在中国.第3辑	2021—05	158.00	1306
初等数学研究在中国.第4辑	2022—06	158.00	1520
初等数学研究在中国.第5辑	2023—07	158.00	1635
几何变换(Ⅰ)	2014—07	28.00	353
几何变换(Ⅱ)	2015—06	28.00	354
几何变换(Ⅲ)	2015—01	38.00	355
几何变换(Ⅳ)	2015—12	38.00	356
初等数论难题集(第一卷)	2009—05	68.00	44
初等数论难题集(第二卷)(上、下)	2011—02	128.00	82,83
数论概貌	2011—03	18.00	93
代数数论(第二版)	2013—08	58.00	94
代数多项式	2014—06	38.00	289
初等数论的知识与问题	2011—02	28.00	95
超越数论基础	2011—03	28.00	96
数论初等教程	2011—03	28.00	97
数论基础	2011—03	18.00	98
数论基础与维诺格拉多夫	2014—03	18.00	292
解析数论基础	2012—08	28.00	216
解析数论基础(第二版)	2014—01	48.00	287
解析数论问题集(第二版)(原版引进)	2014—05	88.00	343
解析数论问题集(第二版)(中译本)	2016—04	88.00	607
解析数论基础(潘承洞,潘承彪著)	2016—07	98.00	673
解析数论导引	2016—07	58.00	674
数论入门	2011—03	38.00	99
代数数论入门	2015—03	38.00	448
数论开篇	2012—07	28.00	194
解析数论引论	2011—03	48.00	100
Barban Davenport Halberstam 均值和	2009—01	40.00	33
基础数论	2011—03	28.00	101
初等数论100例	2011—05	18.00	122
初等数论经典例题	2012—07	18.00	204
最新世界各国数学奥林匹克中的初等数论试题(上、下)	2012—01	138.00	144,145
初等数论(Ⅰ)	2012—01	18.00	156
初等数论(Ⅱ)	2012—01	18.00	157
初等数论(Ⅲ)	2012—01	28.00	158

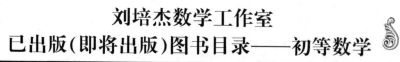

书　名	出版时间	定　价	编号
平面几何与数论中未解决的新老问题	2013—01	68.00	229
代数数论简史	2014—11	28.00	408
代数数论	2015—09	88.00	532
代数、数论及分析习题集	2016—11	98.00	695
数论导引提要及习题解答	2016—01	48.00	559
素数定理的初等证明.第2版	2016—09	48.00	686
数论中的模函数与狄利克雷级数(第二版)	2017—11	78.00	837
数论:数学导引	2018—01	68.00	849
范氏大代数	2019—02	98.00	1016
解析数学讲义.第一卷,导来式及微分、积分、级数	2019—04	88.00	1021
解析数学讲义.第二卷,关于几何的应用	2019—04	68.00	1022
解析数学讲义.第三卷,解析函数论	2019—04	78.00	1023
分析·组合·数论纵横谈	2019—04	58.00	1039
Hall 代数:民国时期的中学数学课本:英文	2019—08	88.00	1106
基谢廖夫初等代数	2022—07	38.00	1531
数学精神巡礼	2019—01	58.00	731
数学眼光透视(第2版)	2017—06	78.00	732
数学思想领悟(第2版)	2018—01	68.00	733
数学方法溯源(第2版)	2018—08	68.00	734
数学解题引论	2017—05	58.00	735
数学史话览胜(第2版)	2017—01	48.00	736
数学应用展观(第2版)	2017—08	68.00	737
数学建模尝试	2018—04	48.00	738
数学竞赛采风	2018—01	68.00	739
数学测评探营	2019—05	58.00	740
数学技能操握	2018—03	48.00	741
数学欣赏拾趣	2018—02	48.00	742
从毕达哥拉斯到怀尔斯	2007—10	48.00	9
从迪利克雷到维斯卡尔迪	2008—01	48.00	21
从哥德巴赫到陈景润	2008—05	98.00	35
从庞加莱到佩雷尔曼	2011—08	138.00	136
博弈论精粹	2008—03	58.00	30
博弈论精粹.第二版(精装)	2015—01	88.00	461
数学 我爱你	2008—01	28.00	20
精神的圣徒　别样的人生——60 位中国数学家成长的历程	2008—09	48.00	39
数学史概论	2009—06	78.00	50
数学史概论(精装)	2013—03	158.00	272
数学史选讲	2016—01	48.00	544
斐波那契数列	2010—02	28.00	65
数学拼盘和斐波那契魔方	2010—07	38.00	72
斐波那契数列欣赏(第2版)	2018—08	58.00	948
Fibonacci 数列中的明珠	2018—06	58.00	928
数学的创造	2011—02	48.00	85
数学美与创造力	2016—01	48.00	595
数海拾贝	2016—01	48.00	590
数学中的美(第2版)	2019—04	68.00	1057
数论中的美学	2014—12	38.00	351

书　名	出版时间	定　价	编号
数学王者　科学巨人——高斯	2015—01	28.00	428
振兴祖国数学的圆梦之旅:中国初等数学研究史话	2015—06	98.00	490
二十世纪中国数学史料研究	2015—10	48.00	536
数字谜、数阵图与棋盘覆盖	2016—01	58.00	298
数学概念的进化:一个初步的研究	2023—07	68.00	1683
数学发现的艺术:数学探索中的合情推理	2016—07	58.00	671
活跃在数学中的参数	2016—07	48.00	675
数海趣史	2021—05	98.00	1314
玩转幻中之幻	2023—08	88.00	1682
数学艺术品	2023—09	98.00	1685
数学博弈与游戏	2023—10	68.00	1692
数学解题——靠数学思想给力(上)	2011—07	38.00	131
数学解题——靠数学思想给力(中)	2011—07	48.00	132
数学解题——靠数学思想给力(下)	2011—07	38.00	133
我怎样解题	2013—01	48.00	227
数学解题中的物理方法	2011—06	28.00	114
数学解题的特殊方法	2011—06	48.00	115
中学数学计算技巧(第2版)	2020—10	48.00	1220
中学数学证明方法	2012—01	58.00	117
数学趣题巧解	2012—03	28.00	128
高中数学教学通鉴	2015—05	58.00	479
和高中生漫谈:数学与哲学的故事	2014—08	28.00	369
算术问题集	2017—03	38.00	789
张教授讲数学	2018—07	38.00	933
陈永明实话实说数学教学	2020—04	68.00	1132
中学数学学科知识与教学能力	2020—06	58.00	1155
怎样把课讲好:大罕数学教学随笔	2022—03	58.00	1484
中国高考评价体系下高考数学探秘	2022—03	48.00	1487
数苑漫步	2024—01	58.00	1670
自主招生考试中的参数方程问题	2015—01	28.00	435
自主招生考试中的极坐标问题	2015—04	28.00	463
近年全国重点大学自主招生数学试题全解及研究.华约卷	2015—02	38.00	441
近年全国重点大学自主招生数学试题全解及研究.北约卷	2016—05	38.00	619
自主招生数学解证宝典	2015—09	48.00	535
中国科学技术大学创新班数学真题解析	2022—03	48.00	1488
中国科学技术大学创新班物理真题解析	2022—03	58.00	1489
格点和面积	2012—07	18.00	191
射影几何趣谈	2012—04	28.00	175
斯潘纳尔引理——从一道加拿大数学奥林匹克试题谈起	2014—01	28.00	228
李普希兹条件——从几道近年高考数学试题谈起	2012—10	18.00	221
拉格朗日中值定理——从一道北京高考试题的解法谈起	2015—10	18.00	197
闵科夫斯基定理——从一道清华大学自主招生试题谈起	2014—01	28.00	198
哈尔测度——从一道冬令营试题的背景谈起	2012—08	28.00	202
切比雪夫逼近问题——从一道中国台北数学奥林匹克试题谈起	2013—04	38.00	238
伯恩斯坦多项式与贝齐尔曲面——从一道全国高中数学联赛试题谈起	2013—03	38.00	236
卡塔兰猜想——从一道普特南竞赛试题谈起	2013—06	18.00	256
麦卡锡函数和阿克曼函数——从一道前南斯拉夫数学奥林匹克试题谈起	2012—08	18.00	201
贝蒂定理与拉姆贝克莫斯尔定理——从一个拣石子游戏谈起	2012—08	18.00	217
皮亚诺曲线和豪斯道夫分球定理——从无限集谈起	2012—08	18.00	211
平面凸图形与凸多面体	2012—10	28.00	218
斯坦因豪斯问题——从一道二十五省市自治区中学数学竞赛试题谈起	2012—07	18.00	196

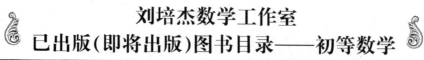

刘培杰数学工作室
已出版(即将出版)图书目录——初等数学

书　　名	出版时间	定　价	编号
纽结理论中的亚历山大多项式与琼斯多项式——从一道北京市高一数学竞赛试题谈起	2012—07	28.00	195
原则与策略——从波利亚"解题表"谈起	2013—04	38.00	244
转化与化归——从三大尺规作图不能问题谈起	2012—08	28.00	214
代数几何中的贝祖定理(第一版)——从一道IMO试题的解法谈起	2013—08	18.00	193
成功连贯理论与约当块理论——从一道比利时数学竞赛试题谈起	2012—04	18.00	180
素数判定与大数分解	2014—08	18.00	199
置换多项式及其应用	2012—10	18.00	220
椭圆函数与模函数——从一道美国加州大学洛杉矶分校(UCLA)博士资格考题谈起	2012—10	28.00	219
差分方程的拉格朗日方法——从一道2011年全国高考理科试题的解法谈起	2012—08	28.00	200
力学在几何中的一些应用	2013—01	38.00	240
从根式解到伽罗华理论	2020—01	48.00	1121
康托洛维奇不等式——从一道全国高中联赛试题谈起	2013—03	28.00	337
西格尔引理——从一道第18届IMO试题的解法谈起	即将出版		
罗斯定理——从一道前苏联数学竞赛试题谈起	即将出版		
拉克斯定理和阿廷定理——从一道IMO试题的解法谈起	2014—01	58.00	246
毕卡大定理——从一道美国大学数学竞赛试题谈起	2014—07	18.00	350
贝齐尔曲线——从一道全国高中联赛试题谈起	即将出版		
拉格朗日乘子定理——从一道2005年全国高中联赛试题的高等数学解法谈起	2015—05	28.00	480
雅可比定理——从一道日本数学奥林匹克试题谈起	2013—04	48.00	249
李天岩—约克定理——从一道波兰数学竞赛试题谈起	2014—06	28.00	349
受控理论与初等不等式:从一道IMO试题的解法谈起	2023—03	48.00	1601
布劳维不动点定理——从一道前苏联数学奥林匹克试题谈起	2014—01	38.00	273
伯恩赛德定理——从一道英国数学奥林匹克试题谈起	即将出版		
布查特—莫斯特定理——从一道上海市初中竞赛试题谈起	即将出版		
数论中的同余数问题——从一道普特南竞赛试题谈起	即将出版		
范·德蒙行列式——从一道美国数学奥林匹克试题谈起	即将出版		
中国剩余定理:总数法构建中国历史年表	2015—01	28.00	430
牛顿程序与方程求根——从一道全国高考试题解法谈起	即将出版		
库默尔定理——从一道IMO预选试题谈起	即将出版		
卢丁定理——从一道冬令营试题的解法谈起	即将出版		
沃斯滕霍姆定理——从一道IMO预选试题谈起	即将出版		
卡尔松不等式——从一道莫斯科数学奥林匹克试题谈起	即将出版		
信息论中的香农熵——从一道近年高考压轴题谈起	即将出版		
约当不等式——从一道希望杯竞赛试题谈起	即将出版		
拉比诺维奇定理	即将出版		
刘维尔定理——从一道《美国数学月刊》征解问题的解法谈起	即将出版		
卡塔兰恒等式与级数求和——从一道IMO试题的解法谈起	即将出版		
勒让德猜想与素数分布——从一道爱尔兰竞赛试题谈起	即将出版		
天平称重与信息论——从一道基辅市数学奥林匹克试题谈起	即将出版		
哈密尔顿—凯莱定理:从一道高中数学联赛试题的解法谈起	2014—09	18.00	376
艾思特曼定理——从一道CMO试题的解法谈起	即将出版		

刘培杰数学工作室
已出版(即将出版)图书目录——初等数学

书　名	出版时间	定价	编号
阿贝尔恒等式与经典不等式及应用	2018—06	98.00	923
迪利克雷除数问题	2018—07	48.00	930
幻方、幻立方与拉丁方	2019—08	48.00	1092
帕斯卡三角形	2014—03	18.00	294
蒲丰投针问题——从2009年清华大学的一道自主招生试题谈起	2014—01	38.00	295
斯图姆定理——从一道"华约"自主招生试题的解法谈起	2014—01	18.00	296
许瓦兹引理——从一道加利福尼亚大学伯克利分校数学系博士生试题谈起	2014—08	18.00	297
拉姆赛定理——从王诗宬院士的一个问题谈起	2016—04	48.00	299
坐标法	2013—12	28.00	332
数论三角形	2014—04	38.00	341
毕克定理	2014—07	18.00	352
数林掠影	2014—09	48.00	389
我们周围的概率	2014—10	38.00	390
凸函数最值定理:从一道华约自主招生题的解法谈起	2014—10	28.00	391
易学与数学奥林匹克	2014—10	38.00	392
生物数学趣谈	2015—01	18.00	409
反演	2015—01	28.00	420
因式分解与圆锥曲线	2015—01	18.00	426
轨迹	2015—01	28.00	427
面积原理:从常庚哲命的一道CMO试题的积分解法谈起	2015—01	48.00	431
形形色色的不动点定理:从一道28届IMO试题谈起	2015—01	38.00	439
柯西函数方程:从一道上海交大自主招生的试题谈起	2015—02	28.00	440
三角恒等式	2015—02	28.00	442
无理性判定:从一道2014年"北约"自主招生试题谈起	2015—01	38.00	443
数学归纳法	2015—03	18.00	451
极端原理与解题	2015—04	28.00	464
法雷级数	2014—08	18.00	367
摆线族	2015—01	38.00	438
函数方程及其解法	2015—05	38.00	470
含参数的方程和不等式	2012—09	28.00	213
希尔伯特第十问题	2016—01	38.00	543
无穷小量的求和	2016—01	28.00	545
切比雪夫多项式:从一道清华大学金秋营试题谈起	2016—01	38.00	583
泽肯多夫定理	2016—03	38.00	599
代数等式证题法	2016—01	28.00	600
三角等式证题法	2016—01	28.00	601
吴大任教授藏书中的一个因式分解公式:从一道美国数学邀请赛试题的解法谈起	2016—06	28.00	656
易卦——类万物的数学模型	2017—08	68.00	838
"不可思议"的数与数系可持续发展	2018—01	38.00	878
最短线	2018—01	38.00	879
数学在天文、地理、光学、机械力学中的一些应用	2023—03	88.00	1576
从阿基米德三角形谈起	2023—01	28.00	1578
幻方和魔方(第一卷)	2012—05	68.00	173
尘封的经典——初等数学经典文献选读(第一卷)	2012—07	48.00	205
尘封的经典——初等数学经典文献选读(第二卷)	2012—07	38.00	206
初级方程式论	2011—03	28.00	106
初等数学研究(Ⅰ)	2008—09	68.00	37
初等数学研究(Ⅱ)(上、下)	2009—05	118.00	46,47
初等数学专题研究	2022—10	68.00	1568

刘培杰数学工作室
已出版(即将出版)图书目录——初等数学

书　　名	出版时间	定　价	编号
趣味初等方程妙题集锦	2014—09	48.00	388
趣味初等数论选美与欣赏	2015—02	48.00	445
耕读笔记(上卷):一位农民数学爱好者的初数探索	2015—04	28.00	459
耕读笔记(中卷):一位农民数学爱好者的初数探索	2015—05	28.00	483
耕读笔记(下卷):一位农民数学爱好者的初数探索	2015—05	28.00	484
几何不等式研究与欣赏.上卷	2016—01	88.00	547
几何不等式研究与欣赏.下卷	2016—01	48.00	552
初等数列研究与欣赏·上	2016—01	48.00	570
初等数列研究与欣赏·下	2016—01	48.00	571
趣味初等函数研究与欣赏.上	2016—09	48.00	684
趣味初等函数研究与欣赏.下	2018—09	48.00	685
三角不等式研究与欣赏	2020—10	68.00	1197
新编平面解析几何解题方法研究与欣赏	2021—10	78.00	1426
火柴游戏(第2版)	2022—05	38.00	1493
智力解谜.第1卷	2017—07	38.00	613
智力解谜.第2卷	2017—07	38.00	614
故事智力	2016—07	48.00	615
名人们喜欢的智力问题	2020—01	48.00	616
数学大师的发现、创造与失误	2018—01	48.00	617
异曲同工	2018—09	48.00	618
数学的味道(第2版)	2023—10	68.00	1686
数学千字文	2018—10	68.00	977
数贝偶拾——高考数学题研究	2014—04	28.00	274
数贝偶拾——初等数学研究	2014—04	38.00	275
数贝偶拾——奥数题研究	2014—04	48.00	276
钱昌本教你快乐学数学(上)	2011—12	48.00	155
钱昌本教你快乐学数学(下)	2012—03	58.00	171
集合、函数与方程	2014—01	28.00	300
数列与不等式	2014—01	38.00	301
三角与平面向量	2014—01	28.00	302
平面解析几何	2014—01	38.00	303
立体几何与组合	2014—01	28.00	304
极限与导数、数学归纳法	2014—01	38.00	305
趣味数学	2014—03	28.00	306
教材教法	2014—04	68.00	307
自主招生	2014—05	58.00	308
高考压轴题(上)	2015—01	48.00	309
高考压轴题(下)	2014—10	68.00	310
从费马到怀尔斯——费马大定理的历史	2013—10	198.00	I
从庞加莱到佩雷尔曼——庞加莱猜想的历史	2013—10	298.00	II
从切比雪夫到爱尔特希(上)——素数定理的初等证明	2013—07	48.00	III
从切比雪夫到爱尔特希(下)——素数定理100年	2012—12	98.00	III
从高斯到盖尔方特——二次域的高斯猜想	2013—10	198.00	IV
从库默尔到朗兰兹——朗兰兹猜想的历史	2014—01	98.00	V
从比勃巴赫到德布朗斯——比勃巴赫猜想的历史	2014—02	298.00	VI
从麦比乌斯到陈省身——麦比乌斯变换与麦比乌斯带	2014—02	298.00	VII
从布尔到豪斯道夫——布尔方程与格论漫谈	2013—10	198.00	VIII
从开普勒到阿诺德——三体问题的历史	2014—05	298.00	IX
从华林到华罗庚——华林问题的历史	2013—10	298.00	X

刘培杰数学工作室
已出版(即将出版)图书目录——初等数学

书　　名	出版时间	定　价	编号
美国高中数学竞赛五十讲.第1卷(英文)	2014—08	28.00	357
美国高中数学竞赛五十讲.第2卷(英文)	2014—08	28.00	358
美国高中数学竞赛五十讲.第3卷(英文)	2014—09	28.00	359
美国高中数学竞赛五十讲.第4卷(英文)	2014—09	28.00	360
美国高中数学竞赛五十讲.第5卷(英文)	2014—10	28.00	361
美国高中数学竞赛五十讲.第6卷(英文)	2014—11	28.00	362
美国高中数学竞赛五十讲.第7卷(英文)	2014—12	28.00	363
美国高中数学竞赛五十讲.第8卷(英文)	2015—01	28.00	364
美国高中数学竞赛五十讲.第9卷(英文)	2015—01	28.00	365
美国高中数学竞赛五十讲.第10卷(英文)	2015—02	38.00	366
三角函数(第2版)	2017—04	38.00	626
不等式	2014—01	38.00	312
数列	2014—01	38.00	313
方程(第2版)	2017—04	38.00	624
排列和组合	2014—01	28.00	315
极限与导数(第2版)	2016—04	38.00	635
向量(第2版)	2018—08	58.00	627
复数及其应用	2014—08	28.00	318
函数	2014—01	38.00	319
集合	2020—01	48.00	320
直线与平面	2014—01	28.00	321
立体几何(第2版)	2016—04	38.00	629
解三角形	即将出版		323
直线与圆(第2版)	2016—11	38.00	631
圆锥曲线(第2版)	2016—09	48.00	632
解题通法(一)	2014—07	38.00	326
解题通法(二)	2014—07	38.00	327
解题通法(三)	2014—05	38.00	328
概率与统计	2014—01	28.00	329
信息迁移与算法	即将出版		330
IMO 50年.第1卷(1959—1963)	2014—11	28.00	377
IMO 50年.第2卷(1964—1968)	2014—11	28.00	378
IMO 50年.第3卷(1969—1973)	2014—09	28.00	379
IMO 50年.第4卷(1974—1978)	2016—04	38.00	380
IMO 50年.第5卷(1979—1984)	2015—04	38.00	381
IMO 50年.第6卷(1985—1989)	2015—04	58.00	382
IMO 50年.第7卷(1990—1994)	2016—01	48.00	383
IMO 50年.第8卷(1995—1999)	2016—06	38.00	384
IMO 50年.第9卷(2000—2004)	2015—04	58.00	385
IMO 50年.第10卷(2005—2009)	2016—01	48.00	386
IMO 50年.第11卷(2010—2015)	2017—03	48.00	646

书　名	出版时间	定　价	编号
数学反思(2006—2007)	2020—09	88.00	915
数学反思(2008—2009)	2019—01	68.00	917
数学反思(2010—2011)	2018—05	58.00	916
数学反思(2012—2013)	2019—01	58.00	918
数学反思(2014—2015)	2019—03	78.00	919
数学反思(2016—2017)	2021—03	58.00	1286
数学反思(2018—2019)	2023—01	88.00	1593
历届美国大学生数学竞赛试题集.第一卷(1938—1949)	2015—01	28.00	397
历届美国大学生数学竞赛试题集.第二卷(1950—1959)	2015—01	28.00	398
历届美国大学生数学竞赛试题集.第三卷(1960—1969)	2015—01	28.00	399
历届美国大学生数学竞赛试题集.第四卷(1970—1979)	2015—01	18.00	400
历届美国大学生数学竞赛试题集.第五卷(1980—1989)	2015—01	28.00	401
历届美国大学生数学竞赛试题集.第六卷(1990—1999)	2015—01	28.00	402
历届美国大学生数学竞赛试题集.第七卷(2000—2009)	2015—08	18.00	403
历届美国大学生数学竞赛试题集.第八卷(2010—2012)	2015—01	18.00	404
新课标高考数学创新题解题诀窍:总论	2014—09	28.00	372
新课标高考数学创新题解题诀窍:必修1~5分册	2014—08	38.00	373
新课标高考数学创新题解题诀窍:选修2—1,2—2,1—1,1—2分册	2014—09	38.00	374
新课标高考数学创新题解题诀窍:选修2—3,4—4,4—5分册	2014—09	18.00	375
全国重点大学自主招生英文数学试题全攻略:词汇卷	2015—07	48.00	410
全国重点大学自主招生英文数学试题全攻略:概念卷	2015—01	28.00	411
全国重点大学自主招生英文数学试题全攻略:文章选读卷(上)	2016—09	38.00	412
全国重点大学自主招生英文数学试题全攻略:文章选读卷(下)	2017—01	58.00	413
全国重点大学自主招生英文数学试题全攻略:试题卷	2015—07	38.00	414
全国重点大学自主招生英文数学试题全攻略:名著欣赏卷	2017—03	48.00	415
劳埃德数学趣题大全.题目卷.1:英文	2016—01	18.00	516
劳埃德数学趣题大全.题目卷.2:英文	2016—01	18.00	517
劳埃德数学趣题大全.题目卷.3:英文	2016—01	18.00	518
劳埃德数学趣题大全.题目卷.4:英文	2016—01	18.00	519
劳埃德数学趣题大全.题目卷.5:英文	2016—01	18.00	520
劳埃德数学趣题大全.答案卷:英文	2016—01	18.00	521
李成章教练奥数笔记.第1卷	2016—01	48.00	522
李成章教练奥数笔记.第2卷	2016—01	48.00	523
李成章教练奥数笔记.第3卷	2016—01	38.00	524
李成章教练奥数笔记.第4卷	2016—01	38.00	525
李成章教练奥数笔记.第5卷	2016—01	38.00	526
李成章教练奥数笔记.第6卷	2016—01	38.00	527
李成章教练奥数笔记.第7卷	2016—01	38.00	528
李成章教练奥数笔记.第8卷	2016—01	48.00	529
李成章教练奥数笔记.第9卷	2016—01	28.00	530

刘培杰数学工作室
已出版（即将出版）图书目录——初等数学

书　名	出版时间	定　价	编号
第19～23届"希望杯"全国数学邀请赛试题审题要津详细评注(初一版)	2014－03	28.00	333
第19～23届"希望杯"全国数学邀请赛试题审题要津详细评注(初二、初三版)	2014－03	38.00	334
第19～23届"希望杯"全国数学邀请赛试题审题要津详细评注(高一版)	2014－03	28.00	335
第19～23届"希望杯"全国数学邀请赛试题审题要津详细评注(高二版)	2014－03	38.00	336
第19～25届"希望杯"全国数学邀请赛试题审题要津详细评注(初一版)	2015－01	38.00	416
第19～25届"希望杯"全国数学邀请赛试题审题要津详细评注(初二、初三版)	2015－01	58.00	417
第19～25届"希望杯"全国数学邀请赛试题审题要津详细评注(高一版)	2015－01	48.00	418
第19～25届"希望杯"全国数学邀请赛试题审题要津详细评注(高二版)	2015－01	48.00	419
物理奥林匹克竞赛大题典——力学卷	2014－11	48.00	405
物理奥林匹克竞赛大题典——热学卷	2014－04	28.00	339
物理奥林匹克竞赛大题典——电磁学卷	2015－07	48.00	406
物理奥林匹克竞赛大题典——光学与近代物理卷	2014－06	28.00	345
历届中国东南地区数学奥林匹克试题集(2004～2012)	2014－06	18.00	346
历届中国西部地区数学奥林匹克试题集(2001～2012)	2014－07	18.00	347
历届中国女子数学奥林匹克试题集(2002～2012)	2014－08	18.00	348
数学奥林匹克在中国	2014－06	98.00	344
数学奥林匹克问题集	2014－01	38.00	267
数学奥林匹克不等式散论	2010－06	38.00	124
数学奥林匹克不等式欣赏	2011－09	38.00	138
数学奥林匹克超级题库(初中卷上)	2010－01	58.00	66
数学奥林匹克不等式证明方法和技巧(上、下)	2011－08	158.00	134,135
他们学什么:原民主德国中学数学课本	2016－09	38.00	658
他们学什么:英国中学数学课本	2016－09	38.00	659
他们学什么:法国中学数学课本.1	2016－09	38.00	660
他们学什么:法国中学数学课本.2	2016－09	28.00	661
他们学什么:法国中学数学课本.3	2016－09	38.00	662
他们学什么:苏联中学数学课本	2016－09	28.00	679
高中数学题典——集合与简易逻辑·函数	2016－07	48.00	647
高中数学题典——导数	2016－07	48.00	648
高中数学题典——三角函数·平面向量	2016－07	48.00	649
高中数学题典——数列	2016－07	58.00	650
高中数学题典——不等式·推理与证明	2016－07	38.00	651
高中数学题典——立体几何	2016－07	48.00	652
高中数学题典——平面解析几何	2016－07	78.00	653
高中数学题典——计数原理·统计·概率·复数	2016－07	48.00	654
高中数学题典——算法·平面几何·初等数论·组合数学·其他	2016－07	68.00	655

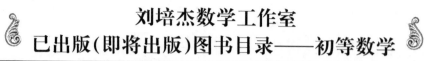

刘培杰数学工作室
已出版(即将出版)图书目录——初等数学

书　　名	出版时间	定　价	编号
台湾地区奥林匹克数学竞赛试题.小学一年级	2017—03	38.00	722
台湾地区奥林匹克数学竞赛试题.小学二年级	2017—03	38.00	723
台湾地区奥林匹克数学竞赛试题.小学三年级	2017—03	38.00	724
台湾地区奥林匹克数学竞赛试题.小学四年级	2017—03	38.00	725
台湾地区奥林匹克数学竞赛试题.小学五年级	2017—03	38.00	726
台湾地区奥林匹克数学竞赛试题.小学六年级	2017—03	38.00	727
台湾地区奥林匹克数学竞赛试题.初中一年级	2017—03	38.00	728
台湾地区奥林匹克数学竞赛试题.初中二年级	2017—03	38.00	729
台湾地区奥林匹克数学竞赛试题.初中三年级	2017—03	28.00	730
不等式证题法	2017—04	28.00	747
平面几何培优教程	2019—08	88.00	748
奥数鼎级培优教程.高一分册	2018—09	88.00	749
奥数鼎级培优教程.高二分册.上	2018—04	68.00	750
奥数鼎级培优教程.高二分册.下	2018—04	68.00	751
高中数学竞赛冲刺宝典	2019—04	68.00	883
初中尖子生数学超级题典.实数	2017—07	58.00	792
初中尖子生数学超级题典.式、方程与不等式	2017—08	58.00	793
初中尖子生数学超级题典.圆、面积	2017—08	38.00	794
初中尖子生数学超级题典.函数、逻辑推理	2017—08	48.00	795
初中尖子生数学超级题典.角、线段、三角形与多边形	2017—07	58.00	796
数学王子——高斯	2018—01	48.00	858
坎坷奇星——阿贝尔	2018—01	48.00	859
闪烁奇星——伽罗瓦	2018—01	58.00	860
无穷统帅——康托尔	2018—01	48.00	861
科学公主——柯瓦列夫斯卡娅	2018—01	48.00	862
抽象代数之母——埃米·诺特	2018—01	48.00	863
电脑先驱——图灵	2018—01	58.00	864
昔日神童——维纳	2018—01	48.00	865
数坛怪侠——爱尔特希	2018—01	68.00	866
传奇数学家徐利治	2019—09	88.00	1110
当代世界中的数学.数学思想与数学基础	2019—01	38.00	892
当代世界中的数学.数学问题	2019—01	38.00	893
当代世界中的数学.应用数学与数学应用	2019—01	38.00	894
当代世界中的数学.数学王国的新疆域(一)	2019—01	38.00	895
当代世界中的数学.数学王国的新疆域(二)	2019—01	38.00	896
当代世界中的数学.数林撷英(一)	2019—01	38.00	897
当代世界中的数学.数林撷英(二)	2019—01	48.00	898
当代世界中的数学.数学之路	2019—01	38.00	899

刘培杰数学工作室
已出版(即将出版)图书目录——初等数学

书　名	出版时间	定　价	编号
105 个代数问题:来自 AwesomeMath 夏季课程	2019－02	58.00	956
106 个几何问题:来自 AwesomeMath 夏季课程	2020－07	58.00	957
107 个几何问题:来自 AwesomeMath 全年课程	2020－07	58.00	958
108 个代数问题:来自 AwesomeMath 全年课程	2019－01	68.00	959
109 个不等式:来自 AwesomeMath 夏季课程	2019－04	58.00	960
国际数学奥林匹克中的 110 个几何问题	即将出版		961
111 个代数和数论问题	2019－05	58.00	962
112 个组合问题:来自 AwesomeMath 夏季课程	2019－05	58.00	963
113 个几何不等式:来自 AwesomeMath 夏季课程	2020－08	58.00	964
114 个指数和对数问题:来自 AwesomeMath 夏季课程	2019－09	48.00	965
115 个三角问题:来自 AwesomeMath 夏季课程	2019－09	58.00	966
116 个代数不等式:来自 AwesomeMath 全年课程	2019－04	58.00	967
117 个多项式问题:来自 AwesomeMath 夏季课程	2021－09	58.00	1409
118 个数学竞赛不等式	2022－08	78.00	1526
紫色彗星国际数学竞赛试题	2019－02	58.00	999
数学竞赛中的数学:为数学爱好者、父母、教师和教练准备的丰富资源.第一部	2020－04	58.00	1141
数学竞赛中的数学:为数学爱好者、父母、教师和教练准备的丰富资源.第二部	2020－07	48.00	1142
和与积	2020－10	38.00	1219
数论:概念和问题	2020－12	68.00	1257
初等数学问题研究	2021－03	48.00	1270
数学奥林匹克中的欧几里得几何	2021－10	68.00	1413
数学奥林匹克题解新编	2022－01	58.00	1430
图论入门	2022－09	58.00	1554
新的、更新的、最新的不等式	2023－07	58.00	1650
数学竞赛中奇妙的多项式	2024－01	78.00	1646
120 个奇妙的代数问题及 20 个奖励问题	2024－04	48.00	1647
澳大利亚中学数学竞赛试题及解答(初级卷)1978～1984	2019－02	28.00	1002
澳大利亚中学数学竞赛试题及解答(初级卷)1985～1991	2019－02	28.00	1003
澳大利亚中学数学竞赛试题及解答(初级卷)1992～1998	2019－02	28.00	1004
澳大利亚中学数学竞赛试题及解答(初级卷)1999～2005	2019－02	28.00	1005
澳大利亚中学数学竞赛试题及解答(中级卷)1978～1984	2019－03	28.00	1006
澳大利亚中学数学竞赛试题及解答(中级卷)1985～1991	2019－03	28.00	1007
澳大利亚中学数学竞赛试题及解答(中级卷)1992～1998	2019－03	28.00	1008
澳大利亚中学数学竞赛试题及解答(中级卷)1999～2005	2019－03	28.00	1009
澳大利亚中学数学竞赛试题及解答(高级卷)1978～1984	2019－05	28.00	1010
澳大利亚中学数学竞赛试题及解答(高级卷)1985～1991	2019－05	28.00	1011
澳大利亚中学数学竞赛试题及解答(高级卷)1992～1998	2019－05	28.00	1012
澳大利亚中学数学竞赛试题及解答(高级卷)1999～2005	2019－05	28.00	1013
天才中小学生智力测验题.第一卷	2019－03	38.00	1026
天才中小学生智力测验题.第二卷	2019－03	38.00	1027
天才中小学生智力测验题.第三卷	2019－03	38.00	1028
天才中小学生智力测验题.第四卷	2019－03	38.00	1029
天才中小学生智力测验题.第五卷	2019－03	38.00	1030
天才中小学生智力测验题.第六卷	2019－03	38.00	1031
天才中小学生智力测验题.第七卷	2019－03	38.00	1032
天才中小学生智力测验题.第八卷	2019－03	38.00	1033
天才中小学生智力测验题.第九卷	2019－03	38.00	1034
天才中小学生智力测验题.第十卷	2019－03	38.00	1035
天才中小学生智力测验题.第十一卷	2019－03	38.00	1036
天才中小学生智力测验题.第十二卷	2019－03	38.00	1037
天才中小学生智力测验题.第十三卷	2019－03	38.00	1038

刘培杰数学工作室
已出版(即将出版)图书目录——初等数学

书　名	出版时间	定价	编号
重点大学自主招生数学备考全书:函数	2020—05	48.00	1047
重点大学自主招生数学备考全书:导数	2020—08	48.00	1048
重点大学自主招生数学备考全书:数列与不等式	2019—10	78.00	1049
重点大学自主招生数学备考全书:三角函数与平面向量	2020—08	68.00	1050
重点大学自主招生数学备考全书:平面解析几何	2020—07	58.00	1051
重点大学自主招生数学备考全书:立体几何与平面几何	2019—08	48.00	1052
重点大学自主招生数学备考全书:排列组合·概率统计·复数	2019—09	48.00	1053
重点大学自主招生数学备考全书:初等数论与组合数学	2019—08	48.00	1054
重点大学自主招生数学备考全书:重点大学自主招生真题.上	2019—04	68.00	1055
重点大学自主招生数学备考全书:重点大学自主招生真题.下	2019—04	58.00	1056
高中数学竞赛培训教程:平面几何问题的求解方法与策略.上	2018—05	68.00	906
高中数学竞赛培训教程:平面几何问题的求解方法与策略.下	2018—06	78.00	907
高中数学竞赛培训教程:整除与同余以及不定方程	2018—01	88.00	908
高中数学竞赛培训教程:组合计数与组合极值	2018—04	48.00	909
高中数学竞赛培训教程:初等代数	2019—04	78.00	1042
高中数学讲座:数学竞赛基础教程(第一册)	2019—06	48.00	1094
高中数学讲座:数学竞赛基础教程(第二册)	即将出版		1095
高中数学讲座:数学竞赛基础教程(第三册)	即将出版		1096
高中数学讲座:数学竞赛基础教程(第四册)	即将出版		1097
新编中学数学解题方法1000招丛书.实数(初中版)	2022—05	58.00	1291
新编中学数学解题方法1000招丛书.式(初中版)	2022—05	48.00	1292
新编中学数学解题方法1000招丛书.方程与不等式(初中版)	2021—04	58.00	1293
新编中学数学解题方法1000招丛书.函数(初中版)	2022—05	38.00	1294
新编中学数学解题方法1000招丛书.角(初中版)	2022—05	48.00	1295
新编中学数学解题方法1000招丛书.线段(初中版)	2022—05	48.00	1296
新编中学数学解题方法1000招丛书.三角形与多边形(初中版)	2021—04	48.00	1297
新编中学数学解题方法1000招丛书.圆(初中版)	2022—05	48.00	1298
新编中学数学解题方法1000招丛书.面积(初中版)	2021—07	28.00	1299
新编中学数学解题方法1000招丛书.逻辑推理(初中版)	2022—06	48.00	1300
高中数学题典精编.第一辑.函数	2022—01	58.00	1444
高中数学题典精编.第一辑.导数	2022—01	68.00	1445
高中数学题典精编.第一辑.三角函数·平面向量	2022—01	68.00	1446
高中数学题典精编.第一辑.数列	2022—01	58.00	1447
高中数学题典精编.第一辑.不等式·推理与证明	2022—01	58.00	1448
高中数学题典精编.第一辑.立体几何	2022—01	58.00	1449
高中数学题典精编.第一辑.平面解析几何	2022—01	68.00	1450
高中数学题典精编.第一辑.统计·概率·平面几何	2022—01	58.00	1451
高中数学题典精编.第一辑.初等数论·组合数学·数学文化·解题方法	2022—01	58.00	1452
历届全国初中数学竞赛试题分类解析.初等代数	2022—09	98.00	1555
历届全国初中数学竞赛试题分类解析.初等数论	2022—09	48.00	1556
历届全国初中数学竞赛试题分类解析.平面几何	2022—09	38.00	1557
历届全国初中数学竞赛试题分类解析.组合	2022—09	38.00	1558

书 名	出版时间	定 价	编号
从三道高三数学模拟题的背景谈起:兼谈傅里叶三角级数	2023—03	48.00	1651
从一道日本东京大学的入学试题谈起:兼谈 π 的方方面面	即将出版		1652
从两道2021年福建高三数学测试题谈起:兼谈球面几何学与球面三角学	即将出版		1653
从一道湖南高考数学试题谈起:兼谈有界变差数列	2024—01	48.00	1654
从一道高校自主招生试题谈起:兼谈詹森函数方程	即将出版		1655
从一道上海高考数学试题谈起:兼谈有界变差函数	即将出版		1656
从一道北京大学金秋营数学试题的解法谈起:兼谈伽罗瓦理论	即将出版		1657
从一道北京高考数学试题的解法谈起:兼谈毕克定理	即将出版		1658
从一道北京大学金秋营数学试题的解法谈起:兼谈帕塞瓦尔恒等式	即将出版		1659
从一道高三数学模拟测试题的背景谈起:兼谈等周问题与等周不等式	即将出版		1660
从一道2020年全国高考数学试题的解法谈起:兼谈斐波那契数列和纳卡穆拉定理及奥斯图达定理	即将出版		1661
从一道高考数学附加题谈起:兼谈广义斐波那契数列	即将出版		1662
代数学教程.第一卷,集合论	2023—08	58.00	1664
代数学教程.第二卷,抽象代数基础	2023—08	68.00	1665
代数学教程.第三卷,数论原理	2023—08	58.00	1666
代数学教程.第四卷,代数方程式论	2023—08	48.00	1667
代数学教程.第五卷,多项式理论	2023—08	58.00	1668

联系地址:哈尔滨市南岗区复华四道街10号　哈尔滨工业大学出版社刘培杰数学工作室
网　　址:http://lpj.hit.edu.cn/
邮　编:150006
联系电话:0451—86281378　　13904613167
E-mail:lpj1378@163.com